人民交通出版社"十一五"
高职高专土建类专业规划教材

建设工程招投标与合同管理

主　编　赵来彬　贾莲英
副主编　邵志华　刘小庆　郭宏伟
主　审　杨晓林　刘　欣

人民交通出版社
China Communications Press

内 容 提 要

本书针对高职高专教学特点，由工程招标投标和工程施工合同管理两部分共十三章构成，即工程招标投标与合同管理的基本法律制度、建筑工程招标投标概述、国内工程项目施工招标、国内工程项目施工投标、国际工程项目施工招标与投标、建设工程合同概述、国内建设工程施工合同、国际工程合同条件、施工合同管理、工程合同风险管理、建设工程施工合同签订、建设工程施工合同履约管理、工程施工索赔管理。两部分内容既相对独立，有相互联系，共同构成整个工程招标投标与合同管理的理论和方法体系。

本书适用于高职高专土建类院校工程造价专业、建筑工程管理专业、工程监理专业及相关专业的教学用书，也可作为有关工程技术人员的参考书。

图书在版编目(CIP)数据

建设工程招投标与合同管理/赵来彬等主编. --北京:人民交通出版社,2008.3

ISBN 978-7-114-06299-5

Ⅰ. 工... Ⅱ. 赵... Ⅲ. ①建筑工程-招标②建筑工程-投标③建筑工程-合同-管理 Ⅳ. TU723

中国版本图书馆 CIP 数据核字(2006)第 144916 号

书　　名：建设工程招投标与合同管理
著 作 者：赵来彬　贾莲英
责任编辑：陈志敏　邵　江
出版发行：人民交通出版社
地　　址：(100011) 北京市朝阳区安定门外外馆斜街 3 号
网　　址：http://www.ccpress.com.cn
销售电话：(010) 59757973
总 经 销：人民交通出版社发行部
经　　销：各地新华书店
印　　刷：北京市密东印刷有限公司
开　　本：720×960　1/16
印　　张：31.25
字　　数：595 千
版　　次：2008 年 3 月　第 1 版
印　　次：2015 年 1 月　第 7 次印刷
书　　号：ISBN 978-7-114-06299-5
定　　价：45.00 元
(有印刷、装订质量问题的图书由本社负责调换)

高职高专土建类专业规划教材编审委员会

高职高专土建类专业规划教材出版说明

近年来我国职业教育蓬勃发展，教育教学改革不断深化，国家对职业教育的重视达到前所未有的高度。为了贯彻落实《国务院关于大力发展职业教育的决定》的精神，提高我国土建领域的职业教育水平，培养出适应新时期职业需要的高素质人才，人民交通出版社深入调研，周密组织，在全国高职高专教育土建类专业教学指导委员会的热情鼓励和悉心指导下，发起并组织了全国四十余所院校一大批骨干教师，编写出版本系列教材。

本套教材以《高等职业教育土建类专业教育标准和培养方案》为纲，结合专业建设、课程建设和教育教学改革成果，在广泛调查和研讨的基础上进行规划和展开编写工作，重点突出企业参与和实践能力、职业技能的培养，推进教材立体化开发，鼓励教材创新，教材组委会、编审委员会、编写与审稿人员全力以赴，为打造特色鲜明的优质教材做出了不懈努力，希望以此能够推动高职土建类专业的教材建设。

本系列教材先期推出建筑工程技术、工程监理和工程造价三个土建类专业共计四十余种主辅教材，随后在2～3年内全面推出土建大类中七类方向的全部专业教材，最终出版一套体系完整、特色鲜明的优秀高职高专土建类专业教材。

本系列教材适用于高职高专院校、成人高校及二级职业技术学院、继续教育学院和民办高校的土建类各专业使用，也可作为相关从业人员的培训教材。

人民交通出版社

2007年1月

业主责任制、工程招标投标制、工程建设监理制及合同管理制等四项基本制度构建起我国工程建设领域的基本制度框架。加入WTO之后，我国从事工程建筑的各企业，面对国内外建筑市场不断发展变化的新形势，构建工程项目招标投标与合同管理的理论和方法体系，培养具有较强合同意识和管理能力的工程项目管理人才是一项长期而艰巨的任务。工程招标投标及合同管理已日益发展成为工程建设活动的重要组成部分。

全国高校土建学科教学指导委员会高职教育专业委员会制定的工程建设监理专业培养方案和课程教学大纲中，工程招标投标与合同管理是该专业主干课程。工程招标投标与合同管理，主要研究工程项目招标投标程序以及工程建设合同管理方面的问题。通过本课程的教学，学生应熟悉工程招标投标制度、程序和方法，掌握国内建设工程施工合同的基本内容，了解国际通用的工程施工合同(FIDIC)的运作与方法，熟悉施工合同的索赔理论和索赔惯例。为此，本书在介绍国内工程招标投标与合同管理的实际操作经验和方法基础之上，穿插了大量近年国内工程招标投标与合同管理的案例，并对其进行了剖析、点评。全书可作为高等职业技术专科教育、成人高等教育等工程建设监理专业、道路与桥梁工程技术专业、房屋建筑工程专业及工程造价专业使用的教材，也可作为工程技术、管理人员业务学习的参考用书。

本书由工程招标投标和工程施工合同管理两部分共十三章构成。即工程招标投标与合同管理的基本法律制度、建筑工程招标投标概述、国内工程项目施工招标、国内工程项目施工投标、国际工程项目施工招标与投标、建设工程合同概述、国内建设工程施工合同、国际工程合同条件、施工合同管理、工程合同风险管理、建设工程施工合同签订、建设工程施工合同履约管理、工程施工索赔管理。两部分内容既相对独立，又相互联系，共同构成整个工程招标投标与合同管理的理论和方法体系。

本书由山西建筑职业技术学院赵来彬编写第十二、十三；湖北城建职业技术学院贾莲英编写第十、十一章；黑龙江建筑职业技术学院郭宏伟编写第一、三章；湖北城建职业技术学院邵志华编写第六、八章；江西建设职业技术学院刘小庆编写第五、九章；湖北城建职业技术学院顾鹃编写第二、七章；河北交通职业技术学院王朝红编写第四章。本教材由赵来彬、贾莲英担任主编，郭宏伟、刘小庆和邵志华担任副主编。

为了便于学习，本书在编排体例设置上，在每章开始都设有内容提要及学习指导，每章结束都附有本章小结和思考题，同时还有古人、现代名言、哲语，作为作者贯穿教材的管理思想的一个诠释。

本书由哈尔滨工业大学管理学院杨晓林教授和山西第二审计事物所刘欣高级工程师担任主审，并对书稿提出了许多宝贵意见和建议，在此表示衷心感谢。

限于编者水平有限，本书不当和错误之处，敬请广大读者、同行和专家批评指正。

编　者

2008-01-01

目录

MULU

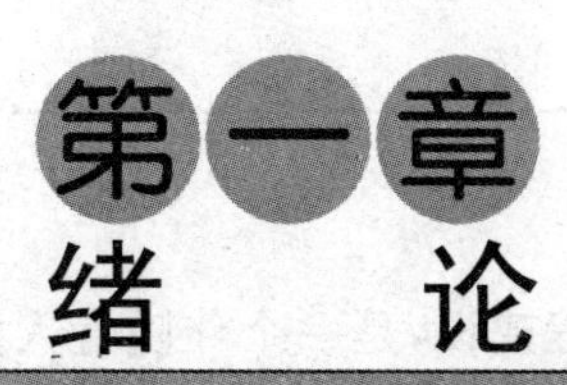

第一章 绪 论

【内容提要】

本章在简要介绍了工程建设活动及其参与主体之后，介绍了工程建设项目的招投标活动(微观管理)及其工程建设法规(宏观管理)，在此基础上，将项目的招投标活动与合同管理的内在联系统一在工程项目管理的概念之下。

【学习指导】

工程建设活动是伴随着人类生存与发展而存在的古老学科。工程建设活动，消耗占用了人类大量的物质财富，也是人类文明的一个有形载体。如何在有限的资源(工期限制、投资限制)下，完成既定的工程，或者完成既定的工程，如何才能缩短工期、减少消耗，这是千百年来人类孜孜以求的一个梦想。

正是基于上述理念，现代社会的工程建设活动的主体已演变成高度专业化、社会化，从最初的勘察、设计、施工，发展到现在还有建筑总承包、咨询(监理)、(房地产)投资开发商等。

也正是为了实现既定的投资意图，为了国家及建设工程主体利益，工程建设活动逐渐发展并形成了既定的建设程序。

在工程项目建设过程中，工程招投标制度、合同管理制度与业主负责制、建设监理制也应运而生。

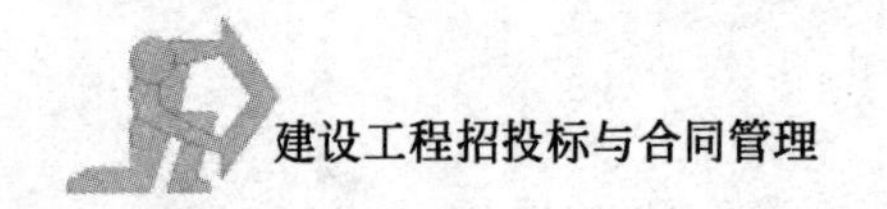

第一节 概　述

一 工程建设活动

(一)工程建设的概念

土木工程,又称之为工程建设,是一个伴随着人类生存、发展的古老而又年轻的发展中的学科。国务院学位委员会在学科简介中为土木工程所下的定义是:"土木工程(Civil Engineering)是建造各类工程设施的科学技术的统称。它既指工程建设的对象,即建造在地上、地下、水中的各种工程设施,也指所应用的材料、设备和所进行的勘测、设计、施工、保养、维护等专业技术。"

随着科学技术的进步和时代的发展,土木工程技术不断创新,土木工程显示出勃勃生机。不仅如此,土木工程技术与管理科学的紧密结合使得土木工程的发展日益显示出潜在的活力,对人类社会的物质生产活动的影响也越来越巨大。

(二)工程建设活动的特殊性

工程建设活动的特殊性主要从它的成果——建设产品和它的活动过程——建设这两个方面来体现。

1.建设产品的特殊性

(1)综合性。

建设产品是由许多材料、制品经施工装配而组成的综合体;是由许多个人和单位分工协作、共同劳动的总成果;往往也是由许多具有不同功能的建(构)筑物有机结合成的完整体系。

(2)固定性。

一般的工农业产品可以流动,消费使用空间不受限制,而建设产品只能固定在建设场址使用,不能移动。

(3)多样性和个体性。

建设产品的每个生产对象的使用功能和建筑类型都不相同,建设产品的平面组合、立面造型、建筑结构也各不相同。即使以上这些特点都完全一致,也因其施工的自然条件和社会条件不同,使两个建设产品的使用功能和价值有所区别。

2. 建设的特殊性

(1)生产周期长。

工程建设周期通常需要几年至十几年。在如此长的建设周期中,不能提供完整产品,不能发挥完全效益,因而造成了大量的人力、物力和资金的长期占用;同时,由于建设周期长,受政治、社会与经济、自然等因素影响大。

(2)建设过程的连续性和协作性。

工程建设的各阶段、各环节、各协作单位及各项工作,必须按照统一的建设计划有机地组织起来,在时间上不间断,在空间上不脱节,使建设工作有条不紊地顺利进行。如果某个环节的工作遭到中断,有可能波及相关工作,造成人力、物力、财力的积压,并可能导致工期拖延,不能按时投产使用。

(3)施工的流动性。

建设产品的固定性决定了施工的流动性,施工人员及机械必然要随建设对象的不同而经常流动转移。

(4)受自然和社会条件的制约性强。

一方面,由于建设产品的固定性,工程施工多为露天作业;另一方面,在建设过程中,需要投入大量的人力和物资。因而,工程建设受地形、地质、水文、气象等自然因素以及材料、水电、交通、生活等社会条件的影响很大。

(三)建设程序

建设程序是指由法律、行政法规所规定的,进行工程建设活动所必须遵循的阶段及其先后顺序。它反映了工程建设所固有的客观规律和经济规律,体现了现行建设管理体制的特点,是建设项目科学决策和顺利进行的重要保证。建设程序既是工程建设应遵循的准则,也是国家对工程建设进行监督管理的手段之一。依据我国现行工程建设程序法规的规定,工程建设程序可概括地分为三个大阶段,每个阶段又各包含若干环节。

1. 工程建设前期阶段

包括项目建议书、可行性研究、立项(项目评估)、报建、项目发包与承包、初步设计等环节。

2. 工程建设实施阶段

包括勘察设计、设计文件审查、施工准备、工程施工、生产准备与试生产、竣工验收等环节。

3. 生产运营阶段

包括生产运营或交付使用、投资后评价等。

二 工程建设的参与者

工程建设活动是一个系统性的工作，根据我国现行法规，除了政府的管理部门（如行政管理、质量监督等部门）、金融机构及建筑材料、设备供应商之外，我国从事建设活动的单位主要有业主、建筑企业和工程咨询服务单位。

（一）建设单位

建设单位是指拥有相应的建设资金，办妥工程建设手续，以建成该项目达到其经营使用目的的政府部门、事业单位、企业单位或个人。所有的建设单位都拥有一种共同的东西——那就是需要建筑产品。要将这种需要尽快付诸行动或收到效益，建设单位就要聘请设计单位（或咨询单位）将自己的设想逐步向前推进，或者说请建筑师把自己的设想逐步变成设计图纸；然后聘请施工单位按照设计图纸，将设想变成实际的工程产品。

在国际上，通常使用业主（Owner）一词，也有些国家和地区使用雇主一词。其含义是一样的。在我国国内建筑市场上，建设单位实际上就是类似于业主的角色。过去在某些大、中型项目中，工程指挥部行使了业主的权力。国家计委规定自 1992 年起，新开工的大中型基本建设项目原则上都要实行项目业主责任制（1996 年改成项目法人责任制），以促使我国的投资效益有一个根本的改观。

（二）房地产开发企业

房地产开发企业是指在城市及村镇从事土地开发、房屋及基础设施和配套设施开发经营业务，依法取得相应资质等级证书，具有企业法人资格的经济实体。未取得房地产开发资质等级证书（简称资质证书）的企业，不得从事房地产开发经营业务。

在工程建设中，房地产开发企业的角色与一般建设单位相似。

（三）总承包企业

总承包企业是指对项目从立项到交付使用的全过程进行承包的企业。在我国，总承包企业包括两种情况：一是设计单位（或以设计单位为主体的设计工程公司），二是工程总承包企业。

总承包企业可以实行项目建设全过程的总承包，也可进行分阶段的承包；可独立进行总承包，也可与其他单位联合总承包。

(四)工程勘察设计企业

工程勘察设计企业是指依法取得资格,从事工程勘察、工程设计活动的单位。一般情况下,工程勘察和工程设计是业务各自独立的企业。

建设工程勘察是指根据建设工程的要求,查明、分析、评价建设场地的地质地理环境特征和岩土工程条件,编制建设工程勘察文件的活动。一般包括初步勘察和详细勘察两个阶段。

建设工程设计是指根据建设工程的要求,对建设工程所需的技术、经济、资源、环境等条件进行综合分析、论证,编制建设工程设计文件的活动。

(五)工程监理单位

工程监理单位,是指取得监理资质证书,具有法人资格的单位。从性质上讲,监理单位属于工程咨询类企业。"监理"是我国特有的称法,西方国家承担监理任务的是工程咨询公司、工程顾问公司、建筑师事务所等。但是,在我国,建设监理是一项工程建设领域的基本制度,对监理单位的资格管理和行业管理与一般的工程咨询有所区别。

工程建设中,监理单位接受业主的委托和授权,根据有关工程建设法律法规,经建设主管部门批准的工程项目建设文件、监理合同和其他工程建设合同,对工程建设项目实施阶段进行专业化监督与管理,业主和承包者之间与建设合同有关的联系活动要通过监理单位进行。

(六)建筑业企业

建筑业企业,也称工程施工企业,是指从事土木工程、建筑工程、线路管道设备安装工程、装饰工程的新建、扩建、改建活动的企业。在国际上一般称为承包商。

(七)工程咨询和服务单位

工程咨询和服务单位主要向业主提供工程咨询和管理等智力型服务。除了勘察设计单位和监理单位外,从事工程咨询和服务的单位还很多,如工程咨询、信息咨询、工程造价咨询、工程质量检测、工程招标代理、房地产中介(包括咨询、价格评估、经纪等)、房地产测绘等单位。

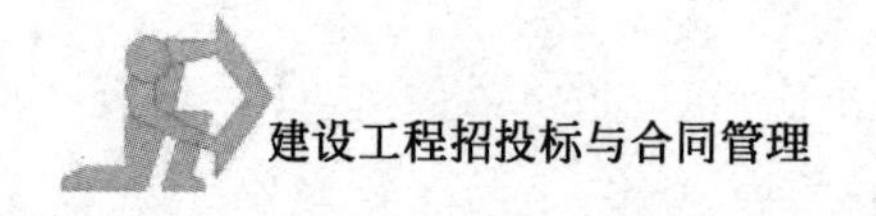

三 我国工程项目管理的发展

(一)1949 年我国建国前发展情况

鸦片战争后,帝国主义妄想瓜分中国,迫使满清政府开放商埠,割让租界。与此同时,外国建筑承包商随之而至,包揽官方及私营土建工程。

1880 年,上海杨斯盛氏在上海创办了“杨瑞记”营造厂。此后,国人自营或与外资合营的营造厂在各大城市相继成立,逐渐形成了沿袭资本主义国家管理模式的建筑承包业。当时的管理手段可归纳为以下四个方面:

(1)招标投标承包制;

(2)严格管理的合同制;

(3)明确的经济责任制;

(4)推行业主、设计事务所、营造厂和官方有关部门(如上海租界内的公务局等)各派各自的监工人员进行质量监督的“监工制”。

1880 年,上海杨瑞记营造厂成立起至 1949 年全国解放,营造厂经营近 70 年。1949 年解放之际,全国建筑行业仅有营造厂职工和分散的个体劳动者约 20 万人。

(二)1949 年建国后至现在的发展情况

解放后我国建筑业蓬勃发展,这期间它经历了以下几个发展过程。

1.1949 年至第一个五年计划完成

这期间的经营管理方式主要是推行承发包制,即按照国家计划,基本建设主管部门把建设单位的工程任务以行政指令方式分配给建筑企业承包。建设单位作为发包一方(甲方),建筑企业作为承包一方(乙方),双方签订承发包合同,合同中明确规定双方的权利、义务与经济责任。

建国初期,在百废待兴、建设任务极其庞大而施工力量又甚短缺的历史条件下,推行承发包制确有必要。实践证明,此期间内竣工的工程项目质量较好、工期较短,建筑业发展迅速,技术水平日益提高且经济效果显著。1954-1956 年期间我国第一个汽车制造厂(长春汽车制造厂),作为全国的重点兼试点工程,由当时的建筑工程部部长亲任现场施工公司经理,并有解放军两个师参加施工。在全体职工的努力下,工程进展迅速,质量优良,并总结制定出一整套各个工种的施工验收规范。此后相继完成的 156 项重点建设工程,奠定了我国的工业基础,锻炼和培养了整整一代中国建筑业的工人和技术人员。

2."二五"时期至1976年

1957年后,由于"左"的思想影响,全国各行各业出现了大干快上、急于求成、盲目提高生产指标等现象。建筑业也不例外,大上大下、先上后下、计划多变等违反基建程序与规律、不搞经济核算而搞平均主义的情况屡见不鲜,大大削弱了建筑业的经营管理,工期拖延,经济效果每况愈下,企业亏损严重。国家经济受到了不应有的损失。

3.1976年至今

在此期间,建立、推行或完善了以下四项工程建设基本制度:

(1)颁布和实施了建筑法等法律规章,为建筑市场的发展提供了法治基础;

(2)制定和完善建设工程合同示范文本,贯彻合同管理制;

(3)推行招标投标制,把竞争机制引入建筑市场;

(4)创建建设监理制,改革建设工程的管理体制。

第二节　关于工程项目招标投标和合同管理相关法规

改革开放以来,我国工程管理的相关法律、法规和部门规章也是一个逐步完善的过程。到目前为止已颁布实施了以下法律,从而奠定了建筑市场和建设工程管理的法律基础。

1.《中华人民共和国民法通则》

1986年4月12日第七届全国人大第四次会议通过了《中华人民共和国民法通则》(下文中简称《民法通则》),1986年4月12日中华人民共和国主席令第37号公布,并从该日起施行。《民法通则》旨在调整平等主体的公民之间、法人之间、公民和法人之间的财产关系和人身关系。它是订立和履行合同以及处理合同纠纷的法律基础。

2.《中华人民共和国民事诉讼法》

1991年4月9日第七届全国人大第四次会议通过了《中华人民共和国民事诉讼法》(下文中简称《民事诉讼法》),1991年4月9日中华人民共和国主席第44号公布,并从该日起施行。《民事诉讼法》的任务是:保证当事人行使诉讼权利,保证人民法院查明事实,正确运用法律,及时审理民事案件,确认民事权利义务关系,制裁民事违法行为,保护当事人的合法利益,维护社会和经济秩序,保障社会主义建设事业顺利进行。

3.《中华人民共和国建筑法》

1997 年 11 月 1 日全国人大常委会通过了《中华人民共和国建筑法》(下文中简称《建筑法》),自 1998 年 3 月 1 日起施行。《建筑法》是建筑业的基本法律,其制定的主要目的在于加强对建筑业活动的监督管理,维护建筑市场秩序,保障建筑工程的质量和安全,促进建筑业健康发展等。

4.《中华人民共和国合同法》

1999 年 3 月 15 日第九届全国人大第二次会议通过了《中华人民共和国合同法》(下文中简称《合同法》),1999 年 10 月 1 日起施行,从该日起,《中华人民共和国经济合同法》、《中华人民共和国涉外经济合同法》、《中华人民共和国技术合同法》同时废止。《合同法》中除对合同的订立、效力、履行、变更和转让、合同的权利义务终止、违约责任等有规定外,还载有关于买卖合同,供用电、水、气、热力合同,赠与合同,信贷合同,租赁合同,融资租赁合同,承揽合同,建设工程合同,运输合同,技术合同,保管合同,仓储合同,委托合同,行纪合同和居间合同等的具体规定。

5.《中华人民共和国招标投标法》

1999 年 8 月 30 日第九届全国人大常务委员会第 11 次会议通过了《中华人民共和国招标投标法》(下文中简称《招标投标法》),2000 年 1 月 1 日施行。该法包括招标、投标、开标、评标和中标等内容,其制定目的在于规范招标投标活动,保护国家利益、社会公共利益和招标投标活动当事人的合法权益,提高经济效益及保证工程项目质量等。

6.《中华人民共和国仲裁法》

1994 年 8 月 31 日第八届全国人大常务委员会第 9 次会议通过了《中华人民共和国仲裁法》(下文中简称《仲裁法》),1995 年 9 月 1 日施行。其制定目的在于保证公正、及时地仲裁经济纠纷,保护当事人的合法权益及保障社会主义市场经济健康发展。《仲裁法》的主要内容包括关于仲裁协会及仲裁委员会的规定,仲裁协议,仲裁程序,仲裁庭的组成、开庭和裁决,申请撤销裁决,裁决的执行以及涉外仲裁的特殊规定等。

7.《中华人民共和国公证法》

公证是国家公证机关根据当事人的申请,依法证明法律行为,有法律意义的文书和事实的真实性、合法性,以保护公共财产,保护公民的身份上、财产上的权利和合法利益。国务院 1982 年 4 月 13 日发布了《中华人民共和国公证条例》,2006 年《中华人民共和国公证法》颁布实施。

8.《建设工程质量管理条例》和《工程建设标准强制性条文》

改革开放后，在我国社会主义建设取得巨大成就的同时，工程质量事故时有发生，特别是某些桥梁和房屋建筑倒塌破坏的恶性事故，在社会上引起了强烈的反响。为此，国务院于2000年1月30日发布实施《建设工程质量管理条例》，以强化政府质量监督，规范建设工程各方主体的质量责任和义务，维护建筑市场秩序，全面提高建设工程质量。同时，在众多的工程规划、勘察设计、施工规范中，国家建设行政主管部门及专(行)业归口管理部门明确其中一些条文是工程建设过程中必须遵循、执行的条文，对工程建设的参与者、从业人员行为具有强制性，即《工程建设标准强制性条文》。

另外，与工程建筑活动有关的法规还有《中华人民共和国担保法》、《中华人民共和国拍卖法》、《中华人民共和国仲裁法》、《中华人民共和国价格法》、《中华人民共和国质量法》及《中华人民共和国保险法》等。

第三节　鲁布革引水工程招标投标情况简介

一　鲁布革引水工程招标投标情况简介

鲁布革水电站装机容量60万kW·h，位于云贵交界的黄泥河上。1981年6月经国家批准，列为重点建设工程。1982年7月国家决定将鲁布革水电站的引水工程作为水利电力部第一个对外开放、利用世界银行贷款的工程，并按世界银行规定，实行建国以来第一次的国际公开(竞争性)招标。该工程由一条长8.8km、内径8m的引水隧洞和一调压井等组成。招标范围包括其引水隧洞、调压井和通往电站的压力钢管等。招标工作由水利电力部委托中国进出口公司进行，其招标程序及合同履行情况如表1-1所示。

因为国际工程招标程序将在后续章节中作介绍，现仅对鲁布革引水工程的评标过程作一简述。

根据世界银行贷款项目《土建工程国际竞争性招标文件》的规定，开标时对各投标人的投标书进行开封和宣读。评标的主要规定和步骤如下：

(1)业主可要求任何投标人以书面或电报方式澄清其投标书，包括单价分析表。但投标人不应寻求或提出对其报价价格或实质性内容进行修改。这是为了有助于对投标书的审查、澄清、评价和比较。

(2)投标书的检查与响应性的确定。

评标前，业主应在以下方面对投标书进行检查：

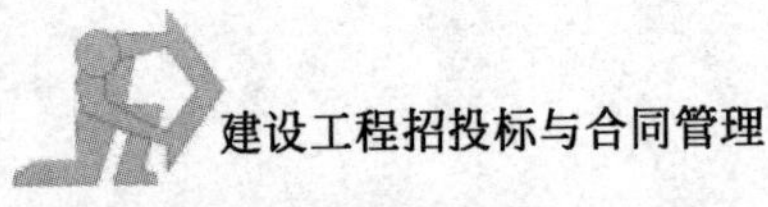

①是否符合现行规定的投标书合格性的标准；

②签署是否适当；

③是否提交了符合要求的投标保函；

鲁布革水电站引水工程国际公开招标程序　　表 1-1

时　间	工作内容	说　明
1982 年 9 月	刊登招标通告及编制招标文件	
1982 年 9～12 月	第一阶段资格预审	从 13 个国家 32 家公司中选定 20 家合格公司，包括我国公司 3 家
1983 年 2～7 月	第二阶段资格预审	与世界银行磋商第一阶段预审结果，中外公司为组成联合投标公司进行谈判
1983 年 6 月 15 日	发售招标文件(标书)	15 家外商及 3 家国内公司购买了标书，8 家投了标
1983 年 11 月 8 日	当众开标	共 8 家公司投标，其中 1 家为废标
1983 年 11 月～1984 年 4 月	评标	确定大成(日)、前田(日)和英波吉洛公司(意美联合)3 家为评标对象，最后确定日本大成公司中标，与之签订合同，合同价 8 463 万元，比标底 12 958 万元低 43%，合同工期 1 597 天
1984 年 11 月	引水工程正式开工	
1988 年 8 月 13 日	正式竣工	工程师签署了工程竣工移交证书，工程初步结算价 9 100 万元，仅为标底的 60.8%，比合同价增加 7.53%，实际工期 1 475 天，比合同工期提前 122 天

④是否提交了业主为确定其响应性而要求其提供的所有澄清文件或证明文件；

⑤是否实质上响应了投标书的要求。实质上响应招标文件的投标书应符合招标文件的全部条款、条件和技术规范，无重大的偏离和保留。所谓重大的偏离和保留是指：A 对工程的范围、质量、工程的实施产生重大的影响；B 对合同中规定的业主的权利及投标人的义务造成重大的限制；C 纠正这种偏离或保留，将会对其他按合理价格提交了实质上符合要求的投标书的投标人的地位产生不公正的影响。

如果投标书实质上不响应招标文件的要求，业主将视之为废标，且不允许投标人修正或撤销其重大偏离或保留，而使其投标书符合响应性要求。表 1-2 中前西德某公司未曾按照招标文件投送投标书，而成为废标。

鲁布革水电站引水工程国际公开招标评标折算报价　表 1-2

公　司	折算报价(万元)	公　司	折算报价(万元)
大成公司	8 460	中国闽昆与挪威 FHS 联合公司	12 210
前田公司	8 800	南斯拉夫能源公司	13 220
英波吉洛公司(意美联合)	9 280	法国 SBTP 联合公司	17 940
中国贵华与前西德霍尔兹曼联合公司	12 000	前西德某公司	废标

(3)修正错误。

对于确定为实质上响应的投标书，业主应按下列原则修改其中的错误：

①当以数字表示的金额与以文字表示的金额不一致时，以文字金额为准；

②在工程量清单任何一行中，如所标的单价乘该行数量所得合价金额同该单价不一致时，应以所标的单价为准。除非业主认为该单价有明显的小数点错位，则此时应以该行列出的合价金额为准，并修改此单价。

业主按上述规定修改错误后所得的该投标书报价金额，在投标人的同意下，应对该投标人起约束作用。如果投标人不接受此修改后的金额，则其投标书将被拒绝，并没收其投标保证金。按照国际惯例，只有前三标能进入评标阶段，因此我国两家公司没有入选，实为遗憾。这次国际竞争性招标，我国公司享受 7.5%的优惠，地处国内，条件颇为有利，但未能中标。

事后分析，原因可能如下：

①标底计算过高，束缚了自己的手脚；

②外商标价中费用项目比我国概算要少得多。我国一个公司就负担着一个小社会，费用名目繁多，再加上人员设备工效低，临建数量大，这些因素都会使报价增高，工期较长，削弱投标竞争能力；

③由于十年动乱的干扰，我国公司的施工技术和管理水平在当时与外国大公司比，有一定差距。此外，投标过程中对市场信息掌握的也稍差。

差距首先表现在工效上。当时国内隧洞开挖进尺每月最高为 112m，仅达到国外公司平均工效的 50%左右。

其次是施工工艺落后。日本大成公司每立方米混凝土的水泥用量比国内公司少用 70kg。我国公司与挪威联营的公司所用水泥比大成公司多了 4 万多吨，按进口水泥运达工地价计算，差额约为1 000万元。

此外，国内设备利用率低，而国外高于我们。由于上述因素，我国公司报价的主要指标一般高于此次投低标的外国公司而处于不利地位（见表1-3）。

主要指标对比　　表1-3

项　　目	单　　位	大成公司	前田公司	意美联合公司	闽挪联合公司	标　　底
隧洞开挖	元/m³	37	35	26	56	79
隧洞衬砌	元/m³	200	218	269	291	444
混凝土衬砌水泥单方用量	元/m³	270	308		360	320～350
水泥总用量	t	52 500	65 500	64 000	92 400	77 890
劳动量总计	工日/月	22 490	19 250	19 520	28 970	
隧洞超挖	cm	12～15（圆形）	12～15（圆形）	10（圆形）	20（马蹄形）	20（马蹄形）
隧洞开挖月进尺	m/月	190	220	140	180	

大成公司采用总承包制，管理及技术人员仅30人左右，雇用我国某公司为分包单位，采用科学的项目管理方法。合同工期为1 597天，竣工工期为1 475天，提前122天。工程质量综合评价为优良。包括除汇率风险以外的设计变更、物价涨落、索赔及附加工程量等增加费用在内的工程初步结算为9 100万元，仅为标底的60.8%，比合同价增加了7.53%。"鲁布革工程"的管理经验不但得到了世界银行的充分肯定，也受到我国政府的重视，号召建筑施工企业进行学习。建设部和国家计委等五单位于1987年7月发布《关于第一批推广鲁布革工程管理经验企业有关问题的通知》后，于1988年8月确定了15个试点企业共66个项目。1991年将试点企业调整为50家。1991年9月，建设部提出了《关于加强分类指导、专题突破、分步实施、全面深化施工管理体制综合改革工作的指导意见》，将试点工作转变为全行业的综合改革。

 鲁布革工程的主要经验

水电部早在1977年就着手进行鲁布革水电站的建设，水电十四局开始修路，进行施工准备。但由于资金缺乏，准备工程进展缓慢，前后拖延7年之久。20世纪80年代初，水电部决定利用世行贷款，工程从此出现转机。鲁布革水电站引水系统原为水电十四局承担的工程，但是在投标竞争中，以最低评标价中标

的日本大成公司投标价为8 463万元，十四局和闽江局及挪威联合的公司投标价为12 132.7万元，比大成公司高了30%。

鲁布革水电站引水系统工程进行国际招标和实行合同管理，在当时具有很大的超前性。鲁布革工程管理局作为既是“代理业主”又是“监理工程师”的机构设置，按合同进行项目管理的实践，使人耳目一新。所以当时到鲁布革水电站引水系统工程考察被称为“不出国的出国考察”。这是在80年代初我国计划经济体制还没有根本改变，建筑市场还没形成，外部条件尚未充分具备的情况下进行的。而且只是水电站引水系统进行国际招标，首部大坝枢纽和地下厂房工程以及机电安装仍由水电十四局负责施工。因此形成了一个工程两种管理体制并存的状况。这正好给了人们一个充分比较、研究、分析两种管理体制差异的极好机会。鲁布革水电站引水系统工程的国际招标实践和一个工程两种体制的鲜明对比，在中国工程界引起了强烈的反响。到鲁布革水电站引水系统工程参观考察的人几乎遍及全国各省市，鲁布革水电站引水系统工程的实践激发了人们对基本建设管理体制改革的强烈愿望。

鲁布革水电站引水系统工程的管理经验主要有以下几点：

(1)核心的经验是把竞争机制引入工程建设领域；

(2)工程施工采用全过程总承包方式和科学的项目管理；

(3)严格的合同管理和工程师监理制。

本章小结

土木工程，又称之为工程建设，是人类在地上、地下、水中进行各种建筑物、人工构筑物活动的总称，也包括在工程建设活动中所用的材料、设备和所进行的勘察、设计、施工、保养和维护等专业技术。

工程建设活动的参与者由建设单位、房地产开发企业、总承包及工程项目管理企业、工程勘察设计企业、工程监理企业、建筑业企业、工程咨询和服务单位。

工程建设程序分为三个阶段：工程建设前期阶段(包括项目建议书、可行性研究、立项评估、报建、项目发包与承包、初步设计)、工程建设实施阶段(包括勘察设计、设计文件审查、施工准备、工程施工、生产准备与试生产、竣工验收)及生产运营阶段(生产运营及投资后评估)。

工程招投标及合同管理制是我国改革开放以后，在工程建设领域所推行的与业主负责制、建设监理制度等几个基本制度。

思考题

1. 什么是工程建设的概念、工程建设的特殊性？
2. 我国从事建设活动的主体有哪些？他们各自的作用是什么？
3. 简述我国工程项目管理的发展历史。
4. 工程项目招标投标及合同管理的相关法规主要有哪些？
5. 如何认识鲁布革引水工程招标投标活动？

轻松一刻

上世纪八十年代，中国政府计划借助世界银行贷款在我国西南边陲云南省的云（南）贵（州）交接的黄泥河上，利用黄泥河水量丰沛、落差大的特点建设一座水电站。当工程技术人员经过实地踏勘、测量选定了水电站的坝址之后，遇到了一个给水电站命名的问题。询问当地山民："这是什么地方？"，对方以当地方言回答说："鲁布革（不知道）"。

就这样，"鲁布革"就成为这个大型水电站的名字。

第二章 建筑工程招投标概述

【内容提要】

本章在简要介绍项目招投标的概念、招投标制度的产生背景和未来发展前景之后，对建筑工程招投标的监督管理机构、建设工程交易中心的性质、职能及我国现行建设工程招标投标法律制度、建设工程招投标的方式和程序作了简要介绍。

【学习指导】

业主，即工程建设项目的出资者和拥有者，也是工程建设项目的收益者和投资风险的最终承担者。业主之所以为业主，在于他拥有投资的项目及所需要的资金。

现代社会发展的特征之一就是专业、行业的高度分化、细化。工程项目业主为了使自己的投资目的得以实现，需社会上高度专业化的部门、组织去落实。如何在市场环境下运用市场机制去寻找、选择专业组织，进而与对方签署具有约束力的契约(合同)，这就是本章所要论述的内容。

鉴于工程建设在中国的特殊性，我国工程建设法规中关于工程建设招投标具有一系列的规定，这些规定既具有普适性，又具有一定的特殊性。

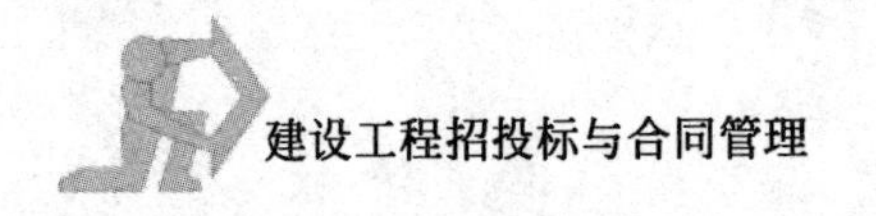

第一节　建设工程招标投标法律制度

建设工程招标投标的概念及意义

(一)概念

1. 建筑工程招投标的概念

标，本义为树木的末梢，引意为表面的、非根本的部分。招标，是指在经济合作之前，合作一方为愿意为之提供货物、服务提出的要求和条件。招标者通过发布广告或发出邀请函等形式，召集自愿参加竞争者投标，并根据事前宣布的评选办法对投标人进行审查、评比，最后选定中意的合作伙伴。

建设工程招标是建设工程项目招标人，公开招标或邀请工程建设投标人，招标人通过对投标人的投标书进行开标、评标程序，择优选定中标人的一种经济活动。

建设工程投标与建设工程招标相对应，是指具有合法资格和能力的投标人根据项目建设招标条件，经过研究和分析，编写投标文件，争取中标的经济活动。

2. 招投标的性质

招标文件是工程项目建设招标人在项目招标时所公开发布的一个文件。招标文件对工程项目建设的基本概况、对投标人的基本要求以及对招投标活动的相关细节都有详细的要求、说明。招标文件是投标人在编写招标文件、进行投标活动的指南。投标人要根据工程的要求、投标人自己的具体情况编写工程建设方案，并提出自己所能够接受的最低价格。从合同成立的必备要件来看，招标文件缺少合同中的一个核心内容——价格，从这个意义上来说，招标不是要约，它是邀请投标人来对其提出要约(报价)，是一种要约邀请。而投标则是要约，招标人经过对投标人的投标书进行评标，最后所发出的中标通知书是承诺。

(二)招标投标的特点

1. 平等性

招标投标是独立法人之间的经济交易活动，它按照平等、自愿、互利的原则和相应的程序进行。招标人和投标人在招投标活动中均享有相应的权利和义务，受法律的保护和约束。同时，招标人提出的条件和要求对所有潜在的投标人都是同等有效，因此，投标人之间的竞争地位平等。

2. 竞争性

招标投标本身具有竞争性。而工程项目招标，将众多的工程承包商集中到一项工程项目上，展开相互竞争，更能体现竞争性。竞争是优胜劣汰的过程，通过竞争，能够消除平均主义，节约能耗、降低成本，采用先进技术和工艺水平，促进社会进步和发展。

3. 开放性

开放性是招投标的本质属性。开放，即一方面打破地区、行业和部门的封锁，允许自由买卖和竞争，反对歧视；另一方面要求招标投标活动具有较高的透明度，实行招标信息和程序公开。

4. 科学性

要体现招投标的公平合理，需要招标文件内容公正合理、招标程序严谨合理、操作准确的评标办法。

(三)招标投标制的产生与发展

招标投标是国际上通用的工程承发包方式。招标投标制是伴随着商品经济的产生而产生，伴随着商品经济的发展而发展，是商品经济高度发展的产物。英国早在 18 世纪就制定了有关政府部门公共用品招标采购法律，至今已有 200 年的历史。我国随着市场经济体制的逐步发育，招标投标已逐渐成为建设市场的主要交易方式。

目前，我国在招投标市场中存在的问题有：

(1)推行招投标制度的力度不够，建设单位想方设法规避招标。

(2)招投标程序各行业、各地区规定不统一。

(3)权钱交易，腐败现象严重。

招标人虚假招标，私泄标底，投标人串通投标，投标人与招标人之间行贿受贿现象，中标人擅自切割标段、分包、转包，吃回扣等钱权交易违法犯罪行为时有发生。

(4)行政干预过多。

在建设工程的实际操作中，有的政府部门随意改变招标结果，指定招标代理机构或者中标人，人情工程、关系工程时有出现，行政力量对建筑活动的干预，难以实现公平竞争。

针对以上问题，为了使招投标制度在我国有效的贯彻和实施，发挥招投标的积极作用，1999 年 8 月 30 日九届全国人大常委会第十一次会议审议通过《招标投标法》，并于 2000 年 1 月 1 日起施行。它的出台体现了我国交易方式的重大

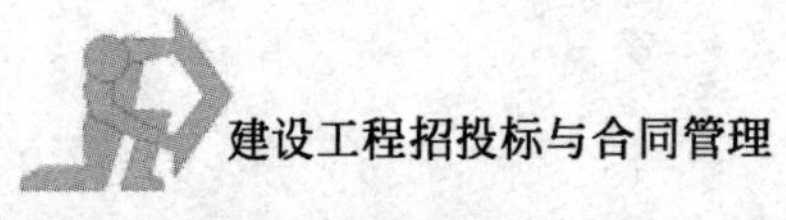

改革，是深化投资体制改革的一项重大举措，是将我国市场竞争规则与国际接轨的重要步骤，是政府在投资管理上迈向市场经济的又一里程碑。

（四）招标投标制度的意义

1.有利于规范招标投标活动

改革开放以来，随着与招标投标相关的各项法规的健全与完善，执法力度的加强，投资体制改革的深化，多元化投资格局的出现，对工程建设单位的投资行为的管理将逐渐纳入科学、规范的轨道。公平竞争、优胜劣汰的市场法则，迫使施工企业必须通过各种措施提高其竞争能力，在质量、工期、成本等诸多方面创造企业生存与发展的空间。

2.保护国家利益、社会公共利益以及招标和投标活动当事人的合法权益

在招标投标法的68个条文中，法律责任占25条。招投标法针对招标投标中的多种违法行为做出了追究相应法律责任的规定，追究的法律责任分为民事责任、行政责任、刑事责任，某些违法只承担其中的一种责任，某些则要同时承担几种责任。招投标法对规避招标、串通投标、转让中标项目等各种非法行为做出了处罚规定，并通过行政监督部门依法实施监督，允许当事人提出异议或投诉，来保障国家利益、社会公共利益和招标投标活动当事人的合法权益。

3.有利于承包商不断提高企业的管理水平

激烈的市场竞争，迫使承包商努力降低成本，提高质量，缩短工期，这就要求承包商提高管理水平，增强市场竞争能力。

4.有利于促进市场经济体制的进一步完善

推行招标投标制度，涉及计划、价格、物资供应、劳动工资等各个方面，客观上要求有与其相匹配的体制。对不适应招标投标的内容必须进行配套改革，从而有利于加快市场体制改革的步伐。

5.有利于促进我国建筑业与国际接轨

随着21世纪的到来，国际建筑市场的竞争正日趋激烈，建筑业正在逐渐与国际接轨。建筑企业将面临国内、国际两个市场的挑战与竞争。通过招投标制可使建筑企业逐渐认识、了解和掌握国际通行做法，寻找差距，不断提高自身素质与竞争能力，为进入国际市场奠定基础。

（五）建设工程交易中心与工程项目招投标的关系

为了强化对工程建设的集中统一管理，规范市场主体行为，建立公开、公平、公正的市场竞争环境，促进工程建设水平的提高和建筑业的健康发展，一些中心城市设立了建设工程交易中心。

1. 建设工程交易中心的性质

建设工程交易中心是建设工程招标投标管理部门或由政府建设行政主管部门批准建立的、自收自支的非盈利性事业法人。根据政府建设行政主管部门委托，建设工程交易中心负责实施对市场主体的服务、监督和管理。

2. 建设工程交易中心的基本功能

(1)信息服务功能。

包括收集、存储和发布各类工程信息、法律法规、造价信息、建材价格、承包商信息、咨询信息和专业人士信息等。在设施上配备有大型电子墙、计算机网络工作站，为承发包交易提供广泛的信息服务。工程建筑交易中心一般要定期公布工程造价指数和建筑材料价格、人工费、机械租赁费、工程咨询费以及各类工程指导价等，指导业主和承包商、咨询单位进行投资和投标报价。但在市场经济条件下，工程建设交易中心公布的价格指数仅是一种参考，投标最终报价还是需要依靠承包商根据本企业的经验或“企业定额”，企业机械装备和生产效率、管理能力和市场竞争需要来决定。

(2)场所服务功能。

对于政府部门、国有企业、事业单位的投资项目，法律明确规定，一般情况下都必须进行公开招标，只有在法律规定的几种情况下才允许采用邀请招标和议标。建设部《建设工程交易中心管理办法》规定，建设工程交易中心应具备信息发布大厅、洽谈室、开标室、会议室及相关设施以满足业主和承包商、分包商、设备材料供应商之间的交易需要。同时，要为政府有关管理部门进驻集中办公，办理有关手续和依法监督招标投标活动提供场所服务。

(3)集中办公功能。

由于众多建设项目要进入有形建筑市场进行报建、招投标交易和办理有关批准手续，这样就要求政府有关建设管理部门进驻工程交易中心集中办理有关审批手续和进行管理，建设行政主管部门的各职能部门进驻建设工程交易中心。受理申报的内容一般包括：工程报建、招标登记、承包商资质审核、合同登记、质量报检、施工许可证发放等。此外还有工商、税务、人防、绿化、环卫等管理部门进驻中心，方便建设单位办理基本建设的相关手续。

进驻建设工程交易中心的相关管理部门集中办公，实行“窗口化”的服务，公布各自的办事制度和程序，既能按照各自的职责依法对建设工程交易活动实施有力监督，也方便当事人办事，有利于提高办公效率。

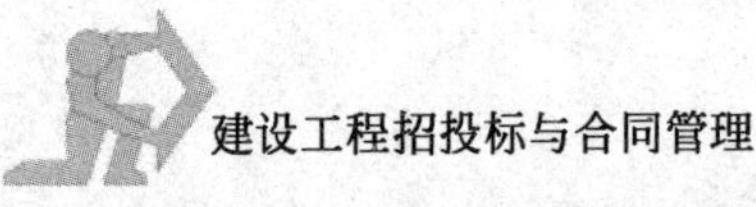

建设工程交易中心自建立以来，很好的解决了工程发包承包中信息渠道不畅、交易透明度不高等问题，为建筑市场主体提供一个集中与公开交易的场所，使建设工程交易由无形到有形、由隐蔽到公开、由分散到集中、由无序到有序，从而有效地促进建筑市场的规范运作。

 建设工程招标投标法律制度

建设工程招标投标法律制度是规范建设工程招标投标活动，调整在招标投标过程中产生的各种关系的法律法规的总称。狭义的招标投标法律制度指《中华人民共和国招标投标法》，已由第九届全国人大常委会第十一次会议于1999年8月30日通过，自2000年1月1日起施行。广义的招标投标法则包括所有调整招标投标活动的法律规范。除《招标投标法》外，还包括《中华人民共和国合同法》、《中华人民共和国反不正当竞争法》、《中华人民共和国刑法》、《中华人民共和国建筑法》等法律中有关招标投标的规定，还包括国务院及国务院各部门或地方政府发布的招标投标法规等。

(一)建设工程招标的范围

1.工程建设项目招标范围

我国《招标投标法》指出，凡在我国境内进行下列工程建设项目包括项目的勘察、设计、施工、监理以及与工程建设有关的重要设备、材料等的采购，必须进行招标：

(1)大型基础设施、公用事业等关系社会公共利益、公众安全的项目；

(2)全部或者部分使用国有资金投资或者国家融资的项目；

(3)使用国际组织或者外国政府贷款、援助资金的项目。

前款所列项目的具体范围和规模标准，由国务院发展计划部门会同国务院有关部门制订，报国务院比准。法律或者国务院对必须进行招标的其他项目的范围有规定的，依照其规定。

凡政府和公有制企、事业单位投资的新建、改建、扩建和技术改造工程项目的施工，除某些不适宜招标的特殊工程外，均应实行招标投标。根据2000年5月1日国家计委发布的《工程建设项目招标范围和规模标准化规定》，必须进行招标的工程建设的具体范围如下：

(1)关系社会公共利益、公共安全的基础设施项目的范围。

①煤炭、石油、天然气、电力、新能源等能源项目；②铁路、公路、管道、水运、

航空以及其他运输业等交通运输项目；③邮政、电信枢纽、通信、信息网络等邮电通讯项目；④防洪、灌溉、排涝、引（供）水、滩涂治理、水土保持、水利枢纽等水利项目；⑤道路、桥梁、地铁和轻轨交通、污水排放及处理、垃圾处理、地下管道、公共停车场等城市设施项目；⑥生态环境保护项目；⑦其他基础设施项目。

(2)关系社会公共利益、公共安全的公用事业项目的范围。

①供水、供电、供气、供热等市政工程项目；②科技、教育、文化等项目；③体育、旅游等项目；④卫生、社会、福利等项目；⑤商品住宅，包括经济适用房；⑥其他公用事业项目。

(3)使用国有资金投资项目范围。

①使用各级财政预算资金的项目；②使用纳入财政管理的各种政府专项建设基金的项目；③使用国有企事业单位自有资金，并且国有资产投资者实际是拥有控股权的项目。

(4)国家融资项目的范围。

①使用国家发行债券所筹资金的项目；②使用国家对外借款或者担保所筹资金的项目；③使用国家政策性贷款的项目；④国家授权投资主体融资项目；⑤国家特许的独资项目。

(5)使用国际组织或者外国政府资金的项目的范围。

①使用世界银行、亚洲开发银行等国际组织贷款资金的项目；②使用外国政府及其机构贷款资金的项目；③使用国际组织或者外国政府援助资金的项目。

2.工程建设项目招标规模标准

《工程建设项目招标范围和规模标准规定》规定的上述各类工程建设项目，达到下列标准之一的，必须进行招标：

(1)施工单项合同估算价在200万元人民币以上的；

(2)重要设备、材料等货物的采购，单项合同估算价在100万元人民币以上的；

(3)勘察、设计、监理等服务的采购，单项合同估算价在50万元人民币以上的；

(4)单项合同估算价低于(1)、(2)、(3)项规定的标准，但项目总投资额在3 000万元人民币以上的。

凡具备条件的建设单位和相应资质的施工企业均可参加施工招标投标。施工招标可对项目的全部工程进行招标，也可以对项目中的单位工程进行招标或特殊专业工程招标，但不得对单位工程的分部、分项工程进行单独招标。

对于涉及国家安全、国家秘密、抢险救灾或者属于利用扶贫资金实行以工代

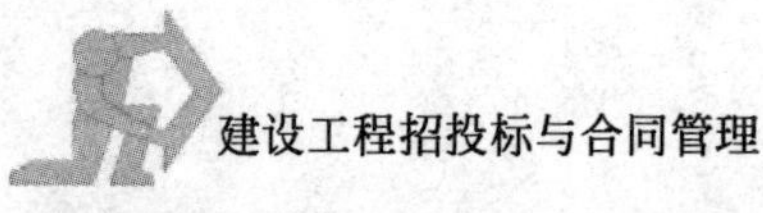

赈、需要使用农民工等非法律规定必须招标的项目，建设单位可自主决定是否进行招标。同时单位自愿要求招标的，招投标管理机构应予以支持。

（二）招标代理

建设工程招标代理，是指工程建设单位，将建设工程招标事务，委托给具有相应资质的中介服务机构，由该中介服务机构在建设单位委托授权的范围内，以建设单位的名义，独立组织建设工程招标活动，并由建设单位接受招标活动的法律效果的一种制度。这里，代替他人进行建设工程招标活动的中介服务机构，称为招标代理机构。

招标代理机构是自主经营、自负盈亏，依法在建设主管部门取得工程招标代理资质证书，在资质证书许可的范围内从事工程招标代理业务并提供相关服务，享有民事权力、承担民事责任的社会中介组织。

招标代理机构受招标人委托代理招标，必须签订书面委托代理合同，并在合同委托的范围内办理招标事宜。

招标代理机构应维护招标人的合法利益，对于提供的工程招标方案、招标文件、工程标底等的科学性、准确性负责，并不得向外泄露可能影响公正、公平竞争的任何招投标信息。招标代理机构不应同时接受同一招标工程的投标代理和投标咨询业务；招标代理机构与被代理工程的投标人不应有隶属关系或者其他利害关系。

政府招标主管部门对招标代理机构实行资质管理。招标代理机构必须在资质证书许可的范围内开展业务活动。超越自己业务范围进行代理行为，不受法律保护。

按照法律规定，招标人不具备自行招标条件的，招标人应该委托具有相应资质的招标代理机构代理招标。

（三）招投标活动的基本原则

1. 公开原则

招标投标活动的公开原则就是要求招标投标活动具有高度的透明性，招标信息、招标程序必须公开，即采用公开招标方式的，应当发布招标公告。依法必须进行招标的项目的招标公告，必须通过国家指定的报刊、信息网络或者其他公共媒介发布。无论是招标公告、资格预审公告，还是投标邀请书，都应当载明能初步满足潜在投标人决定是否参加投标竞争所需要的基本信息。另外开标的程序、评标的标准和程序、中标的结果等都应当公开。

2. 公平原则

公平原则要求给予所有投标人以完全平等的机会，使每一个投标人享有同等的权利并承担同等的义务，招标文件和招标程序不得含有任何对某一方歧视的要求或规定。

3. 公正原则

公正原则就是要求在选定中标人的过程中，评标标准应当明确、严格，评标机构的组成必须避免任何倾向性，招标人与投标人双方在招标投标活动中的地位平等，任何一方不得向另一方提出不合理的要求，不得将自己的意志强加给对方。

4. 诚实信用原则

诚实信用原则要求招标投标当事人应以诚实、守信的态度行使权利、履行义务，以维护双方的利益平衡，以及自身利益和社会利益的平衡。招标投标双方不得有串通投标、泄漏标底、骗取中标、非法转包等行为。

(四)法律责任

《招标投标法》规定招投标双方必须遵守法律、行政法规，尊重社会公德，不得扰乱社会经济秩序。但在招投标过程中一些人为牟取私利，损害他人利益、损害社会公共利益，其中较为突出的违法行为有以下几点：

1. 投标人之间串通投标

投标人不得相互串通投标报价，不得排挤其他投标人的公平竞争，损害招标人或者其他投标人的合法权益，串通投标主要有以下几种表现形式：

(1)投标者之间相互约定，一致太高或者压低投标价；

(2)投标者之间相互约定，在招标项目中轮流以高价位或低价位中标；

(3)投标者之间进行内部竞价，内定中标人，然后再参加投标；

(4)投标者之间其他串通投标行为。

2. 投标人与招标人之间串通投标

投标人不得与招标人串通投标，损害国家利益、社会公共利益或者他人的合法权益，其表现形式主要有：

(1)招标人在公开开标前，开启标书，并将投标情况告知其他投标者，或者协助投标者撤换标书，更改报价；

(2)招标人向投标人泄漏标底；

(3)投标人与招标人私下商定，在投标时压低或者抬高标价，中标后再给投标者或者招标者额外补偿；

(4)招标人预先内定中标人；

(5)招标人和投标人之间其他串通招标投标行为。

3.投标人以非法手段谋取中标

(1)投标人以他人名义投标或者以其他方式弄虚作假、骗取中标：

①非法挂靠或借用其他企业的资质证书参加投标；②投标时递交虚假业绩证明、资格文件；③假冒法定代表人签名、私刻公章，递交虚假委托书。

(2)通过向招标人或者评标委员会成员行贿的手段谋取中标。

4.招标代理机构的违法行为

泄漏应当保密的与招标投标活动有关的情况和资料，或者与招标人、投标人串通损害国家利益、社会公共利益或者他人合法权益。

第二节　建设工程招投标的方式和程序

一　建设工程招投标种类

建设工程招投标可分为建设项目总承包招投标、工程施工招投标、工程勘察设计招投标和设备材料招投标等。

建设项目总承包招投标又叫建设项目全过程招投标，在国外称之为“交钥匙”工程招投标，它是指从项目建议书开始，包括可行性研究报告、勘察设计、设备材料询价与采购、工程施工、生产准备、投料试车，直至竣工投产、交付使用全面实行招投标。

我国由于长期采取设计与施工分开的管理体制，目前具备设计、施工双重能力的施工企业为数较少，因而国内工程项目承包往往是指就一个建设项目施工阶段开展的招投标，即工程施工招投标。当然根据工程施工范围的大小及专业不同，工程施工招投标又可分为全部工程招标、单项工程招标和专业工程招标等。

工程勘察设计招投标是指根据批准的可行性研究报告，对承担项目勘察、方案设计或扩大初步设计、施工图设计单位进行招投标。勘察和设计可由勘察单位和设计单位分别完成，也可由具有同时具备勘察、设计资质的承包商单独承担。

设备材料招投标是针对设备、材料供应及设备安装调试等工作进行的招投标。单独对设备进行招投标主要适用于大型工业与民用建筑项目。在大型工业与民用建筑项目中，设备投资往往占据项目总投资的一半以上。项目能否发挥其应有的功能，设备起决定性作用。

 建设项目招标方式

《招标投标法》明确规定招标方式有两种，即公开招标与邀请招标。但在国际招标中，不仅有以上两种方式，还存在议标方式。

（一）公开招标

公开招标是指招标人以招标公告的方式邀请不特定的法人或者其他组织投标。公开招标是一种无限制的竞争方式，优点是招标人有较大的选择范围，可在众多的投标人中选定报价合理、工期较短、信誉良好的承包商，有助于打破垄断，实行公平竞争。其缺点是招标工作量大，组织工作复杂，需投入较多的人力、物力、财力，招标过程所需时间较长。在我国目前的建设工程承发包市场中主要采用公开招标方式。

国际上，公开招标按照竞争的广度可分为国际竞争性招标和国内竞争性招标。

国际竞争性招标是指在世界范围内进行招标。其优点是可以引进先进的技术、设备和管理经验、提高产品的质量、并保证采购工作根据已定的程序和标准公开进行，减少采购中作弊的可能。缺点是由于国际竞争性招标有一套周密而复杂的程序，因而所需费用多，时间长、所需文件多，文件翻译任务大。

国内竞争性招标是指在国内媒体上登出广告，并公开出售招标文件，公开开标。它适用于合同金额较小、采购品种比较分散、交货时间长、劳动密集、商品成本低等采购。

（二）邀请招标

邀请招标是指招标人以投标邀请书的方式邀请三个及其以上具备承担招标项目的能力、资信良好的特定的法人或者其他组织投标。邀请招标又称有限竞争性招标，优点是目标集中，招标组织工作容易，工作量较小。其缺点是竞争范围有所限制，可能会失去技术上和报价上有竞争力的投标者。

有下列情形之一的，经批准可以进行邀请招标：

(1)项目技术复杂或有特殊要求，只有少量几家潜在投标人可供选择的；

(2)受自然地域环境限制的；

(3)涉及国家安全，国家秘密或抢险救灾，适宜招标但不宜公开招标的；

(4)拟公开招标的费用与项目的价值相比，不值得的；

(5)法律、法规规定不宜公开招标的。

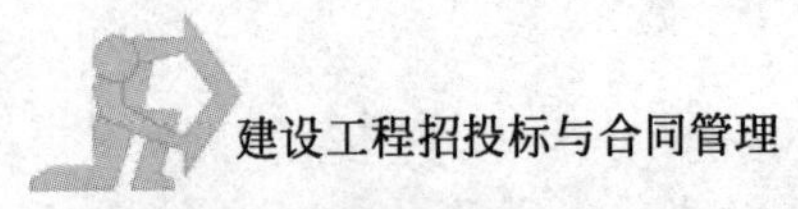

国家重点建设项目的邀请招标,应当经国务院发展计划部门批准;地方重点建设项目的邀请招标,应当经各省、自治区、直辖市人民政府批准。

(三)议标

议标是国际上常用的招标方式,这种招标方式是建设单位邀请不少于两家(含两家)的承包商,通过直接协商谈判选择承包商的招标方式。

议标主要适用于不宜公开招标或邀请招标的特殊工程,如联合国贸易法委员会《货物、工程和服务采购示范法》规定,下列情况可以采用议标:

(1)不可预见的紧迫情况下的急需货物、工程或服务;

(2)由于灾难性事件的急需;

(3)保密的需要。

议标的优点可以节省时间,容易达成协议,迅速展开工作,保密性良好,其缺点竞争力差,无法获得有竞争力的报价。

三 建设项目招标程序

建设工程施工招标在建设项目招标中具有代表性,其一般程序如下:

①工程项目报建;②招标人自行办理招标或委托招标备案;③编制招标文件;④工程标底价格的编制(设有标底的);⑤发布招标公告或发出投标邀请书;⑥对投标人进行资格审查;⑦招标文件的发售;⑧组织勘察现场;⑨召开标前会:招标文件的澄清、修改、答疑;⑩投标者的投标文件的编制与递交;⑪开标;⑫评标;⑬确定中标单位;⑭发出中标通知书;⑮中标者与项目业主签订承发包合同。

1.工程项目报建

工程项目报建,是实施施工项目招投标的重要前提条件。它是指建设单位在工程施工开工前,一定期限内向建设主管部门或招投标管理机构依法办理项目登记手续。凡未办理施工报建的建设项目,不予办理招投标的相关手续和发放施工许可证。

工程项目的立项批准文件或年度投资计划下达后,规划与设计审批完毕,建设单位应按规定向招投标管理机构或招投标交易中心履行工程项目报建。报建内容主要包括:①工程名称;②建设地点;③投资规模;④资金来源;⑤当年投资额;⑥工程规模;⑦结构类型;⑧发包方式;⑨计划开竣工日期;⑩工程筹建情况等。

建设单位报建时应填写建设工程报建登记表，连同应交验的立项批文、建设资金证明、规划许可证、土地使用权证等文件资料一并报招投标管理机构审批。

2. 招标人自行办理招标或委托招标备案

建设单位自行组织招标必须具备一定条件，不具备实施条件的可委托招标代理机构实施招标。

3. 编制招标文件

招标文件应当根据项目的特点和需要编制，内容包括招标项目的技术要求、投标报价要求和评标标准等所有实质性要求以及拟签订合同的主要条款，但不得要求或者标明特定的生产供应者以及含有倾向性或者排斥潜在投标人的其他内容。

4. 工程标底价格的编制

招标工程设有标底的，其标底的编制工作应按规定进行。标底价格由具有资质的招标人自行编制或委托具有相应资质的工程造价咨询单位、招标代理单位编制。标底应控制在批准的总概算（或修正概算）及投资包干的限额内，由成本、利润、税金等组成，一个工程只能编制一个标底。

编制人员须持有执业注册造价师资格证书。并严格在保密环境中按照国家的有关政策、规定、科学公正地编制标底价格。标底编制完毕后，在标底文件上应注明单位名称、执业人员的姓名和证书号码，并加盖编制单位公章，密封直到开标，开标前，所有接触过标底的人员均有保密责任，不得泄漏。

5. 发布招标公告或递送投标邀请书

实行公开招标的，招标人通过国家指定的报刊、信息网络或者其他媒介发布工程“招标公告”，也可以在中国工程建设和建筑业信息网络上以及有形建筑市场发布。发布的时间应达到规定要求，如有些地方规定在建设网上发布的时间不得少于 72 小时。

符合招标公告要求的施工单位都可以报名并索取资格审查文件，招标人不应以任何借口拒绝符合条件的投标人报名。

采用邀请招标的，招标人应当向 3 个及以上具备承担招标工程的能力、资信良好的施工单位发出投标邀请书。

招标公告和投标邀请书，均应载明招标人的名称和地址，招标工程的性质、规模、地点、质量要求、开工竣工日期、对投标人的要求、投标报名时间和报名截止时间，以及获取资格预审文件、招标文件的办法等事项。

招标公告的一般格式如下：

招 标 公 告

1.__________(建设单位名称)的__________工程，建设地点在__________，结构类型为__________，建设规模为：__________。招标报建和申请已得到建设管理部门批准，现通过公开招标选定承包单位。

2.工程质量要求达到国家施工验收规范(优良、合格)标准。计划开工日期为____年____月____日，计划竣工日期为____年____月____日，工期____天(日历日)。

3.__________受建设单位的委托作为招标单位，现邀请合格的投标单位进行密封投标，以得到必要的劳动力、材料、设备和服务，建设和完成__________工程。

4.投标单位的施工资质等级须是______级以上的施工企业，愿意参加投标的施工单位，可携带营业执照、施工资质登记证书向招标单位领取招标文件。同时交纳押金______元。

5.该工程的发包方式(包工包料或包工不包料)。招标范围为______。

6.招标工作安排：

(1)发放招标文件单位：__________；

(2)发放招标文件时间：____年____月____日起至____年____月____日，每天上午：____下午：____(公休日、节假日除外)；

(3)投标地点及时间：__________；

(4)现场勘察时间：__________；

(5)投标预备会时间：__________；

(6)投标截止时间：____年____月____日____时；

(7)开标时间：____年____月____日____时；

(8)开标地点：__________。

招标单位：(盖章)

法定代表人：(签字、盖章)

地址：　　　　　　　　　　　　　　邮政编码：

联系人：　　　　　　　　　　　　　电话：

　　　　　　　　　　　　　　　　　日期：　　年　　月　　日

6.对投标人资格审查

对投标人的资格审查可以分为资格预审与资格后审两种方式，资格预审在投标之前进行，资格后审在开标后进行。我国大多数地方采用的是资格预审方式。

招标人可以根据招标工程的需要，对投标申请人进行资格预审，也可以委托工程招标代理机构对投标申请人进行资格预审。

资格审查时，招标人不得以不合理的条件限制、排斥潜在的投标人，不得有对潜在的投标人实行歧视性待遇。任何单位和个人不得以行政手段或其他不合理的方式限制投标人的数量。

实行资格预审，招标人应当在招标公告或投标邀请书中明确对投标人资格预审的条件和获取资格预审文件的办法，并按照规定的条件和办法对报名或邀请投标人进行资格预审。

对投标人的资格预审有两种方式：

(1)在交易中心由计算机在数据库中查询投标申请人的营业执照、资质等级、项目经理资质证书等资料，选出合格申请人。当资格预审合格的申请人过多时，由招标人采用抽签的方式确定不少于7家资格预审合格的申请人。

(2)招标人对投标人提供的资格预审文件进行综合分析评价，从中选取不少于7家的投标申请人。

从上述两种方式看，第二种方式对建设单位选择投标人较为有利。

资格预审审查的内容包括：投标单位组织与机构和企业概况；近三年完成工程的情况；目前正在履行的合同情况；资源方面，如财务、管理、技术、劳力、设备等方面的情况；其他资料(如各种奖励或处罚等)。

经资格预审后，招标人应当向资格预审合格的投标申请人发出资格预审合格通知书，告之获取招标文件的时间、地点和方法，并同时向资格预审不合格的投标申请人告之资格预审结果。在资格预审合格的投标申请人过多时，可以由招标人综合考虑投标申请人工程建设业绩和获奖情况，按照择优的原则，从中选择不少于7家资格预审合格的投标申请人参加投标竞争。

7.发售招标文件

招标文件、图纸和有关技术资料发给通过资格预审获得投标资格的投标单位。投标单位收到招标文件、图纸和有关资料后，应认真核对，核对无误后应以书面形式予以确认。

招标人不得向他人透露已获取招标文件的潜在投标人的名称、数量以及可能影响公平竞争的有关招标投标的其他情况。

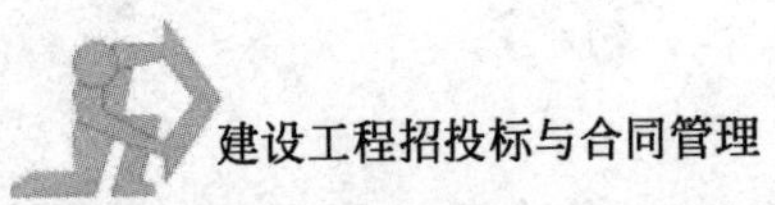

招标人对已发出招标文件进行必要的澄清或者修改的，应当在招标文件要求提交投标文件截至时间至少 15 日前，以书面形式通知所有招标文件收受人。该澄清或者修改的内容为招标文件的组成部分。

8. 组织勘察现场

招标人根据项目具体情况可以安排投标人和标底编制人员进行勘察现场。勘察现场的目的在于了解工程场地和周围环境情况，以获取投标人认为有价值的信息，并据此做出关于投标策略和投标报价的决定。勘察现场费用由各单位自行承担。

现场勘察主要了解、收集以下资料：

①现场是否达到招标文件规定的条件；②现场的地理位置和地形、地貌；③现场的地质、土质、地下水位、水文等情况；④现场气候条件，如气温、湿度、风力、年雨雪量等。⑤施工现场基础设施情况，如道路交通、供水、供电、通信设施条件等；⑥工程在施工现场的位置或布置；⑦临时用地、临时设施搭建等；⑧施工所在地材料、劳动力等供应条件。

招标人向投标人提供的有关现场的资料和数据，是招标人现有的能供投标人利用的资料。按照惯例，招标人要对所提供资料的真实性负责，但招标人对投标人由此而做出的推论、理解和结论概不负责任。

如果投标人认为需要再次进行现场勘察，招标人应当予以支持，费用由投标人自理。

9. 答疑会

答疑会是在投标单位审查施工图纸和编制投标报价进行到一段时间后，由建设单位组织，要求所有的投标人参加的投标答疑会。会议的主要目的是澄清图纸中的错误，完善招标文件，规范投标人的投标报价行为及其他需要在投标前明确、统一的事项等。

10. 投标文件的编写与递交

投标人编写完投标文件之后，投标人应将投标文件的正本和所有副本按照招标文件的规定进行密封和标记，并在投标截止时间前按规定递交至招标文件规定的地点。

在投标截止时间前，招标人应做好投标文件的接收工作和保密保管工作，在接收中应注意核对投标文件是否按招标文件的规定进行密封和标志，做好接收时间的记录并出具收条等工作。

投标单位在递送投标文件时，应递交招标文件规定的投标保证金，作为有效投标的一个组成部分。对于未能按要求提交投标保证金的投标，招标单位将视为没有实质响应招标文件而予以拒绝。

投标人在递交投标文件以后，在规定的投标截止时间之前，可以以书面形式补充、修改或撤回已提交的投标文件，并通知招标人。补充、修改的内容为投标文件的组成部分。递交的补充、修改必须按招标文件的规定进行编制并予以密封。

在开标前，招标人应妥善保管好投标文件、投标文件的补充修改和撤回通知等投标资料。投标截止时间之后至投标有效期满之前，投标人不得补充，修改或撤回投标文件，否则招标人将没收其投标保证金。在招标文件要求提交投标文件截止时间后送达的投标文件，招标人应当拒收。

11. 开标、评标与定标

(1)开标。

开标会议程序如下：

①主持人宣布开标会议开始；②介绍参加开标会议的单位和人员名单；③宣布监标、唱标、记录人员名单；④重申评标原则、评标办法；⑤检查投标人提交的投标文件的密封情况，并宣读核查结果；⑥宣读投标人投标报价、工期、质量、主要材料用量、投标保证金或者投标保函、优惠条件等；⑦宣布评标期间的有关事项；⑧监标人宣布工程标底价格(设有标底的)；⑨宣布开标会结束，转入评标阶段。

开标应当在招标文件规定的提交投标文件截止时间的同一时间或之后一定时间公开进行，开标时间及地点应当在招标文件中预先确定。开标会议由招标人主持，邀请所有投标人参加。投标人或其委托代理人未按时参加开标会议，作为弃权处理。参加会议的投标人或其委托代理人应携带本人身份证，委托代理人还应携带参加开标会议的授权委托书(原件)，以证明其身份。

开标时，招标人在招标文件要求提交投标文件的截至时间前收到的所有投标文件，由投标单位代表确认其密封完整性后，当众予以拆封、宣读。招标人应对开标过程进行记录，以存档备查。

唱标内容包括投标单位名称、投标报价、工期、质量、主要材料用量、修改或撤回通知、投标保证金、优惠条件，以及招标单位认为有必要的内容。唱标内容应做好记录，并须投标人或其委托代理人签字确认。

当投标文件出现下列情形之一的，应作为无效投标文件处理：

①投标文件未按规定标志、密封、盖章的；②投标文件未按招标文件的规定加盖投标人印章或未经法定代表人或其委托代理人签字或盖章，委托代表人签字或盖章未提供有效的“授权委托书”原件的；③投件文件未按招标文件规定的格式、内容和要求填报，投标文件的关键内容字迹模糊，无法辨认的；④投标人在

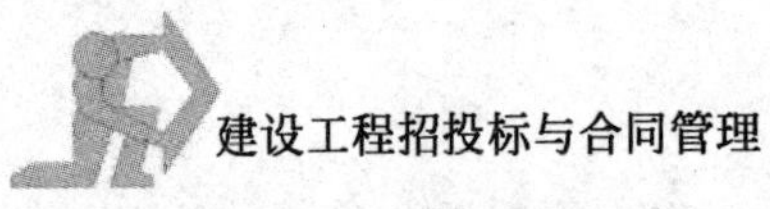

投标文件中,对同一招标项目有两个或多个报价,且未书面声明以哪个报价为准的;⑤投标人未按照招标文件的要求提供投标保证金或者投标保函的;⑥组成联合体投标的,投标文件未附联合体各方共同投标协议的;⑦投标人与通过资格审查的投标申请人在名称上和法人地位上发生实质性改变的;⑧投标截止时间以后送达的投标文件。

(2)评标。

评标由招标人依法组建的评标委员会负责。评标委员会总人数应为不少于5人的单数,其中,招标人、招标代理机构以外的技术、经济等方面的专家不得少于评标委员会总人数的2/3,建设单位推荐的专家不得超过1/3。

技术、经济等专家应当从事相关领域工作满8年并具有高级职称或者具有同等专业水平,由招标人从国务院、省、自治区、直辖市人民政府有关部门提供的专家名册或者招标代理机构的专家库内的相关专业的专家名单中确定。一般招标项目可以采取随机抽取方式,特殊招标项目可以由招标人直接确定。

评标委员会应当本着公正、科学、合理、竞争、择优的原则,按照招标文件确定的评标标准和办法,对实质上响应招标文件要求的投标文件的报价、工期、质量、主要材料用量、施工方案或施工组织设计、投标人以往业绩、社会信誉及以往履行合同情况,优惠条件等方面进行综合评审和比较,并对评标结果签字确认。

在评标过程中,若发生下列情况之一,经招标管理机构同意可以拒绝所有投标,宣布招标失败:①最低投标报价高于或者低于一定幅度时;②所有投标单位的投标文件均实质上不符合招标文件要求。

若发生招标失败,招标单位应认真审查招标文件及工程标底,做出合理修改后经招标管理机构同意方可重新办理招标。

(3)定标。

我国《招标投标法》规定,中标人的投标应当符合下列条件之一:①能够最大限度地满足招标文件规定的各项综合评价标准;②能够满足招标文件的实质性要求,并且经评审的投标价格最低,但是投标价格低于成本的除外。

招标人根据评标委员会提出的书面评标报告,对评标委员会推荐的中标候选人按以上条件进行比较,从中择优确定中标人。如果该建设工程为国有资金投资或者国家融资项目,招标人应当按照中标候选人的排序确定中标人。

当确定中标的中标人放弃中标或者因不可抗力提出不能履行合同的,招标人可以依序确定其他中标候选人为中标人。在确定中标人前,招标人不得与投标人就投标价格、投标方案等实质性内容进行谈判。

招标人应当自确定中标人之日起15日内,向招投标管理机构提交施工招标投标情况的书面报告。

招投标管理机构自收到书面报告之日起5日内未通知招标人在招标投标活动中有违法行为的，招标人可以向中标人发出中标通知书，并将中标结果通知所有未中标的投标人。中标通知书的实质性内容应当与中标人的投标文件的内容相一致。

中标通知书发出后，招标人改变中标结果，或者中标人放弃中标项目，均应当依法承担法律责任。

招标人应当自中标通知书发出之日起30日内，与中标人在约定的时间，依据招标文件、中标人的投标文件订立书面合同；招标人和中标人不得再行订立背离合同实质性内容的其他协议。订立书面合同7日内，并且将合同报招投标管理机构备案。

本章小结

标，是指在经济合作过程中，双方谈判、合作所指的对象，即标的。招标，是指在经济合作之前，合作一方给愿意为自己提供货物、服务的另外一方提出的要求和条件。建设工程招标，其标的是建设工程活动。投标是与招标相对应，是通过编写投标文件、争取让招标人选中自己而中标的活动。

因为招标活动本质上来说不具有排他性，因而招标活动具有平等性、竞争性、开放性和科学性。

2000年1月1日起施行的《中华人民共和国招投标法》具有强制性。另外，涉及工程招投标活动的法律，及配套规章，对于工程招投标活动都有一些规定，工程建设招投标活动受此约束。

进行工程招投标活动，需遵循公开、公平、公正及诚实信用原则。

我国招投标法所明确规定的招标方式有两种，即公开招标和邀请招标。但在实践中，满足一定条件，在一些领域还可以以议标方式进行。

建设工程项目施工招标在建设工程招标中具有代表性，它已经形成既定的程序。

思考题

1. 建筑工程招投标的概念。
2. 请简述推行招投标制度的意义。

3. 建设工程交易中心有哪些基本功能?
4. 法律规定哪些项目发包必须进行招标?
5. 项目进行招标必须满足哪些条件?
6. 请简述招标代理机构。
7. 哪些项目可以实行邀请招标,其优缺点有哪些?
8. 请简述建设工程施工招标程序。
9. 请简述现场踏勘的意义。
10. 哪些文件为无效投标文件?
11. 开标会议程序如何?

古人论信用

子贡问政。子曰:"足食,足兵,民信之矣。"子贡曰:"必不得以而去,于斯三者何先?"曰:"去兵。"子贡曰:"必不得以而去,于斯二者何先?"曰:"去食。自古皆有死,民无信不立。"

孔丘《论语·颜渊篇》

第三章 国内工程项目施工招标

【内容提要】

本章在介绍了国内工程建设项目的施工招标条件、程序之后，详细介绍了施工招标文件内容及其编写注意事项。

【学习指导】

工程施工，是工程建设从施工蓝图变成物质实体的形成阶段，耗时长、投资多，所遇到的设计问题、与周围环境协调问题、有关参与方协调最集中，历来为工程建设项目业主、承包商所重视。工程施工招投标，最具有代表性。

工程项目施工招标程序的规定，是为了切实落实招标意图，选择合适的承包商所要经历的阶段，是工程招投标活动近 200 年来(西方资本主义国家市场经济活动有 200 余年的历史)的经验总结；在进行工程施工招投标活动时所应具备的条件和相关规定，是保证国家、社会及公共利益、稳定市场经济秩序的需要。

不同行业各有特点，自然，不同行业、专业的招标文件的格式也略有不同。国家有关部委，根据其行业、专业的特点，编写了适用于特定行业、专业的招标文件示范文本，供工程招标实践选用。

招标文件格式，在招标文件中有规定。

第一节 工程项目施工招标程序

一 工程项目施工招标条件

2003 年 5 月 1 日开始实施的《工程建设项目施工招标投标办法》对建设单

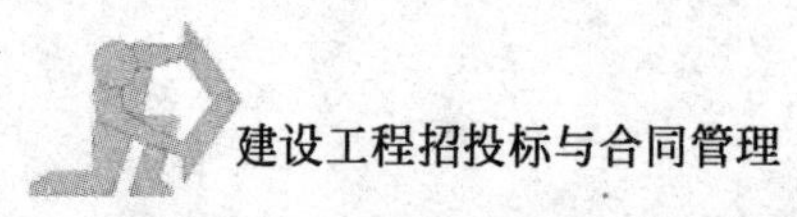

位及建设项目的招标条件作了明确规定，其目的在于规范招标单位的行为，确保招标工作有条不紊地进行，稳定招标投标市场的秩序。

(一)建设单位招标应当具备的条件

(1)招标单位是法人或依法成立的其他组织；

(2)有与招标工程相适应的经济、技术、管理人员；

(3)有组织编制招标文件的能力；

(4)有审查投标单位资质的能力；

(5)有组织开标、评标、定标的能力。

不具备上述(2)～(5)项条件的，须委托具有相应资质的咨询、监理等单位代理招标。上述五条中，(1)、(2)两条是对单位资格的规定，后三条则是对招标人能力的要求。

(二)依法必须招标的工程建设项目，应当具备下列条件才能进行施工招标

(1)招标人已经依法成立；

(2)初步设计及概算应当履行审批手续的，已经批准；

(3)招标范围、招标方式和招标组织形式等应当履行核准手续的，已经核准；

(4)有相应的资金且资金来源已经落实；

(5)有招标所需的设计图纸及技术资料。

上述规定的主要目的在于促使建设单位严格按基本建设程序办事，防止“三边”工程的现象发生，并确保招标工作的顺利进行。

(三)需要审批的工程建设项目，有下列情形之一的，由相关审批部门批准，可不进行施工招标

(1)涉及国家安全、国家秘密或者抢险救灾而不适宜招标的；

(2)属于利用扶贫资金实行以工代赈需要使用民工的；

(3)施工主要技术采用特定的专利或者专有技术的；

(4)施工企业自建自用工程，且该施工企业资质等级符合工程要求的；

(5)在建工程追加的附属小型工程或者主体加层工程；

(6)法律、行政法规规定的其他情形。

工程项目施工招标程序

招投标是一个整体活动，涉及到业主和承包商两个方面，招标作为整体活动的一部分主要是从业主的角度揭示其工作内容,但同时又须注意到招标与投标活动的关联性,不能将两者割裂开来。所谓招标程序是指招标活动的内容的逻辑关系,不同的招标方式,具有不同的活动内容。

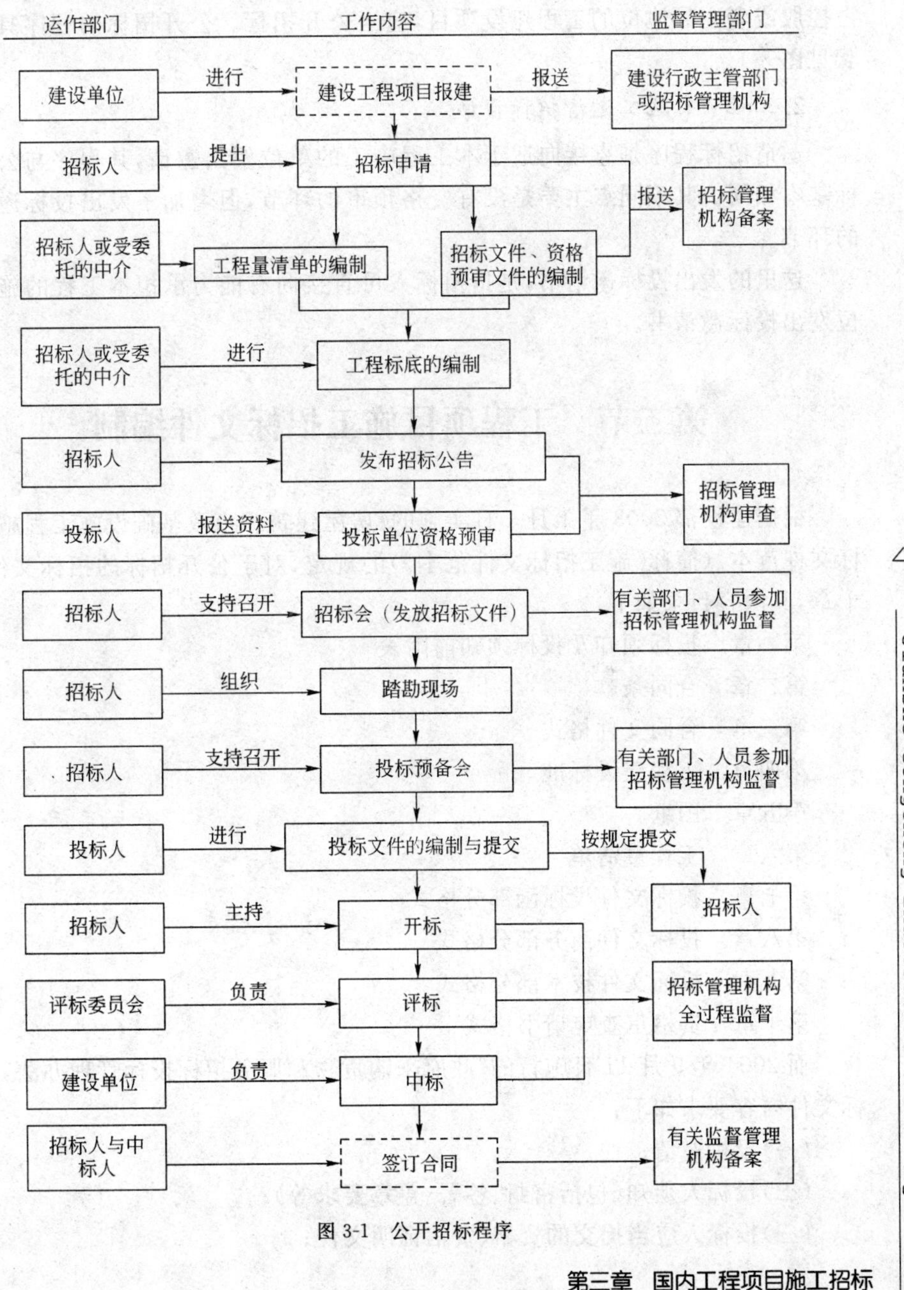

图 3-1 公开招标程序

1.工程项目施工公开招标程序

国务院发展计划部门规定的国家重点建设项目和各省、自治区、直辖市人民政府确定的地方重点建设项目，以及全部使用国有资产投资或者国有资金投资占控股或者主导地位的工程建设项目，应当公开招标。公开招标的程序具体步骤见图3-1。

2.工程项目施工邀请招标程序

邀请招标程序是直接向适于本工程施工的单位发出邀请，其程序与公开招标基本相同。其不同点主要是没有资格预审的环节，但增加了发出投标邀请书的环节。

这里的发出投标邀请书，是指招标人可直接向有能力承担本工程的施工单位发出投标邀请书。

第二节　工程项目施工招标文件编制

根据建设部2003年1月1日实施的《房屋建筑和市政基础设施工程施工招标文件范本》(简称《施工招标文件范本》)的规定，对于公开招标的招标文件，共十章，其内容目录如下：

第一章　投标须知及投标须知前附表

第二章　合同条款

第三章　合同文件格式

第四章　工程建设标准

第五章　图纸

第六章　工程量清单

第七章　投标文件投标函部分格式

第八章　投标文件商务部分格式

第九章　投标文件技术部分格式

第十章　资格审查申请书格式

而2004年9月11日施行的《政府采购货物和服务招标投标管理办法》对招标文件内容要求如下：

(一)投标邀请；

(二)投标人须知(包括密封、签署、盖章要求等)；

(三)投标人应当提交的资格、资信证明文件；

(四)投标报价要求、投标文件编制要求和投标保证金交纳方式;

(五)投标项目的技术规格、要求和数量,包括附件、图纸等;

(六)合同主要条款及合同签订方式;

(七)交货和提供服务的时间;

(八)评标方法、评标标准和废标条款;

(九)投标截止时间、开标时间及地点;

(十)省级以上财政部门规定的其他事项。

招标人应当在招标文件中规定并表明实质性要求和条件。

现将《施工招标文件范本》的规定内容说明如下:

一 投标须知

投标须知是招标文件中很重要的一部分内容,投标者在投标时必须仔细阅读和理解,按投标须知中的要求进行投标,其内容包括:总则、招标文件、投标文件的编制、投标文件提交、开标、评标、合同的授予等七项内容。一般在投标须知前有一张"投标须知前附表"。

"投标须知前附表"是将投标须知中重要条款规定的内容用一个表格的形式列出来,以使投标者在整个投标过程中必须严格遵守和深入的考虑。投标须知前附表的格式和内容如表 3-1 所示。

投标须知的前附表 表 3-1

项号	条款号	内　容	说明与要求
1	1.1	工程名称	{招标工程项目名称}
2	1.1	建设地点	{工程建设地点}
3	1.1	建设规模	
4	1.1	承包方式	
5	1.1	质量标准	{工程质量标准}
6	2.1	招标范围	
7	2.2	工期要求	{开工年}年{开工月}月{开工日}日计划开工,{竣工年}年{竣工月}月{竣工日}日计划竣工,施工总工期:{工期}日历天
8	3.1	资金来源	
9	4.1	投标人资质等级要求	{行业类别}{资质类别}{资质等级}

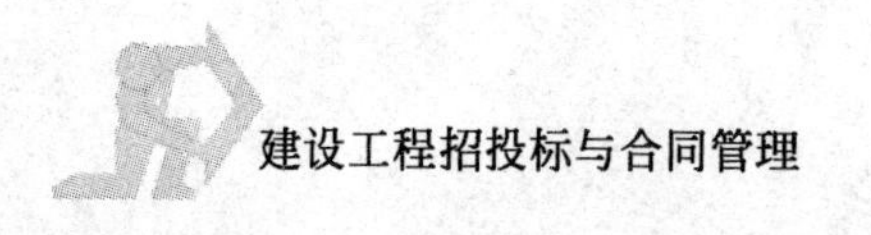

续上表

项号	条款号	内　容	说明与要求
10	4.2	资格审查方式	
11	13.1	工程计价方式	
12	15.1	投标有效期	为：________日历天(从投标截止之日算起)
13	16.1	投标担保金额	不少于投标总价的________%或________元；
14	5.1	踏勘现场	集合时间：____年____月____日____时____分 集合地点：____________________
15	17.1	投标人的替代方案	
16	18.1	投标文件份数	一份正本，________份副本
17	21.1	投标文件提交地点及截止时间	收件人：________地点：{提交投标文件地址} 时间：{投标文件提交截止年}年{投标文件提交截止月}月{投标文件提交截止日}日{投标文件提交截止时}时{投标文件提交截止分}分
18	25.1	开标	开始时间：____年____月____日____时____分 地点：____________________
19	33.4	评标方法及标准	
20	38.3	履约担保金额	投标人提供的履约担保金额为(合同价款的____%或____万元) 招标人提供的支付担保金额为(合同价款的____%或万元)

注：招标人根据需要填写“说明与要求”的具体内容，对相应的栏竖向可根据需要扩展。

(一)总则

在总则中要说明工程说明和招标范围及工期、合格的招标人、资金的来源，踏勘现场及投标费用等问题。

1. 工程说明

(1)招标工程项目说明详见投标须知前附表第1～5项。

(2)招标工程项目按照《中华人民共和国招标投标法》等有关法律、法规和规章，通过招标方式选定承包人。

2. 招标范围及工期

(1)招标工程项目的范围详投标须知前附表第6项。

(2)招标工程项目的工期要求详见投标须知前附表第7项。

3. 资金来源

招标工程项目资金来源详见投标须知前附表第8项，其中部分资金用于本工程项目施工合同项下的合格支付。

4.合格的投标人

(1)投标人资质等级要求详见投标须知前附表第9项。

(2)投标人合格条件详见招标工程施工招标公告。

(3)招标工程项目采用投标须知前附表第10项所述的资格审查方式确定合格投标人。

(4)由两个以上的施工企业组成一个联合体以一个投标人身份共同投标时,除符合第(1)、(2)款的要求外,还应符合下列要求:

①投标人的投标文件及中标后签署的合同协议书对联合体各方均具法律约束力;

②联合体各方应签订共同投标协议,明确约定各方拟承担的工作和责任,并将该共同投标协议随投标文件一并提交招标人;

③联合体各方不得再以自己的名义单独投标,也不得同时参加两个或两个以上的联合体投标,出现上述情况者,其投标和与此有关的联合体的投标将被拒绝;

④联合体中标后,联合体各方应当共同与招标人签订合同,为履行合同向招标人承担连带责任;

⑤联合体的各方应共同推荐一名联合体主办人,由联合体各方提交一份授权书,证明其主办人资格,该授权书作为投标文件的组成部分一并提交招标人;

⑥联合体的主办人应被授权作为联合体各方的代表,承担责任和接受指令,并负责整个合同的全面履行和接受本工程款的支付;

⑦除非另有规定或说明,投标须知前附表中"投标人"一词也包括联合体各方成员。

5.踏勘现场

(1)招标人将按投标须知前附表第14项所述时间,组织投标人对工程现场及周围环境进行踏勘,以便投标人获取有关编制投标文件和签署合同所涉及现场的资料。投标人承担踏勘现场所发生的自身费用。

(2)招标人向投标人提供的有关现场的数据和资料,是招标人现有的能被投标人利用的资料,招标人对投标人做出的任何推论、理解和结论均不负责任。

(3)经招标人允许,投标人可为踏勘目的进入招标人的项目现场,但投标人不得因此使招标人承担有关的责任和蒙受损失。投标人应承担踏勘现场的责任和风险。

6.投标费用

投标人应承担其参加本招标活动自身所发生的费用。

(二)招标文件

1.招标文件的组成

招标文件除了在投标须知写明的招标文件的内容外,对招标文件的澄清,修改和补充内容也是招标文件的组成部分。投标人应对组成招标文件的内容全面阅读。若投标人的投标文件没有按招标文件要求提交全部资料或投标文件没有对招标文件做出实质上响应,其风险有投标人自行承担,并且该招标将有可能被拒绝。

2.招标文件的澄清

投标人在得到招标文件后,若有问题需要澄清,应以书面形式向招标单位提出,招标人应以通讯的形式或投标预备会的形式予以解答,但不说明其问题的来源,答复将以书面形式送交所有的投标人。

3.招标文件的修改

在投标截止日期前,招标人可以补充通知形式修改招标文件。为使投标人有时间考虑招标文件的修改,招标人有权延长递交投标文件的截止日期,具体时间须在招标文件的修改、补充通知中予以明确。

(三)投标文件的编制

投标文件的编制主要说明投标文件的语言及度量衡单位、投标文件的组成、投标文件格式、投标报价、投标货币、投标有效期、投标担保、投标文件的份数和签署等内容。

1.投标文件的语言及度量衡单位

投标文件及投标人与招标人之间的来往通知,函件应采用中文。在少数民族聚居的地区也可使用该少数民族的语言文字。投标文件的度量衡单位均应采用国家法定计量单位。

2.投标文件的组成

投标文件一般由下列内容组成:投标函部分、商务标部分、技术标部分。采用资格后审的还应包括资格审查文件。对投标文件中的以上内容通常都在招标文件中提供统一的格式,投标人按招标文件的统一规定和要求进行填报。

3.投标报价

(1)投标人的投标报价应以合同条款上所列招标工程范围及工期的全部为

依据，不得以任何理由予以重复，作为投标人计算单价或总价的依据。

(2)采用综合单价报价的，除非招标人对招标文件予以修改，投标人应按照招标人提供的工程量清单中列出的工程项目和工程量填报单价和合价。一项目只允许有一个报价。任何有选择的报价将不予接受。投标人未填单价或合价的工程项目，实施后，招标人将不予支付，并视为该项目费用已包括在其他价款的单价或合价内。

(3)采用工料单价报价的，应按招标文件要求，依据相应的工程量计算规则和定额等计价依据计算报价。

(4)采用综合单价报价的，除非合同中另有规定，投标人在标价中所标的单价和合价应包括完成该工程项目的成本、利润、风险费，投标报价汇总表中的价格应包括分部分项工程费、措施项目费、其他项目费、规费和税金。

(5)投标人可先到工地踏勘以充分了解工地位置、情况、道路、储存空间、装卸限制及任何其他足以影响承包价的情况，任何因忽视或误解工地情况而导致的索赔或工期延长申请将不被批准。

【案例】

华北某引水项目隧道开挖工程的"招标文件"对投标者的投标报价有如下规定：

1. 工程量报价表中的"单价"与"和价"由投标单位填写。工程量报价表中的金额，应视为投标单位为实施和完成、并在竣工验收前维护工程和在保修期内保修工程所必须的全部开支，包括必须的利税。

2. 工程量报价表中的单价与和价，除非另有规定外，均包括所有直接费、间接费、摊入(销)费、维护费、利润、保险税金以及合同内指明承担的风险、义务和责任。

3. 本工程造价采用投标书报价表中的单价与施工图纸工程量的合价及标书报价表中规定的费、税之和，再加或减工程调差价款构成工程造价。

4. 除非合同中另有规定，工程量应根据图纸计算净量，不考虑其胀大、收缩和损耗。工程量按四舍五入取整。

5. 本合同价格调整条件：

(1)范围：只限于部分材料价格及设计变更(包括地质条件变化)。

(2)材料：只限于主体工程由甲方供应及甲方指定厂家或地点有乙方自行采购的钢材、木材、水泥、油料(部包非施工用油料)、炸药、碎石、砂子、止水带、水、电、导爆管。每季度按甲方承认的价格调整一次。

(3)设计变更：设计变更(包括地质条件变化)引起主体工程的工程量增减

时，变更后分项工程的工程量与施工图纸中所列的工程量的增减，经工程师核定后，其增减在5%以内时不做变更，在5%以外时超过部分进行增减，单价按××条执行。

【分析】

本案例所涉及的合同是单价合同，在招标文件中对投标者的投标报价的规定比较严密：

(1)所报单价为完全价，即价格组成中的所有价格都包括进去。

(2)工程款支付、结算时，工程量以图纸工程量(净量)为准，不包括隧道开挖过程中的超挖部分的计量。

(3)合同价格调整仅限于所列明的部分材料价格及设计变更(包括地质条件变化)。

(4)当设计变更(包括地质条件变化)引起的工程量增减在5%以外时，超出部分才进行计量、计价。

据了解，在合同的实施过程中，承包商有提出如下两种与合同文件理解有关的索赔：

(1)在工程计量上，承包商主张要考虑进去在隧道开挖施工过程中必然发生的“超挖”部分的工程量，理由是，这是我国水利工程界的惯例，并且在我国水利施工规范及定额中都有这样规定。但监理工程师以这是国际工程合同，这个工程有相应的规范，索赔无合同依据为由予以拒绝，索赔不成功。

(2)对于“在当设计变更(包括地质条件变化)引起的工程量增减在5%以外时，超出部分才进行计量、计价”的规定，实际上存在对“工程量”的理解的问题，是工程量清单里面中的某一个细目，还是整个工程量清单中的量？承包商主张按照前者理解。监理工程师认可承包商的主张，结果，在施工过程中出现的设计变更，基本上都予以计量、计价。

在本案例中，承包商失误在惯性思维上，没有对招标文件进行详细的阅读、研究上；业主失误在合同条款拟订的不严谨上。

4.投标有效期

(1)投标有效期一般是指从投标截止日起算至公布中标的一段时间。一般在投标须知的前附表中规定投标有效期的时间(例如28天)，那么投标文件在投标截止日期后的28天内有效。

(2)招标人在原定投标有效期满之前，如因特殊情况，招标人可以向投标人书面提出延长投标有效期的要求，此时，投标人须以书面的形式予以答复，对于不同意延长投标有效期的，招标人不能因此而没收其投标保证金。对于同意延长投标有效期的，不得要求在此期间修改其投标文件，而且应相应延长其投标保证金的有效期，对投标保证金的各种有关规定在延长期内同样有效。

5.投标担保

(1)投标人在提交投标文件的同时，按投标须知前附表中规定的数额提交投标担保。

(2)投标人应按要求提交投标担保，并采用下列任何一种形式：

①投标保函应为在中国境内注册并经招标人认可的银行出具的银行保函，或具有担保资格和能力的担保机构出具的担保书。银行保函的格式，应按照担保银行提供的格式提供；担保书的格式，应按照招标文件中所附格式提供。银行保函或担保书的有效期应在投标有效期满后28天内继续有效。

②投标保证金：银行汇票、支票、现金。

(3)未中标的投标人的投标担保，招标人应按招标单位规定的投标有效期或经投标人同意延长的投标有效期满后的规定日期内将其退还(不计利息)。

(4)中标的投标人的投标但保，在按要求提交履约但保并签署合同后3日内予以退还(不计利息)。

(5)对于经评标委员会对投标文件计算错误的修正，投标单位不接受或在中标后未能按规定提交履约担保或签署合同者将没收其投标担保金。

6.投标文件的份数和签署

投标文件应明确标明"投标文件正本"和"投标文件副本"，其份数，按前附表规定的份数提交，若投标文件的正本与副本有不一致时，以正本为准。投标文件均应使用不褪色的蓝黑墨水打印和书写，字迹应清晰易于辨认，由投标人法定代表人亲自签署并加盖法人公章和法定代表人印鉴。

全套投标文件应无涂改和行间插字，若有涂改和行间插字处，应由投标文件签字人签字并加盖印鉴。

(四)投标文件的提交

1.投标文件的密封与标志

(1)投标人应将投标文件的正本和副本分别密封在内层包封内，再密封在一个外层包封内，并在内包封上注明"投标文件正本"或"投标文件副本"。

(2)外层和内层包封都应写明招标人和地址，招标工程项目编号、工程名称并注明开标时间以前不得开封。在内层包封上还应写明投标人的邮政编码、地址和名称，以便投标出现逾期送达时能原封退回。

(3)如果在内层包封未按上述规定密封并加写标志，招标人将不承担投标文

件错放或提前开封的责任，由此造成的提前开封的投标文件将予以拒绝，并退回投标人。

(4)所有内层包封的封口处应加盖投标单位印章，所有投标文件的外层包封的封口处加盖签封章。

2.招标文件的提交

投标人应按投标须知前附表所规定的地点，于截止时间前提交招标文件。

3.投标文件提交的截止日期

(1)投标人应按投标须知前附表规定的投标截止日期的时间之前递交投标文件。

(2)招标人因补充通知修改招标文件而酌情延长投标截止日期的，招标和投标人在投标截止日期方面的全部权力、责任和义务，将适用延长后新的投标截止期。

(3)到投标截止时间止，招标人收到投标文件少于3个的，招标人将依法重新组织招标。

4.迟交的投标文件

招标人在规定的投标截止时间以后收到的投标文件，将被拒绝并返回投标人。

5.投标文件的补充、修改与撤回

(1)投标人在递交投标文件后，可以在规定的投标截止时间之前以书面形式向招标人递交补充修改或撤回其递交投标文件通知。在投标截止时间之后，投标人不能修改投标文件。

(2)投标人对投标文件的补充、修改，应按规定密封、标记、提交，并在内外层包封的密封袋上标明“补充，修改”或“撤回”字样。

(五)开标

在招标过程中，出现下列情形之一的，应予废标：

(1)符合专业条件投标商或者对招标文件作实质响应的投标商不足三家的；

(2)出现影响采购公正的违法、违规行为的；

(3)投标人的报价均超过了概算，招标人无力支付的；

(4)因重大变故，招标人取消招标任务的。

废标后，采购人应当将废标理由通知所有投标人。

若在招投标过程中，无废标情况发生，在约定的时间，就可以开标。所谓开标，就是投标人提交投标文件截止时间后，招标人依据招标文件规定的时间和地点，开启投标人提交的投标文件，公开宣布投标人的名称、投标价格及投标文件中的其他主要内容。开标在招标文件确定的提交投标文件截止时间的同一时间或之后的某一个时间公开进行。

开标由招标单位主持，招标人、投标人和有关方面代表参加。

开标时，首先应当众宣读有关无效标和弃权标的规定。然后核查投标申请人提交的各种证件，并宣布核查结果，由投标申请人或者其推选的代表检查投标文件的密封情况，并予以确认。招标人委托公证机构的，可由公证机构检查投标文件的密封情况并进行公证。

所有投标文件（指在招标文件要求提交投标文件的截止时间前收到的投标文件）的密封情况被确定无误后，应将投标文件中投标申请人的名称、投标报价、工期、质量、主要材料用量，以及招标人认为有必要宣读的内容当场公开宣布。还需将开标的整个过程记录在案，并存档备查。开标记录一般应记载下列事项，由主持人和所有参加开标的投标人以及其他工作人员签字确认：

(1)有案号的，记录其案号；

(2)招标项目的名称及数量摘要；

(3)投标人的名称；

(4)投标报价；

(5)开标日期；

(6)其他必要的事项。

启封投标文件后，应按报送投标文件时间先后的逆顺序进行唱标。唱标即当众宣读有效投标的投标申请人的名称。

招标人应对唱标内容做好记录，并请投标申请人的法定代表人或授权代理人签字确认。

未宣读的投标价格、价格折扣和招标文件允许提供的备选投标方案等实质内容，评标时不与承认。

在开标时，投标文件出现下列情形之一的，应当作为无效投标文件，不得进入评标：

(1)投标文件未按照招标文件的要求予以密封的；

(2)投标文件中的投标函未加盖投标人的企业及企业法定代表人印章的，或者企业法定代表人委托代理人没有合法、有效的委托书（原件）及委托代理人印章的；

(3)投标文件的关键内容字迹模糊、无法辨认的；

(4)投标人未按照招标文件的要求提供投标保函或者投标保证金的；

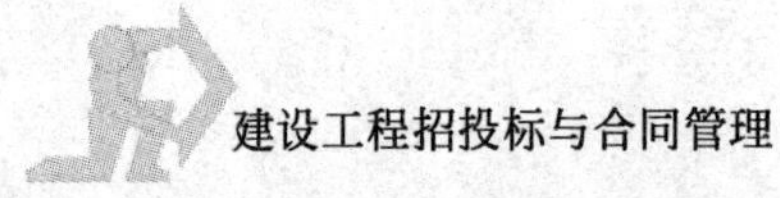

(5)组成联合体投标的，投标文件未附联合体各方共同投标协议的。

(六)评标

所谓评标，是依据招标文件的规定和要求，对投标文件所进行的审查、评审和比较。评标的过程一般如下：

1.评标组织

评标是审查确定中标人的必经程序，是保证招标成功的重要环节。因此，为了确保评标的公正性，评标不能由招标人或其代理机构独自承担，应依法组成一个评标组织。评标委员会由招标人负责组织。

评标委员会由招标人或其委托的招标代理机构熟悉相关业务的代表，以及有关技术、经济等方面的专家组成，成员人数为5人以上单数，其中技术、经济等方面的专家不得少于成员总数的2/3。在专家成员中，技术专家主要负责对投标中的技术部分进行评审；经济专家主要负责对投标中的商务部分进行评审。

评标委员会应该有回避更换制度。所谓回避更换制度，即指与投标人有利害关系的人应当回避，不得进入评标委员会；已经进入的，应予以更换。如评标委员会成员有前款规定情形之一的，应当主动提出回避。评标委员会成员的名单应于开标前确定。评标委员会成员的名单，在中标结果确定前属于保密的内容，不得泄露。

评标委员会成员履行下列义务：

(1)遵纪守法，客观、公正、廉洁的履行职责；

(2)按照招标文件规定的评标方法和评标标准进行评标，对评审意见承担个人责任；

(3)对评标过错和结果，以及供应商的商业秘密保密；

(4)参与评标报告的起草；

(5)配合有关部门处理投诉工作；

(6)配合招标标采购单位答复投标供应商提出的质疑。

2.评标原则和纪律

评标应遵循下列原则：

(1)竞争择优；

(2)公平、公正、科学合理；

(3)质量好，履约率高，价格、工期合理，施工方法先进；

(4)反对不正当竞争。

评标应该遵循的纪律：

(1)评标活动由评标委员会依法进行，任何单位和个人不得非法干预或者影响评标过程和结果。

(2)评标委员会成员应当客观、公正地履行职责，遵守职业道德，对所提出的评审意见承担个人责任。

(3)评标委员会成员不得与任何投标人或者招标结果有利害关系的人进行私下接触，不得收受投标人、中介人以及其他利害关系人的财物或者其他好处。

(4)评标委员会成员和参与评标活动的所有工作人员不得透露对投标文件的评审和比较、中标候选人的推荐情况以及与评标有关的其他情况。

(5)招标人应当采取有效措施，保证评标活动在严格保密的情况下进行。

3.评标的方法

评标方法分为最低评标价法、综合评分法和性价比法。

(1)最低评标价法。

最低评标价法是指以价格为主要因素确定中标候选供应商的评标方法，即在全部满足招标文件实质性要求前提下，依据统一的价格要素评定最低报价，以提出最低报价的投标人作为中标候选供应商或者中标供应商的评标方法。

最低评标价法适用于标准定制商品及通用服务项目，在建筑工程中主要适用于施工技术普及，图纸完备，不可预见的风险少的工程项目。

(2)综合评分法。

综合评分法是指在最大限度地满足招标文件实质性要求前提下，按照招标文件中规定的各项因素进行综合评审后，以评标总得分最高的投标人作为中标候选供应商或者中标供应商的评标方法。

综合评分的主要因素是：报价、施工组织设计(施工方案)、质量保证、工期保证、业绩与信誉以及相应的比重或者权值等。上述因素应当在招标文件中事先规定。

评标时，评标委员会各成员应当独立对每个有效投标人的标书进行评价、打分，然后汇总每个投标人每项评分因素的得分。

评标总得分$=F_1\times A_1+F_2\times A_2+\cdots\cdots+F_n\times A_n$

其中：F_1、F_2……F_n 分别为各项评分因素的汇总得分；

A_1、A_2……A_n 分别为各项评分因素所占的权重($A_1+A_2+\cdots\cdots+A_n=1$)。

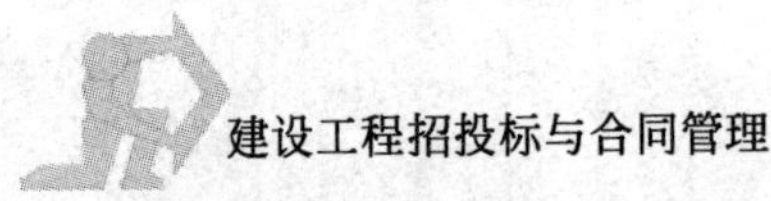

(3)性价比法。

性价比法是指按照要求对投标文件进行评审后，计算出每个有效投标人除价格因素以外的其他各项评分因素(包括技术、财务状况、信誉、业绩、服务、对投标文件的相应程度等)的汇总得分，并除以该投标人的投标报价，以商数(评分总得分)最高的投标人为中标候选人。

评分总得分＝B/N

B为投标人的综合得分，$B=F_1\times A_1+F_2\times A_2+\cdots\cdots+F_n\times A_n$

其中：F_1、F_2，…，F_n 分别为除价格因素以外的其他各项评分因素的汇总得分；

A_1、A_2，…，A_n 分别为除价格因素以外的其他各项评分因素所占的权重($A_1+A_2+\cdots\cdots+A_n=1$)。

n为投标人的投标报价。

在评标中，不得改变招标文件中规定的评标标准、方法和中标条件。

4.评标程序

(1)投标文件初审。

评标委员会应当根据招标文件规定的评标标准和方法，对投标文件进行系统地评审和比较。招标文件中没有规定的标准和方法不得作为评标的依据。初审分为资格性检查和符合性检查。

①资格性检查。依据法律法规和招标文件的规定，对投标文件中的资格证明、投标保证金等进行审查，以确定投标供应商是否具有投标资格。

②符合性检查。依据招标文件的规定，从投标文件的有效性、完整性和对招标文件的响应程度进行审查，以确定是否对招标文件的实质性作出响应。

投标文件属下列情形之一的，应当在资格性、符合性检查时按照无效投标处理：

A.应交未交投标保证金，或交纳投标保证金不足的；

B.未按照招标文件规定要求密封、签署、盖章的；

C.不具备招标文件中规定资格要求的；

D.不符合法律、法规和招标文件中规定的其他实质性要求的。

(2)澄清有关问题。

提交投标截止时间以后，投标文件即不得被补充、修改，这是一条基本原则。但评标时，若发现投标文件的内容有含义不明确、不一致或明显打字(书写)错误或纯属计算上的错误的情形，评标委员会则应通知投标人做出澄清或说明，以确保其正确的内容。

对于明显打字(书写)错误或纯属计算上的错误，评标委员会应允许投标人补正。澄清的要求和投标的答复均应采取书面的形式，投标人的答复必须经法定代表人或授权代理人签字，并不得超出投标文件的范围或者改变投标文件的实质性内容。作为投标文件的组成部分。

(3)评审。

经初步评审合格的投标文件，评标委员会应当根据招标文件确定的评标标准和方法，对其技术部分和商务部分作进一步评审、比较。

①商务部分评审。评标委员会可以采取经评审的最低投标价法，综合评估法或者法律、行政法规允许的其他评标方法，对确定为实质上响应招标文件要求的投标进行投标报价的评审，审查其投标报价是否按招标文件要求的计价依据进行报价；其报价是否合理，是否低于工程成本；并对具有投标报价的工程量清单表中的单价和合价进行校核，看其是否有计算或累计上的算术错误。如有计算或累计上的算术错误，按修正错误的方法调整其投标报价，经投标申请人代表确认同意后，调整后的投标报价对投标申请人起约束作用。如果投标申请人不接受修正后的投标报价则其投标将被否决。

②技术部分评审。对投标人的技术评估应包括以下内容：施工方案或施工组织设计、施工进度计划是否合理；施工技术管理人员和施工机械设备的配备，劳动力、材料计划，材料来源，临时用地、临时设施布置是否合理可行；投标人的综合施工技术能力、以往履约、业绩和分包情况等。

(4)推选中标候选人名单。

采用最低评标价法的，按投标报价由低到高顺序排列。投标报价相同的，按技术指标优劣顺序排列。评标委员会认为，排在前面的中标候选人的最低投标价或者某些分项报价明显不合理或者低于成本，有可能影响工程质量或不能诚信履约的，应当要求其在规定的期限内提供书面文件予以解释说明，并提交相关证明材料；否则，评标委员会可能取消该投标人的中标候选资格，按顺序由排在后面的中标候选人递补，以此类推。

采用综合评分法的，按评审后得分由高到低顺序排列。得分相同的，按投标报价由低到高顺序排列。得分且投标报价相同的，按技术指标优劣顺序排列。

采用性价比法的，按商数得分由高到低顺序排列。商数得分相同的，按投标报价由低到高顺序排列。商数得分且投标报价相同的，按技术指标优劣顺序排列。

(5)资格后审。

①未进行资格预审的招标项目，在确定中标候选人前，评标委员会须对投标

人的资格进行审查;投标人只有符合招标文件要求的评审标准的,方可被确定为中标候选人或中标人。

②进行资格预审的招标项目,评标委员会应就投标人资格预审所报的有关内容是否改变进行审查。如有改变是否按照招标文件的规定将所改变的内容随同投标文件一并递交;内容发生变化后是否仍符合招标文件要求的评审标准,评审标准符合招标文件要求的,方可被确定为中标候选人或中标人;否则,其投标将被否决。

5.评标报告

评标报告是评标委员会评标结束后提交给招标人的一份重要文件。评标委员会根据全体评标成员签字的原始评标记录和评标结果编写的报告,其主要内容包括:

(1)招标公告刊登的媒体名称、开标日期和地点;

(2)购买招标文件的投标人名单和评标委员会成员名单;

(3)评标方法和标准;

(4)开标记录和评标情况及说明,包括投标无效和投标人名单及原因;

(5)评标结果和中标候选供应商排列表;

(6)评标委员会的授标建议。

(七)合同的授予

1.合同授予

招标代理机构应当在评标结束后5个工作日内,将评标报告送招标人。

招标人应当在收到评标报告后5个工作日内,按照评标报告中推荐的中标候选承包商顺序确定中标候选承包商;也可以事先授权评标委员会直接确定中标承包商。

招标人自行组织招标的,应当在评标结束后5个工作日内确定中标承包商。

中标承包商因不可抗力或者自身原因不能履行合同的,招标人可以与排位在中标承包商之后第一位的中标候选承包商签订承包合同,以此类推。

在确定中标承包商前,招标人不得与投标承包商就投标价格、投标方案等实质性内容进行谈判。

2.中标通知书

中标承包商确定后,招标采购单位应当向中标承包商发出中标通知书,中标通知书对招标人和中标承包商具有同等法律效力。

招标人应将中标结果以书面形式通知所有未中标的投标人。

中标通知书发出后，招标人改变中标结果，或者中标承包商放弃中标，应当承担相应的法律责任。

3.合同协议书的签订

投标承包商对中标结果有异议的，应当在中标结果发布之日起7个工作日内，以书面形式向招标单位提出质疑。招标人应当在收到投标人书面质疑后7个工作日内，对质疑内容作出答复。

质疑承包商对招标人的答复不满意或者招标人未在规定时间内答复的，可以在答复期满后15个工作日内按规定，向同级人民政府建设行政主管部门投诉。

招标人不得向中标承包商提出任何不合理的要求，作为签订合同的条件，不得与中标承包商私下订立背离合同实质性内容的协议。

4.履约担保

合同协议书签署后约定的日期内，中标人应按投标须知前附表所规定的金额向招标人提交履约担保，履约担保须使用招标文件中所提供的格式。

若中标人不能按投标须知的规定执行，招标人将有充分的理由解除合同，并没收其投标保证金，给招标人造成的损失超过投标担保数额的，还应当对超过部分予以赔偿。

招标人要求中标人提交履约担保时，招标人也将在中标人提交履约担保的同时，按投标须知前附表所规定的金额向中标人提供同等数额的工程款支付担保。支付担保可使用招标文件中所提供的格式。

二 合同条款

2003年1月1日实施的《施工招标文件范本》中，对招标文件的合同条件规定采用1999年由国家工商行政管理局和建设部颁布的《建设工程施工合同(示范文本)》(GF—1999—0201)。该施工合同文本由《协议书》、《通用条款》、《专用条款》三部分组成，可在招标文件中采用。具体详见第七章有关内容。

三 合同文件格式

合同文件格式包括以下内容，即合同协议书、房屋建筑工程质量保修书、承包人银行履约保函、承包人履约担保、承包人预付款银行保函、发包人支付担保银行保函和发包人支付担保书。为了便于投标和评标，在招标文件中一般采用

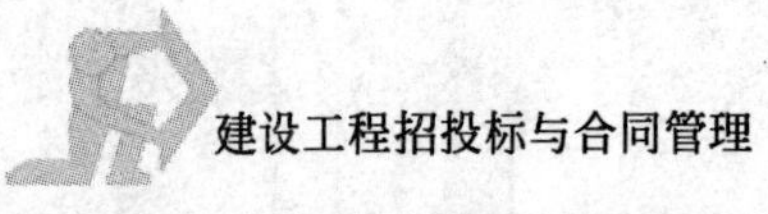

统一的格式。可参考选用以下格式进行编写。

合同协议书

发包人:(全称)＿＿＿＿＿＿＿＿＿＿＿＿

承包人:(全称)＿＿＿＿＿＿＿＿＿＿＿＿

依照《中华人民共和国合同法》、《中华人民共和国建筑法》及其他有关法律、行政法规,遵循平等、自愿、公平和诚实信用的原则,双方就本建设工程施工事项协商一致,订立本合同。

1.工程概况

工程名称:＿＿＿＿＿＿＿＿＿＿＿＿＿＿＿＿＿＿＿＿

工程地点:＿＿＿＿＿＿＿＿＿＿＿＿＿＿＿＿＿＿＿＿

工程内容:＿＿＿＿＿＿＿＿＿＿＿＿＿＿＿＿＿＿＿＿

群体工程应附承包人承揽工程项目一览表(附件1)

工程立项批准文号:＿＿＿＿＿＿＿＿＿＿＿＿＿＿＿＿

资金来源:＿＿＿＿＿＿＿＿＿＿＿＿＿＿＿＿＿＿＿＿

2.工程承包范围

承包范围:＿＿＿＿＿＿＿＿＿＿＿＿＿＿＿＿＿＿＿＿

3.合同工期

开工日期:＿＿＿年＿＿＿月＿＿＿日

竣工日期:＿＿＿年＿＿＿月＿＿＿日

合同工期总日历天数＿＿＿＿＿＿＿＿天。

4.质量标准

工程质量标准:＿＿＿＿＿＿＿＿＿＿＿＿＿＿＿＿＿＿

5.合同价款

金额(大写):＿＿＿＿＿＿＿＿＿＿＿＿元(人民币)

¥:＿＿＿＿＿＿＿＿＿＿＿＿元

6.组成合同的文件

(1)组成本合同的文件包括:

1)本合同协议书

2)中标通知书

3)投标书及其附件

4)本合同专用条款

5)本合同通用条款

6)标准、规范及有关技术文件

7)图纸

8)工程量清单(如有时)

9)工程报价单或预算书

(2)双方有关工程的洽商、变更等书面协议或文件视为本合同的组成部分。

7.本协议书中有关词语含义与本合同《通用条款》中的定义相同。

8.承包人向发包人承诺按照合同约定施工、竣工并在质量保修期内承担工程质量保修责任。

9.发包人向承包人承诺按照合同约定的期限和方式支付合同价款及其他应当支付的款项。

10.合同生效

(1)合同订立时间:__________年__________月__________日

(2)合同订立地点:____________________________

(3)本合同双方约定________________________后生效。

发包人:(公章)	承包人:(公章)
地址:	地址:
法定代表人:(签字)	法定代表人:(签字)
委托代理人:(签字)	委托代理人:(签字)
电话:	电话:
传真:	传真:
开户银行:	开户银行:
账号:	账号:
邮政编码:	邮政编码:

房屋建筑工程质量保修书

发包人(全称):____________________________

承包人(全称):____________________________

发包人、承包人根据《中华人民共和国建筑法》、《建设工程质量管理条例》和《房屋建筑工程质量保修办法》,经协商一致,对________________(工程名称)签

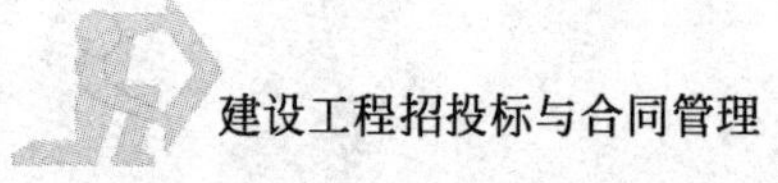

订工程质量保修书。

1. 工程质量保修范围和内容

承包人在质量保修期内，按照有关法律、法规、规章规定和双方约定，承担本工程质量保修责任。

质量保修范围包括地基基础工程、主体结构工程，屋面防水工程、有防水要求的卫生间、房间和外墙面的防渗漏，供热与供冷系统，电气管线、给排水管道、设备安装和装修工程，以及双方约定的其他项目。具体保修的内容，双方约定如下：

____

____

____。

2. 质量保修期

(1)双方根据《建设工程质量管理条例》及有关规定，约定本工程的质量保修期如下：

①地基基础工程和主体结构工程为设计文件规定的该工程合理使用年限；

②屋面防水工程、有防水要求的卫生间、房间和外墙面的防渗漏为____年；

③装修工程为____________年；

④电气管线、给排水管道、设备安装工程为____________年；

⑤供热与供冷系统为____________个采暖期、供冷期；

⑥住宅小区内的给排水设施、道路等配套工程为____________年；

⑦其他项目保修期限约定如下：

____

____

____。

(2)质量保修期自工程竣工验收合格之日起计算。

3. 质量保修责任

(1)属于保修范围、内容的项目，承包人应当在接到保修通知之日起7天内派人保修。承包人不在约定期限内派人保修的，发包人可以委托他人修理。

(2)发生紧急抢修事故的，承包人在接到事故通知后，应当立即到达事故现场抢修。

(3)对于涉及结构安全的质量问题，应当按照《房屋建筑工程质量保修办法》的规定，立即向当地建设行政主管部门报告，采取安全防范措施；由原设计单位或者具有相应资质等级的设计单位提出保修方案，承包人实施保修。

(4)质量保修完成后，由发包人组织验收。

4. 保修费用

保修费用由造成质量缺陷的责任方承担。

5. 其他

(1)双方约定的其他工程质量保修事项：

____

____

____。

(2)本工程质量保修书，由施工合同发包人、承包人双方在竣工验收前共同签署，作为施工合同附件，其有效期限至保修期满。

发包人(公章)：　　　　　　　　　　承包人(公章)：

法定代表人(签字)：　　　　　　　　法定代表人(签字)：

____年____月____日　　　　　　　　____年____月____日

承包人银行履约保函

致：(发包人名称)____________

鉴于(承包人名称)____________(以下简称"承包人")已与(招标人名称)(以下简称"发包人")就(招标工程项目名称)____________签订了合同(下称"合同")；

鉴于你方在合同中要求承包人向你方提交下述金额的银行开具的履约保函，作为承包人履行本合同责任的保证，本银行同意为承包人出具本保函。

根据本保函，本银行向你方承担支付人民币(大写)____________元(RMB ¥________元)的责任，并无条件受本担保书的约束。

承包人在合同履行过程中，由于资金、技术、质量或非不可抗力等原因给你方造成经济损失时，在你方以书面形式提出要求得到上述金额内的任何付款时，本银行于____日内给予支付，不挑剔、不争辩、也不要求你方出具证明或说明背景、理由。

本银行放弃你方应先向承包人要求赔偿上述金额然后再向本银行提出要求的权力。

本银行还同意在你方和承包人之间的合同条款、合同项下的工程或合同文件发生变化、补充或修改后，本银行承担本保函的责任也不改变，有关上述变化、补充和修改也无须通知本银行。

本保函直至工程竣工验收合格后28天内一直有效。

银行名称：＿＿＿＿＿＿＿＿＿＿＿＿＿＿＿（盖章）
银行法定代表人或负责人：＿＿＿＿＿＿＿＿（签字或盖章）
地　　址：＿＿＿＿＿＿＿＿＿＿＿
邮政编码：＿＿＿＿＿＿＿＿＿＿＿
日　　期：＿＿＿年＿＿＿月＿＿＿日

承包人预付款银行保函

致：(招标人名称)＿＿＿＿＿＿＿＿＿＿

根据(招标工程项目名称)＿＿＿＿＿＿＿＿工程施工合同专用条款第＿＿＿条的约定，(承包人名称)＿＿＿＿＿＿＿＿(以下称"承包人")应向你方提交人民币(大写)＿＿＿＿＿元(RMB￥＿＿＿＿＿元)的预付款银行保函，以保证其履行合同的上述条款。

本银行受承包人委托，作为保证人，当你方以书面形式提出要求得到上述金额内的任何付款时，就无条件地、不可撤消地于＿＿＿日内予以支付，以保证在承包人没有履行或部分履行合同专用条款第＿＿＿条的责任时，你方可以向承包人收回全部或部分预付款。

本银行还同意：在你方和承包人之间的合同条款、合同项下的工程或合同文件发生变化、补充或修改后，我行承担本保函的责任也不改变，有关上述变化、补充或修改也无须通知本银行。

本保函的有效期从预付款支付之日起至你方向承包人收回全部预付款之日期止。

银行名称：＿＿＿＿＿＿＿＿＿＿＿＿＿＿＿（盖章）
银行法定代表人或负责人：＿＿＿＿＿＿＿＿（签字或盖章）
地　　址：＿＿＿＿＿＿＿＿＿＿＿
邮政编码：＿＿＿＿＿＿＿＿＿＿＿
日　　期：＿＿＿年＿＿＿月＿＿＿日

发包人支付担保银行保函

致:(承包人名称)________________

鉴于(承包人名称)________________(以下简称"承包人")已与(招标人名称)________________(以下简称"发包人")就(招标工程项目名称)________________签订了合同(下称"合同");

鉴于你方在上述合同中要求发包人向你方提交下述金额的银行开具的支付担保保函,作为发包人履行本合同责任的保证金;

本银行同意为发包人出具本担保保函。

本银行在此代表发包人向你方承担支付人民币(大写)________元(RMB ¥________元)的责任,发包人在履行合同过程中,由于资金不足或非不可抗力等原因给你方造成经济损失或不按合同约定付款时,在你方以书面形式提出要求得到上述金额内的任何付款时,本银行于________日内给予支付,不挑剔、不争辩、也不要求你方出具证明或说明背景、理由。

本银行放弃你方应先向发包人要求赔偿上述金额然后再向本银行提出要求的权力。

本银行还同意在你方和发包人之间的合同条款、合同项下的工程或合同文件发生变化、补充或修改后,本银行承担本保函的责任也不改变,有关上述变化、补充和修改也无须通知本银行。

本保函直至发包人依据合同付清应付给你方按合同约定的一切款项后28天内一直有效。

银行名称:________________(盖章)

银行法定代表人或负责人:________________(签字或盖章)

地　　址:________________

邮政编码:________________

日　　期:________年________月________日

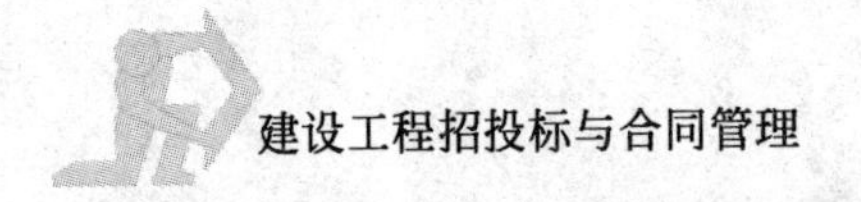

银行履约保函格式

建设单位名称：____________________

鉴于__________________（下称“承包单位”）已保证按__________________（下称“建设单位”）__________________工程合同施工、竣工和保修该工程（下称“合同”）。

鉴于你方在上述合同中要求承包单位向你方提供下述金额的银行开具的保函，作为承包单位履行本合同责任的保证金；本银行同意为承包单位出具本保函；本银行在此代表承包单位向你方承担支付人民币__________元的责任，承包单位在履行合同中，由于资金、技术、质量或非不可抗力等原因给发包单位造成经济损失时，在你方以书面提出要求上述金额内的任何付款时，本银行即予支付，不挑剔、不争辩、也不要求你方出具证明或说明背景、理由。

本银行放弃你方应先向承包单位要求赔偿上述金额然后再向本银行提出要求的权力。本银行进一步同意在你方和承包单位之间的合同条件、合同项下的工程或合同发生变化、补充或修改后，本银行承担保函的责任也不改变，有关上述变化、补充和修改也无须通知本银行。

本保函直至保修责任证书发出后 28 天内一直有效。

银行名称：（盖章）

银行法定代表人：（签字、盖章）

地址：

邮政编码：　　　　　　　　　　　日期：______年______月______日

四 工程建设标准

工程建设标准是由政府颁布的对新建工程项目所作最低限度技术要求的规定，是建设法律、法规体系的重要组成部分。工程建设标准一般包括两部分的内容：

第一部分是依据设计文件的要求，拟招标工程项目的材料、设备、施工须达到的现行中华人民共和国以及省、自治区、直辖市或行业的工程建设标准、规范的要求。招标人在编制招标文件时，根据招标工程的性质、设计施工图纸、技术文件，提出使用国家或行业标准、规范的具体要求，如涉及的规范的名称、编号等。

第二部分是根据工程设计要求，拟招标工程的材料、施工除必须达到第一部分规定的标准外，还应满足的标准要求。国内没有相应标准，规范的项目，由招标人在本章内提出施工工艺要求及验收标准，由投标人在中标后，提出具体的施工工艺和做法，经招标人（发包人）批准执行。

五 图纸

图纸是招标文件的重要组成部分。图纸是指用于招标工程施工用的全部图纸，是进行施工的依据，也是进行工程管理的基础，招标人应将全部施工图纸编入招标文件，供投标申请人全面了解招标工程情况，以便与编制投标文件。为便于投标申请人查阅，招标人应按图纸内容编制图纸目录。

图纸是招标人编制工程量清单的依据，也是投标人编制招标文件商务部分和技术部分的依据。建筑工程施工图纸一般包括：图纸目录、设计总说明、建筑施工图、结构施工图、给排水施工图、采暖通风施工图和电气施工图等。

投标申请人为编好投标文件，应详细了解工程情况。所以招标人应详细审查全部施工图纸，确认图纸无误后，编制图纸清单，连同图纸一起作为招标文件的组成部分。

工程量清单

（一）工程量清单的概念

工程量清单是招标工程的分部分项工程项目、措施项目、其他项目名称和相应数量明细清单，包括分部分项工程清单、措施项目清单、其他项目清单。一经中标且签订施工合同，工程量清单即成为合同的组成部分。工程量清单应与投标须知、合同条件、合同协议条款、工程规范和图纸一起使用。

（二）工程量清单的作用

工程量清单的工程量是编制招标工程标底和投标报价的依据，也是支付工程进度款和竣工结算时调整工程量的依据。它供建设各方计价时使用，并为投标人提供一个公开、公平、公正的竞争环境，是评标的基础，也为竣工时调整工程量、办理工程结算及工程索赔提供的重要依据。工程量清单除了作为信息的载体，为潜在的投标人提供必要的信息外，还具有以下作用：

(1)为投标申请人提供一个公开、公平、公正的竞争环境。工程量清单由招标人统一提供，统一的工程量避免了由于计算不准确、项目不一致等人为因素造成的不公正影响，为投标申请人创造一个公平的竞争环境。

(2)是编制标底与投标报价的依据,也是评标的基础。工程量清单由招标人提供,无论是标底的编制还是投标报价,都必须以清单为依据。工程量清单还为评标工作奠定了基础。当然,如果发现清单有计算错误或是漏项,也可按招标文件的有关要求在中标后进行修正。

(3)为施工过程中支付工程进度款提供依据。与合同结合,工程量清单为施工过程中的进度款支付提供了依据。

(4)为办理竣工结算、办理工程结算及工程索赔提供依据。

(5)设有标底价格的招标工程,招标人利用工程量清单编制标底价格,供评标时参考。

(三)工程量清单的编制原则和依据

工程量清单由招标人自行编制,也可委托有相应资质的招标代理机构或工程造价咨询单位编制。对于招标人来讲,工程量清单是进行投资控制的前提和基础,工程量清单编制的质量直接关系和影响到工程建设的最终结果。

1.工程量清单的编制原则

(1)遵守有关的法律法规。工程量清单的编制应遵循国家有关的法律、法规和相关政策。

(2)遵守“四统一”的规定。工程量清单应当依据招标文件、施工设计图纸、施工现场条件和国家制定的统一项目编码、项目名称、计量单位和工程量计算规则进行编制。

(3)遵守招标文件的相关要求。工程量清单作为招标文件的组成部分,必须与招标文件的原则保持一致,与招标须知、合同条款、技术规范等相协调,正确反映工程的信息。

(4)编制力求准确合理。工程量的计算应力求准确,清单项目的设置力求合理、不漏不重。还应建立健全工程量清单编制审查制度,确保工程量清单编制全面性、准确性和合理性,提高清单编制质量和服务质量。

2.工程量清单的编制依据

(1)国家关于工程量清单的项目划分、计量单位、计算规则和计价办法。

(2)招标文件的有关要求。

(3)施工设计图纸及相关资料。

(4)工程所在地的地理环境包括地质资料、现场状况、道路状况等。

【案例】

华北某大型水利项目隧道开挖工程的“招标文件”关于工程量清单及投标报价有如下规定：

1.除合同另有规定外，本工程量清单中的单价和总价，均应包括承包人的所有设备、劳务、材料、安转、监督、维护、运输、保险、税金以及合同中明确说明的或隐含的风险、义务和责任。

2.不管这些工程量是否已载明，工程量清单中的每一项目必须填报单价或细目总价。如果投标人对某些项目没有填报单价或细目总价，则认为这些费用已包含在合同的其他价格中。

3.依从本合同规的所有费用应计入报价的工程量清单各项目中，如果工程量清单中没有相应项目，则应将费用摊入相关工程项目的单价和细目总价中。

【分析】

本案例中“招标文件”关于工程量清单及投标报价规定中的第3条是一个特殊的规定：“依从本合同规的所有费用应计入报价的工程量清单各项目中，如果工程量清单中没有相应项目，则应将费用摊入相关工程项目的单价和细目总价中”，也就是：

1.本工程量清单中的细目不可更改，既使是经过核对图纸，发现工程量清单中有漏项；

2.当发现工程量清单中有漏项时，显然在工程施工时必然发生相关费用(图纸中有此项工作)，在计量计价时不予考虑，要将此工程的费用在报价时分摊到相关工程项目的单价和细目总价中去。

项目业主这样做，使得承包商在报价时要考虑进去的风险增加了。如果承包商在报价时没有核对图纸工程量，就有可能掉到业主有益无意设置的陷阱里面去了。

七 投标文件投标函部分格式

投标函部分是招标人提出要求，由投标人表示参与该招标工程投标的意思表示的文件，由投标人按照招标人提出的格式，无条件的填写。投标函格式包括下列内容：法定代表人身份证明书、投标文件签署授权委托书、投标函、投标函附录、投标担保银行保函、招标文件要求投标人提交的其他投标资料。具体可参考以下格式编写。

法定代表人身份证明书

单位名称：______________________________

单位性质：______________________________

地　　址：______________________________

成立时间：________年________月________日

经营期限：____

姓　　名：________性别：________年龄：________职务：________

系(投标人单位名称)________________的法定代表人。

特此证明。

投标人：______________________(盖公章)

日　期：________年________月________日

投标文件签署授权委托书

本授权委托书声明：我(姓名)________________系(投标人名称)________________的法定代表人，现授权委托(单位名称)________________的(姓名)________________为我公司签署本工程的投标文件的法定代表人授权委托代理人，我承认代理人全权代表我所签署的本工程的投标文件的内容。

代理人无转委托权，特此委托。

代理人：(签字)________性别：________年龄：________

身份证号码：________________职务：________________

投标人：(盖章)________________________________

法定代表人：(签字或盖章)________________________

授权委托日期：________年________月________日

投　标　函

致:(招标人名称)______________

1.根据你方招标工程项目编号为(项目编号)__________的(招标工程项目名称)__________工程招标文件,遵照《中华人民共和国招标投标法》等有关规定,经踏勘项目现场和研究上述招标文件的投标须知、合同条款、图纸、工程建设标准和工程量清单及其他有关文件后,我方愿以人民币(大写)__________元(RMB ¥__________元)的投标报价并按上述图纸、合同条款、工程建设标准和工程量清单(如有时)的条件要求承包上述工程的施工、竣工,并承担任何质量缺陷保修责任。

2.我方已详细审核全部招标文件,包括修改文件(如有时)及有关附件。

3.我方承认投标函附录是我方投标函的组成部分。

4.一旦我方中标,我方保证按合同协议书中规定的工期{工期}__________日历天内完成并移交全部工程。

5.如果我方中标,我方将按照规定提交上述总价__________%的银行保函或上述总价__________%的由具有担保资格和能力的担保机构出具的履约担保书作为履约担保。

6.我方同意所提交的投标文件在招标文件的投标须知中规定的投标有效期内有效,在此期间内如果中标,我方将受此约束。

7.除非另外达成协议并生效,你方的中标通知书和本投标文件将成为约束双方的合同文件的组成部分。

8.我方将与本投标函一起,提交人民币__________作为投标担保。

投标人:(盖章)______________________________

单位地址:______________________________

法定代表人或其委托代理人:(签字或盖章)______________

邮政编码:__________　电话:__________　传真:__________

开户银行名称:______________________________

开户银行账号:______________________________

开户银行地址:______________________________

开户银行电话:______________________________

日　　期:__________年__________月__________日

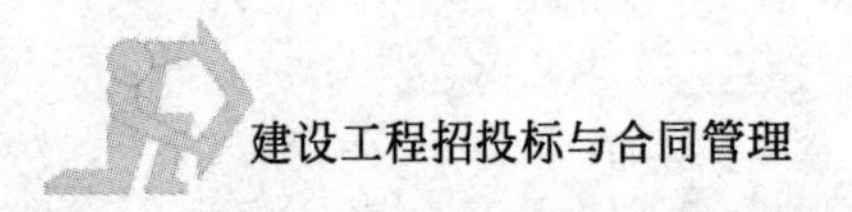

投 标 函 附 录　　表 3-2

序　号	项 目 内 容	合同条款号	约 定 内 容	备　注
1	履约保证金 银行保函金额 履约担保书金额		 合同价款的( )% 合同价款的( )%	
2	施工准备时间		签订合同后( )天	
3	误期违约金额		( )元/天	
4	误期赔偿费限额		合同价款( )%	
5	提前工期奖		( )元/天	
6	施工总工期		( )日历天	
7	质量标准			
8	工程质量违约金最高限额		( )元	
9	预付款金额		合同价款的( )%	
10	预付款保函金额		合同价款的( )%	
11	进度款付款时间		签发月付款凭证后( )天	
12	竣工结算款付款时间		签发竣工结算付款凭证后( )天	
13	保修期		依据保修书约定的期限	

投标担保银行保函

致:(招标人名称)______________

鉴于(投标人名称)________________(下列称"投标人")于______年______月______日参加(招标人名称)____________招标工程项目编号为(项目编号)______________的(招标工程项目名称)________________工程的投标;

本银行受投标人委托,承担向你方支付总金额为_______元(小写)的责任。

本责任的条件是:如果投标人在投标有效期内收到你方的中标通知书后

1. 不能或拒绝按投标须知的要求签署合同协议书;

2. 不能或拒绝按投标须知的规定提交履约保证金。

只要你方指明产生上述任何一种情况的条件时,则本银行在接到你方以书面形式的要求后,即向你方支付上述全部款额,无需你方提出充分证据证明其要求。

本保函在投标有效期后或招标人在这段时间内延长的投标有效期后28天内保持有效，若延长投标有效期无须通知本银行，但任何索款要求应在上述投标有效期内送达本银行。

本银行不承担支付下述金额的责任：

大于本保函规定的金额；

大于投标人投标价与招标人中标价之间的差额的金额。

本银行在此确认，本保函责任在投标有效期或延长的投标有效期满后28天内有效，若延长投标有效期无须通知本担保人，但任何索款要求应在上述投标有效期内送达本银行。

银行名称：(盖章)＿＿＿＿＿＿＿＿＿＿

银行法定代表人或负责人：(签字或盖章)＿＿＿＿＿＿

地　　址：＿＿＿＿＿＿＿＿＿＿＿＿＿＿

邮政编码：＿＿＿＿＿＿＿＿＿＿＿＿＿＿

日　　期：＿＿＿＿年＿＿＿＿月＿＿＿＿日

八 投标文件商务部分格式

(一)采用综合单价形式的商务部分内容

1.投标报价说明

(1)投标报价依据工程投标须知和合同文件的有关条款进行编制。

(2)工程量清单计价表应采用综合单价的形式，包括人工费、材料费、机械费、管理费、利润及所测算的风险费等费用。

(3)措施项目清单计价表中所填入的措施项目报价，包括环境保护、文明施工、临时设施、二次搬运、夜间施工、大型机械设备进出场及安拆、混凝土钢筋混凝土模板机支架、脚手架和已完工程及设备保护等费用。

(4)其他项目清单计价表中所填入的其他项目报价，包括预留金、材料购置费、总承包费和零星工作项目等费用。零星工作项目应根据拟建工程的具体情况，详细列出人工、材料、机械的名称、计量单位和相应数量，并随工程量清单发至投标人。

(5)工程量清单计价表中的每一单项均应填写单价和合价，对没有填写单价和合价的项目费用，视为已包括在工程量清单的其他单价或合价之中。

(6)本报价的币种为________。

(7)投标人应将投标报价需要说明的事项,用文字书写与投标报价表一并报送。

2. 工程量清单报价表格式

工程项目总价表 表 3-3

工程名称:________ 第 页 共 页

序号	单项工程名称	金额(元)
合计		

单项工程费汇总表 表 3-4

工程名称:________ 第 页 共 页

序号	单位工程名称	金额(元)
合计		

单位工程费汇总表

表 3-5

工程名称：________________ 第 页 共 页

序 号	项 目 名 称	金 额(元)
1	分部分项工程量清单计价合计	
2	措施项目清单计价合计	
3	其他项目清单计价合计	
4	规费	
5	税金	
	合 计	

分部分项工程量清单计价表

表 3-6

工程名称：________________ 第 页 共 页

序 号	项 目 编 码	金 额(元)	计量单位	工 程 数 量	金 额(元)	
					综合单价	合 价
		本页小计				
		合 计				

措施项目清单计价表

表 3-7

工程名称：________________ 第 页 共 页

序 号	项 目 名 称	金 额(元)
	合 计	

其他项目清单计价表 表 3-8

工程名称：________________ 第　页 共　页

序　号	单项工程名称	金　额(元)
1	招标人部分	
	小　计	
2	投标人部分	
	小　计	
	合　计	

零星工作项目计价表 表 3-9

工程名称：________________ 第　页 共　页

序　号	名　称	计量单位	数　量	金　额(元)	
				综合单价	合价
1	人　工				
	小　计				
2	材　料				
	小　计				
3	机　械				
	小　计				
	合　计				

分部分项工程量清单综合单价分析表 表 3-10

工程名称：________ 第 页 共 页

序号	项目编码	项目名称	工程内容	综合单价组成					小计
				人工费	材料费	机械使用费	管理费	利润	

措施项目费分析表 表 3-11

工程名称：________ 第 页 共 页

序号	措施项目名称	单位	数量	金 额(元)					
				人工费	材料费	机械使用费	管理费	利润	小计
	合计								

主要材料价格表 表 3-12

工程名称：________ 第 页 共 页

序 号	材 料 编 码	材 料 名 称	规格、型号等特殊要求	单 位	单 价(元)

(二)采用工料单价形式的商务部分内容

1.投标报价说明

(1)本报价依据本工程投标须知和合同文件的有关条款进行编制。

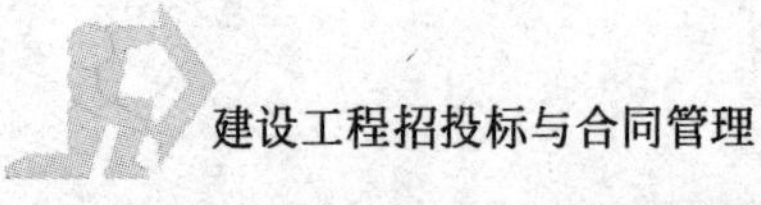

(2)分部工程工料价格计算表中所填入的工料单价和合价,为分部工程所涉及的全部项目的价格,是按照有关定额的人工、材料、机械消耗量标准及市场价格计算、确定的直接费。其他直接费、间接费、利润、税金和有关文件规定的调价、材料差价、设备价格、现场因素费用、施工技术措施费以及采用固定价格的工程所测算的风险金等按现行的计算方法计取,计入分部工程费用计算表中。

(3)本报价中没有填写的项目的费用,视为已包括在其他项目之中。

(4)本报价的币种为________________。

(5)投标人应将投标价需要说明的事项,用文字书写与投标报价表一并报送。

2. 工料单价报价表格式

投标报价汇总表　　表 3-13

工程名称:____________________　　第　　页共　　页

序　号	表　　号	工程项目名称	合　计(万元)	备　　注
一		土建工程分部工程量清单项目		
1				
2				
3				
4				
二		安装工程分部工程量清单项目		
1				
2				
3				
4				
三		设备费用		
四		其他		
五		总计		
投标总报价(大写):________元________				

主要材料清单报价表 表3-14

工程名称________________ 共 页 第 页

序　号	材料名称及规格	计量单位	数　量	报　价(元)		备　注
				单价	合价	
1	2	3	4	5	6	7

设备清单报价表 表3-15

工程名称________________ 共 页 第 页

序号	设备名称	规格型号	单位	数量	单　价(元)				合　价(元)				备注
					出厂价	运杂费	税金	单价	出厂价	运杂费	税金	合价	
1	2	3	4	5	6	7	8	9	10	11	12	13	14
小计：______元(其中设备出厂价______元;运杂费______元;税金______元)													
设备报价(含运杂费、税金)合计______元													

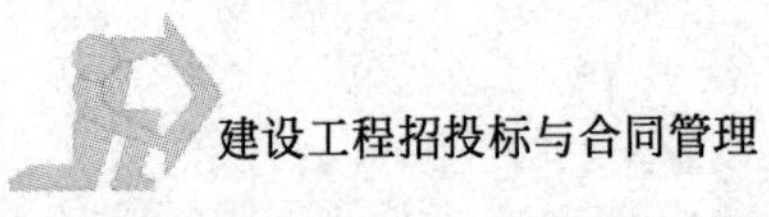

分部工程工料价格计算表 表 3-16

工程名称________________ 共 页 第 页

序号	编号	项 目 名 称	计量单位	工程量	工 料 单 价				工 料 合 价				备注
					单价	其中			合价	其中			
						人工费	材料费	机械费		人工费	材料费	机械费	
1	2	3	4	5	6	7	8	9	10	11	12	13	14
工料合价合计:__________元,人工费合计:__________元													

分部工程费用计算表 表 3-17

工程名称________________ 共 页 第 页

代 码	序 号	费 用 名 称	单 位	费 率 标 准	金 额	计 算 公 式
	一	直接工程费	元			
	1	直接费				
	2	其他直接费合计				
	3	现场经费				
	二	间接费				
	三	利润				
	四	其他				
	五	税金				
	六	总计				A+B+C+...+E
合计:______________元						

九 投标文件技术部分格式

为进一步了解投标单位对工程施工人员，机械和各项工作的安排情况，便于评标时进行比较，在招标文件中统一拟定各类表格或提出具体要求让投标单位填写和说明。一般包括：施工组织设计部分和机构配备情况部分。

具体内容详见第四章。

十 资格审查申请书格式

对于一些工期要求比较紧，工程技术、结构不复杂的项目，为了争取早日开工，可不进行资格预审，而进行资格后审。资格后审即在招标文件中加入资格审查的内容，投标者在报送投标文件的同时还应报送资格审查资料。评标委员会在正是评标前先对投标人进行资格审查。对资格审查合格的投标人的投标文件进行评审，淘汰资格不合格的投标者，并对其投标文件不予评审。

资格后审的内容与资格预审的内容大致相同。主要包括：投标者的组织机构；财务报表；人员情况；设备情况；施工经验及其他情况。详细图表如下。

(一)资格审查申请书

致：____________________

(1)经授权作为代表，并以(投标人名称)(以下简称“投标人”)的名义，在充分理解投标人资格审查文件的基础上，本申请书签字人在此以(招标工程项目名称)中下列标段的投标人身份，向你方提出资格审查申请：

表 3-18

项 目 名 称	标 段 号

(2)本申请书附有下列内容的正本文件的复印件：

①投标人的法人营业执照；

②投标人的(施工资质等级)证书；

③总公司所在地(适用于投标人是集团公司的情形)，或所有者的注册地(适用于投标人是合伙或独资公司的情形)。

(3)你方授权代表可调查、审核我方提交的与本申请书相关的声明、文件和资料,并通过我方的开户银行和客户,澄清申请书中有关财务和技术方面的问题。本申请书还将授权给有关的任何个人或机构及其授权代表,按你方的要求提供必要的相关资料,以核实本申请书中提交的或与本申请人的资金来源、经验和能力有关的声明和资料。

(4)你方授权代表可通过下列人员得到进一步的资料:

表 3-19

一般质询和管理方面的质询	
联系人 1:	电话:
联系人 2:	电话:

表 3-20

有关人员方面的质询	
联系人 1:	电话:
联系人 2:	电话:

表 3-21

有关技术方面的质询	
联系人 1:	电话:
联系人 2:	电话:

表 3-22

有关财务方面的质询	
联系人 1:	电话:
联系人 2:	电话:

(5)本申请充分理解下列情况:

①资格审查合格的投标人才有可能被授予合同;

②你方保留更改本招标项目的规模和金额的权利。前述情况发生时,投标仅面向资格审查合格且能满足变更后要求的投标人。

(6)如为联合体投标,随本申请,我们提供联合体各方的详细情况,包括资金投入(及其他资源投入)和盈利(亏损)协议。我们还将说明各方在每个合同价中以百分比形式表示的财务方面以及合同执行方面的责任。

(7)我们确认如果我方中标,则我方的投标文件和与之相应的合同将:

①得到签署,从而我方受到法律约束;

②如为联合体中标,则随同提交一份联合体协议,规定如果联合体被授予合同,则联合体各方共同的和分别的责任。

(8)下述签字人在此声明,本申请书中所提交的声明和资料在各方面都是完整、真实和准确的。

表 3-23

签名:	签名:
姓名:	姓名:
兹代表(申请人或联合体主办人)	兹代表(联合体成员 1)
申请人或联合体主办人盖章	联合体成员 1 盖章
签字日期:	签字日期:

表 3-24

签名:	签名:
姓名:	姓名:
兹代表(联合体成员 2)	兹代表(联合体成员 3)
联合体成员 2 盖章	联合体成员 3 盖章
签字日期:	签字日期:

表 3-25

签名:	签名:
姓名:	姓名:
兹代表(联合体成员 4)	兹代表(联合体成员 5)
联合体成员 4 盖章	联合体成员 5 盖章
签字日期:	签字日期:

(二)资格审查申请书附表

投标人一般情况 表 3-26

1	企业名称	
2	总部地址	
3	当地代表处地址	
4	电话	联系人
5	传真	电子信箱
6	注册地	注册年份 (请附营业执照复印件)
7	公司资质等级 (请附有关证书复印件)	
8	公司(是否通过,何种)质量保证体系认证(如通过请附相关证书复印件,并提供认证机构年审监督报告)	

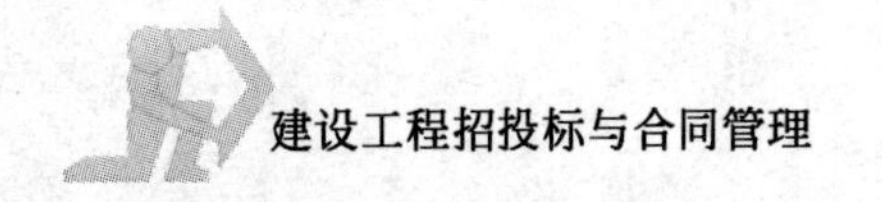

续上表

9	主营范围 1. ____ 2. ____ 3. ____ 4. ____ …… ……		
10	作为总承包人经历年数		
11	作为分包人经历年数		
12	其他需要说明的情况		

注:1.独立投标人或联合体各方均须填写此表。

2.投标人拟分包部分工程,则专业分包人或劳务分包人也须填写此表。

近三年类似工程营业额数据表 表3-27

投标人或联合体成员名称:____

近三年工程营业额		
财务年度	营业额(万元)	备注
第一年(应明确公元纪年)		
第二年(应明确公元纪年)		
第三年(应明确公元纪年)		

注:1.本表内容将通过投标人提供的财务报表进行审核。

2.所填的年营业额为投标人(或联合体每个成员)每年从各招标人那里得到的已完工程收入总额。

3.所有独立投标人或联合体各成员均须填写此表。

近三年已完工程及目前在建工程一览表 表3-28

投标人或联合体成员名称:____

序号	工程名称	合同身份	监理(咨询)单位	合同金额(万元)	结算金额(万元)	竣工质量标准	竣工日期
1							
2							
3							
4							
5							
……							

注:1.对于已完工程,投标人或每个联合体成员都应提供收到的中标通知书或双方签订的承包合同以及工程竣工验收证明。

2.申请人应列出近三年已完类似工程情况(包括总工程和分包工程),如有隐瞒,一经查实将导致其投标申请被拒绝。

3.在建工程投标申请人必须附上工程的合同协议书复印件,不填“竣工质量标准”和“竣工日期”两栏。

财务状况表 表 3-29

一、开户情况

开户银行	银行名称：	
	银行地址：	
	电话：	联系人及职务：
	传真：	传真：

二、近三年每年的资产负债情况

财务状况（单位： 元）	近三年（应分别明确公元纪年）		
	第一年	第二年	第三年
1.总资产			
2.流动资产			
3.总负债			
4.流动负债			
5.税前利润			
6.税后利润			

注：投标人请附最近三年经过审计的财务报表，包括资产负债表、损益表和现金流量表。

三、为达到本项目现金流量需要提出的信贷计划

信贷来源	信贷金额（万元）
1	
2	
3	
4	

注：投标人或联合体每个成员都应提供财务资料，以证明其已达到资格审查的要求。每个投标人或联合体成员都要填写此表。

联合体情况 表 3-30

成员身份	各方名称
1.主办人	
2.成员	
3.成员	
4.成员	

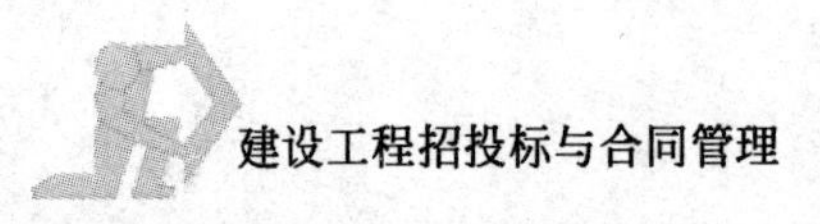

续上表

成员身份	各方名称
5.成员	
6.成员	
……	

类似工程经验　　表 3-31

投标人或联合体成员名称：____________

1	合同号	
	合同名称	
	工程地址	
2	发包人名称	
3	发包人地址(请详细说明发包人联系电话及联系人)	
4	与投标人所申请的合同相类似的工程性质和特点 (请详细说明所承担的合同工程内容,如长度、高度、桩基工程、基层/底基层工程、土方、石方、地下挖方、混凝土浇筑的年完成量等)	
5	合同身份(注明其中之一) □独立承包人　□分包人　□联合体成员	
6	合同总价	
7	合同授予时间	
8	完工时间	
9	合同工期	
10	其他要求:(如施工经验、技术措施、安全措施等)	

注:1.投标人应提供完成的年土石方量和混凝土量等。

2.每个类似工程合同须单独具表,并附中标通知书或合同协议书或工程竣工验收证明,无相关证明的工程在评审时将不予确认。

现场条件类似工程的施工经验　　表 3-32

投标人或联合体成员名称：____________

1	合同号	
	合同名称	
	工程地址	

续上表

2	发包人名称
3	发包人地址(请详细说明发包人联系电话及联系人)
4	与投标人所申请的合同相类似的工程性质和特点 (请详细说明所承担的合同工程内容中与所投合同相类似的工程,如长度、高度、桩基工程、基层/底基层工程、土方、石方、混凝土浇筑的年完成量及类似现场条件等)
5	合同身份(注明其中之一) □独立承包人　　□分包人　　□联合体成员
6	合同总价
7	合同授予时间
8	完工时间
9	合同工期:
10	其他要求:(如施工经验、技术措施、安全措施等)

注:1. 投标人应提供其在类似现场条件下的施工经验,包括桩基工程、土方工程和构筑物工程等。

2. 每个类似工程合同须单独具表,并附中标通知书或合同协议书或工程竣工验收证明,无相关证明的工程在评审时将不予确认。

其他资料

1. 近三年的已完工程和目前在建工程合同履行过程中,投标人所介入的诉讼或仲裁情况。请逐例说明年限、发包人名称、诉讼原因、纠纷事件、纠纷所涉及金额,以及最终裁定结果。

2. 近三年中所有所有发包人对投标人施工的工程的评价意见。

3. 与投标人资格审查申请书评审有关的其他资料。若附其他文件,请详列出。

投标人不应在其资格审查申请书中附有宣传性材料,这些材料在资格评审时将不被考虑。

注:1. 如有必要,以上各表可另加附页,如果表的内容超出了一页的范围,在每个表的每一页的右上角要清楚地注明。

2. 有些表要求有一些附件,这些附件上也应清楚地注明。

3. 投标人应使用不褪色的蓝、黑墨水填写或按和附表格式相同的要求打印表格,并按表格要求内容提供资料。

4. 凡表格中涉及金额处,均以____________为单位。

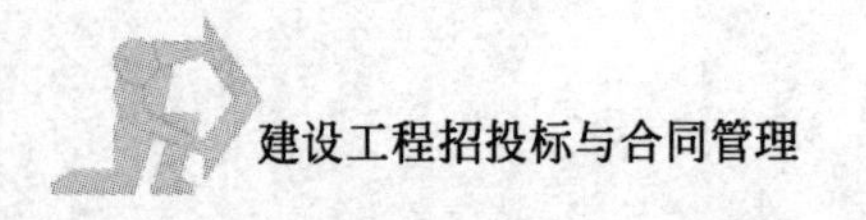

第三节　工程项目施工招标其他相关内容

以上三节的阐述，对工程施工招标的基本理论原则、基本概念、招标程序和招标文件内容有了一个比较全面的了解。本节就招标中的一些其他实际问题作进一步补充说明，包括：招标公告、投标邀请书、资格预审文件、工程标底的编制等，现分述如下：

一　招标公告

发布招标公告是公开招标最显著的特征之一，也是公开招标的第一个环节。招标公告在何种媒介上发布，直接决定了招标信息的传播范围，进而影响到招标的竞争程度和招标效果。依法必须进行施工公开招标的工程项目，应当在国家或者地方指定的报刊、信息网络或者其他媒介上发布招标公告，并同时在中国工程建设和建筑业信息网上发布招标公告。

招标公告的主要目的是发布招标信息，使那些感兴趣的投标申请人知悉，前来参加资格预审或购买招标文件，编制投标文件并参加投标。因此，招标公告应包括哪些内容，或者至少应包括哪些内容，对潜在的投标申请人来说是至关重要的。一般而言，在招标公告中，主要内容应为对招标人和招标项目的描述，使潜在的投标申请人在掌握这些信息的基础上，根据自身情况，做出是否购买招标文件并投标的决定。所以招标公告应当载明招标人的名称和地址，招标工程的性质、规模、地点以及获取资格预审文件或招标文件的办法等事项。对于要求资格预审的公开招标和进行资格后审的公开招标都应发布招标公告。其格式如下：

（一）采用资格预审方式的招标公告

招 标 公 告

招标工程项目编号：____________

1.（招标人名称）__________的（招标工程项目名称）__________，已由（项目批准机关名称）__________批准建设。现决定对该项目的工程施工进行公开招标，选定承包人。

2.本次招标工程项目的概况如下：

2.1〈说明招标工程项目的性质、规模、结构类型、招标范围、标段及资金来源和落实情况等〉；

2.2 工程建设地点为(工程建设地点)____________________；

2.3 计划开工日期为________年________月________日，计划竣工日期为________年________月________日，工期________日历天；

2.4 工程质量要求符合____________标准。

3.凡具备承担招标工程项目的能力并具备规定的资格条件的施工企业，均可对上述(一个或多个)____________招标工程项目(标段)向招标人提出资格预审申请，只有资格预审合格的投标申请人才能参加投标。

4.投标申请人须是具备建设行政主管部门核发的(行业类别、资质类别、资质等级)____________________以上资质的法人或其他组织 。自愿组成联合体的各方均应具备承担招标工程项目的相应资质条件；相同专业的施工企业组成的联合体，按照资质等级低的施工企业的的业务许可范围承揽工程。

5.投标申请人可从____________处获取资格预审文件，时间为________年________月________日至________年________月________日，每天上午________时________分至________时________分，下午________时________分至________时________分(公休日、节假日除外)。

6.资格预审文件每套售价为人民币________元，售后不退。如需邮购，可以书面形式通知招标人，并另加邮费每套人民币________元。招标人在收到邮购款后________日内，以快递方式向投标申请人寄送资格预审文件。

7.资格预审申请书封面上应清楚地注明“(招标工程项目名称、标段名称)______________________投标申请人资格预审申请书”字样。

8.资格预审申请书须密封后，于________年________月________日________时以前送至________处，逾期送达或不符合规定的资格预审申请书将被拒绝。

9.资格预审结果将及时告知投标申请人，并预计于________年________月________日发出资格预审合格通知书。

10.凡资格预审合格的投标申请人，请按照资格预审合格通知书中确定的时间、地点和方式获取招标文件及有关资料。

招 标 人：____

办公地址：____

邮政编码：____________________　联系电话：____________________

传　　真：＿＿＿＿＿＿＿＿　　联 系 人：＿＿＿＿＿＿＿＿

招标代理机构：＿＿＿＿＿＿＿＿＿＿＿＿

办公地址：＿＿＿＿＿＿＿＿

邮政编码：＿＿＿＿＿＿＿＿　　联系电话＿＿＿＿＿＿＿＿

传　　真：＿＿＿＿＿＿＿＿　　联 系 人：＿＿＿＿＿＿＿＿

日期：＿＿＿＿年＿＿＿＿月＿＿＿＿日

(二)采用资格后审方式的招标公告

招 标 公 告

招标工程项目编号：＿＿＿＿＿＿＿＿

1.(招标人名称)＿＿＿＿＿＿的(招标工程项目名称)＿＿＿＿＿＿，已由(项目批准机关名称)＿＿＿＿＿＿批准建设。现决定对该项目的工程施工进行公开招标，选定承包人。

2.本次招标工程项目的概况如下：

2.1〈说明招标工程项目的性质、规模、结构类型、招标范围、标段及资金来源和落实情况等〉；

2.2 工程建设地点为＿＿＿＿＿＿＿＿；

2.3 计划开工日期为＿＿＿＿年＿＿＿＿月＿＿＿＿日，计划竣工日期为＿＿＿＿年＿＿＿＿月＿＿＿＿日，工期＿＿＿＿日历天；

2.4 工程质量要求符合＿＿＿＿＿＿＿＿标准。

3.凡具备承担招标工程项目的能力并具备规定的资格条件的施工企业，均可参加上述＿＿＿＿＿＿＿＿招标工程项目(标段)的投标。

4.投标申请人须是具备建设行政主管部门核发的(行业类别、资质类别、资质等级)＿＿＿＿＿＿＿＿及以上资质的法人或其他组织 。自愿组成联合体的各方均应具备承担招标工程项目的相应资质条件；相同专业的施工企业组成的联合体，按照资质等级低的施工企业的业务许可范围承揽工程。

5.本工程对投标申请人的资格审查采用资格后审方式，主要资格审查标准和内容详见招标文件中的资格审查文件，只有资格审查合格的投标申请人才有可能被授予合同。

6.投标申请人可从＿＿＿＿＿＿＿＿处获取招标文件、资格审查文件和相关资料，时间为________年________月________日至________年________月________日，每天上午________时________分至________时________分，下午________时________分至________时________分（公休日、节假日除外）。

7.招标文件每套售价为人民币________元，售后不退。投标人需交纳图纸押金人民币________元，当投标人退还全部图纸时，该押金将同时退还给投标人（不计利息）。本公告第6条所述的资料如需邮寄，可以书面形式通知招标人，并另加邮费每套________元。招标人在收到邮购款后________日内，以快递方式向投标申请人寄送上述资料。

8.投标申请人在提交投标文件时，应按照有关规定提供不少于投标总价的________%或人民币________元的投标保证金或投标保函。

9.投标文件提交的截止时间为________年________月________日________时________分，提交到____________。逾期送达的投标文件将被拒绝。

10.招标工程项目的开标将于上述投标截止的同一时间在__________公开进行，投标人的法定代表人或其委托代理人应准时参加。

招 标 人：______________________________

办公地址：______________________________

邮政编码：____________________ 联系电话：____________________

传　　真：____________________ 联 系 人：____________________

招标代理机构：______________________________

办公地址：______________________________

邮政编码：____________________ 联系电话：____________________

传　　真：____________________ 联 系 人：____________________

日期：________年________月________日

二 投标邀请书

实行邀请招标的工程项目，招标人可以向三个以上符合资质条件的投标申请人发出投标邀请书。

投标邀请书与招标公告一样，是向作为投标人的法人或其他组织发出的关于招标事宜的初步基本文件。为了提高效率和透明度，投标邀请书必须载明必要的招标信息，使投标人能够确定所招标的条件是否为他们所接受。投标邀请书也应当载明招标人的名称和地址，招标工程的性质、规模、地点以及获取资格预审文件和招标文件的办法等事项。投标邀请书的格式如下。

投标邀请书

招标工程项目编号：__________

致：(投标人名称)__________

1.(招标人名称)__________的(招标工程项目名称)__________，已由(项目批准机关名称)__________批准建设。现决定对该项目的工程施工进行邀请招标，选定承包人。

2.本次招标工程项目的概况如下：

2.1〈说明招标工程项目的性质、规模、结构类型、招标范围、标段及资金来源和落实情况等〉；

2.2 工程建设地点为__________；

2.3 计划开工日期为______年______月______日，计划竣工日期为______年______月______日，工期______日历天；

2.4 工程质量要求符合__________标准。

3.如你方对本工程上述__________招标工程项目(标段)感兴趣，可向招标人提出资格预审申请，只有资格预审合格的投标申请人才有可能被邀请参加投标。

4.请你方从__________获取资格预审文件，时间为______年______月______日至______年______月______日，每天上午______时______分至______时______分，下午______时______分至______时______分(公休日、节假日除外)。

5.资格预审文件每套售价为人民币______元，售后不退。如需邮购，可以书面形式通知招标人，并另加邮费每套人民币______元。招标人在收到邮购款后______日内，以快递方式向投标申请人寄送资格预审文件。

6.资格预审申请书封面上应清楚地注明“(招标工程项目名称、标段名称)__________投标申请人资格预审申请书”字样。

7.资格预审申请书须密封后，于______年______月______日______时以前送至______，逾期送达的或不符合规定的资格预审申请书将被拒绝。

8.资格预审结果将及时告知投标申请人，并预计于______年______月

________日发出资格预审合格通知书。

9.凡资格预审合格并被邀请参加投标的投标申请人，请按照资格预审合格通知书中确定的时间、地点和方式获取招标文件及有关资料。

招　标　人：(招标人名称)________________________(盖章)

办公地址：________________________

邮政编码：________________　联系电话：________________

传　　真：________________　联　系　人：________________

招标代理机构：(招标代理机构名称)________________(盖章)

办公地址：________________________

邮政编码：________________　联系电话：________________

传　　真：________________　联　系　人：________________

日期：________年________月________日

三 资格预审

(一)资格审查方式和审查内容

1.资格审查方式

一般来说，资格审查方式可分为资格预审和资格后审。资格预审是在投标前对投标申请人进行的资格审查；资格后审一般是在评标时对投标申请人进行的资格审查。招标人应根据工程规模、结构复杂程度或技术难度等具体情况，对投标申请人采取资格预审方式或资格后审方式。

2.资格审查内容

无论是资格预审还是后审，都是主要审查投标申请人是否符合下列条件：

(1)具有独立订立合同的权利；

(2)具有圆满履行合同的能力，包括专业、技术资格和能力，资金、设备和其他物质设施状况，管理能力，经验、信誉和相应的工作人员；

(3)以往承担类似项目的业绩情况；

(4)没有处于被责令停业，财产被接管、冻结、破产状态；

(5)在最近几年内(如最近三年内)没有与合同有关的犯罪或严重违约、违法行为。

此外，如果国家对投标申请人的资格条件另有规定的，招标人必须依照其规

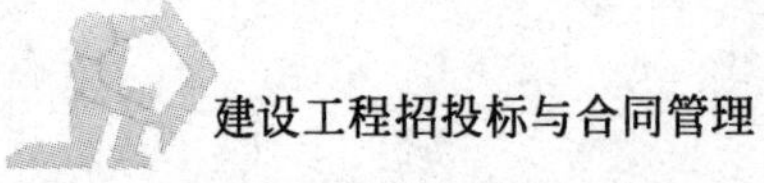

定,不得与这些规定相冲突或低于这些规定的要求。在不损害商业秘密的前提下,投标申请人应向招标人提交能证明上述有关资质和业绩情况的法定证明文件或其他资料。

是否进行资格审查及资格审查的要求和标准,招标人应在招标公告或投标邀请书中载明。这些要求和标准应平等地适用于所有的投标申请人。招标人不得规定任何并非客观是合理的标准、要求或程序,限制或排斥投标申请人,招标人也不得规定歧视某一投标申请人的标准、要求和程序。

招标人应按照招标公告或投标邀请书中载明的资格审查方式、要求和标准,对提交资格审查证明文件和资料的投标申请人的资格作出审查决定。招标人应告知投标申请人资格审查是否合格。

(二)资格预审

1.资格预审的有关规定

《施工招标投标管理办法》第十六条规定:招标人可以根据招标工程的需要,对投标申请人进行资格预审,也可以委托工程招标代理机构对投标申请人进行资格预审。实行资格预审的招标工程,招标人应当在招标公告或者投标邀请书中载明资格预审的条件和获取资格预审文件的办法。目前,在招标实践中,招标人经常采用的是资格预审程序。资格预审的目的是有效地控制招标过程中的投标申请人数量,确保工程招标人选择到满意的投标申请人实施工程建设。实行资格预审方式的工程,招标人应当在招标公告或投标邀请书中载明资格预审的条件和获取资格预审文件的时间、地点等事项。

2.资格预审的优点

实行招标前的资格预审有很多优点:

(1)实行公开招标时,投标者的数量将会很多,大量递交标书,然而只有少量的投标人能够参加投标,因而将产生大量多余的投标书。而实行资格预审,将那些审查不合格的投标者先行排除,就可以减少这些多余的投标。

(2)通过对投标人进行资格预审,可以对申请预审的众多投标人的技术水平、财务实力、施工经验和业绩进行调查,从而选择在技术、财务和管理各方面都能满足招标工程需要的投标人参加投标。

(3)通过对投标人进行资格预审,筛选出确实有实力和信誉的少量投标人,不仅可以减少招标人印制招标文件的数量,而且可以减轻评标的工作量,缩短招标工作周期,同时那些可能不具备承担工程任务的投标人,也节省因投标而投入的人力、财力等投标费用。

3.资格预审的适用范围

资格预审适用于公开招标或部分邀请招标的土建工程、交钥匙工程、技术复杂的成套设备安装工程、装饰装修工程。

4.资格预审的程序

招标人可以根据招标工程的需要，自行对投标申请人进行资格预审，也可以委托工程招标代理机构对投标申请人进行资格预审。实行资格预审的招标工程，招标人应当在招标公告或者投标邀请书中载明资格预审的条件和获取资格预审文件的办法。

资格预审的程序为招标人（或招标代理人）编制资格预审文件、发售资格预审文件、制定资格预审的评审标准、接收投标申请人提交的资格预审申请书、对资格预审申请书进行评审并撰写评审报告、将评审结果通知相关申请人。

采取资格预审的工程项目，招标人需编制资格预审文件，向投标申请人发放资格预审文件。投标申请人应按资格预审文件的要求，如实编制资格预审申请书；招标人通过对投标申请人递交的资格预审申请书的内容进行评审，确定符合资质条件、具有能力的投标申请人。

经资格预审后，招标人应当向资格预审合格的投标申请人发出资格预审合格通知书，告知获取招标文件的时间、地点和方法，并同时向资格预审不合格的投标申请人告知资格预审结果。

投标申请人隐瞒事实、弄虚作假、伪造相关资料的，招标人应当拒绝其参加投标。在资格预审合格的投标申请人过多时，可以由招标人从中选择不少于7家资格预审合格的投标申请人参加投标。

5.资格预审申请书及附表

(1)资格预审申请书

致：(招标人名称)________________

1.经授权作为代表，并以__________（以下简称“投标申请人”）的名义，在充分理解《投标申请人资格预审须知》的基础上，本申请书签字人在此以（招标工程项目名称）__________下列标段投标申请人的身份，向你方提出资格预审申请：

项目名称	标段号

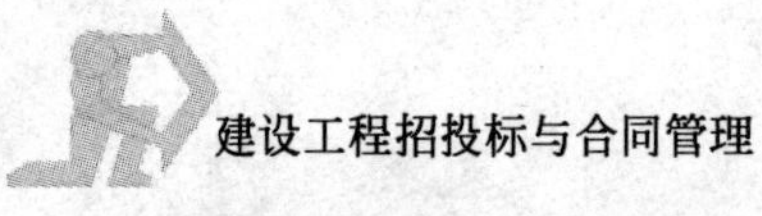

2.本申请书附有下列内容的正本文件的复印件：

2.1投标申请人的法人营业执照；

2.2投标申请人的(施工资质等级)____________证书；

3.按资格预审文件的要求，你方授权代表可调查、审核我方提交的与本申请书相关的声明、文件和资料，并通过我方的开户银行和客户，澄清本申请书中有关财务和技术方面的问题。本申请书还将授权给有关的任何个人或机构及其授权代表，按你方的要求，提供必要的相关资料，以核实本申请书中提交的或与本申请人的资金来源、经验和能力有关的声明和资料。

4.你方授权代表可通过下列人员得到进一步的资料：

一般质询和管理方面的质询	
联系人1：	电话：
联系人2：	电话：

有关人员方面的质询	
联系人1：	电话：
联系人2：	电话：

有关技术方面的质询	
联系人1：	电话：
联系人2：	电话：

有关财务方面的质询	
联系人1：	电话：
联系人2：	电话：

5.本申请充分理解下列情况：

5.1资格预审合格的申请人的投标，须以投标时提供的资格预审申请书主要内容的更新为准；

5.2你方保留更改本招标项目的规模和金额的权利。前述情况发生时，投标仅面向资格预审合格且能满足变更后要求的投标申请人。

6.如为联合体投标，随本申请，我们提供联合体各方的详细情况，包括资金投入(及其他资源投入)和盈利(亏损)协议。我们还将说明各方在每个合同价中以百分比形式表示的财务方面以及合同履行方面的责任。

7. 我们确认如果我方中标，则我方的投标文件和与之相应的合同将：

7.1 得到签署，从而使联合体各方共同地和分别地受到法律约束；

7.2 随同提交一份联合体协议，该协议将规定，如果我方被授予合同，联合体各方共同的和分别的责任。

8. 下述签字人在此声明，本申请书中所提交的声明和资料在各方面都是完整的、真实的和准确的：

签名：	签名：
姓名：	姓名：
兹代表(申请人或联合体主办人)	兹代表(联合体成员 1)
申请人或联合体主办人盖章	联合体成员 1 盖章
签字日期：	签字日期：

签名：	签名：
姓名：	姓名：
兹代表(联合体成员 2)	兹代表(联合体成员 3)
联合体成员 2 盖章	联合体成员 3 盖章
签字日期：	签字日期：

签名：	签名：
姓名：	姓名：
兹代表(联合体成员 4)	兹代表(联合体成员 5)
联合体成员 4 盖章	联合体成员 5 盖章
签字日期：	签字日期：

注：1. 联合体的资格预审申请，联合体各方应分别提交本申请书第 2 条要求的文件。
2. 联合体各方应按本申请书第 4 条的规定分别单独具表提供相关资料。
3. 非联合体的申请人无须填写本申请书第 6、7 条以及第 8 条有关部分。
4. 联合体的主办人必须明确，联合体各方均应在资格预审申请书上签字并加盖公章。

(2)资格预审申请书附表

投标人一般情况

近三年类似工程营业额数据表

近三年已完工程及目前在建工程一览表

财务状况表

联合体情况

类似工程经验

公司人员及拟派往本招标工程项目的人员情况 表 3-33

投标申请人或联合体成员名称________________

1. 公司人员				
人员类别 / 数量	管理人员	工人		其他
		总数	其中技术工人	
总数				
拟为本工程提供的人员总数				

2. 拟派往本招标工程项目的管理人员和技术人员			
经历 / 数量 / 人员类别	从事本专业工作时间		
	10 年以上	5 年至 10 年	5 年以下
管理人员(如下所列)			
项目经理			
……			
技术人员(如下所列)			
质检人员			
道路人员			
桥涵人员			
试验人员			
机械人员			
……			

注:表内列举的管理人员、技术人员可随项目类型的不同而变化。

拟派往本招标工程项目负责人与主要技术人员情况 表 3-34

投标申请人或联合体成员名称________________

1	职位名称	
	主要候选人姓名	
	替补候选人姓名	

续上表

2	职位名称	
	主要候选人姓名	
	替补候选人姓名	
3	职位名称	
	主要候选人姓名	
	替补候选人姓名	
4	职位名称	
	主要候选人姓名	
	替补候选人姓名	

注:1. 拟派往本工程的主要技术人员应包括项目技术负责人,相关专业工程师、预算、合同管理人员,质量、安全管理人员,计划统计人员等。

2. 对拟派往本工程的项目负责人与主要技术人员,投标申请人应提供至少________个能满足规定要求的候选人。

拟派往本招标工程项目的负责人与项目技术负责人简历 表 3-35

投标申请人或联合体成员名称________________________________

职位			候选人 主要 替补
候选人资料	候选人姓名		出生年月 年 月
	执业或职业资格		
	学历		职称
	职务		工作年限
自	至	公司/项目/职务/有关技术及管理经验	
年 月	年 月		
年 月	年 月		
年 月	年 月		
年 月	年 月		
年 月	年 月		
年 月	年 月		

注:1. 提供主要候选人的专业经验,特别须注明其在技术及管理方面与本工程相类似的特殊经验。

2. 投标申请人须提供拟派往本招标工程的项目负责人与项目技术负责人的候选人的技术职称或等级证书复印件。

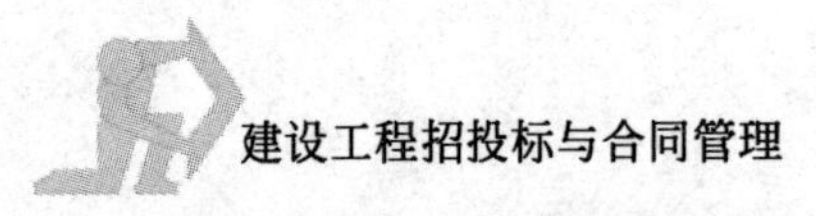

拟用于本招标工程项目的主要施工设备情况　　表 3-36

投标申请人或联合体成员名称________________

设 备 名 称		
设备资料	1.制造商名称	2.型号及额定功率
	3.生产能力	4.制造年代
目前状况	5.目前位置	
	6.目前及未来工程拟参与情况详述	
来源	7.注明设备来源	
	自有　　购买　　租赁　　专门生产	
所有者	8.所有者名称	
	9.所有者地址	
	电话	联系人及职务
	传真	电传
协议	特为本项目所签的购买/租赁/制造协议详述	

注:1.投标申请人应就其提供的每一项设备分别单独具表,且应就关键设备出具所有权证明或租赁协议或购买协议,没有上述证明材料的设备在评审时将不予考虑。

2.若设备为投标申请人或联合体成员自有,则无需填写所有者、协议二栏。

现场组织机构情况

(1)现场组织机构框图。

(2)现场组织机构框图文字详述(附图)。

(3)总部与现场管理部门之间的关系详述。

拟分包企业情况　　表 3-37

(招标工程项目名称)________________工程

名　称	
地　址	
拟分包工程	
分包理由	

续上表

近三年已完成的类似工程				
工程名称	地点	总包单位	分包范围	履约情况

注：每个拟分包企业应分别填写本表。

其他资料

(1)近三年的已完和目前在建工程合同履行过程中，投标申请人所介入的诉讼或仲裁情况。请分别说明事件年限、发包人名称、诉讼原因、纠纷事件、纠纷所涉及金额，以及最终裁判是否有利于投标申请人。

(2)近三年中所有发包人对投标申请人所施工的类似工程的评价意见。

(3)与资格预审申请书评审有关的其他资料。

投标申请人不应在其资格预审申请书中附有宣传性材料，这些材料在资格评审时将不予考虑。

四 工程标底

标底是招标人在工程招标前参考国务院和省、自治区、直辖市人民政府建设行政主管部门制订的工程造价计价办法和计价依据以及其他有关规定，根据市场价格信息，由招标单位或委托有相应资质的招标代理机构和工程造价咨询单位以及监理单位等中介组织对所招标的工程进行的价格匡算，是招标人在工程招标前对所招标工程的投资规模的预期，也是投标人作为评判投标者投标价格高低的一个标准。

针对特定的工程，因为不同的施工方案所导致的施工费用(工程造价)不一样，尤其是一些施工技术不普及的大型公路、铁路、水利、地下设施建设，不同的施工方案所对应的工程价格变化更大，这时，标底的制定没有一个大家公认的施工方案做依据，标底作为评判投标者投标价格高低的标准自然就缺乏合理性。

所以，现在在招标时，一般不编写标底。

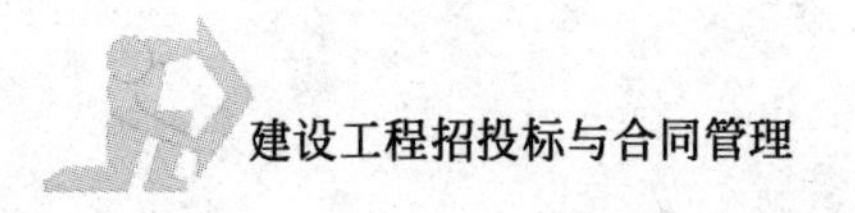

本章小结

国家法律、规章规定，建设单位及建设工程项目进行招标，应具有相应的条件。

工程施工公开招标的程序包括：工程项目报建、政府部门审查建设单位资质、建设单位进行招标申请、资格预审文件及招标文件编制、工程标底的编制、发布招标广告、资格预审、发放招标文件、现场踏勘、投标预备会（标前会议）、投标文件的提交、开标、评标、确定中标者及签署施工合同。

施工招标文件的内容，因专业、行业略有不同。《房屋及市政基础设施施工招标文件范本》规定的内容有十章，分别是投标须知及投标须知前附表、合同条款、合同文件格式、工程建设标准、图纸、工程量清单、投招标文件投标函部分格式、投标文件商务部格式、投标文件技术部分格式及资格审查申请书格式共十部分。

评标是建设项目招标人依据招标文件的规定和要求，对投标文件进行审查、评审和比较。它有两个基本方法，一是最低评价法，二是综合评分法，另外还有性价比法，但一般采用的不多。

思考题

1. 工程项目施工招标应具备哪些条件？
2. 简述工程项目施工公开招标的程序。
3. 叙述工程项目招标文件的内容。
4. 叙述资格预审的内容。
5. 论述工程标底的作用、编制的原则和编制方法。

管理箴言

详细易导致繁琐，简单易导致疏漏。就处理一项具体工作来说，若不能判断出两种方法的优劣，则宁简毋繁。

第四章
国内工程项目施工投标

【内容提要】

本章在简要介绍了国内工程项目施工投标的程序、投标文件内容之后，对投标的实务操作中的投标决策、投标技巧作了论述。

【学习指导】

工程施工投标，是在市场经济环境下，施工企业承揽施工任务的主要方式。施工企业投标的目的是意欲承揽施工任务，其程序与施工招标的程序基本对应，但不完全相同。施工投标文件是投标者进行施工投标的法律文书，其内容、组成与格式应能与招标文件呼应，即实质上响应招标文件的要求。

招标文件的核心内容有两部分，一部分是技术标，阐述如何完成施工任务，即施工方案或施工组织设计；另一部分是商务标，介绍完成本工程的价格（费用）部分。投标书中的技术标是商务标的前提，也是投标者一旦得到工程以后取得工程费用所必需付出的代价；而费用是承包商承揽工程的真正目的，技术仅仅是其实现目的的手段。

第一节　工程项目施工投标程序

一　工程项目施工投标程序

工程项目施工投标程序见图 4-1 所示。

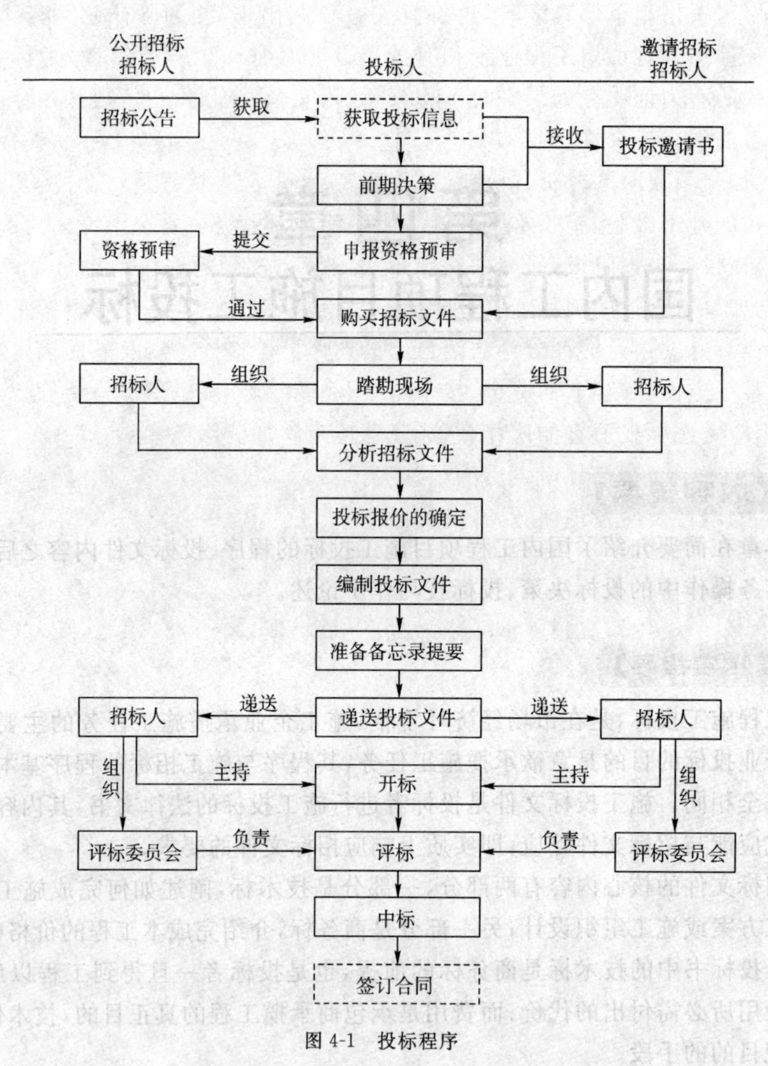

图 4-1 投标程序

二 工程项目施工投标主要内容

(一)资格预审

资格预审能否通过是承包商投标过程中的第一关。投标人应当注意以下问题：

(1)应注意资格预审的有关资料的积累工作，并储存在计算机内，到针对某个项目填写资格预审调查表时，再将有关资料调出来，并加以补充完善。此外，每竣工一项工程宜请该工程业主和有关单位开具证明工程质量良好的鉴定信，作为业绩的有力证明。如果平时不积累资料，完全靠临时填写，则往往会达不到业主要求而失去机会。

(2)加强填表时的分析，既要针对工程特点，下功夫填好重点部位，又要反映出本公司的施工经验、施工水平和施工组织能力。这往往是业主考虑的重点。

(3)在投标决策阶段，研究并确定今后本公司发展的地区和项目时，注意收集信息，如果有合适的项目，及早动手作资格预审的申请准备。可以参照第四章介绍的亚洲开发银行的评分办法给自己公司评分。这样可以及早发现问题。如果发现某个方面的缺陷(如资金、技术水平、经验年限等)不是本公司自己可以解决的，则应考虑寻找适宜的伙伴，组成联营体来参加资格预审。

(4)作好递交资格预审表后的跟踪工作，如果是国外工程可通过当地分公司或代理人，以便及时发现问题，补充资料。

只要参加一个工程招标的资格预审，就要全力以赴，力争通过预审，成为可以投标的合格投标人。

(二)投标前踏勘现场

这是投标前极其重要的一步准备工作。

踏勘现场是投标者必须经过的投标程序。按照国际惯例，投标人提出的报价单一般被认为是在现场考察的基础上编制报价的。一旦报价单提出之后，投标人就无权因为现场考察不周，情况了解不细或因素考虑不全面而提出修改投标、调整报价或提出补偿等要求。

踏勘现场之前，应先仔细地研究招标文件，特别是文件中的工作范围、合同主要条款，以及设计图纸和说明，然后拟定出调研提纲，确定重点要解决的问题，做到事先有准备。

踏勘现场应至少应了解一下内容：

(1)施工现场是否达到招标文件规定的条件；

(2)施工的地理位置和地形、地貌管线设置情况；

(3)施工现场的地质、图纸、地下水位、水文等情况；

(4)施工现场的气候条件，如气温、湿度、风力等；

(5)现场的环境，如交通、供水、供电、污水排放等；

(6)临时用地、临时设施搭建等，即工程施工过程中临时使用的工棚、堆放材料的库房以及这些设施所占的地方。

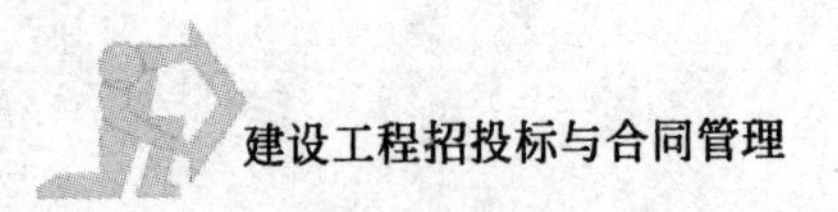

(三)分析招标文件、校核工程量、编制施工组织设计

1.分析招标文件

招标文件是投标的主要依据,因此应该仔细地分析研究。研究招标文件,重点应放在投标者须知、合同条件、设计图纸、工程范围以及工程量表上,最好有专人或小组研究技术规范和设计图纸,弄清其特殊要求。

2.校核工程量

对于招标文件中的工程量清单,投标者一定要进行校核,因为它直接影响投标报价及中标机会,例如当投标人大体上确定了工程总报价之后,对某些项目工程量可能增加的,可以提高单价;而对某些项目工程量估计会减少的,可以降低单价。

3.编制施工组织设计

在投标过程中,必须编制全面的满足投标报价的施工组织设计。

施工组织设计的内容,一般包括施工方案和施工方法、施工进度计划、施工机械、材料、设备和劳动力计划,以及临时生产、生活设施。制定施工规划的依据是设计图纸,执行的规范,经复核的工程量,招标文件要求的开工、竣工日期以及对市场材料、机械设备、劳动力价格的调查。编制的原则是在保证工期和工程质量的前提下,如何使成本最低,利润最大。

(1)选择和确定施工方法。

根据工程类型,研究可以采用的施工方法。对于一般的土方工程、混凝土工程、房屋工程、灌溉工程等比较简单的工程,可结合已有施工机械及工人技术水平来选定实施方法,努力做到节省开支,加快进度。

对于大型复杂工程则要考虑几种施工方案,进行综合比较。如水利工程中的施工导流方式,对工程造价及工期均有很大影响,投标人应结合施工进度计划及能力进行研究确定。又如地下工程(开挖隧洞或洞室),则要进行地质资料分析,确定开挖方法(用掘进机,还是钻孔爆破法……)确定支洞、斜井、竖井数量和位置,以及出渣方法、通风方式等。

(2)选择施工设备和施工设施。

在工程估价过程中还要不断进行施工设备和施工设施的比较,利用旧设备还是采购新设备,在国内采购还是在国外采购,须对设备的型号、配套、数量(包括使用数量和备用数量)进行比较,还应研究哪些类型的机械可以采用租赁办法,对于特殊的、专用的设备折旧率须进行单独考虑,订货设备清单中还应考虑辅助和修配机械以及备用零件,尤其是订购外国机械时应特别注意这一点。

(3)编制施工进度计划。

编制施工进度计划应紧密结合施工方法和施工设备。施工进度计划中应提出各时段应完成的工程量及限定日期。施工进度计划是采用网络图进度计划还是横道图进度计划,根据招标文件要求而定。在投标阶段,一般用横道图进度计划即可满足要求。

(四)投标报价

工程项目投标报价是影响投标人投标成败的关键因素,因此正确合理地编制投标报价非常重要。国内建设工程报价方法有综合单价法和工料单价法两种。采用综合单价法形式的,就是按照工程量清单进行报价的方式;采用工料单价形式的,就是按现行预算编制方法进行报价的方式。

(五)编制投标文件

编制投标文件也称填写投标书,或称编制报价书。

投标文件应完全按照招标文件的各项要求编制。一般不能带任何附加条件,否则将导致投标作废。具体格式详见第三章有关内容。

(六)准备备忘录提要

招标文件中一般都有明确规定,不允许投标者对招标文件的各项要求进行随意取舍、修改或提出保留。但是在投标过程中,投标人对招标文件反复深入地进行研究后,往往会发现很多问题,这些问题大体可分为三类:

第一类是对投标人有利的,可以在投标时加以利用或在以后提出索赔要求的,这类问题投标者一般在投标时是不提的。

第二类是发现的错误明显对投标人不利的,如总价包干合同工程项目漏项或是工程量偏少的,这类问题投标人应及时向业主提出质疑,要求业主更正。

第三类问题是投标者企图通过修改某些招标文件和条款或是希望补充某些规定,以使自己在合同实施时能处于主动地位的问题。

上述问题在准备投标文件时应单独写成一份备忘录提要。但这份备忘录提要不能附在投标文件中提交,只能自己保存。第三类问题留待合同谈判时使用,也就是说,当该投标使招标人感兴趣,邀请投标人谈判时,再把这些问题根据当时情况,一个一个地拿出来谈判,并将谈判结果写入合同协议书的备忘录中。

(七)递送投标文件

递送投标文件也称递标。是指投标人在规定的截止日期之前,将准备好的所有投标文件密封递送到招标单位的行为。

对于招标单位,在收到投标人的投标文件后,应签收或通知投标人已收到其投标文件,并记录收到日期和时间;同时,在收到投标文件到开标之前,所有投标文件均不得启封,并应采取措施确保投标文件的安全。

除了上述规定的投标书外,投标者还可以写一封更为详细的致函,对自己的投标报价作必要的说明,以吸引招标人、咨询工程师和评标委员会对递送这份投标书的投标人感兴趣和有信心。例如,关于降价的决定,说明编完报价单后考虑到同业主友好的长远合作的诚意,决定按报价单的汇总价格无条件地降低某一个百分比,即总价降到多少金额,并愿意以这一降低后的价格签订合同。又如若招标文件允许替代方案,并且投标人又制定了替代方案,可以说明替代方案的优点,明确如果采用替代方案,可能降低或增加的标价。还应说明愿意在评标时,同业主或咨询公司进行进一步讨论,使报价更为合理,等等。

第二节　工程项目施工投标决策

一 投标决策的含义

投标人通过投标取得项目,是市场经济条件下的必然。但是,作为投标人,并不是每标必投。因为投标人要想在投标中获胜,即中标得到承包工程中赢利,首先面对投标决策的问题。所谓投标决策,包括三方面内容:其一,针对项目招标是投标,或是不投标;其二,倘若去投标,是投什么性质的标;其三,投标时如何采用以长制短,以优胜劣的策略和技巧。投标决策的正确与否,关系到能否中标和中标后的效益;关系到施工企业的发展前景和职工的经济利益。因此,企业的决策班子必须充分认识到投标决策的重要意义,把这一工作摆在企业管理的重要议事日程上。

二 投标决策阶段的划分

投标决策可以分为两阶段进行。这两阶段就是投标决策的前期阶段和投标决策的后期阶段。

投标决策的前期阶段必须在购买投标人资格预审资料之前完成。决策的主要依据是招标广告，以及公司对招标工程、业主情况的调研和了解的程度，前期阶段必须对投标与否做出论证。通常情况下，下列招标项目应放弃投标：

(1)本施工企业主营和兼营能力之外的项目；

(2)工程规模、技术要求超过本施工企业技术等级的项目；

(3)本施工企业生产任务饱满，且招标工程的盈利水平较低或风险较大的项目；

(4)本施工企业技术等级、信誉、施工水平明显不如竞争对手的项目。

如果决定投标，即进入投标决策的后期，它是指从申报资格预审至投标报价(封送投标书)前完成的决策研究阶段。主要研究倘若去投标，是投什么性质的标，以及在投标中采取的策略问题。按性质分，投标有风险标和保险标；按效益分，投标有盈利标和保本标。

风险标：明知工程承包难度大、风险大，且技术、设备、资金上都有未解决的问题，但由于队伍停工，或因为工程盈利丰厚，或为了开拓新技术领域而决定参加投标，同时设法解决存在的问题，即是风险标。投标后，如问题解决得好，可取得较好的经济效益，可锻炼出一支好的施工队伍，使企业更上一层楼；解决得不好，企业的信誉就会受到损害，严重者可能导致企业亏损以至破产。因此，投风险标必须审慎从事。

保险标：对可以预见的情况从技术、设备、资金等重大问题都有了解决的对策之后再投标，即是保险标。企业经济实力较弱，经不起失误的打击，则往往投保险标。当前，我国施工企业多数都愿意投保险标，特别是在国际工程承包市场上投保险标。

盈利标：如果招标工程既是本企业的强项，又是竞争对手的弱项；或建设单位意向明确；或本企业任务饱满，利润丰厚，且考虑让企业超负荷运转时，此种情况下的投标，称盈利标。

保本标：当企业无后继工程，或已经出现部分停工，必须争取中标。但招标的工程项目本企业又无优势可言，竞争对手又多，此时，就是投保本标，至多投薄利标。

需要强调的是在考虑和作出决策的同时，必须牢记招标投标活动应当遵循公开、公平、公正和诚实信用的原则，依据《招标投标法》规定活动。

三 影响投标决策的主观因素

“知彼知己，百战不殆。”工程投标决策研究就是知彼知己的研究。这个“彼”

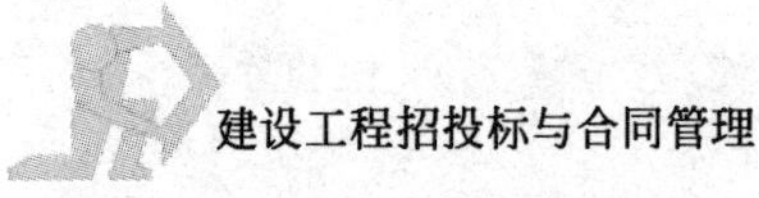

就是影响投标决策的客观因素,"己"就是影响投标决策的主观因素。

投标或是弃标,首先取决于投标单位的实力,主要表现在如下几方面:

(一)技术方面的实力

(1)有精通本行业的估算师、建筑师、工程师、会计师和管理专家组成的组织机构。

(2)有工程项目设计、施工专业特长,能解决技术难度大和各类工程施工中的技术难题的能力。

(3)有国内外与招标项目同类型工程的施工经验。

(4)有一定技术实力的合作伙伴,如实力强的分包商、合营伙伴和代理人。

(二)经济方面的实力

1.具有垫付资金的能力

如预付款是多少?在什么条件下拿到预付款?应注意国际上,有的业主要求"带资承包工程"、"实物支付工程",根本没有预付款。所谓"带资承包工程",是指工程由承包商筹资兴建,从建设中期或建成后某一时期开始,业主分批偿还承包商的投资及利息,但有时这种利率低于银行贷款利息。承包这种工程时,承包商需投入大部分工程项目建设投资,而不止是一般承包所需的少量流动资金。所谓"实物支付工程",是指有的发包方用该国滞销的农产品、矿产品折价支付工程款,而承包商推销上述物资而谋求利润将存在一定难度。因此,遇上这种项目须要慎重对待。

2.具有一定的固定资产和机具设备及其投入所需的资金

大型施工机械的投入,不可能一次摊销。因此,新增施工机械将会占用一定资金。另外,为完成项目必须要有一批周转材料,如模板、脚手架等,这也是占用资金的组成部分。

3.具有一定的资金周转用来支付施工用款

因为,对已完成的工程量需要监理工程师确认后并经过一定手续、一定的时间后才能将工程款拨入。

4.具有支付各种担保的能力

5.具有支付各种纳税和保险的能力

6.由于不可抗力带来的风险

即使是属于业主的风险,承包商也会有损失;如果不属于业主的风险,则承包商损失更大,要有财力承担不可抗力带来的风险。

(三)管理方面的实力

建筑承包市场属于买方市场,承包工程的合同价格由作为买方的发包方起支配作用。承包商为打开承包工程的局面,应以低报价甚至低利润取胜。为此,承包商必须在成本控制上下功夫,向管理要效益。如缩短工期,进行定额管理,辅以奖罚办法,减少管理人员,工人一专多能,节约材料,采用先进的施工方法等。特别是要有"重质量"、"重合同"的意识,并有相应的切实可行的措施。

(四)信誉方面的实力

承包商一定要有良好的信誉,这是投标中标的一条重要标准。要建立良好的信誉,就必须遵守法律和行政法规,或按国际惯例办事,同时,认真履约,保证工程的施工安全、工期和质量,而且各方面的实力雄厚。

四 决定投标或弃标的客观因素及情况

(一)业主和监理工程师的情况

业主的合法地位、支付能力、履约能力;监理工程师处理问题的公正性、合理性等,也是投标决策的影响因素。

(二)竞争对手和竞争形势的分析

是否投标,应注意竞争对手的实力、优势及投标环境的优劣情况。另外,竞争对手的在建工程情况也十分重要。如果对手的在建工程即将完工,可能急于获得新承包项目心切,投标报价不会很高;如果对手在建工程规模大、时间长,如仍参加投标,则标价可能很高。从总的竞争形势来看,大型工程的承包公司技术水平高,善于管理大型复杂工程,其适应性强,可以承包大型工程;中小型工程由中小型工程公司或当地的工程公司承包可能性大。因为,当地中小型公司在当地有自己熟悉的材料、劳力供应渠道;管理人员相对比较少;有自己惯用的特殊施工方法等优势。

(三)风险问题

在国内承包工程,其风险相对要小一些,对国际承包工程则风险要大得多。投标与否,要考虑的因素很多,需要投标人广泛、深入地调查研究,系统地积累资料，并作出全面的分析，才能使投标作出正确决策。决定投标与否，更重要的是它的效益性。投标人应对承包工程的成本、利润进行预测和分析，以供投标决策之用。

第三节 工程项目施工投标技巧

投标技巧，其实质是在保持总投标报价水平不变的前提下，努力寻求一个好的报价方案，使自己真正得到的费用、报酬尽可能高的技巧问题。投标人为了中标并获得期望的效益，投标程序全过程几乎都要研究投标报价技巧问题。如果以投标程序中的开标为界，可将投标的技巧分为两阶段，即开标前的技巧和开标至签订合同的技巧。

 一 开标前的投标技巧研究

（一）不平衡报价

不平衡报价，指在总价基本确定的前提下，如何调整内部各个子项的报价，以期既不影响总报价，又在中标后投标人可尽早收回垫支于工程中的资金和获取较好的经济效益。但要注意避免畸高畸低现象，避免失去中标机会。通常采用的不平衡报价有下列几种情况：

（1）对能早期结账收回工程款的项目（如土方、基础等）的单价可报以较高价，以利于资金周转；对后期项目（如装饰、电气设备安装等）单价可适当降低。

（2）估计今后工程量可能增加的项目，其单价可提高，而工程量可能减少的项目，其单价可降低。但上述两点要统筹考虑。对于工程量数量有错误的早期工程，如不可能完成工程量表中的数量，则不能盲目抬高单价，需要具体分析后再确定。

（3）图纸内容不明确或有错误，估计修改后工程量要增加的，其单价可提高。

（4）没有工程量只填报单价的项目（如疏浚工程中的开挖淤泥工作等），其单价宜高。这样，既不影响总的投标报价，又可多获利。

（5）对于暂定项目，其实施的可能性大的项目，价格可定高价；估计该工程不一定实施的可定低价。

（二）提高零星用工报价

零星用工（计日工）一般可稍高于工程单价表中的工资单价，之所以这样做

是因为零星用工不属于承包有效合同总价的范围，发生时实报实销，也可多获利。

当然，如果在评标时，评标规则中规定合同价格包括零星用工（计日工），清单里面也有具体的用工数量，则提高零星用工报价不适用。

（三）多方案报价法

多方案报价法是利用工程设计文件、图纸或合同条款不够明确之处，以争取达到修改工程说明书和合同为目的的一种报价方法。当工程设计文件、图纸或合同条款有些不够明确之处，往往使投标人承担较大风险。为了减少风险就必须扩大工程单价，增加“不可预见费”。但这样做又会因报价过高而增加被淘汰的可能性。多方案报价法就是为对付这种两难局面而出现的。其具体做法是在标书上报两价目单价，一是按原工程说明书合同条款报一个价，二是加以注解，“如工程设计文件、图纸或合同条款可作某些改变时”，则可降低多少的费用，使报价成为最低，以吸引业主修改说明书和合同条款。

还有一种方法是对工程中一部分没有把握的工作，注明按成本加若干酬金结算的办法。但是，如有规定，政府工程合同的方案是不容许改动的，这个方法就不能使用。

二 开标后的投标技巧研究

投标人通过公开开标这一程序可以得知众多投标人的报价。但低价并不一定中标，需要综合各方面的因素，反复阅审，经过议标谈判，方能确定中标人。若投标人利用议标谈判施展竞争手段，就可以变自己的投标书的不利因素为有利因素，大大提高获胜机会。

从招标的原则来看，投标人在标书有效期内，是不能修改其报价的。但是，某些议标谈判可以例外。在议标谈判中的投标技巧主要有：

（一）降低投标价格

投标价格不是中标的唯一因素，但却是中标的关键性因素。在议标中，投标者适时提出降价要求是议标的主要手段。需要注意的是：其一，要摸清招标人的意图，在得到其希望降低标价的暗示后，再提出降低的要求。因为，有些国家的政府关于招标的法规中规定，已投出的投标书不得改动任何文字。若有改动，投标即告无效。其二，降低投标价要适当，不得损害投标人自己的利益。降低投标

价格可从以下三方面入手，即降低投标利润、降低经营管理费和设定降价系数。

投标利润的确定，既要围绕争取最大未来收益这个目标而定立，又要考虑中标率和竞争人数因素的影响。通常，投标人准备两个价格，即准备了应付一般情况的适中价格，又同时准备了应付竞争特殊环境需要的替代价格，它是通过调整报价利润所得出的总报价。两价格中，后者可以低于前者，也可以高于前者。如果需要降低投标报价，即可采用低于适中价格，使利润减少以降低投标报价。

经营管理费，应该作为间接成本进行计算。为了竞争的需要也可以降低这部分费用。降低系数，是指投标人在投标作价时，预先考虑一个未来可能降价的系数。如果开标后需要降价竞争，就可以参照这个系数进行降价；如果竞争局面对投标人有利，则不必降价。

(二)补充投标优惠条件

除中标的关键因素——价格外，在议标谈判的技巧中，还可以考虑其他许多重要因素，如缩短工期，提高工程质量，降低支付条件要求，提出新技术和新设计方案，以及提供补充物资和设备等，以此优惠条件争取得到招标人的赞许，争取中标。

第四节　技　术　标

投标竞争不仅表现在价格上，还反映在技术上。不同的施工技术方案，决定着不同的工程报价。从这个意义上来说，投标价格的竞争的实质是技术上的竞争。施工技术不仅包括在施工过程中投标人所采用的施工技术方案，还包括组织管理能力、质量保证、安全文明施工措施等方面。投标申请人通过填写招标人在招标文件里面提出招标文件技术部分的文件，既可以反映出投标申请人在技术管理上的水平，也是招标人评审其能否中标的重要依据。

 一 施工组织设计

(1)投标人编制施工组织设计的要求是：编制时应采用文字并结合图表形式说明各分部分项工程的施工方法；拟投入的主要施工机械设备情况、劳动力计划等；结合招标工程特点提出切实可行的工程质量、安全生产、文明施工、工程进度、技术组织措施，同时应对关键工序、复杂环节重点提出相应技术措施，如冬雨季施工技术措施、减少扰民噪声、降低环境污染技术措施、地下管线及其他地上

地下设施的保护加固措施等。

(2)施工组织设计除采用文字表述外应附下列图表。

拟投入的主要施工机械设备表 表4-1

工程______________ 共 页第 页

序号	机械或设备名称	型号规格	数量	国别产地	制造年份	额定功率(kW)	生产能力	用于施工部位	备注
1	塔式起重机	QTZ63		山西					
2	发电机	SF-250GF		德国					
3	钢筋切断机	GQ-40A		北京					
4	钢筋弯曲机	GW-40A		天津					
……									

劳动力计划表 表4-2

工程______________

单位：人 共 页第 页

工种	按工程施工阶段投入劳动力情况						
	1月	2月	3月	4月	5月	6月	……
钢筋工							
模板工							
混凝土工							
……							

(3)计划开、竣工日期和施工进度网络图。

①投标人应提交的施工进度网络图或施工进度表，说明按招标文件要求的工期进行施工的各个关键日期。中标的投标人还应按合同条件有关条款的要求提交详细的施工进度计划。

②施工进度表可采用网络图(或横道图)表示，说明计划开工日期和各分项工程各阶段的完工日期和分包合同签订的日期。

③施工进度计划应与施工组织设计相适应。

(4)施工总平面图。

投标人应提交一份施工总平面图，绘出现场临时设施布置图表并附文字说

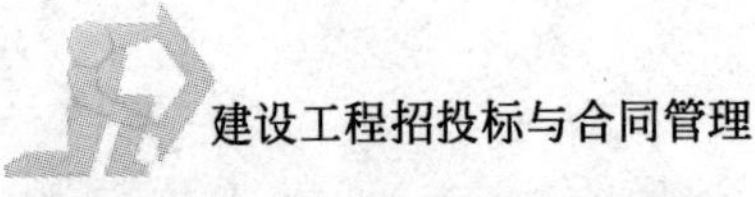

明，说明临时设施、加工车间、现场办公、设备及仓储、供电、供水、卫生、生活等设施的情况和布置。

临 时 用 地 表

表 4-3

工程________　　　　共　页 第　页

用　途	面积(平方米)	位　置	需用时间
合　计			

二 项目管理机构配备情况

房屋建筑和市政基础设施施工由于它本身的特点，交易受到内外各种因素的影响，管理工作十分复杂，涉及到工程技术、工期、质量、安全、成本、材料、设备、合同等诸多方面的管理，以及内外协调工作，因此，投标申请人必须配备一个项目管理机构，有条不紊地管理工程各项工作，达到招标人的要求。项目管理机构配备情况包括：项目管理机构配备情况表、项目经理简历、项目技术负责人简历表、项目管理机构配备情况辅助说明资料。具体内容如下列图表。

项目管理机构配备情况表

表 4-4

工程________　　　　共　页 第　页

职务	姓名	职称	执业或职业资格证明					已承担在建工程情况	
			证书名称	级别	证号	专业	原服务单位	项目数	主要项目名称
一旦我单位中标，将实行项目经理负责制，我方保证并配备上述项目管理机构。上述填报内容真实，若不真实，愿按有关规定接受处理。项目管理班子机构设置、职责分工等情况另附资料说明。									

项目经理简历表

表 4-5

工程＿＿＿＿＿＿＿＿＿＿＿　　　　共　　页　第　　页

姓名		性别		年龄	
职务		职称		学历	
参加工作时间		担任项目经理年限			
项目经理资格证书编号	建设部：				
在建和已完工程项目情况					
建设单位	项目名称	建设规模	开、竣工日期	在建或已完	工程质量

项目技术负责人简历表

表 4-6

工程＿＿＿＿＿＿＿＿＿＿＿　　　　共　　页　第　　页

姓名		性别		年龄	
职务		职称		学历	
参加工作时间		担任技术负责人年限			
在建和已完工程项目情况					
建设单位	项目名称	建设规模	开、竣工日期	在建或已完	工程质量

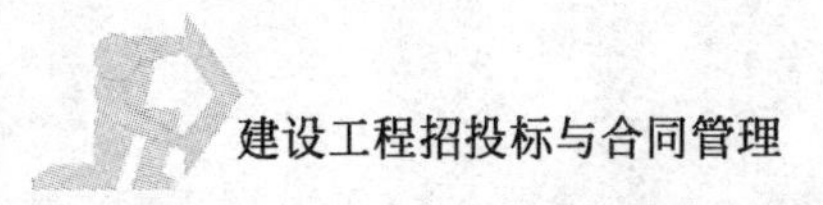

项目管理机构配备情况辅助说明材料　　　　表 4-7

工程＿＿＿＿＿＿＿＿＿＿　　　　共　　页　第　　页

注：1. 辅助说明资料主要包括管理机构的机构设置、职责分工、有关复印证明资料以及投标人认为有必要提供的资料。辅助说明资料格式不做统一规定，由投标人自行设计。

2. 项目管理班子配备情况辅助说明资料另附（与本投标文件一起装订）。

拟分包项目情况表　　　　表 4-8

工程＿＿＿＿＿＿＿＿＿＿　　　　共　　页　第　　页

<table>
<tr><td>分包人名称</td><td colspan="2"></td><td>地址</td><td colspan="3"></td></tr>
<tr><td>法定代表人</td><td></td><td>营业执照
号码</td><td></td><td colspan="2">资质等级
证书号码</td><td></td></tr>
<tr><td>拟分包的
工程项目</td><td colspan="2">主要内容</td><td colspan="2">预计造价（万元）</td><td colspan="2">已经做过的
类似工程</td></tr>
<tr><td></td><td colspan="2"></td><td colspan="2"></td><td colspan="2" rowspan="8"></td></tr>
<tr><td></td><td colspan="2"></td><td colspan="2"></td></tr>
<tr><td></td><td colspan="2"></td><td colspan="2"></td></tr>
<tr><td></td><td colspan="2"></td><td colspan="2"></td></tr>
<tr><td></td><td colspan="2"></td><td colspan="2"></td></tr>
<tr><td></td><td colspan="2"></td><td colspan="2"></td></tr>
<tr><td></td><td colspan="2"></td><td colspan="2"></td></tr>
<tr><td></td><td colspan="2"></td><td colspan="2"></td></tr>
</table>

第五节　投标报价的确定

我国于 2003 年 7 月 1 日正式施行《建设工程工程量清单计价规范》(GB 50500—2003)(以下简称“计价规范”)。按照“计价规范”的要求，投标人的投标报价采用综合单价法编制。下面就如何采用综合单价法确定投标报价加以阐述。

一 投标报价编制程序和步骤

采用综合单价法编制投标报价的具体步骤如图4-2。首先是以工程量清单规定的分项工程量陈述的工程特征和工程内容为依据，结合设计图纸的要求，以分部分项工程工程量清单和相对应的施工方案为主体，并结合相应的措施项目工程量清单分项综合考虑，编制分部分项综合单价。然后考虑和编制相关措施项目的综合单价。在总体程序上是首先确定分部分项工程量清单分项综合单价，然后按工程量清单编码排序，依次计算清单分项费用，按规范规定的分部分项工程量清单综合单价分析表、分部分项工程量清单计价表进行填写与汇总，再分别计算和确定措施项目工程量清单分项、其他措施项目工程量清单的单价和费用，再分别统计和确定三大分项的费用汇总和计算规费、税金，进行单位工程计价汇总、最后由招标人或投标人分别综合决策，形成单位工程的招标标底或投标报价。

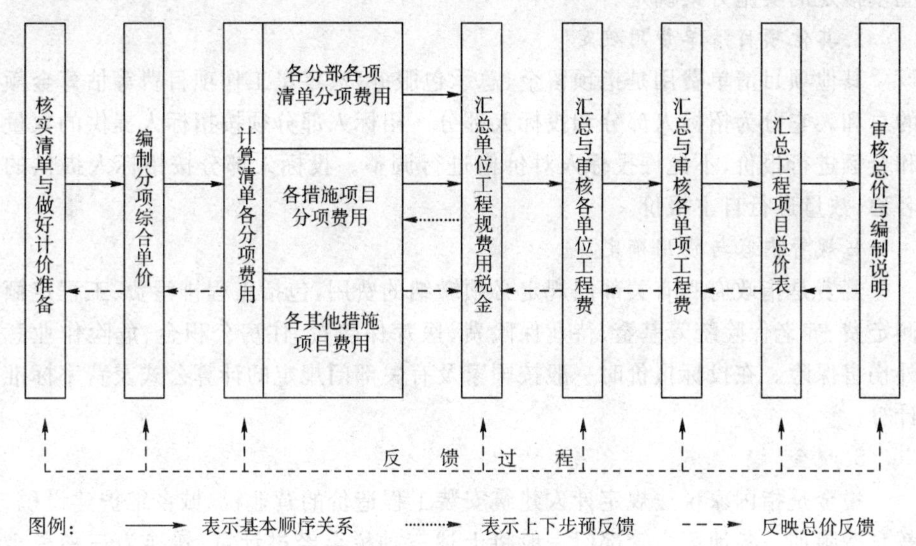

图4-2 工程量清单计价程序与步骤示意图

二 投标报价的确定

(一)工程量清单项目费用的计算

1.分部分项工程量清单费用的确定

分部分项工程综合单价是指完成工程量清单中一个规定计量单位项目所需

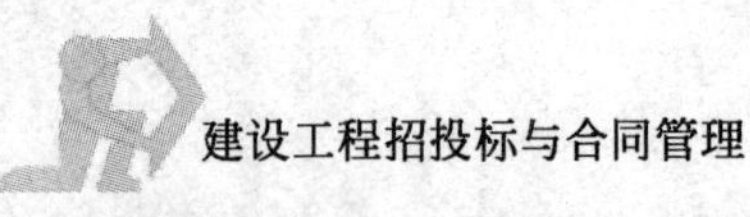

人工费、材料费、机械使用费、管理费和利润，并考虑风险因素。在确定分部分项工程量清单分项综合单价之后，则可按分部分项工程量清单计价表的分项，逐项计算分项合价，以及最后计算分部分项工程量清单汇总合计费用。计算过程如下式所示：

某分部分项清单分项计价费用＝某项清单分项综合单价×某项清单分项工程数量

分部分项工程量清单合计费用＝$\sum$分部分项工程量清单各分项计价费用

2.措施项目与其他项目清单费用的确定

措施项目是指为完成工程项目施工，发生于该工程施工前和施工过程中技术、生活、安全等方面的非工程实体项目。措施项目清单的金额，应根据拟建工程的施工方案或施工组织设计，参照工程量清单计价规范规定的综合单价组成确定。对措施项目清单金额的确定，有的需事先编制其分项综合单价，有的分项应按拟定的实施方案确定。

3.其他项目清单费用确定

其他项目清单费用是指预留金、总承包服务费、零星工作项目费等估算金额的总和。它分为招标人部分和投标人部分。招标人部分须按招标人提供的数量和金额进行报价，不允许投标人对价格进行调整。投标人部分按招标人提供的名称、数量进行自主报价。

4.规费内容与费用确定

规费是指政府和有关部门规定必须缴纳的费用，包括工程排污费、工程定额测定费、养老保险统筹基金、待业保险费、医疗保险费、住房公积金、危险作业意外伤害保险。在投标报价时一般按国家及有关部门规定的计算公式及费率标准计算。

5.税金

税金是指国家税法规定计人建筑安装工程造价的营业税、城乡维护建设税、教育费附加。各地区主管部门一般将上述三种税金经过计算，转换为三种税金的综合税率，便于计价中反映出税前与税后两种工程造价。

(二)工程项目总价编制

完成上述各步骤之后，即可分别完成规范计价格式系列表中分部分项工程量清单计价表、措施项目清单计价表、其他项目计价表所需的数据，如编码、项目名称、计量单位、工程数量、综合单价(金额)、合价，包括规费和税金等。然后可按招标文件的格式进行单位工程造价的确定。

(三)工程量清单报价表格式

工程项目总价表 表 4-9

工程名称：______________ 第 页共 页

序 号	单项工程名称	金额(元)
	合 计	

单项工程费汇总表 表 4-10

工程名称：______________ 第 页共 页

序 号	单位工程名称	金额(元)
	合 计	

单位工程费汇总表 表 4-11

工程名称：______________ 第 页共 页

序 号	项 目 名 称	金额(元)
1	分部分项工程量清单计价合计	
2	措施项目清单计价合计	
3	其他项目清单计价合计	
4	规费	
5	税金	
	合 计	

分部分项工程量清单计价表 表 4-12

工程名称：__________ 第 页 共 页

序号	项目编码	金额(元)	计量单位	工程数量	金额(元)	
					综合单价	合价
		本页小计				
		合 计				

措施项目清单计价表 表 4-13

工程名称：__________ 第 页 共 页

序 号	项 目 名 称	金额(元)
	合 计	

其他项目清单计价表 表 4-14

工程名称：__________ 第 页 共 页

序 号	单项工程名称	金额(元)
1	招标人部分	
	小 计	
2	投标人部分	
	小 计	
	合 计	

零星工作项目计价表 表 4-15

工程名称：________________ 第 页共 页

序号	名 称	计量单位	数 量	金额(元)	
				综合单价	合价
1	人工				
	小 计				
2	材料				
	小 计				
3	机械				
	小 计				
	合 计				

分部分项工程量清单综合单价分析表 表 4-16

工程名称：________________ 第 页共 页

序号	项目编码	项目名称	工程内容	综合单价组成					小计
				人工费	材料费	机械使用费	管理费	利润	

措施项目费分析表　　　　表4-17

工程名称：＿＿＿＿＿＿＿＿　　　　第　　页共　　页

序号	措施项目名称	单位	数量	金额(元)					
				人工费	材料费	机械使用费	管理费	利润	小计
	合　计								

主要材料价格表　　　　表4-18

工程名称：＿＿＿＿＿＿＿＿　　　　第　　页共　　页

序号	材料编码	材料名称	规格、型号等特殊要求	单位	单价(元)

投标报价实例

某市购物超市钢筋混凝土结构工程投标报价实例。本实例是××省××市一座购物超市工程，拟定采用工程量清单报价投标。实例节选了该工程钢筋混凝土结构部分的工程量清单和报价的有关资料，供读者参考。

总 说 明

表 4-19

工程名称：×××工程　　　　第　页、共　页

工程概况：

本工程业主单位是××公司，设计单位是××设计院。工程地点在××路×号。本工程建成后为大跨度购物超市建筑。该项目拟采用工程量清单报价方式招标。图纸主体结构部分内容均为本次发包的内容，装饰部分另行招标，招标的具体工程内容见"工程量清单"。

本工程为钢筋混凝土框架结构，地上 4 层，总建筑面积 17 840m²。基础为人工挖孔桩(也不在招标范围内)，桩承台以上部分(含土方)为本次招标范围，地质与水文情况见地质勘察报告。具体情况与工程内容，详见工程量清单和图纸的内容。

本工程工期计划 240 天，投标人可根据自身情况合理确定工期。

本工程质量要求达到国家验收规范优良标准，并创××杯。

本工程桩基已施工，现场三通一平完毕，具备施工条件。

本工程紧邻交通主干道，交通运输繁忙，投标人在编制施工设计时应充分踏勘现场。

本工程全部采用商品混凝土施工。

分部分项工程量清单

表 4-20

工程名称：　　　　第　页、共　页

序号	项 目 编 码	项 目 名 称	计量单位	工程数量
1	010401001001	现浇带形基础 C20	m³	91.12
2	010401002001	现浇独立基础 C30(2m³ 内)	m³	11.8
3	010401002002	现浇独立基础 C30(2m² 外)	m³	474.11
4	010401005001	桩承台 C25	m³	179.78
5	010402001001	矩形柱(周长 1.8m 外)C30	m³	573.52
6	010407001001	构造柱 C20	m³	62.83
7	010403001001	基础梁 C30	m³	119.38
8	010403002001	矩形梁 C30	m³	54.55
9	010403004001	圈梁 C20	m³	35.98
10	010403005001	过梁 C20	m³	20.12
11	010405001001	有梁板(板厚 10 以外)C30	m³	2 654.16
12	010405001001	后浇带 C35	m³	11.35
13	010405001001	楼梯 C30	m³	823.85
14	010407001002	压顶 C20	m³	11.73
15	010416001001	现浇钢筋冷轧带肋 5mm	t	6.69
16	010416001002	现浇圆钢 6.5mm	t	8.96
17	010416001003	现浇钢筋冷轧带肋 7mm	t	48.1

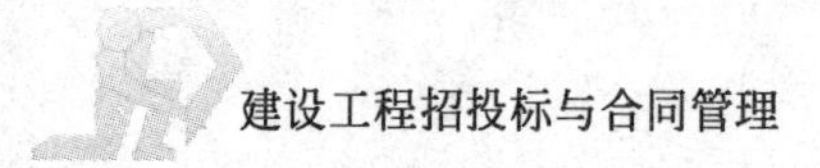

续上表

序号	项目编码	项 目 名 称	计量单位	工程数量
18	010416001004	现浇圆钢 8mm	t	45.55
19	010416001005	现浇钢筋冷轧带肋 9mm	t	28.6
20	010416001005	现浇圆钢 10mm	t	54.25
21	010416001007	现浇圆钢 12mm	t	117.92
22	010416001008	现浇螺纹钢 12mm	t	0.612
23	010416001009	现浇螺纹钢 14mm	t	52.72
24	010416001010	现浇螺纹钢 16mm	t	19.84
25	010416001011	现浇螺纹钢 18mm	t	5.51
26	010416001012	现浇螺纹钢 20mm	t	57.1
27	010416001013	现浇螺纹钢 22mm	t	79.38
28	010416001014	现浇螺纹钢 25mm	t	183.46
	下略			

单位工程费汇总表(土建结构工程部分)　　表 4-21

工程名称:×××工程土建　　第　页、共　页

序　号	项 目 名 称	金额(元)
1	分部分项工程量清单计价合计	4 130 619.66
2	措施项目清单计价合计	1 409 356.23
3	其他项目清单计价合计	
4	规费	17 419.73
5	税金	208 072.66
	合计	5 765 468.28

分部分项工程量清单计价表(土建结构工程部分)　　表 4-22

工程名称:×××工程土建　　第　页、共　页

序号	项目编码	项 目 名 称	计量单位	工程数量	金额(元)	
					综合单价	合价
1	010401001001	现浇带形基础 C20	m^3	91.2	346	31 527.52
2	010401002001	现浇独立基础 C30($2m^3$ 内)	m^3	11.8	381.96	4 507.13
3	010401002002	现浇独立基础 C30($2m^3$ 外)	m^3	474.11	380.22	180 266.1
4	010401005001	桩承台 C25	m^3	179.78	358.99	64 539.22

续上表

序号	项目编码	项 目 名 称	计量单位	工程数量	金额(元)	
					综合单价	合价
5	010402001001	矩形柱(周长 18m 外)C30	m^3	573.52	413.23	236 995.67
6	010407001001	构造柱 C20	m^3	62.83	394.96	24 815.34
7	010403001001	基础梁 C30	m^3	119.38	383.32	45 760.74
8	010403002001	矩形梁 C30	m^3	54.55	402.99	21 983.10
9	010403004001	圈梁 C20	m^3	35.98	376.95	13 562.66
10	010403005001	过梁 C20	m^3	20.12	388.68	7 820.24
11	010405001001	有梁板(板厚 10 以外)C30	m^3	2 654.16	395.31	1 049 215.99
12	010405001001	后浇带 C35	m^3	11.35	418.1	4 745.44
13	010405001001	楼梯 C30	m^3	823.85	111.19	91 603.88
14	010407001002	压顶 C20	m^3	11.73	359.53	4 217.29
15	010416001001	现浇钢筋冷轧带肋 5mm	t	6.69	3 726.41	24 929.68
16	010416001002	现浇圆钢 6.5mm	t	8.96	3 653.48	3 2735.18
17	010416001003	现浇钢筋冷轧带肋 7mm	t	48.1	3 453.06	166 092.19
18	010416001004	现浇圆钢 8mm	t	45.55	3 394.41	154 615.38
19	010416001005	现浇钢筋冷轧带肋 9mm	t	28.6	3 304.28	94 502.41
20	010416001006	现浇圆钢 10mm	t	54.25	3 276.99	177 776.71
21	010416001007	现浇圆钢 12mm	t	117.92	3 282.88	387 117.21
22	010416001008	现浇螺纹钢 12mm	t	0.612	3 359.81	2 056.20
23	010416001009	现浇螺纹钢 14mm	t	52.72	3 305.73	174 278.09
24	010416001010	现浇螺纹钢 16mm	t	19.84	3 315.34	65 776.35
25	010416001011	现浇螺纹钢 18mm	t	5.51	3 280.42	18 075.11
26	010416001012	现浇螺纹钢 20mm	t	57.71	3 317.65	191 461.58
27	010416001013	现浇螺纹钢 22mm	t	79.38	3 288.75	261 060.98
28	010416001014	现浇螺纹钢 25mm	t	183.46	3 262.74	598 582.28
		本页小计				4 130 619.66
		合计				

措施项目清单计价表(土建结构工程部分)　　表 4-23

工程名称:×××工程土建　　第　页、共　页

序　号	项 目 名 称	金额(元)
1.1	环境保护	15 000
1.2	文明施工	33 000
1.3	安全施工	20 000
1.4	临时设施	160 000
1.5	夜间施工	40 000
1.6	二次搬运	20 000
1.7	大型机械设备进出场及安拆费	64 000
1.8	模板.	775 195.85
1.9	脚手架	187 789.47
2.1	垂直运输机械	105 000
	合计	1 409 356.23

分部分项工程量清单综合分析表　　表 4-24

工程名称:×××工程土建　　第　页、共　页

序号	项目编码	项目名称	工 程 内 容	综合单价(元)					
				人工费	材料费	机械使用费	管理费	利润	综合单价
1	010401001001	现浇带形基础 C20	商品混凝土制作、水平运输、泵送、浇筑、养护,石子粒径 40mm,混凝土标号 C20	23.64	259.03	28.37	24.88	10.08	346
2	010401002001	现浇独立基础 C30 ($2m^3$ 内)	商品混凝土制作、水平运输、泵送、浇筑、养护,石子粒径 40mm,混凝土标号 C30	25.67	289.33	28.37	27.47	11.13	381.96
3	010401002002	现浇独立基础 C30 ($2m^3$ 外)	商品混凝土制作、水平运输、泵送、浇筑、养护,石子粒径 40mm,混凝土标号 C30	23.17	290.26	28.37	27.34	11.07	380.22

续上表

序号	项目编码	项目名称	工程内容	综合单价(元)					
				人工费	材料费	机械使用费	管理费	利润	综合单价
4	010401005001	桩承台C25	商品混凝土制作、水平运输、泵送、浇筑、养护,石子粒径 40mm,混凝土标号 C25	23.59	270.76	28.37	25.82	10.46	358.99
5	010402001001	矩形柱(1.8m 外)C30	商品混凝土制作、水平运输、泵送、浇筑、养护,石子粒径 40mm,混凝土标号 C30	40.60	301.94	28.93	29.72	12.04	413.23
6	010407001001	构造柱C20	商品混凝土制作、水平运输、泵送、浇筑、养护,石子粒径 40mm,混凝土标号 C20	55.01	271.1	28.94	28.4	11.5	394.96
7	010403001001	基础梁C30	商品混凝土制作、水平运输、泵送、浇筑、养护,石子粒径 40mm,混凝土标号 C30	24.53	291.12	28.94	27.57	11.16	383.32
8	010403002001	矩形梁C30	商品混凝土制作、水平运输、泵送、浇筑、养护,石子粒径 40mm,混凝土标号 C30	31.15	302.18	28.94	28.98	11.74	402.99
9	010403004001	圈梁C20	商品混凝土制作、水平运输、泵送、浇筑、养护,石子粒径 40mm,混凝土标号 C20	47.45	262.48	28.94	27.11	10.98	376.95
10	010403005001	过梁C20	商品混凝土制作、水平运输、泵送、浇筑、养护,石子粒径 40mm,混凝土标号 C20	56.55	263.92	28.94	27.95	11.32	388.68
11	010405001001	有梁板 10以外C30	商品混凝土制作、水平运输、泵送、浇筑、养护,石子粒径 20mm,混凝土标号 C20	23.1	303.33	28.94	28.43	11.51	395.31

续上表

序号	项目编码	项目名称	工程内容	综合单价(元)					
				人工费	材料费	机械使用费	管理费	利润	综合单价
12	010405001002	后浇带C35	商品混凝土制作、水平运输、泵送、浇筑、养护,石子粒径20mm,混凝土标号C35	24.56	322.36	28.94	30.07	12.18	418.1
13	010405001003	楼梯C30	商品混凝土制作,水平运输、泵送、浇筑、养护,石子粒径40mm,混凝土标号C30	11.56	81.14	7.25	8	3.24	111.19
14	010407001002	压顶C20	商品混凝土制作,水平运输、泵送、浇筑、养护,石子粒径40mm,混凝土标号C20	59.4	261.44	2.36	25.86	10.47	359.53
15	010416001001	现浇钢筋冷轧带肋5mm	钢筋制作、运输、安装	639	2 850	37.41	150	50	3 726.41
16	010416001002	现浇圆钢6.5mm	钢筋制作、运输、安装	620	2 800	37.41	147.07	49	3 653.48
17	010416001003	现浇钢筋冷轧带肋7mm	钢筋制作、运输、安装	414	2 800	52.35	141.71	45	3 453.06
18	010416001004	现浇圆钢8mm	钢筋制作、运输、安装	400	2 750	52.35	147.06	45	3 394.41
19	010416001005	现浇钢筋冷轧带肋9mm	钢筋制作、运输、安装	290	2 780	43.44	145.84	45	3 304.28
20	010416001005	现浇圆钢10mm	钢筋制作、运输、安装	290	2 750	43.44	148.55	45	3 276.99
21	010416001006	现浇圆钢12mm	钢筋制作、运输、安装	245	2 750	92.67	150.21	45	3 282.88
22	010416001007	现浇螺纹钢12mm	钢筋制作、运输、安装	260	2 800	106	153.81	40	3 359.81
23	010416001008	现浇螺纹钢14mm	钢筋制作、运输、安装	220	2 800	98	147.73	40	3 305.73

续上表

序号	项目编码	项目名称	工程内容	综合单价(元)					
				人工费	材料费	机械使用费	管理费	利润	综合单价
24	010416001009	现浇螺纹钢 16mm	钢筋制作、运输、安装	200	2 830	95	150.34	40	3 315.34
25	010416001010	现浇螺纹钢 18mm	钢筋制作、运输,安装	175	2 830	87	148.42	40	3 280.42
26	010416001011	现浇螺纹钢 20mm	钢筋制作、运输、安装	161	2 880	85	151.65	40	3 317.65
27	010416001012	现浇螺纹钢 22mm	钢筋制作、运输、安装	143	2 880	77	148.75	40	3 288.75
28	010416001013	现浇螺纹钢 25mm	钢筋制作、运输、安装	129	2 880	65	148.74	40	3 262.74

措施项目费分析表

表 4-25

工程名称:×××工程　　　　第　页、共　页

序号	措施项目名称	单位	数量	金　额(元)					
				人工费	材料费	机械使用费	管理费	利润	综合单价
1.1	环境保护	项	1	5 000	10 000	0	0	0	15 000
1.2	文明施工	项	1	1 000	20 000	3 000	0	0	33 000
1.3	安全施工	项	1	5 000	15 000	0	0	0	20 000
1.4	临时设施	m^2	800	30 000	110 000	20 000	0	0	160 000
1.5	夜间施工	项	1	30 000	10 000	0	0	0	40 000
1.6	二次搬运	项	1	20 000	0	0	0	0	20 000
1.7	大型机械设备进出场及安拆费	项	1	0	0	64 000	0	0	64 000
1.8	模板	m^2	31 258	392 480	300 000	82 715.85	0	0	775 195.85
1.9	脚手架	项	1	100 338.61	59 647.74	17 174.03	0	0	187 789.47
2.0	垂直运输机械	项	1	0	0	105 000	0	0	105 000
	合计			592 818.61	524 647.74	291 889.88	0	0	1 409 356.23

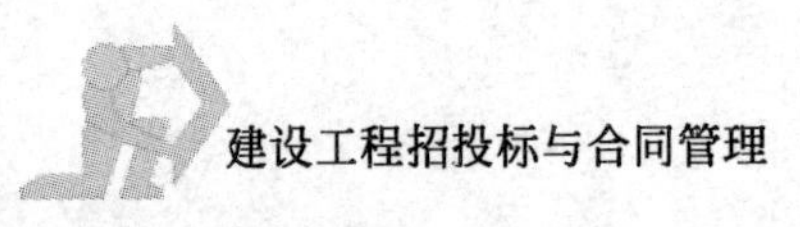

主要材料价格表 表 4-26

工程名称：×××工程 第 页、共 页

序号	材料编码	材料名称	规格、型号等特殊要求	单位	单价(元)
1	300000000004	商品混凝土	C20，石子粒径 40mm	m^3	268
2	300000000025	商品混凝土	C25，石子粒径 40mm	m^3	273
3	300000000026	商品混凝土	C30，石子粒径 40m	m^3	280
4	300000000015	商品混凝土	C30，石子粒径 20mm	m^3	290
5	300000000016	商品混凝土	C35，石子粒径 20mm	m^3	298
6	430105010028	钢筋	冷轧带肋 5mm	t	2 800
7	430105010029	钢筋	冷轧带肋 7mm	t	2 800
8	430105010030	钢筋	冷轧带肋 9mm	t	2 800
9	430105010041	钢筋	圆钢 6.5mm	t	2 580
10	430105010041	钢筋	圆钢 8mm	t	2 580
11	430105010041	钢筋	圆钢 10mm	t	2 580
12	430105010041	钢筋	圆钢 12mm	t	2 530
13	430105010051	钢筋	螺纹钢 12mm	t	2 720
14	430105010052	钢筋	螺纹钢 14mm	t	2 720
15	430105010053	钢筋	螺纹钢 16mm	t	2 680
16	430105010054	钢筋	螺纹钢 18mm	t	2 680
17	430105010055	钢筋	螺纹钢 20mm	t	2 680
18	430105010056	钢筋	螺纹钢 22mm	t	2 680
19	430105010057	钢筋	螺纹钢 25mm	t	2 680

编制说明

1.指导思想

结合本企业的具体经营状况、技术力量、管理水平和所掌握的市场指导信息价格，结合工程的实际情况、风险程度、编制的施工组织设计，确定有竞争力的投标价。

2.编制报价的依据

(1)招标文件、图纸、工程量清单、答疑纪要及踏勘现场资料等；

(2)有关主管部门颁发的计价办法，企业的内部价格体系与内部定额；

(3)人、材、机的市场价格；

(4)施工组织设计。

3. 确定分部分项工程量清单综合单价

以工程量清单表中编码为 010402001001,周长 1.8m 以外 C30 矩形柱清单分项工程为例,该分项工程的具体内容为商品混凝土制作、水平运输、泵送、浇筑、养护。

(1)人工费。

①混凝土的搅拌人工:0.04 工日/m^3;

②混凝土的泵送人工:0.37 工日/m^3;

③混凝土的浇筑、养护人工:1.214 工日/m^3;

小计:1.62 工日/m^3×25 元/工日=40.60 元/m^3。

(2)材料费。

①商品混凝土 C30,石子粒径 40mm,每立方米消耗量为 1.015m^3,商品混凝土市场价为 291 元/m^3;

②养护用水,每立方米需水 0.1m^3,每立方米水单价为 1 元;

③养护用草袋,每立方米混凝土需草袋 0.1m^2,单价为 1 元/m^2;

④混凝土输送管等其他材料费,每立方米计划外 5.36 元/m^3。

(3)机械费。

①混凝土搅拌输送车台班单价 1 286 元/台班,每 100m^3 耗用 1.74 台班;

②固定泵台班单价 1 457 元/台班,每 100m^3 耗用 0.35 台班;

③混凝土振捣器台班单价 11.82 元/台班,每 100m^3 耗用 1.25 台班。

(4)管理费。

包括现场管理费、企业管理费、财务费用、法定性规费等。

管理费是根据企业已完工程经验、企业的内部消耗台账,结合本工程的工期、付款方式等综合考虑,测定一个费率,再分解到每个分项工程,按此费率乘以工、料、机的费用之和得出相应分项工程的管理费。

现场管理费的测定:按本工程的规模,施工组织设计拟投入的现场管理人员、施工工期,结合企业的薪酬标准得出本工程总的现场管理费。

企业管理费包括:管理人员的基本工资、工资性补贴、职工福利费、差旅交通费、办公费、固定资产折旧修理费、工具用具使用费、工会经费、职工教育经费、职工养老保险费及待业保险费、财产和车辆保险费、房产税、车船使用税、土地使用税、印花税、土地使用费、其他费用(技术转让费、技术开发费、业务招待费、排污费、绿化费、广告费、公证费、法律顾问费、咨询费)等。根据企业已往类似工程经验数据计取。

财务费用包括短期贷款利息支出、汇兑净损失、调剂外汇手续费、金融机构

手续费，以及企业筹集资金发生的其他财务费用。结合本工程的具体付款情况计算。

(5)利润。

结合市场竞争的实际情况，分析竞争对手的报价水平，合理确定一个计划获利的期望值。对具体的分项工程，结合企业的自身实力与优势，其利润值可具体调整。

以上五项费用之和即为综合单价，如下式所示：

某清单分项综合单价＝(1)＋(2)＋(3)＋(4)＋(5)

4. 措施项目的费用计算

根据招标人提供的措施项目清单，结合企业编制的施工组织设计或施工方案进行计算。

(1)例如，大型机械进出场费及安、拆费用，本工程考虑设置2台100t·m的自升式塔式起重机。其安装及拆卸各一次费用为14 000元/台，场外运输费9 000元/台。则该项费用为：

2×(14 000＋9 000×2)＝64 000元

(2)再如，塔式起重机使用费，本工程总工期为240天，塔吊的工作日期为150天，租赁费用为350元/天。则垂直运输机械费用为：

350元/天×150天×2＝105 000元

(3)再如模板费用，本工程采用翻模方案施工，工程单层建筑面积接近4 500m^2一次配模(木模板)15 000m^2，可施工2层。

①人工费用：

22元/m^2(建筑面积)×17 840＝392 480元

②模板消耗的费用：木模板按6次摊销计算，15 000m^2的模板在本工程中周转2次，其消耗费用为：

15 000m^2×(2/6)×60/m^2＝300 000元

③机械费：使用圆锯机等机械的费用，结合全国统一定额的消耗量计算得出82 715.85元。

本章小结

一个完整的施工投标程序包括：投标前期决策、申报资格预审、购买招标文件、踏勘现场、分析招标文件、(在技术标、工程报价确定的前提下)投标文件的确定、递送投标文件、(业主进行开标、评标、中标后)签署合同。

投标决策是施工企业进行投标时首先面对的问题，考虑是否投标，以及投标时投什么样的标，以便中标后尽可能获得较多的利润或者实现既定的投标目的，既要考虑自己的因素，也要考虑工程项目以及业主等外在因素。

工程项目投标技巧，包括开标前的技巧和开标后的技巧。不平衡报价、提高零星用工及各方案报价法，构成开标前报价技巧，开标后的报价包括降低投标价格，补充投标优惠条件等。

技术标是工程投标文件的另一核心内容。不同的技术标决定着不同的投标报价。技术标的主要内容有分包分项工程的施工方法，拟投入的主要施工机械设备、劳动力计划及工程进度安排、文明安全施工措施、关键分部、分项工程施工质量保证措施、冬季施工措施及环保措施等。同时，项目管理机构也是技术标的一项重要内容。

投标报价价格组成，要严格依照招标文件的要求来确定。

思考题

1. 工程项目施工投标的程序、主要内容。
2. 进行现场考察应该注意收集哪些信息？
3. 叙述工程项目施工投标决策的含义，投标的类型有哪些？
4. 影响工程项目投标决策的因素有哪些？
5. 什么是不平衡报价，它适用的条件是什么？
6. 什么是工程项目施工投标文件？编制投标文件应当注意哪些问题？
7. 了解工程项目施工投标报价编制的程序和步骤。
8. 如何确定工程项目施工投标报价？

管理箴言

在建筑市场日益激烈的竞争中，承包商的竞争力固然与它所拥有的施工设备的数量、品种、性能有关，但它在众多的竞争中取胜的法宝，是它所拥有的区别于他人的优秀团队和良好的人才激励机制。

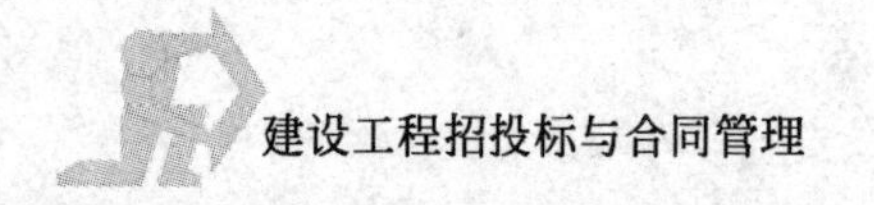

第五章 国际工程项目施工招标与投标

【内容提要】

与国内工程项目施工招标与投标相比，国际工程项目施工招标与投标有其特殊性。本章在简要介绍了国际工程项目施工招标的方式之后，着重介绍了其程序与报价的不同的地方。同时也介绍了世界不同地区的工程项目招标习惯做法供学习、比较。

【学习指导】

国际工程项目，因为参与者文化、法律、习惯等方面的差异，使得相互之间合作困难重重。此时，以文字形式所明确的事项，显得尤为重要。国际工程项目招标投标程序其实质与国内工程并无二致，只是，因为不同地区有着不同的习惯做法。

本章仅对国际工程招投标作一简介。

第一节　国际工程项目招标方式

国际工程施工的委托方式主要采用招标和投标的方式，选出理想的施工企业，即承包商。国际工程招投标方式可归纳为四种类型，即：国际竞争性招标（又称国际公开招标）；国际有限招标；两阶段招标和议标（又称邀请协商），现分述如下。

 国际竞争性招标

国际竞争性招标系指在国际范围内，采用公平竞争方式，定标时按事先规定的原则，对所有具备要求资格的投标商一视同仁，根据其投标报价及评标的所有

依据，如工期要求，可兑换外汇比例（指按可兑换和不可兑换两种货币付款的工程项目），投标商的人力、财力和物力及其拟用于工程的设备等因素，进行评标、定标。采用这种方式可以最大限度地挑起竞争，形成买方市场，使招标人有最充分的挑选余地，取得最有利的成交条件。国际竞争性招标是目前世界上最普遍采用的成交方式。采用这种方式，业主可以在国际市场上找到最有利于自己的承包商，无论在价格和质量方面，还是在工期及施工技术方面都可以满足自己的要求。按照国际竞争性招标方式，招标的条件由业主（或招标人）决定，因此，订立最有利于业主，有时甚至对承包商很苛刻的合同是理所当然的。国际竞争性招标较之其他方式更能使投标商折服。尽管在评标、选标工作中不能排除种种不光明正大行为，但比起其他方式，国际竞争性招标毕竟因为影响大，涉及面广，当事人不得不有所收敛等等原因而显得比较公平合理。

国际竞争性招标的适用范围如下。

1.按资金来源划分

根据工程项目的全部或部分资金来源，实行国际竞争性招标主要有以下情况：

（1）由世界银行及其附属组织国际开发协会和国际金融公司提供优惠贷款的工程项目；

（2）由联合国多边援助机构和国际开发组织地区性金融机构如亚洲开发银行提供援助性贷款的工程项目；

（3）由某些国家的基金会如科威特基金会和一些政府如日本提供资助的工程项目；

（4）由国际财团或多家金融机构投资的工程项目；

（5）两国或两国以上合资的工程项目；

（6）需要承包商提供资金即带资承包或延期付款的工程项目；

（7）以实物偿付（如石油、矿产或其他实物）的工程项目；

（8）发包国拥有足够的自有资金，而自己无力实施的工程项目。

2.按工程性质划分

按照工程的性质，国际竞争性招标主要适用于以下情况：

（1）大型土木工程，如水坝、电站、高速公路等；

（2）施工难度大，发包国在技术或人力方面均无实施能力的工程，如工业综合设施、海底工程等；

（3）跨越国境的国际工程，如非洲公路，连接欧亚两大洲的陆上贸易通道；

（4）极其巨大的现代工程，如英法海峡过海隧道，日本的海下工程等。

二 国际有限招标

国际有限招标是一种有限竞争招标。较之国际竞争性招标，它有其局限性，即投标人选有一定的限制，不是任何对发包项目有兴趣的承包商都有资格投标。国际有限招标包括两种方式。

1.一般限制性招标

这种招标虽然也是在世界范围内进行招标，但对投标人选有一定的限制。其具体做法与国际竞争性招标颇为近似，只是更强调投标人的资信，采用一般限制性招标方式也应该在国内外主要报刊上刊登广告，只是必须注明是有限招标和对投标人选的限制范围。

2.特邀招标

特邀招标即特别邀请性招标。采用这种方式时，一般不在报刊上刊登广告，而是根据招标人自己积累的经验和资料或由咨询公司提供的承包商名单，由招标人在征得世界银行或其他项目资助机构的同意后对某些承包商发出邀请，经过对应邀人进行资格预审后，再行通知其提出报价，递交投标书。这种招标方式的优点是经过选择的投标商在经验、技术和信誉方面比较可靠，基本上能保证招标的质量和进度。这种方式的缺点是：由于发包人所了解的承包商的数目有限，在邀请时很可能漏掉一些在技术上和报价上有竞争力的承包商。

国际有限招标是国际竞争性招标的一种修改方式。这种方式通常适用以下情况：

(1)工程量不大，投标商数目有限或考虑其他不宜进行国际竞争性招标的正当理由的工程项目，如对工程有特殊要求等；

(2)某些大而复杂的且专业性很强的工程项目，如石油化工项目。可能的投标者很少，准备招标的成本很高。为了节省时间，又能节省费用，还能取得较好的报价，招标可以限制在少数几家合格企业的范围内。以使每家企业都有争取合同的较好机会；

(3)由于工程性质特殊，要求有专门经验的技术队伍和熟练的技工以及专门技术设备，只有少数承包商能够胜任的工程项目；

(4)工程规模太大，中小型公司不能胜任，只好邀请若干家大公司投标的工程项目；

(5)工程项目招标通知发出后无人投标，或投标商数目不足法定人数(至少三家)，招标人可再邀请少数公司投标；

(6)由于工期紧迫，或由于保密要求或由于其他原因不宜公开招标的工程项目。

三 两阶段招标

两阶段招标实质上是国际竞争性招标和国际有限招标相结合的方式。第一阶段按公开招标方式招标，经过开标和评标后，再邀请其中报价较低的或较合格的三家或四家投标人进行第二次投标报价。

(1)招标工程内容属高新技术，需在第一阶段招标中博采众议，进行评价，选出最新最优设计方案，然后在第二阶段中邀请选中方案的投标人进行详细的报价。

(2)在某些新型的大型项目承包之前，招标人对此项目的建造方案尚未最后确定，这时可以在第一阶段招标中向投标人提出要求，就其最擅长的建造方案进行报价，或者按其建造方案报价。经过评价，选出其中最佳方案的投标人再进行第二阶段的按其具体方案的详细报价。

(3)一次招标不成功，即所有投标报价超出标底20%(规定限额)以上，只好在现有基础上邀请若干家较低报价者再次报价。

四 议标

议标亦称邀请协商。就其本意而言，议标乃是一种非竞争性招标。严格说来，这不算一种招标方式，只是一种“谈判合同”。最初，议标的习惯做法是由发包人物色一家承包商直接进行合同谈判。只是在某些工程项目的造价过低，不值得组织招标，或由于其专业为某一家或几家垄断，或因工期紧迫不宜采用竞争性招标，或者招标内容是关于专业咨询、设计和指导性服务或属保密工程，或属于政府协议工程等情况下，才采用议标方式。

随着承包商活动的广泛开展，议标的含义和做法也不断发展和改变。目前，在国际工程承包实践中，发包单位已不再仅仅是同一家承包商议标，而是同时与多家承包商进行谈判，最后无任何约束地将合同授予其中的一家，无须优先授予报价最优惠者。

议标给承包商带来较多好处，首先，承包商不用出具投标保函。参与议标承包商无须在一定的期限内对其报价负责；其次，议标毕竟竞争性少，竞争对手不多，因而缔约的可能性较大。议标对于发包单位也不无好处：发包单位不受任何约束，可以按其要求选择合作对象，尤其是发包单位同时与多家议标时，可以充分利用议标的承包商的弱点，以此压彼；利用其担心其他对手抢标、成交心切的心理迫使其降价或降低其他要求条件，从而达到理想的成交目的。

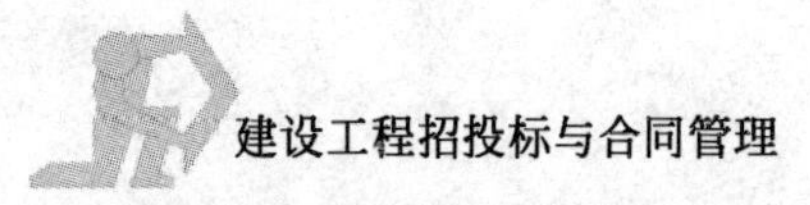

当然，议标毕竟不是招标，竞争对手少，有些工程由于专业性过强，议标的承包商往往是“只此一家，别无分号”，自然无法获得有竞争力的报价。

然而，我们不能不充分注意到议标常常是获取巨额合同的主要手段。综观近十年来国际工程承包市场的成交情况，国际上 225 家大承包商中的承包公司每年的成交额约占世界总发包额的 40%，而他们的合同竟有 90%是通过议标取得的，由此可见议标在国际承发包工程中所占的重要地位。采用议标形式，发包单位同样应采取各种可能的措施，运用各种特殊手段，挑起多家可能实施合同项目的承包商之间的竞争。当然，这种竞争并不像其他招标方式那样必不可少或完全依照竞争规则进行。

议标通常是在以下情况下采用：

(1)以特殊名义(如执行政府协议)签订承包合同；

(2)按临时签约且在业主监督下执行的合同；

(3)由于技术的需要或重大投资原因只能委托给特定的承包商或制造商实施的合同，这类项目在谈判之前，一般都事先征求技术或经济援助合同双方的意见，近年来，凡是提供经济援助的国家资助的建设项目大多采取议标形式，由受援国有关部门委托给供援国的承包公司实施。这种情况下的议标一般是单向议标，且以政府协议为基础；

(4)属于研究、试验或实验及有待完善的项目承包合同；

(5)项目已付诸招标，但没有中标者或没有理想的承包商。这种情况下，业主通过议标，另行委托承包商实施工程；

(6)出于紧急情况或急迫需求的项目；

(7)秘密工程；

(8)属于国防需要的工程；

(9)已为业主实施过项目且已取得业主满意的承包商重新承担技术基本相同的工程项目。

适用于按议标方式的合同基本如上所列，但这并不意味着上述项目不适用于其他招标方式。

第二节　国际工程项目招标程序及招标文件

本节中主要通过世界银行贷款项目土建工程国际性招标文件介绍招标文件的主要内容。

国际工程项目招标程序

(1)国际竞争性招标程序一般如图 5-1 所示。

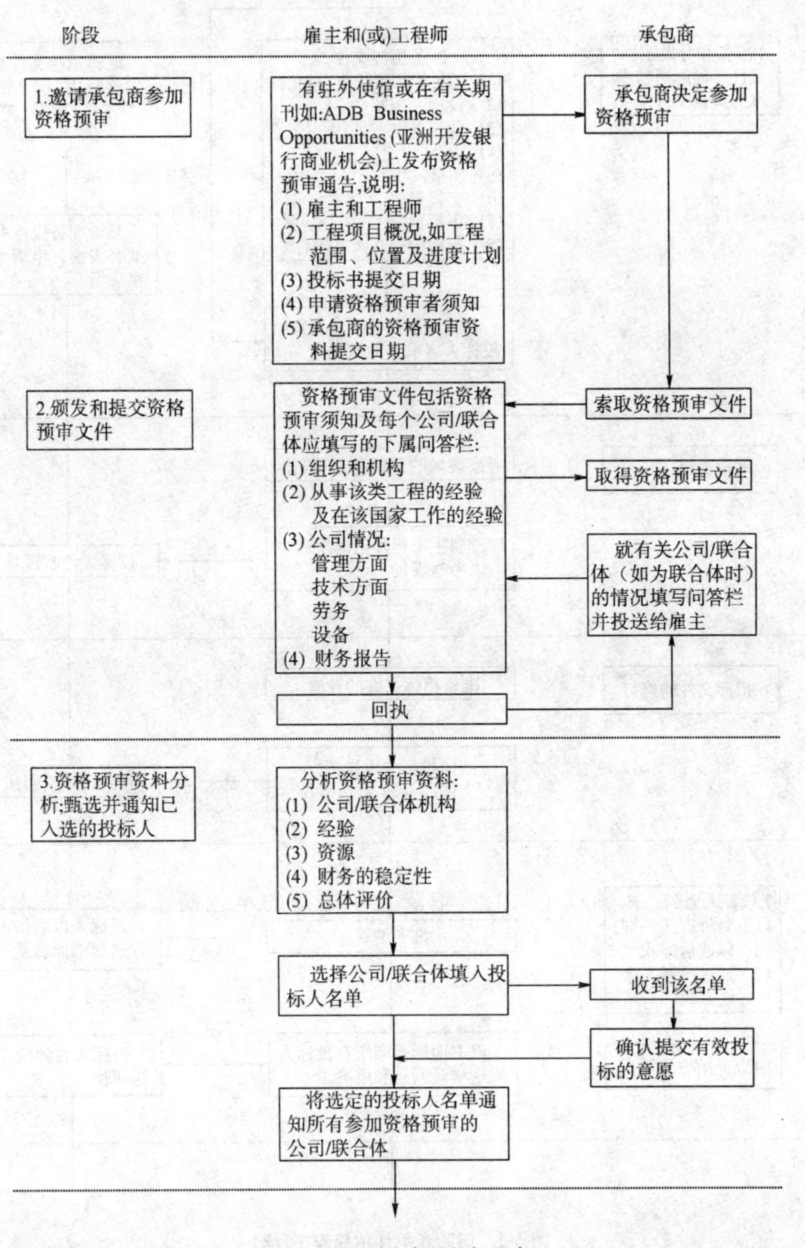

图 5-1　国际竞争性招标程序

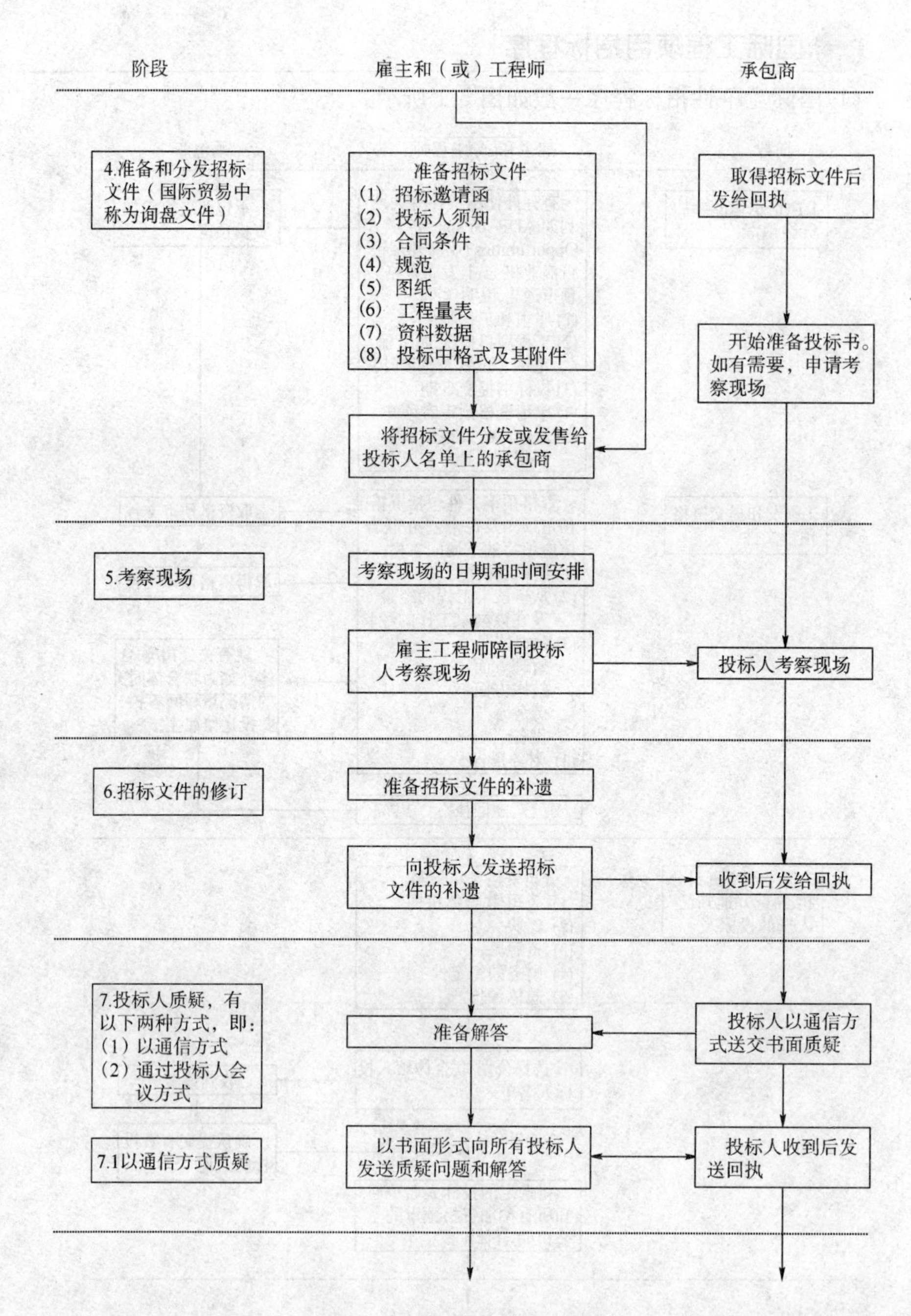

图 5-1　国际竞争性招标程序(续)

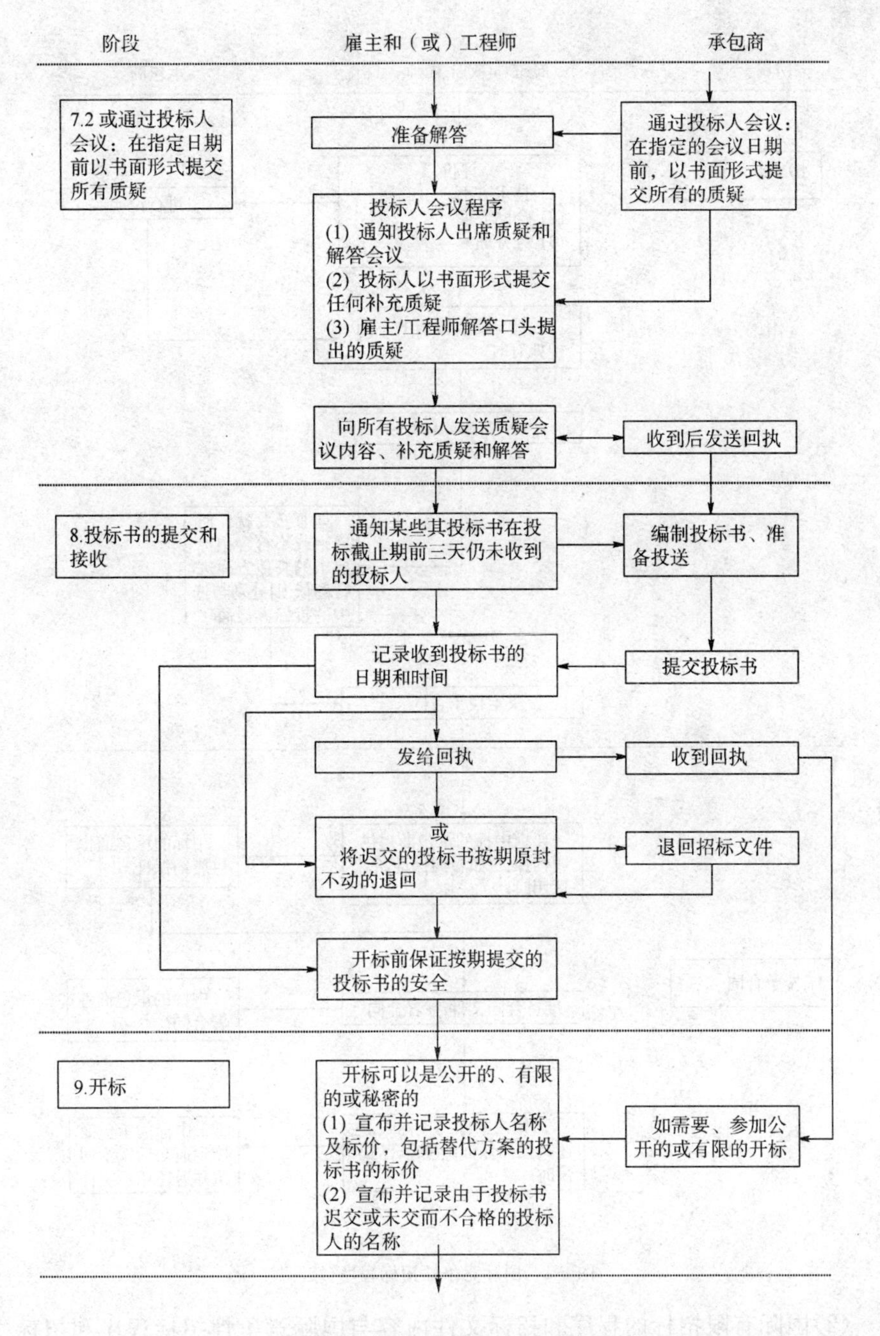

图 5-1　国际竞争性招标程序(续)

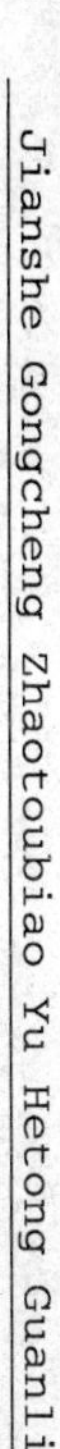

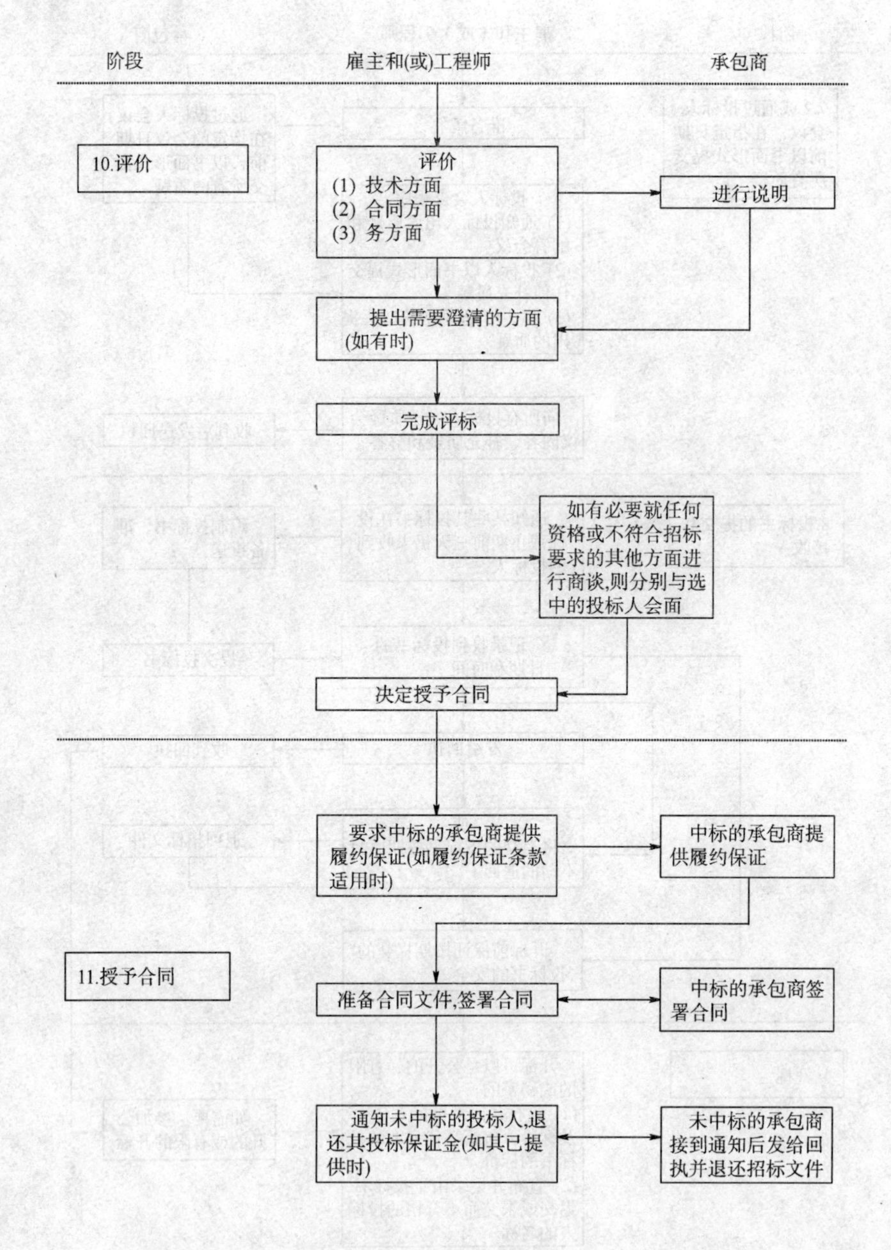

图 5-1 国际竞争性招标程序(续)

(2)国际有限招标的程序和招标文件内容与国际竞争性招标程序和招标文件相同,只是不刊登招标邀请书和不实施对国内投标人的优惠,故不再赘述。

二 国际工程项目招标文件

土建工程项目投资金额大，合同规定复杂，项目周期长，易于受到内在和外界因素的影响，因而其招标程序和招标文件比一般货物采购的招标投标复杂得多。国际工程项目的招标文件一般可分为5卷。

(一)第一卷　合同

合同包括招标邀请书、投标人须知，合同条件（合同通用条件和专用条件）以及合同表格格式。

其中合同表格格式是业主与中标的投标人签订的合同中的协议书等印好的文件格式，由业主与承包商等有关方面填写并签字。一般有7种格式，即：

(1)合同协议书格式；

(2)银行担保履约保函格式；

(3)履约担保书格式；

(4)动员预付款银行保函格式；

(5)劳务协议书格式；

(6)运输协议书格式；

(7)材料供应协议书格式。

当然，上述七种格式的具体内容会因项目的不同而有所变化，但其主要措词和格式都类同于国内工程项目招标投标的协议书格式。

(二)第二卷　技术规格书

技术规格书（又译为技术规范）详细载明了承包人的施工对象、材料、工艺特点和质量要求，以及在合同的一般条件和专用条件中未规定的承包人的一切特殊责任。同时，技术规格书中还对工程各部分的施工程序，应采用的施工方法和向承包人提供的各种设施作出规定。技术规格书中还要求承包人提出工程施工组织计划，对已决定的施工方法和临时工程作出说明。

(1)编写技术规格书时应注意的问题。业主在编写技术规格书时，应注意以下几个方面，并相应地作出详细说明和规定：

①承包人将要施工的工程，包括工程竣工后所应达到的标准；

②工程各部分的施工程序，应采用的施工方法和施工要求；

③施工中的各种计量方法和计量程序以及计量标准，特别是对关键工程的计量方法、程序及标准更应详尽地规定和说明；

④工程师实验室设备和办公室设备的标准;

⑤承包人自检队伍的素质要求;

⑥现场清理程序及清理后所达到的标准。

技术规格书是对整个工程施工的具体要求和对程序的详尽描述。它与工程竣工后的质量优劣有直接关系。所以,技术规格书一般需要详细和明确。

(2)土建工程技术规格书的组成。一般说来,土建工程技术规格书分为以下七部分:

①工程描述:对整个工程进行详尽说明,包括与工程相关的施工程序、工程师测试设备、施工方法、现场清理等方面的具体描述;

②土方工程:包括借土填方、材料的适用性、现场清理等;

③给水排水工程:包括工程范围、给水排水结构、混凝土或预应力混凝土结构工程、施工方法和程序等;

④铺筑工程:不同工程对铺筑的要求不同。以公路项目为例,包括基层,沥青层等铺筑工程,施工方法、程序及要求等;

⑤桩基:包括桩基材料、质量要求、钻孔要求、混凝土浇注要求、桩基的检验、桩基成形情况等;

⑥混凝土:包括水泥和其他集料的质量要求,混凝土级别要求,混凝土及混凝土材料的测试计量等;

⑦预应力混凝土:包括材料的质量要求、测试方法等;

由于工程不同,对工程的技术和质量要求也不同。只有根据工程项目的具体特点和要求编制技术规格书,才能做到有的放矢,达到预期效果。

(三)第三卷　投标书格式及其附件、辅助资料表和工程量清单

1.投标书格式及其附件

投标书格式及其附件是投标必须填好递送的文件。投标书及其附件内容主要是报价及投标人对工期、保留金等承包条件的书面承诺。

2.辅助资料表

辅助资料表内容包括外汇需求表,合同支付的现金流量表,主要施工机具和设备表,主要人员表和分包人表以及临时工程用地需求表和借土填方资料表,这些表格应按照具体土建工程项目的特殊情况而定。但这些表格的格式对不同的土建工程项目来说变化不大。

3. 工程量清单

(1)工程量清单的编制原则。

工程量清单是招标文件的主要组成部分,其分部分项工程的划分和次序与技术规格书是完全相对应的、一致的。绝大部分土建项目的招标文件中都有工程量清单表。国际上大部分工程项目的划分和计算方法是采用《建筑工程量计算原则(国际通用)》或以英国《建筑工程量标准计算方法》为标准结合我国对土建工程项目的具体要求为依据。所以,工程量清单中分部分项工程的划分往往十分繁多而细致。一个工程的工程量清单少则几百项,多则上千项。工程量清单中所写明的工程量一般比较正确,即使发现错误,也不允许轻易改动。在绝大部分土建工程项目的招标文件中,均附有对工程量及其项目进行补充或调整的项目,以备工程量有出入或遗漏时,可在此项目上补充或调整。

(2)暂定金额。

暂定金额是指包含在合同价中的、并在工程量清单以此名义开列的金额,可作为工程施工或供应货物与材料,或提供服务,或作为不可预见费等费用。这些项目将按工程师的指示和决定,或全部使用,或部分使用,或全部不用。在暂定金额项目中,有的列有工程量,有的无工程量而只有一个总金额。

(3)临时工程量。

除暂定金额外,有的工程量清单中还列有临时工程量。在未取得工程师正式书面允许前,承包人不应进行临时工程量所包括的任何工程。

(4)工程量的计量单位。

工程量清单中的工程量的计量单位应使用公制,如"米"、"平方米"、"立方米"、"吨"等。

(5)其他。

有的工程量清单中只有项目而无工程量,但需注明只填单价。这是作为以后实际结算时的依据。

综上所述,工程量清单表只是一张只有工程量而没有标价的工程量预算表。这是投标工作的核心部分,投标人的主要工作是确定单价,然后算出分项目计价、分部造价,最后确定投标总价。

(四)第四卷　图纸

图纸是和第二卷技术规格书以及第三卷工程量清单相关联的。承包人应按第二卷技术规格书的要求按图纸进行施工建造工程。

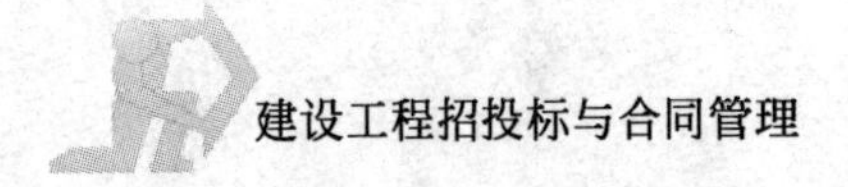

(五)第五卷　参考资料

参考资料为工程项目提供了更多的信息,如水文、气象、气候、地质、地理、取土位置等,对投标人编制投标书有重要的参考价值。但它更主要的是用于以后的施工。值得注意的是,参考资料不构成以后所签合同文件的一部分。

三　我国国内优惠规定

世界银行对土建工程项目的各国国内优惠是自1974年开始实行的。按照规定,国民人均收入每年在370美元以下的世界银行成员国在土建工程项目投标时,可享受7.5%的优惠待遇,其目的在于鼓励、扶持发展中国家国内承包业的发展。我国国内优惠有下述三种。

1.我国国内承包商的优惠

根据《世界银行贷款采购指南》的规定,只有满足下述条件的我国国内承包商,同时又提出申请并根据资格预审文件的要求提交了有关证明文件和资料,才能在其投标书的标价与其他国外投标人的标价比较时,享受7.5%的优惠待遇:

(1)在中华人民共和国境内注册。

(2)绝大部分所有权为中华人民共和国全民所有。

(3)分包给外国承包商的合同工程,按合同价格计算,不超过合同总价的50%。

在此,我国国内承包商的含义是指国内单独承包商或由国内若干承包商组成的国内联营体。

2.中外联营体的优惠

所谓中外联营体,是指中国承包商和外国承包商,为了某土建工程项目投标的需要,所组成的联营体。该联营体必须向招标公司和业主提交具有法人地位的联营体协议。所谓具有法人地位的联营体协议,指的是由联营体内各成员的法人代表间所签订的就该工程项目进行联合投标的协议,该协议至少应包括下述主要内容。

(1)背景。合作意向,包括该项目的法律认可,和拟承担本项目的一部分或全部工程等。

(2)合作内容及目的。包括接受资格审查和联合投标。

(3)联营体内部各成员的分工。

如果该联营体被授予合同,联营体各成员将承担哪一方面的工程,以及按合同价格计算，各成员所占的比例。一般说来，土建工程项目的招标文件中均规定，联营体各成员要共同或单独地对整个合同负责。

(4)协议的范围及有效性。

一般说来，联营体协议的范围是由于为某项目的联合投标而签署的。所以，联营体协议的范围应仅限于本项目。其有效期是：

1)如果投标失败，则协议在失败之日自动失效；

2)如果被授予合同，则协议自项目工程的维修期满之日起失效。

(5)仲裁。

任何矛盾和问题都应以友好协商来解决。如果协商不能解决，就要提交仲裁。对国内单位间的纠纷一般选定中国国际贸易促进委员会的对外经济贸易仲裁委员会为仲裁单位。对中外联营体来说，一般首先选择上述仲裁单位，如一方坚持在第三国仲裁时，可选定国际商会作为仲裁单位。

(6)联营体各方的法人代表签字。

对没有提交联营体协议的所谓联营体，或虽提交了联营体协议，但协议内容与资格预审文件相矛盾的联营体，招标公司和业主将不予承认。

3.世界银行关于我国土建项目国内优惠的条件

根据世界银行的惯例和我国的具体情况，世界银行同意，对满足下述条件的中外联营体，在其投标书的标价和其他国外投标人的标价相比较时，可以获得7.5%的优惠待遇。

(1)国内的一个或几个合伙人分别满足本章第三节的第三部分中所提到的对国内承包商的优惠条件；

(2)如果没有国外承包商的参加，国内的一个或几个合伙人将不具备投标资格；

(3)国内的一个或几个合伙人所承担的合同工程，按合同价格计算，至少应超过合同总价的50%。

值得注意的是，只有在通过国际竞争性招标方式选定承包商的过程中，才能有国内优惠。对于其他采购方式，如有限国际竞争性招标方式、国内竞争性招标方式、有限国内竞争性招标方式等，则没有国内优惠。

第三节　国际工程项目投标报价

国际工程投标报价与国内工程主要概(预)算方法的投标报价相比较，最主要的区别在于：某些间接费和利润等合用一个估算的综合管理费率分摊到各分项工程单价中，从而组成各分项工程的完整单价，然后将分项工程单价乘以工程量即为该分项工程的合价，所有分项工程合价汇总后即为该工程的单项工程的估价。

国际工程投标报价是投标文件的核心部分，它必须掌握国际上通用的有关规定和投标报价技巧，同时，加强管理、降低成本。只有这样，才能获得中标机会，并获得赢利。下面简要概述投标报价业务的程序和方法，并着重介绍世界银行贷款项目下的土建工程的投标报价的步骤。

一 研究分析招标文件

投标人通过资格预审取得投标资格，并希望参加该项目工程的投标后，按照招标邀请通告中的要求，在规定的时间内向招标公司购买招标文件。在获得招标文件后，投标人必须立即研究、分析招标文件，以便准确地进行报价。

1.检查招标文件

如前所述，土建工程的招标文件一般分四卷，即合同；技术规格书；投标书格式及其附件、辅助资料表和工程量清单；图纸。在投标期间还可能有修改文件(由招标公司和业主发送的对招标文件的修改文件)等。投标人购买招标文件后，首先要检查上述文件是否齐全，每卷按目录检查是否有缺页、缺图现象，有无字迹不清的页、段。如发现存在上述问题，应立即向招标公司交涉补全。

2.通读招标文件

在检查无误后，应将招标文件通读。通读招标文件的目的是为了正确理解，进而掌握招标文件的各项要求和规定，以便考虑所有的作价因素。

3.讨论招标文件

在通读的基础上进行讨论，要重点研究工程量清单，弄清所含内容，以便报价时列出细目。在此过程中，可能发生的问题有以下几个方面：

(1)招标文件本身的问题，如技术要求不明确，文字含混不清等；

(2)与该项目工程所在地的实际情况有关的问题；

(3)投标人本身由于经验不足或承包知识缺乏而不能理解的问题。

对于以上问题，可通过不同途径来解决。对于第一类问题应向招标公司和业主咨询解决；第二类问题可通过参加现场考察和标前会议解决；第三类问题可向其他承包公司有经验的有关专家请教解决。

二 确定担保单位和开具银行保函

投标人在提交其投标书时，还应同时提交投标保证金证书(又称投标保函)。为此，投标人在准备投标文件的同时，还应寻找一家金融机构或保险机构作为投

标担保单位。目前，在我国采用国际竞争性招标方式的大型土建项目中，投标保证金证书只能由下述银行开具：

(1)中国银行；

(2)中国银行在国外的开户行；

(3)在中国营业的中国或外国银行；

(4)由招标公司和业主认可的任何一家外国银行；

(5)外国银行通过中国银行转开。

所以，投标人在投标期间，必须持有一家满足招标文件要求的担保单位开具的投标保证金证书方能被接受。

 投标书的编制

投标书可分为技术部分和商务部分。

1.投标书的商务部分

商务部分的编制主要有两项工作，即报价和合同条款的研究。

(1)投标报价。

①单价分析。投标报价是整个工作的核心。首先，要计算并核对工程量清单，对于无工程量清单的招标工程，应当计算工程量，其项目一般以单价项目划分为依据。这部分是招标文件的核心部分。对有工程量清单的招标工程，应重点对工程量进行核对，如发现有出入，应按规定做必要的调整或补充。其次，要对单价进行分析研究。对较大的土建招标工程，在确定单价时，一般应作专题研究，而不能套用常用单价。因为每一招标工程都有一定的特殊性，如现场情况、气候条件、地貌与地质状况、工程的复杂程度、是否免税工程、有哪些有利与不利条件、合同价格可否因工资和物价的变动而调整、工期长短、对设备和材料有哪些特殊要求、有哪些投标人参加、其中谁是竞争对手以及当前自己的经营状况等问题，都要周密考虑。在确定价格上，要从战略和战术上进行研究。一方面要对工资、材料价格、施工机械、管理费、利润、临时设施等，结合初步的施工组织方案提出原则性的意见，并确定初步的、总体的投标框架。另一方面，针对工程量清单中的项目与技术规范中的有关规定与要求，逐项进行分析研究，确定工程材料的消耗量。此外，还应对工效、材料来源和当前价格以及施工期间可能发生的材料浮动幅度作深入的调查研究，作出全面考虑。对于有些材料和设备，应及时询价，从而分别定出比较适当的材料、设备等的单价，然后，逐一确定各项目的单价。投标标价组成见图 5-2。

②综合汇总分析。各项单价分析完毕后，就和工程数量逐项相乘，算出每一

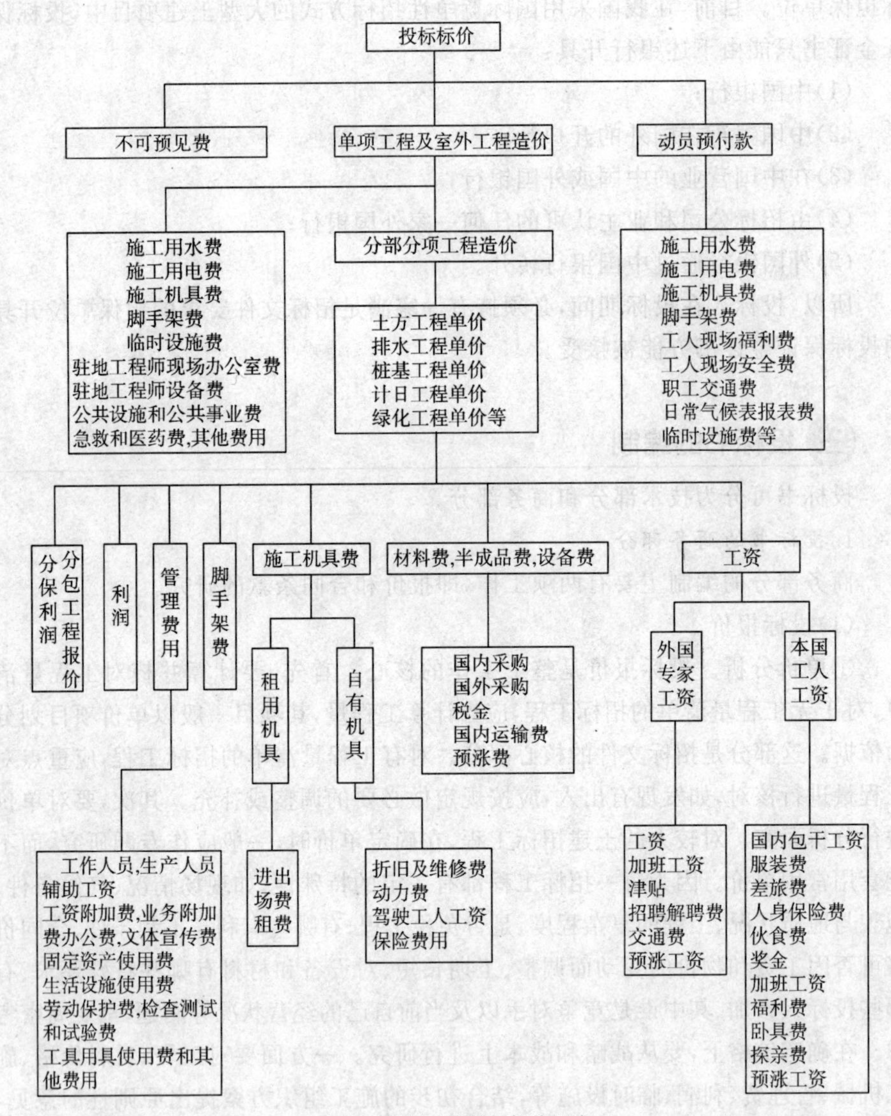

图 5-2 国际工程投标标价组成

项目的工程费用,从而计算出全部工程的造价。然后,再进行一次全面的自校,检查计算有无错误,并从总价上权衡报价是否合理。

具体的测算方法是,通过各项综合性单价的指标,如平均每立米土方单价、每立米钢筋混凝土单价、每吨钢筋及钢结构单价等,与各种不同建筑工程的单价指标进行比较,结合工程质量的标准,分析所确定的单价是否相称,与类似工程的造价指标进行比较，是高是低，是否合理。如果发现整个标价或其中一部分偏高或偏低时，就应进行调整。经过这样多次的分析测算之后，最后确定标价。

如果借款国的国家实行外汇管制，那么。在招标文件中的第三卷中增加了外汇需求表，以表示投标人在实施工程时所需要的外汇数额，该数额一般以占合同价格的百分数来表示。我国就是这类国家之一，下面就世界银行对我国贷款项下的土建工程，说明外汇需求表的填写方法和注意事项。

③外汇需求。外汇需求表随国家不同而有所变化，但变化不大。

投标报价货币全部使用借款国本国货币即人民币元。所需何种外汇及其数量由投标人根据报价的具体情况来决定。值得注意的是，投标人应明确写明自己所需的外汇种类和人民币元的汇率。根据招标文件规定，应使用在开标日前30天由中国银行公布的卖出价作为汇率。如果在该天中国银行公布的牌价不包括这种外汇对人民币的汇率，那么，投标人可自己选定一种汇率并说明其来源。该汇率一旦确定，将在合同有效期间保持不变。

假定：A：为投标总标价，也就是已标价的工程量清单中各种价格的汇总价；

B：为投标人所需的外汇数量，其明细表在外汇需求明细表中书明；

C：为外汇对人民币的兑换率。

那么，投标人在投标书中的外汇比按公式(5-1)所示计算

$$\frac{B \times C}{A - \text{暂时金额} - \text{计日工费}} \times 100\% \tag{5-1}$$

假设：投标总价 A 为 20 000 000 元，投标人所需外汇种类及数额 B 为 1 500 000 美元，兑换率 C 为 1 美元=8.29 元，暂定金额为 100 000 元，计日工费为 100 000 元，则投标书所注明的外汇比为：

$$\frac{1\,500\,000 \times 8.29}{20\,000\,000 - 100\,000 - 100\,000} = 62.9\%$$

(2)对合同条件的研究。

①工程范围；

②甲、乙双方的职责和义务；

③工程变更条款；

④付款条款。

2.投标书的技术部分

技术部分的主要内容是详细叙述投标人对本工程项目如何去实施，包括质量保证、质量控制、进度控制、成本控制以及具体的施工组织方案，其一般内容如下：

(1)保函。包括投标保函和履约保函。这些保函的作用主要是为了防止承

包人中标后毁约,业主可向担保银行没收担保费用,补偿由此而产生的损失。这些保函格式已在招标文件中说明,投标人需落实担保银行,由银行填写、签字即可。

(2)公司简介。说明公司的概况即可。

(3)各种证件。本公司法人地位的证件复印件。

(4)项目组织表。投标人为实施本工程所采用的组织机构表,说明关键人员

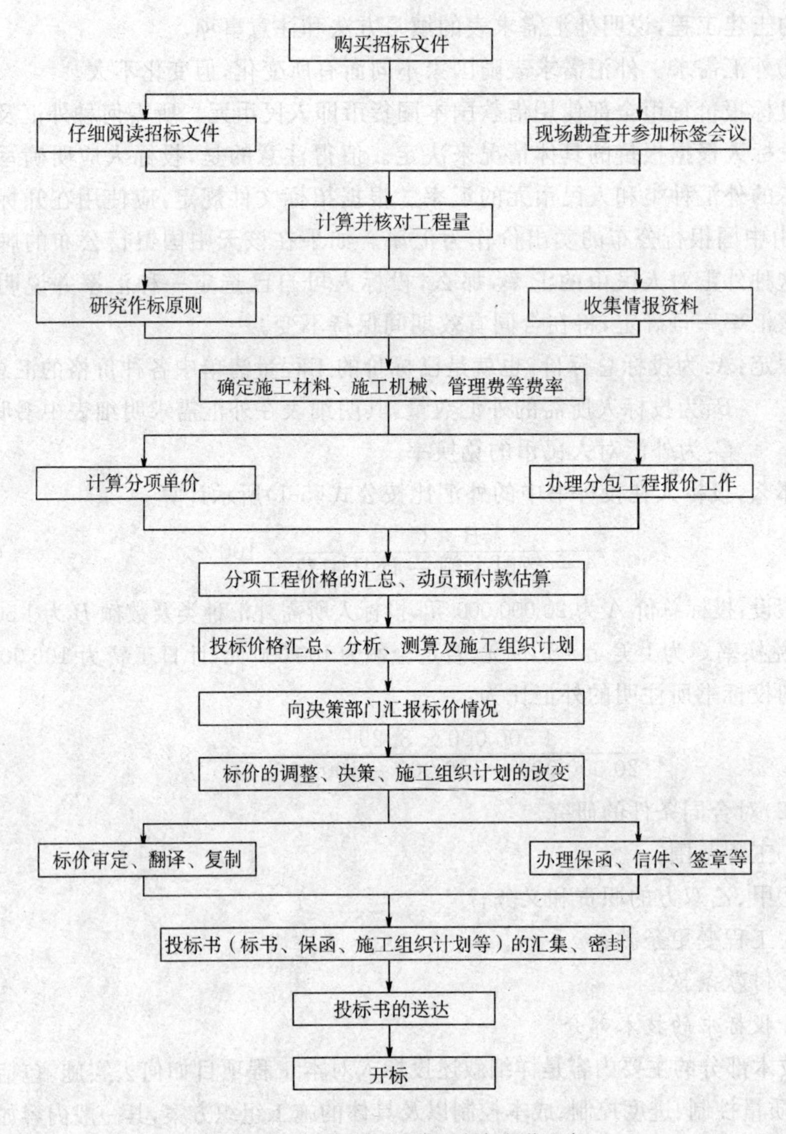

图 5-3　国际工程公开招标的投标报价程序

所在位置及工作关系。使业主对投标人的人事安排一目了然。

(5)关键人员简历。关键人员系指投标人为本工程所拟派往现场的主要管理人员,包括项目经理、部门经理、专业组长、高级工程师等人员。关键人员简历表主要介绍其学历和工作经验。

(6)施工组织方案。主要介绍投标人怎样实施本工程项目。投标人应根据本工程的特殊情况,考虑到其他可能的因素,制定出一个切实可行的工程施工组织方案(或称施工组织计划)。

(7)投标人的施工机具和设备。用表格形式表达。

(8)投标人过去完成类似工程的经验。用表格和文字表达。

四 国际工程项目投标报价程序

国际工程项目公开招标的投标报价程序可参看图 5-3。

第四节 世界不同地区的工程项目招标习惯做法

从总体上讲,世界各地委托的主要方式可以归纳以下四种,即世界银行推行的做法、英联邦地区的做法、法语地区的做法、独联体成员国的做法。

一 世界银行推行的做法

世界银行作为一个权威性的国际多边援助机构,具有雄厚的资本和丰富的组织工程承发包的经验,世界银行以其处理事务公平合理和组织实施项目强调经济实效而享有良好的信誉和绝对的权威。世界银行已积累了 40 多年的投资与工程招投标经验,制订了一套完整而系统的有关工程承发包的规定,且被许多多边援助机构尤其是国际工业发展组织和许多金融机构以及一些国家政府援助机构视为模式,世界银行规定的招标方式适用于所有由世界银行参与投资或贷款的项目。

世界银行推行的招标方式主要突出三个基本观点:

(1)项目实施必须强调经济效益;

(2)对所有会员国以及瑞士和中国台湾地区的所有合格企业给予同等的竞争机会;

(3)通过在招标和签署合同时采取优惠措施鼓励借款国发展本国制造商和承包商(评标时,借款国的承包商享受 7.5%的优惠)。凡有世界银行参与投资或提供优惠贷款的项目,通常采用以下方式发包:

①国际竞争性招标(亦称国际公开招标);

②国际有限招标(包括特邀招标);

③国内竞争性招标;

④国际或国内选购;

⑤直接采购;

⑥政府承包或自营方式。

世界银行推行的国际竞争性招标要求业主方面公正表述拟建工程的技术要求,以保证不同国家的合格企业能够广泛参与投标。如引用的设备、材料必须符合业主的国家标准,在技术说明书中必须陈述也可以接受其他相等的标准。这样可以消除一些国家的保护主义给招标的工程笼罩的阴影。此外,技术说明书必须以实施的要求为依据。世界银行作为招标工程的资助者,从项目的选择直至整个实施过程都有权参与意见,在许多关键问题上如招标条件、采用的招标方式、遵循的工程管理条款等都享有决定性发言权。

凡按世界银行规定的方式进行国际竞争性招标的工程,必须以国际咨询工程师联合会(FIDIC)制定的合同条件为管理项目的指导原则,而且承发包双方还要执行由世界银行颁发的三个文件,即:世界银行采购指南、国际土木工程施工合同条件、世界银行监理指南。世界银行推行的做法已被世界大多数国家奉为模式。无论是世界银行贷款的项目,还是非世界银行贷款的项目,也越来越广泛地效法这种模式。

除了推行国际竞争性招标方式外,在有充足理由或特殊原因情况下,世界银行也同意甚至主张受援国政府采用国际有限招标方式委托实施工程。这种招标方式主要适用于工程额度不大、投标商数目有限或其他不采用国际竞争性招标理由的情况,但要求招标人必须接受足够多的承包商的投标报价以保证有竞争力的价格。另外,对于某些大而复杂的工业项目如石油化工项目,可能的投标者很少,准备投标的成本很高,为了节省时间又能取得较好的报价,同样可以采取国际有限招标。

除了上述两种国际性招标外,有些不宜或毋须进行国际招标的工程,世界银行也同意采用国内招标,国际或国内选购、直接签约采购、政府承包或自营等方式。

二 英联邦地区的做法

英联邦地区(包括原为英属殖民地的国家)的许多涉外工程的承包,基本上按照英国做法。

从经济发展角度看,大部分英联邦成员国属于发展中国家,这些国家的大型工程通常求援于世界银行或国际多边援助机构，也就是说要按世界银行的做法发包工程，但是他们始终保留英联邦地区的传统特色，即以改良的方式实行国际竞争性招标，他们在发行招标文件时，通常将已发给文件的承包商数目通知投标人，使其心里有数，避免盲目投标。英国土木工程师学会(ICE)合同条件常设委员会认为：国际竞争性招标浪费时间和资金，效率低下，常常以无结果而告终，导致很多承包商白白浪费钱财和人力。他们不欣赏这种公开的招标，相比之下，选择性招标即国际有限招标则在各方面都能产生最高效益和经济效益。因此英联邦地区所实行的主要招标方式是国际有限招标。

国际有限招标通常按以下步骤进行：

(1)对承包商进行资格预审，以编制一份有资格接受邀请书的公司名单。被邀请参加预审的公司提交其适用该类工程所在地区周围环境的有关经验的详情，尤其是承包商的财务状况，技术和组织能力及一般经验和履行合同的记录。

(2)招标部门保留一份常备的经批准的承包商名单。这份常备名单并非一成不变，根据实践中对新老承包商的了解加深，不断更新，这样可使业主在拟定委托项目时心中有数。

(3)规定预选投标者的数目。一般情况下，被邀请的投标者数目为4～8家，项目规模越大，邀请的投标者越少，在投标竞争中要强调完全公平的原则。

(4)初步调查。在发出标书之前，先对其保留的名单上的拟邀请的承包商进行调查。一旦发现某家承包商无意投标，立即换上名单中的另一家作为代替，以保证所要求投标者的数目。英国土木工程师协会认为承包商谢绝邀请是负责任的表现。这一举动并不会影响其将来的投标机会，在初步调查过程中，招标单位应对工程进行详细介绍，使可能的投标人能够了解工程的规模和估算造价概算，所提供的信息应包括场地位置、工程性质、预期开工日、指出主要工程量，并提供所有的具体特征的细节。

第五节　国际工程项目投标报价应注意的其他问题

咨询单位和代理人的选择

在投标时，可以考虑选择一个咨询机构。在激烈竞争的公开招标形势下，一些专门的咨询公司应运而生，他们拥有经济、技术、法律和管理等各方面的专家，经常搜集、积累各种资料、信息，因而能比较全面而又比较快地为投标者提供进行决策所需要的资料。特别是投标人到一个新的地区去投标时，如能选择到一

个理想的咨询机构，为你提供情报，出谋划策以至协助编制投标书等，将会大大提高中标机会。这种咨询机构不一定是招标工程所在国的公司。

雇佣代理人，即是在工程所在地区找一个能代表投标人的利益开展某些工作的人。一个好的代理人应该在当地，特别是在工商界有一定的社会活动能力，有较好的声誉，熟悉代理业务。一般代理人均由当地人充当。

某些国家(如科威特、沙特阿拉伯等国)规定，外国承包商必须有代理人才能在本国开展业务。特别是到一个新的地区和国家，承包也需要雇佣代理人作为自己的帮手和耳目。承包商雇佣代理人的最终目的是拿到工程，因此双方必须签订代理合同，规定双方权利和义务。有时还需按当地惯例去法院办理委托手续。代理人协助投标人拿到工程，并获得该项工程的承包权，经与业主签约后，代理人才能得到较高的代理费(约为合同总价的1%～3%)。

代理人的一般职责是：

(1)向其雇主(即投标人)传递招标信息，协助投标人通过资格预审。

(2)传递招标人与投标人间的信息往来。

(3)提供当地法律咨询服务(包括代请律师)、当地物资、劳力、市场行情及商业活动经验。

(4)如果中标，协助承包商办理入境签证、居留证、劳工证、物资进出口许可证等多种手续，以及协助承包商租用土地、房屋、建立电话、电传、邮政信箱等。

在某些国家(如科威特、沙特阿拉伯、阿联酋等国)，还要求外国公司找一个本国的担保人(可以是个人、公司或集团)，签订担保合同，商定担保金额和支付方式。外国公司如能请到有威望、有影响的担保人，将有助于承包业务的开展。

二 分包工程的估价

1.分包工程估价的组成

(1)分包工程合同价。

对分包出去的工程项目，同样也要根据工程量清单分列出分项工程的单价，但这一部分的估价工作可由分包商去进行。通常总包的估价师一般对分包单价不作估算或仅作粗略估计。待收到来自各分包商的报价之后，对这些报价进行分析比较选出合适的分包报价。

(2)总包管理费及利润。

对分包的工程应收取总包管理费、其他服务费和利润，再加上分包合同价就构成分包工程的估算价格。

2. 确定分包时应注意的问题

(1)指定分包的情况。

在某些国际承包工程中,业主或业主工程师可以指定分包商,或者要求承包商在指定的一些分包商中选择分包商。一般说来,这些分包商和业主都有较好的关系。因此,在确认其分包工程报价时必须慎重,而且在总承包合同中应明确规定对指定分包商的工程付款必须由总承包商支付,以加强对分包商的管理。

(2)总承包合同签订后选择分包的情况。

由于总承包合同已签订,总承包商对自己能够得到的工程款已十分明确。因此,总承包商可以将某些单价偏低或可能亏损的分部工程分包出去来降低成本并转移风险,以此弥补在估价时的失误。但是,在总合同业已生效后,开工的时间紧迫,要想在很短时间内找到资信条件好、报价又低的分包商比较困难。相反,某些分包商可能趁机抬高报价,与总承包商讨价还价,迫使总承包商作出重大让步。因此,总承包商原来转移风险的如意算盘就会落空,而且增加了风险。所以,应尽量避免在总合同签订后再选择分包商的做法。

三 暂定金额(项目)

"暂定金额"是包括在合同工程量清单内,以此名义标明用于工程施工,或供应货物与材料,或提供服务,或应付意外情况的暂定数量的一笔金额,亦称特定金额或备用金。这些项目的费用将按业主或工程师的指示与决定,或全部使用,或部分使用,或全部不予动用。暂定金额还应包括不可预见费用。不可预见费用是指预期在施工期间材料价格、数量或人工工资、消耗工时可能增长的影响所引起的诸如计日工费、指定分包商费等全部费用。

一般情况下,不可预见费不再计算利润,但对列入暂定金额项目而用于货物或材料者可计取管理费等。

四 我国对外投标报价的具体做法简介

1. 工料、机械台班消耗量的确定

可以国内任一省市或地区的预算定额、劳动定额、材料消耗定额等作为主要参考资料,再结合国外具体情况进行调整,如工效一般应酌情降低 10%~30%,混凝土、砂浆配合比应按当地材质调整,机械台班用量也应适当调整,缺项定额应通过实地测算后补充。

2. 工资确定

国外工资包括的因素比国内复杂得多,大体分为出国工人工资和当地雇佣工人工资两种。应力争用前者，少雇后者。出国工人的工资一般应包括：国内包干工资（约为基本工资的三倍）、服装费、国内外差旅费、国外零用费、人身保险费、伙食费、护照及签证费、税金、奖金、加班工资、劳保福利费、卧具费、探亲及出国前后所需的调迁工资等。工资可分技工工资和普工工资（目前每工日约为15-20美元）。国外当地雇佣工人的工资，一般包括工资、加班费、津贴以及招聘、解雇等费用。国外当地雇佣工人的工资较国内出国工人工资有的稍高，有的则稍低。但工效均很低。在国际上，我们的工资与西方发达国家比是低的，这对投标是有利因素。

3.材料费的确定

所有材料须实际调查，综合确定其费用。工期较长的投标工程还应酌情预先考虑每年涨价的百分比。材料来源可有：国内调拨材料、我国外贸材料、当地采购材料和第三国订购材料等几种。应进行方案比较，择优选用，也可采用招标采购，力求保质和低价。对国际上的运杂费、保险费、关税等均应了解掌握，摊进材料预算价格之内。

4.机械费的确定

国外机械费往往是单独一笔费用列入“开办费”中，也有的包括在工程单价之内。其计量单位通常为“台时”，鉴于国内机械费定得太低，在国外则应大大提高，尤其是折旧费至少可参考“经援”标准，一年为重置价的40％，两年为70％，三年为90％，四年为100％，经费另计。工期在2～3年以上者，或无后续工程的一般工程，均可以考虑一次摊销，另加经常费用。此外，还应增加机械的保险费。如租用当地机械更为合算者，则采用租赁费计算。

5.管理费的确定

在国外的管理费率应按实测算。测算的基数可以按一个企业或一个独立核算单位的年完成产值的能力计算，也可以专门按一个较大规模的投标总承包额计算。有关管理费的项目划分及开支内容，可参考国内现行管理费内容，结合国外当前的一些具体费用情况确定。管理费的内容大致有工作人员费（包括内容与出国工人工资基本同）、业务经营费（包括广告宣传、考察联络、交际、业务资料、各项手续费及保证金、佣金、保险费、税金、贷款利息等）、办公费、差旅交通费、行政工具用具使用费、固定资产使用费以及其他相关费用等。这些管理费包括的内容可以灵活掌握。据在中东地区某些国家初步预测，我们的管理费率约在15％左右，比西方国家要高。这是投标报价中一项不利因素，应采取措施加以降低。

6.利润的确定

国外投标工程中可自己灵活确定利润，根据投标策略可高可低，但由于我们的管理费率较高，本着国家对外开展承包工程的“八字方针”（即守约、保质、薄利、重义）的精神，应采取低利政策，一般毛利可定在5%～10%范围。

本章小结

国际工程是指在国际范围内，按国际惯例进行招投标的项目。

国际工程招标方式有国际竞争性招标、国际有限竞争招标，两阶段招标及议标方式。

国际工程招标程序基本上有四种，即世界银行推行的做法、英联邦地区的做法、法语地区的做法、独联体成员国的做法，但以世界银行贷款土建项目的招投标为最有代表性。

国际工程项目招投标时，投标者往往会在工程项目所在国聘请咨询单位或代理人。同时，要注意招标文件对工程报价、分包、劳务等方面的特殊规定。

思考题

1. 国际性招标方式主要有哪些，其各自特点是什么？
2. 什么是国际竞争性招标以及适用范围？
3. 世界各地的招标方式主要有哪些，各自特点是什么？
4. 了解国际竞争性招标的程序。
5. 国际招标文件主要包括哪些内容？
6. 国际工程项目投标书编制的主要内容有哪些？
7. 我国对外投标报价的具体做法有哪些？

古人论道

上善若水

老子《道德经·八章》

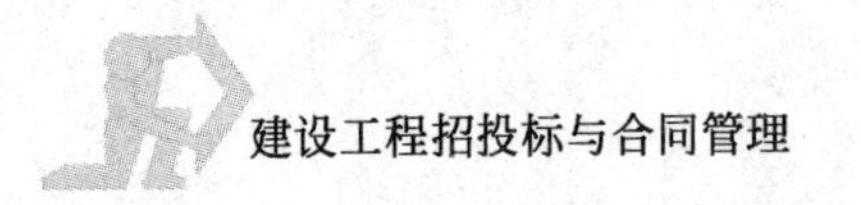

第六章
合同概述

【内容提要】

建设工程合同是经济合同的一种，其主要特征是履约历时长、投资大、技术复杂、不可预见因素多。本章在介绍合同、合同法律关系的基础上，对建设工程合同的概念作一简要介绍，为后续建设工程合同管理章节做好铺垫。

【学习指导】

合同及契约，是在经济活动中联系不同经济主体之间的纽带。

签署合同，遵循意思自治原则，即合同主体在签署合同时，与谁签、合同内容如何拟定，由合同双方根据自己的意志确定。签署合同，要遵循平等原则、公平原则、法律原则及诚实信用原则。合同一经签署，即告成立，对签署合同对方形成约束，具有强制性。

建设工程合同，是一种特殊形式的合同。建设工程合同因为其历时长，投资量大，影响因素复杂，法律规定必须以文字形式签署，以明确双方权利、义务。

第一节　合同法律关系

一　合同法律关系概念

(一)法律关系的概念

人们在社会生活中结成各种社会关系，当某种社会关系为法律规范所调整并在这种关系的参与者之间形成一定权利义务关系时，即构成法律关系。因此，法律关系是诸多社会关系中的一种特殊社会关系。

社会关系的不同方面需要不同的法律规范去调整，由于各种法律规范所调整的社会关系和规定的权利、义务的不同，就形成了内容和性质各不相同的法律关系，如行政法律关系、民事法律关系、合同法律关系、经济法律关系等。

(二)合同法律关系的概念

合同法律关系是指由合同法律规范调整的当事人在民事流转过程中形成的权利义务关系。

合同法律关系同其他法律关系一样，都由主体、内容和客体三个不可缺少的部分构成，三者称为法律关系的构成要素。

二 合同法律关系主体

合同法律关系主体是指合同法律关系的参加者或当事人，即参加合同法律关系，依法享有权利、承担义务的当事人。

合同法律关系主体包括国家机关、法人、其他社会组织、个体工商户、农村承包经营户、公民等。

(一)国家机关

国家机关包括国家权力机关和国家行政机关。国家权力机关是全国人民代表大会及其常务委员会和地方人民代表大会及其常务委员会。国家行政管理机关是指国务院及其所属的部、委、局、办和地方政府的相应机关。它们依照法律规定，代表国家行使管理社会经济的职能，通过采用行政的、经济的和法律的手段来调节和控制社会经济活动，同各种社会组织之间形成一种调控、监督和管理的合同法律关系。

(二)法人

法人是相对于自然人而言的社会组织，是法律上的“拟制人”。我国《民法通则》规定，法人是具有民事权利能力和民事行为能力，依法独立享有民事权利和承担民事义务的组织。法人应当具备以下条件：

1. 依法成立

尽管由于法人的性质、业务范围不同，法人的设立程序也有所区别，但都必须依法定程序设立。社会组织只有依法成立，才能取得法人资格。这有别于有

些法律关系主体，如公民就无须经过法定程序即可取得主体资格。

2.有必要的财产或者活动经费

法人必须具有一定的财产或独立经营管理的活动经费，这是法人参与经济活动、完成法人任务、从事经营管理活动的物质基础，也是法人独立承担经济责任的前提。所谓独立支配的财产，包括法人享有独立支配权的财产或者独立所有权的财产。

3.有自己的名称、组织机构和场所

法人的名称或字号是代表法人的符号，是使法人特定化、区别于其他法人的标志。法人只有以自己名义进行经济活动才能为自己取得经济权利、设定经济义务。法人应当具有健全的组织机构，如法人应有自己的组织章程，有产生法人意志的机关，有实现法人意志的机构等。这些机构相互配合，相互制约，组成一个有机整体。场所是指法人从事生产、经营活动的固定地点，法人要有固定的场所作为其享有权利和承担义务的法定住所地，有利于开展生产经营和服务活动，同时也有利于国家主管机关进行监督。

4.能独立承担民事责任

这要求法人以自己拥有的全部财产对债务负责。除法律有特别规定外，法人的发起人、股东对法人的债务不承担无限连带责任。

法人可以分为企业法人、机关法人、事业单位法人和社会团体法人等。企业法人经主管机关核准登记，取得法人资格；有独立经费的机关从成立之日起，具有法人资格；具备法人条件的事业单位、社会团体，依法不需要办理法人登记的，从成立之日起，具有法人资格；依法需要办理法人登记的，经核准登记，取得法人资格。

(三)其他社会组织

其他社会组织是指依据有关法律规定能够独立从事一定范围生产经营或服务活动，但不具备法人条件的社会组织。如有营业执照的法人分支机构、非法人型的联营企业等。

(四)个体工商户、农村承包经营户

公民在法律允许的范围内，依法经核准登记，从事工商业经营的，为个体工商户。个体工商户经国家主管机关核准登记，领取营业执照后，便可在核准的业务范围内进行工商业经营活动，他们可以签订经济合同，参与经济法律关系，成为经济法律关系主体。

农村承包经营户是农村集体经济组织的成员，在法律允许的范围内，按照承包合同规定从事经营。农村承包经营户可以以自己名义进行商品生产和经营，成为经济法律关系主体。

(五)公民

公民即自然人。自然人，是指基于出生而成为民事法律关系主体的有生命的人。在市场经济条件下，自然人越来越多地参与经济活动，成为经济法律关系主体。如：公民签订购房合同、保险合同等。自然人作为合同法律关系的主体，应当具有相应的民事权利能力和民事行为能力。

三 合同法律关系客体

合同法律关系客体是指合同法律关系主体的权利和义务所指向的对象。在合同法律关系中，主体之间的权利义务之争总是围绕着一定的对象所展开的，如果没有指向的对象，也就没有权利义务之分，当然也就不存在法律关系了。

合同法律关系客体包括物、财、行为及智力成果。

(一)物

作为合同法律关系客体的物，是指为人们所控制并且具有经济价值的物质财富。它包括自然资源和人工制造的产品。物所涉及的范围很广，具体形态很多。按照不同的标准，可将物划分为：生产资料和生活资料；固定资产和流动资产；种类物和特定物；可分物和不可分物；流通物、限制流通物和禁止流通物；税金和利润；动产和不动产；主物和从物；原物和孳息等。

(二)财

财一般指货币资金，也包括有价证券，它是生产和流通过程中停留在货币形态上的那部分资金，如借款合同的信贷资金。

(三)行为

行为是指合同法律关系主体意志支配下所实施的具体活动，包括作为和不作为。如建筑安装、勘察设计、加工承揽、货物运输、仓储保管、咨询服务等。通过完成一定工作和提供劳务，可以保证经济权利和经济义务的实现。

(四)智力成果

智力成果亦称非物质财富，它是指人们脑力劳动所产生的成果，例如科学研究成果、技术革新成果、创作成果等。它们虽不呈物质形态，但具有重要的经济

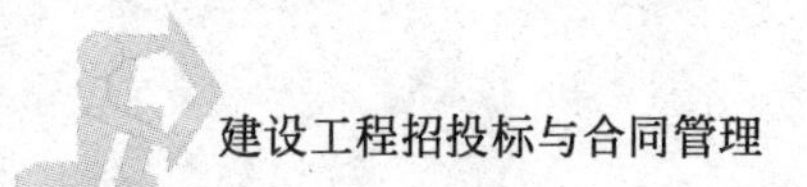

价值和社会价值，一旦同社会生产相结合，便可以创造出巨大的物质财富。

四 合同法律关系内容

合同法律关系内容，即是合同主要条款所规范的主体的权利和义务。

(一)权利

权利是指权利主体依据法律规定和约定，有权按照自己的意志作出某种行为，同时要求义务主体作出某种行为或者不得作出某种行为，以实现其合法权益。当权利受到侵犯时，法律将予以保护。一方面，权利受到国家保护。如果一个人的权利因他人干涉而无法实现或受到了他人的侵害时，可以请求国家协助实现其权利或保护其权利。另一方面，权利是有范围界限的。超出法律规定，非分的或过分的要求就是不合法的或不被视为合法的权利。权利主体不能以实现自己的权利为目的而侵犯他人的合法权利或侵犯国家和集体的利益。

(二)义务

义务是指义务主体依据法律规定和权利主体的合法要求，必须作出某种行为或不得作出某种行为，以保证权利主体实现其权益，否则要承担法律责任。一方面，义务人履行义务是权利人享有权利的保障，所以，法律规范都针对保障权利人的权利规定了具体的法律义务。尤其是强制性规范，更是侧重了对义务的规定，而不是对权利的规定。另一方面，法律义务对义务人来说是必须履行的，如果不履行，国家就依法强制执行。因不履行造成后果的，还要追究其法律责任。

五 合同法律关系的产生、变更与消灭

(一)法律事实

合同法律关系的产生、变更与消灭是因一定的客观情况引起的，法律关系是不会自然而然地产生的，也不能仅凭法律规范规定就可在当事人之间发生具体合同法律关系。只有一定的法律事实存在，才能在当事人之间发生一定的合同法律关系，或使原来的合同法律关系发生变更或消灭。由合同法律规范确认并能够引起合同法律关系产生、变更、消灭的客观情况即是法律事实。

(二)合同法律关系的产生、变更与消灭

1.合同法律关系的产生

合同法律关系的产生,是指出于一定客观情况的存在,合同法律关系主体之间形成一定的权利义务关系,如业主与承包商协商一致,签订了建设工程合同,就产生了合同法律关系。

2.合同法律关系的变更

合同法律关系的变更,是指已经形成的合同法律关系,由于一定的客观情况的出现而引起合同法律关系的主体、客体、内容的变化。合同法律关系的变更不是任意的,它要受到法律的严格限制,并要严格依照法定程序进行。

3.合同法律关系的消灭

合同法律关系的消灭,是指合同法律主体之间的权利义务关系不复存在。法律关系的消灭可以是因为主体履行了义务,实现了权利而消灭;可以是因为双方协商一致的变更而消灭;可以是发生不可抗力而消灭;还可以是主体的消亡、停业、转产、破产、严重违约等原因而消灭。

(三)法律事实的分类

法律规范规定的法律事实是多种多样的,总的可以分为两大类,即事件和行为。

1.事件

事件是指不以合同法律关系主体的主观意志为转移的,能够引起合同法律关系产生、变更、消火的一种客观事实。这些客观事件的出现与否,是当事人无法预见和控制的。

2.行为

行为是指合同法律关系主体有意识的活动,它是以人们的意志为转移的法律事实。它包括作为和不作为两种表现形式。

第二节　合同与合同法

一 合同与合同法的概述

(一)合同的概念

合同即契约,是平等主体的自然人、法人、其他组织之间设立、变更、终止民事权利义务关系的协议。

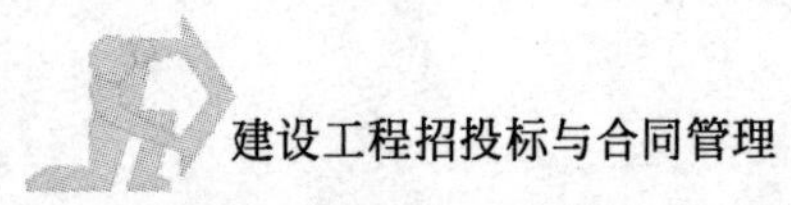

合同作为协议，其本质是一种合意，是两个意思表示一致的民事法律行为。民法中的合同有广义和狭义之分。广义的合同是指两个以上的民事主体之间设立、变更、终止民事权利义务关系的协议；狭义的合同是指债权合同，即两个以上的民事主体之间，设立、变更、终止债权债务关系的协议。广义的合同除了民法中债权合同之外，还包括物权合同、身份合同，以及行政法中的行政合同和劳动法中的劳动合同等。《中华人民共和国合同法》中所称的合同，是指狭义上的合同。

(二)合同法的概念

合同法是调整平等主体的自然人、法人、其他组织之间在设立、变更、终止合同时所发生的社会关系的法律规范总称。合同法是规范我国社会主义市场交易的基本法律，是民商法的重要组成部分。

1999 年 3 月 15 日，第九届全国人大第二次会议通过了《中华人民共和国合同法》(简称《合同法》)，于 1999 年 10 月 1 日起施行，原有的三部合同法(《经济合同法》、《技术合同法》、《涉外经济合同法》)同时废止。

(三)《合同法》的内容

《合同法》分总则、分则和附则三部分，共二十三章四百二十八条。总则包括：一般规定、合同的订立、效力、履行、变更和转让、合同的权利义务终止、违约责任。分则就社会经济生活中常见的合同类型进行了规定。主要包括：

1. 买卖合同

买卖合同是出卖人转移标的物的所有权于买受人，买受人支付价款的合同。买卖合同中，出卖的标的物应当属于出卖人所有或出卖人有权处分。标的物的所有权自标的物交付时起转移。在建筑工程中，材料和设备的采购合同就属于这一类合同。

2. 供用电、水、气、热力合同

供用电(水、气、热力)合同是供电(水、气、热力)人向用电(水、气、热力)人供电，用电(水、气、热力)人支付电(水、气、热力)费的合同。

3. 赠与合同

赠与合同是赠与人将自己的财产无偿给予受赠人，受赠人表示接受赠与的合同。

4. 借款合同

借款合同是借款人向贷款人借款，到期返还借款本金并支付利息的合同。建筑工程中的贷款合同属于这类合同。

5. 租赁合同

租赁合同是出租人将租赁物交付承租人使用、收益，承租人支付租金的合同。在建筑工程中常见的有周转材料和施工设备的租赁。

6. 融资租赁合同

融资租赁合同是出租人根据承租人对出卖人、租赁物的选择，向出卖人购买租赁物，提供给承租人使用，承租人支付租金的合同。建筑企业使用的大型机械设备有时采用该类合同。

7. 承揽合同

承揽合同是承揽人按照定作人的要求完成工作，交付工作成果，定作人给付报酬的合同。承揽包括加工、定作、修理、复制、测试、检验等工作。

8. 建设工程合同

建设工程合同是承包人进行工程建设，发包人支付价款的合同。建设工程合同包括工程勘察、设计、施工合同。

9. 运输合同

运输合同是承运人将旅客或者货物从起运地点运输到约定地点，旅客、托运人或者收货人支付票款或者运输费用的合同。运输合同又包括客运合同、货运合同和多式联运合同。建筑企业多遇货运合同。

10. 技术合同

技术合同是当事人就技术开发、转让、咨询或者服务订立的确立相互之间权利和义务的合同。

11. 保管合同

保管合同是保管人保管寄存人交付的保管物，并返还该物的合同。保管行动可能是有偿的，也有可能是无偿的。

12. 仓储合同

仓储合同是保管人储存存货人交付的仓储物，存货人交付仓储费的合同。建设施工项目也可能使用该类合同。

13. 委托合同

委托合同是委托人和受托人约定，由受托人处理委托人事务的合同。

14. 行纪合同

行纪合同是行纪人以自己的名义为委托人从事贸易活动、委托人支付报酬的合同。代理人与行纪关系中的行纪人是有区别的。行纪人在行纪关系中是以自己的名义而不是委托人的名义与第三人进行经济活动。

15.居间合同

居间合同是居间人向委托人报告订立合同的机会或者提供订立合同的媒介服务,委托人支付报酬的合同。建设项目招标信息的获取和合同的订立都有可能采用,一般由中介机构完成。

(四)合同法的基本原则

《合同法》总则第一章对《合同法》的基本原则作了明确的规定。合同当事人在合同订立、效力、履行、变更与转让、终止、违约责任等以及各项分则规定的全部活动中均应遵守的基本原则,也是人民法院、仲裁机构在审理、仲裁合同纠纷时应当遵循的原则。

1.平等原则

在合同法律关系中,当事人之间的法律地位平等,任何一方都有权独立作出决定,一方不得将自己的意愿强加给另一方。

2.合同自由原则

即只有在双方当事人经过协商,意思表示完全一致,合同才能成立。合同自由包括缔结合同自由、选择合同相对人自由、确定合同内容自由、选择合同形式自由及变更和解除合同自由。

3.公平原则

即在合同的订立和履行过程中,公平、合理地调整合同当事人之间的权利义务关系。

4.诚实、信用原则

诚实是社会实体或个体在社会经济交往中陈述事实的行为或意愿,就个人来讲,个人的品德、情操的修养起到主导作用,对企业来讲,良好的企业文化和对公共信誉的追求是令其诚实的主要原动力。信用,笼统来说,表示社会实体间遵守诺言的能力。经济学意义上的信用,是社会经济活动中经济主体之间借贷活动的总称,是以偿还为条件的价值运动的特殊形式。所谓借贷活动,指商品或货币的所有者,把商品或货币暂时让渡出去,按照约定的时间,到期由商品或货币的借入者如数归还并附带一定数额的利息。诚实主要受到社会道德规范的制约,而信用则体现为双方当事人的权利和义务关系,受到国家法律、法规的保护和制约,不履行义务者将受到法律的制裁。

《合同法》规定:"当事人应当遵循公平原则确定各方的权利和义务","当事人行使权利、履行义务应当遵循诚实信用原则。"公平、诚实信用是民事活动最重要的基本原则。公平、诚实信用原则,要求当事人在订立和履行合同,以及合同终止后的全过程中，都要讲诚实、重信用、相互协作。首先，在订立合同时，应当遵循公平原则确定双方的权利和义务，不得欺诈，不得假借订立合同进行欺诈或有其他违背诚实信用的行为。其次，在履行合同过程中，当事人应当遵循诚实信用的原则，根据合同的性质、目的和交易习惯履行法定和约定的各项义务。最后，在合同法律关系终止后，当事人也应当遵循诚实信用原则，根据交易习惯履行通知、协助和保密等契约后义务。

5.合同的法律原则

在社会活动中，合同的订立和履行，主要涉及当事人的利益。因此，依据平等、自愿原则，合同内容由当事人自由约定，国家一般不予于预。但是，合同决不仅仅是当事人之间的“私事”，有时会涉及社会公共利益。因此，当事人不应当把自愿原则绝对化。应当看到，遵守法律和自愿原则有时是互相矛盾的，此时，自愿要以遵守法律、不损害社会公共利益为前提。同时，只有遵守有关法律，依法办事，才能最大限度地体现和保护当事人在合同订立和履行等全部活动中的自愿原则，实现双方签署合同的初衷。

《合同法》规定：“当事人订立、履行合同，应当遵守法律、行政法规，遵守社会公德，不得扰乱社会经济秩序、损害社会公共利益”。遵守法律和不得损害社会公共利益，是合同法的重要基本原则。

6.合同严守原则

依法成立的合同在当事人之间具有相当于法律的效力，当事人必须严格遵守，不得擅自变更和解除合同，不得随意违反合同规定。

7.鼓励交易原则

即鼓励合法正当的交易。如果当事人之间的合同订立和履行符合法律及行政法规的规定，则当事人各方的行为应当受到鼓励和法律的保护。

（五）法与合同的关系

（1）法律是强制的，它以国家机器为执行后盾，规范约束的对象是在国家行政有效管辖区域中的所有公民、组织、团体及其活动；合同的设定或成立是自愿的，合同仅调节、规范缔约双方或多方的特定事项或活动；

（2）法律规范、调节的范围宽，国家的政治、经济、军事、文化、民族等关系均受国家法律调控；合同一般仅调整民事领域事项；

（3）法律的制定、颁布者是国家特定的权力机关，且其制定、颁布及修改必须遵照既定的程序，而合同的缔约方可以是社会组织及公民，合同签署的程序一般要简单得多；

(4)法律的特点要求法律具有稳定性,未经法定程序宣布废除或修改,法律是有效的,而合同的缔约双方一旦履约结束,合同即告失效;

(5)法律是单务的(如个人所得税法),而合同一般是双务的,合同要求缔约双方权利和义务在形式上的平等;

(6)法律外延宽泛,而合同是法律的精神在民事领域的具体体现,是民事领域仅对缔约双方有约束力的"法",是在约定范围、领域可执行、可操作的"法"。

二 合同的订立

(一)合同订立的形式

合同订立主要有如下几种形式:

1.口头形式

口头形式是指当事人以口头语言的方式订立合同。在日常的商品交换,如买卖、商品互易关系中,口头形式的合同被人们普遍地、广泛地应用。其优点是简便、迅速、易行;缺点是一旦发生争议就难以查证,对合同的履行难以形成法律约束力。因此,口头合同要建立在双方相互信任的基础上,适用于不太复杂、不易产生争执的经济活动。

在当前,运用现代化通讯工具,如电话订货等,作为一种口头要约,也是被承认的。

2.书面形式

书面形式是指以文字的方式表现当事人之间订立合同内容的形式。对于数量较大、内容比较复杂以及容易产生争执的经济活动,必须采用书面形式的合同。书面形式的合同有利于合同形式和内容的规范化,有利于合同管理规范化,有利于双方依约执行,有利于保护合同双方当事人的权益,有利于合同的执行和争执的解决。

书面形式可以是合同书、信件或数据电文(如电传、传真、电子数据交换、电子邮件等)。书面合同是最常用、也是最重要的合同形式,人们通常所指的合同就是这一类。

依照《建筑法》的规定,建设工程合同必须采用书面形式。

3.其他形式

其他形式是指采取除书面形式、口头形式以外的其他方式来表现合同的内容,如通过实施某种行为来进行意思表示。

(二)合同的内容

合同的内容,是指当事人约定的合同条款。当事人订立合同,其目的就是要设立、变更、终止民事权利义务关系,必然涉及彼此之间具体的权利和义务。因此,当事人只有对合同内容具体条款一一协商,达成一致,合同方可成立。

合同的内容由当事人约定,一般包括包括以下内容:

1.当事人的名称和住所

当事人的名称或者姓名是指法人和其他组织的名称,住所是指他们的主要办事机构所在地。明确合同主体,对了解合同当事人的基本情况、合同的履行和确定诉讼管辖具有重要的意义。

2.标的

标的,是指合同当事人双方权利和义务的焦点。尽管当事人双方签订合同的主观意向各不相同,但最后必须集中在一个标的上。因此,当事人双方签订合同时,首先要明确合同的标的,没有标的或者标的不明确,必然会导致合同无法履行。标的的表现形式为物、劳务、行为、智力成果、工程项目等。

3.数量

数量是衡量合同标的的尺度,是以数字和其他计量单位表示的尺度。它把标的定量化,以便确立合同当事人之间的权利和义务的量化指标,从而计算价款或报酬。国家颁布了《在我国统一实行法定计量单位和命令》,根据该命令,签订合同时,应使用法定计量单位,做到计量标准化、规范化。如果计量单位不统一,一方面会降低工作效率,另一方面也会因发生误解而引起纠纷。

4.质量

质量是标的的内在品质和外观形态的综合指标,是标的物性质差异的具体特征。质量是标的物价值和使用价值的集中表现,并决定着标的物的经济效益,还直接关系到生产安全和人身健康。因此,合同对标的质量约定应当准确,对专业用语和容易引起歧义的词语、标准,应当加以说明和解释。对于国家、地方或行业强制性的标准,当事人在合同中要必须执行,合同约定的质量不得低于该强制性标难。

5.价款或者报酬

价款,通常是指当事人一方为取得对方出让的标的物,而支付给对方一定数额的货币;报酬,通常是指当事人一方为提供劳务、服务等,从而向对方收取一定数额的货币报酬。标的物的价款由当事人双方协商,但必须符合国家的物价政策,劳务酬金也是如此。合同条款中应当写明结算和支付方法的详细条款。

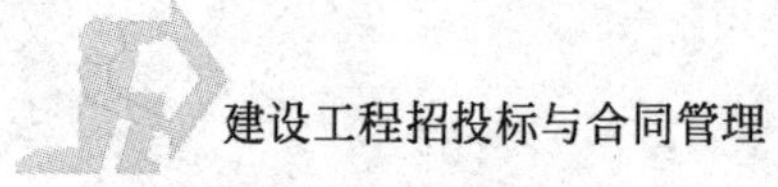

6.履行期限、地点和方式

履行期限是指当事人交付标的和支付价款或报酬的时间限制,也就是依据合同的约定,权利人要求义务人履行义务的请求权发生的时间。当事人必须写明具体的履行起止日期,避免因履行期限不明确而产生纠纷。

履行地点是指当事人交付标的和支付价款或报酬的地点。它包括标的的交付、提取地点;服务、劳务或工程项目建设的地点;价款或报酬结算的地点等。合同履行地点不仅关系到当事人实现权利和承担义务的地方,还关系到人民法院受理可能的合同纠纷案件的管辖地问题。

履行方式是指当事人双方约定以哪种方式转移标的物和结算价款。合同的履行方式因合同的类别而变化,例如,买卖货物、提供服务、完成工作合同,其履行方式均有所不同。

7.违约责任

违约责任是指合同当事人约定一方或双方不履行或不完全履行合同义务时,必须承担的法律责任。违约责任包括支付违约金、偿付赔偿金以及发生意外事故的处理等其他责任。法律有规定责任范围的按法律规定处理,法律没有规定责任范围的,由当事人双方在合同中协商确定。

8.解决争议的方法

解决争议的方法,是指合同当事人选择解决合同纠纷的方式、地点等。根据我国法律的有关规定,当事人解决合同争议时,实行"或裁或讼"制度,即当事人在合同中约定或者选择仲裁机构或者选择人民法院通过诉讼来解决争议,而且只能选择其中之一。当事人如果在合同中既没有约定仲裁条款,事后又没有达成新的仲裁协议,那么,当事人只能通过诉讼的途径解决合同纠纷。

(三)合同订立的程序

《合同法》第十三条规定,"当事人订立合同,采用要约、承诺方式。"要约与承诺,是当事人订立合同必经的程序,也是当事人双方就合同的一般条款经过协商一致并签署书面协议的过程。订立合同的过程,一般先由当事人一方提出要约,再由另一方作出承诺的意思表示,经签字、盖章后,合同即告成立。在法律程序上,把订立合同的全过程划分为要约与承诺两段。要约与承诺属于法律行为,当事人双方一旦作出相应的意思表示,就要受到法律的约束,否则必须承担法律责任。

1.要约

(1)要约的概念。

要约是希望和他人订立合同的意思表示,即指合同当事人一方向另一方提出订立合同的要求，并列明合同的条款，以及限定其在一定期限内作出承诺的意思表示。提出要约的一方为要约人，接受要约的另一方为被要约人，也称受要约人。要约是一种法律行为，它应当符合下列规定：第一，内容具体、确定；第二，表明经受要约人承诺，要约人即受该意思表示约束。

具体地讲，要约必须是特定当事人的意思表示，必须是以缔结合同为目的。要约必须是对受要约人发出的行为，必须经由受要约人承诺。在要约规定的有效期限内，要约人要受到要约的约束。受要约人若按时和完全接受要约条款时，要约人负有与受要约人签订合同的义务。否则，要约人对由此造成受要约人的损失应当承担法律责任。显然，要约必须具备合同的主要条款。

(2)要约邀请。

有些合同在要约之前还会有要约邀请行为。要约邀请又称为要约引诱，是希望他人向自己发出要约的意思表示。要约邀请并不是合同成立过程中的必经过程，它是当事人订立合同的预备行为，在法律上无需承担责任。这种意思表示的内容往往不确定，不含有合同得以成立的主要内容，也不含相对人同意后受其约束的表示。比如寄送价目表、拍卖公告、招标公告、招股说明书、商业广告(商业广告的内容符合要约规定的视为要约)等为要约邀请。

(3)要约生效。

对于要约的生效，世界各国有不同的规定，但主要有投邮主义、到达主义和了解主义。我国采用到达主义。我国《合同法》规定，要约到达受要约人时生效。采用数据电文形式订立合同，收件人指定特定系统接受数据电文的，该数据电文进入该特定系统的时间，视为到达时间；未指定特定系统的，该数据电文进入收件人的任何系统的首次时间，视为到达时间。

(4)要约撤回与要约撤销。

要约撤回，是指要约在发生法律效力之前，要约人欲使其不发生法律效力而取消要约的意思表示。要约的约束力一般是在要约生效后才发生，要约未生效之前，要约人是可以撤回要约的。我国《合同法》规定，要约可以撤回。撤回要约的通知应当在要约到达受要约人之前或者与要约同时到达受要约人。

要约撤销，是指要约在发生法律效力之后，要约人欲使其丧失法律效力而取消这项要约的意思表示。要约虽然生效后对要约人有约束力，但是，在特殊情况下，考虑要约人的利益，在不损害受要约人的前提下，要约是允许撤销的。我国《合同法》规定，撤销要约的通知应当在受要约人发出承诺通知之前到达受要约人。有下列情况之一的要约不得撤销。其一，要约人确定了承诺期限或者以其他形式明示要约不可撤销的；其二，受要约人有理由认为要约是不可撤销的，并

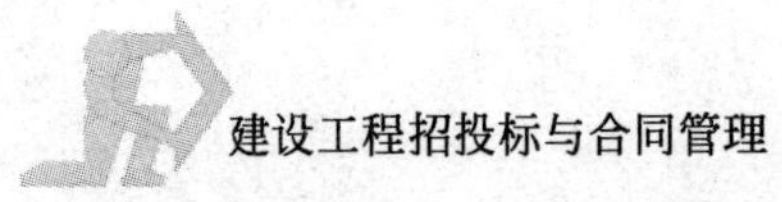

已经为履行合同做了准备工作。

(5)要约失效。

具有下列情况之一的为要约失效:拒绝要约的通知到达要约人;要约人依法撤销要约;承诺期限届满,受要约人未作出承诺;受要约人对要约的内容作出实质性变更。

2.承诺

(1)承诺的概念。

承诺是受要约人向意要约的意思表示,它是指合同当事人一方对另一方发来的要约,在要约有效期限内,作出完全同意要约条款的意思表示。

承诺也是一种法律行为,承诺必须是受要约人在要约有效期内以明示的方式作出,并送达要约人;承诺必须是承诺人作出完全同意要约的条款,方为有效。如果受要约人对要约中的某些条款提出修改、补充、部分同意、附有条件,或者另行提出新的条件,以及迟到送达的承诺(除要约人及时通知受要约人该承诺有效的以外),都不被视为有效的承诺,而被称为新要约。

(2)承诺的方式、期限生效。

《合同法》第二十二条规定:“承诺应当以通知的力式作出,但根据交易习惯或者要约表明可以通过行为作出承诺的除外。”这里的“通知”方式,是指承诺人以口头形式或书面形式明确告知要约人完全接受要约内容作出的意思表示。“行为”方式,是指承诺人依照交易习惯或者要约条款能够为要约人确认承诺人接受要约内容作出的意思表示。

《合同法》第二十三条规定;“承诺应当在要约确定的期限内到达要约人”。要约没有确定承诺期限的承诺应当依照下列规定到达;“要约以对话方式作出的,承诺应当即时作出承诺,但当事人另有约定的除外;要约以非对话方式作出的,承诺应当在合理期限到达。”此处“合理期限”,视要约发出的客观情况和交易习惯加以确定,既要保证受要约人有足够的时间考虑是否承诺,也要保护要约人的合法利益不受损害。

《合同法》第二十五条规定:“承诺生效时合同成立。”承诺生效与合同成立是密不可分的。我国《合同法》规定,承诺应当以通知送达给要约人时生效。

(3)承诺撤回、超期和延迟。

承诺的撤回是指承诺人主观上欲阻止或者消灭承诺发生法律效力的意思表示。承诺可以撤回,但不能因承诺的撤回而损害要约人的利益,因此,承诺的撤回是有条件的。《合同法》规定,撤回承诺的通知应当在承诺生效之前或者与承诺通知同时到达要约人。

承诺的超期，也即承诺的迟到，是指受要约人超过承诺期限而发生的承诺。我国《合同法》规定，迟到的承诺，要约人可以承认其效力，但必须及时通知受要约人，因为如果不及时通知受要约人，受要约人也许会认为其承诺因为超期而并未生效，或者受要约人视为自己发出了新要约而正在企盼要约人的承诺。

三 合同的效力

合同的效力是指合同所具有的法律约束力，《合同法》第三章对合同生效、合同效力待定、无效合同、合同的变更和撤消等作了规定。

（一）合同的生效

1.合同生效的概念

合同生效是指合同当事人依据法律规定经协商一致，取得合意，双方订立的合同即发生法律效力。我国《合同法》规定，依法成立的合同，自成立时生效，法律、行政法规规定应当办理批准、登记等手续生效的，依照其规定。

2.合同生效的条件

合同生效一般应当具备下列条件：

（1）当事人具有相应的民事权利能力和民事行为能力；

（2）意思表示真实；

（3）不违反法律或者社会公共利益。

合同生效意味着对双方产生法律约束力，当事人必须按约定履行合同，以实现其追求的法律效果。

（二）效力待定合同

1.效力待定合同的概念

效力待定合同是指合同或合同的某些方面不符合合同的有效要件，但又不属于无效合同或可变更、可撤消合同，合同的效力要等到后续行为作出后才能确定的合同。

2.效力待定合同的情形

效力待定合同主要有以下几种情况：

（1）限制民事行为能力人订立的合同。

此种合同经法定代理人追认后，该合同有效。

（2）无权代理合同。

这种合同具体又分为三种情况：

①行为人没有代理权，即行为人事先没有取得代理权却以代理人身份而代理他人订立的合同；

②无权代理人超越代理权，即代理人虽然获得了被代理人的代理权，但他在代订合同时超越了代理权限的范围；

③代理权终止后以被代理人的名义订立合同，即行为人曾经是被代理人的代理人，但在以被代理人的名义订立合同时，代理权已终止。

(3)无处分权的人处分他人财产的合同。

这类合同是指无处分权的人以自己的名义对他人的财产进行处分而订立的合同。根据法律规定，财产处分权只能由享有处分权的人行使。《合同法》规定："无处分权的人处分他人财产，经权利人追认或者无处分权的人订立合同后取得处分权的，该合同有效。"

(三)无效合同

无效合同是指虽经合同当事人协商订立，但因其不具备或违反了合同成立的法定条件，国家法律规定不承认其效力、不给予保护的合同。

1.无效合同的确认

《合同法》规定，有以下情形之一的合同无效：

(1)一方以欺诈、胁迫的手段订立合同，损害国家利益的；

(2)恶意串通，损害国家、集体或第三人利益的；

(3)以合法形式掩盖非法目的；

(4)损害社会公共利益的；

(5)违反法律、行政法规的强制性规定。

2.无效合同的处理

(1)无效合同自合同签订时起就没有法律约束力；

(2)合同无效分为整个无效和部分无效，如果合同部分无效的，不影响其他部分的法律效力；

(3)合同无效，不影响合同中独立存在的有关解决争议条款的效力；

(4)因该合同取得的财产，应予返还；有过错的一方应当赔偿对方因此所受到的损失。

(四)可变更、可撤销合同

1.可变更、可撤销合同的概念

可变更、可撤销的合同是指欠缺生效条件，但一方当事人可依据自己的意思让合同的内容变更或者使合同的效力归于消灭的合同。可变更、可撤销的合同不同于无效合同，当事人提出请求是合同变更、撤销的前提。当事人如果只要求变更，人民法院或者仲裁机构不得撤销其合同。

2. 可变更、可撤销合同的情形

(1)因重大误解而订立的；

(2)在订立合同时显失公平的；

(3)一方以欺诈、胁迫的手段或者乘人之危，使对方在违背真实意思的情况下订立的。

有以上三种情形之一的，当事人有权请求人民法院或者仲裁机构变更或者撤销。

四 合同的履行

(一)合同履行的概念及原则

1. 合同履行的概念

合同履行，是指合同当事人双方依据合同条款的规定，实现各自享有的权利，并承担各自负有的义务，使各方的目的得以实现的行为。合同履行，就其实质来说，是合同当事人在合同生效后，全面地、适当地完成合同义务的行为。合同履行是该合同具有法律约束力的首要表现。

2. 合同履行的原则

依据我国《合同法》规定，合同当事人履行合同时，应遵循以下原则：

(1)全面履行的原则。

全面履行是指合同当事人双方应当按照合同约定全面履行自己的义务，包括履行义务的主体、标的、数量、质量、价款或者报酬，以及履行的方式、地点、期限等；

(2)诚实信用的原则。

诚实意味着陈述事实，要善意、不欺诈；信用意味着对自己的承诺要付诸实施，即要言必信，行必果。古人说的：人无信不立，何况事乎？诚实信用原则的能否实施，关系着社会、经济秩序的能否保持，关系着人们对未来、对他人是否具有可预期性。

(二)合同履行中条款空缺的法律适用

如果当事人所订立的合同，有关内容约定不明确或者没有约定，《合同法》允许当事人协议补充。如果当事人不能达成协议的，按照合同有关条款或交易习惯确定。如果按此规定仍不能确定的，则按《合同法》规定处理。

(1)质量要求不明确的，按照国家标准、行业标准履行；没有国家标准、行业标准的，按照通常标准或者符合合同目的的特定标准履行。

(2)价款或者报酬不明确的，按照订立合同时履行地的市场价格履行；依法应当执行政府定价或者指导价的，按照规定履行。

(3)履行地点不明确，给付货币的，在接受货币一方所在地履行；交付不动产的，在不动产所在地履行；其他标的，在履行义务一方所在地履行。

(4)履行期限不明确的，债务人可以随时履行，债权人也可以随时要求履行，但应当给对方必要的时间准备。

(5)履行方式不明确的，按照有利于实现合同目的的方式履行。

(6)履行费用的负担不明确的，由履行义务一方负担。

(三)合同履行中当事人的抗辩权

1.抗辩权的含义

抗辩权，是指双方在合同的履行中，都应当履行自己的债务，一方不履行或者有可能不履行履行不符合约定时，另一方可以据此拒绝对方相应的履行要求。《合同法》规定，合同履行中的抗辩权有同时抗辩权和异时抗辩权。异时抗辩权有先履行抗辩权和不安抗辩权。

2.同时履行抗辩权

同时履行抗辩权，是指在双务合同中，当事人互负债务，没有先后履行顺序的，应当同时履行，一方在对方未履行债务或对方履行债务不符合约定时，有权拒绝其相应的履行要求。

同时履行抗辩权的适用条件为：

(1)由同一双务合同产生互负的对价给付债务；

(2)合同中未约定履行的顺序；

(3)对方当事人没有履行债务或者履行债务不符合约定；

(4)对方的对价给付是可能履行的义务。

其中，所谓对价给付是指一方履行的义务和对方履行的义务之间具有互为条件、互为牵连的关系并且在价格上基本相等。

3.先履行抗辩权

先履行抗辩权，是指在双务合同中，当事人互为债务，有先后履行顺序，先履行一方未履行或不适当履行的，后履行的一方有权拒绝其相应的履行要求。

先履行抗辩权的适用条件为：

(1)由同一双务合同产生互负的对价给付债务；

(2)合同中约定了履行顺序；

(3)应当先履行的合同当事人没有履行债务或者不适当履行债务；

(4)应当先履行的对价给付是可能履行的义务。

4.不安抗辩权

不安抗辩权，是指在双务合同中，当事人互负债务，有先后履行顺序的，先履行债务的当事人有证据证明后履行一方丧失或可能丧失履行的债务能力时，应当先履行合同一方在对方未履行或者提供担保前有权拒绝先为履行的要求。

我国《合同法》规定，应当先履行债务的当事人，证明对方有下列情况之一的，可以终止履行：

(1)经营状况严重恶化；

(2)转移财产、抽逃资金，以逃避债务；

(3)丧失商业信誉；

(4)有丧失或者可能丧失后履行债务能力的其他情形。

当事人中止履行合同的，应当及时通知对方。对方提供适当的担保时应当恢复履行。中止履行后，对方在合理的期限内未恢复履行能力并且未提供适当的担保，中止履行一方可以解除合同。若当事人没有确切证据中止履行的，应当承担违约责任。

设立不安抗辩权的目的在于，预防合同成立之后情况发生变化而损害先履行人的利益。

五 合同的变更、转让和终止

(一)合同的变更

1.合同变更的概念

合同变更，是指当事人对已经发生法律效力，但尚未履行或者尚未完全履行的合同，在原合同中规定的标的的数量、质量、履行期限、地点和方式、违约责任、解决争议的方法等方面作出变更、修改。这里讲的合同变更是狭义的，仅指合同内容和客体的变更，不包括合同主体的变更。

2.合同变更的法律规定

我国《合同法》规定，当事人协商一致，可以变更合同。由于合同签订的特殊性，有些合同需要有关部门的批准或登记，对于此类合同的变更需重新登记或批

准，合同变更一般不涉及已履行的内容。

如果当事人对合同变更的内容约定不明确的，推定为未变更。合同变更后原合同债权消灭，产生新的合同债权。因此，合同变更后，当事人不得再按原合同履行，而必须按变更后的合同履行。

(二)合同的转让

1.合同转让的概念

合同转让，是指合同成立后，当事人依法可将合同中的全部或部分权利或义务转让或转移给第三人的法律行为。合同转让包括债权转让、债务转移及债权债务概括转让。

2.债权转让

债权转让，是指合同债权人通过协议将其债权全部或者部分转让给第三人的行为。法律、行政法规规定转让权利应当办理批准、登记手续的，须办理批准、登记手续。下列情形债权不可以转让：

(1)根据合同性质不得转让；

(2)根据当事人约定不得转让；

(3)依照法律规定不得转让。

债权人转让权利的，应当通知债务人，未经通知的，该转让对债务人不发生效力。已转让权利的通知不得撤销，除经受让人同意。

3.债务转移

债务转移，是指债务人将合同的义务全部或者部分转移给第三人的行为。债务人将合同的义务全部或者部分转移给第三人必须经过债权人的同意，否则，这种转移不发生法律效力。法律、行政法规规定转让义务应当办理批准、登记手续的，须办理批准、登记手续。

4.债权债务概括转让

债权债务概括转让，是指合同当事人一方将其债权债务一并转移给第三人，由第三人概括地接受原当事人的债权和债务的法律行为。

我国《合同法》规定，当事人一方经对方同意，可以将自己在合同中的权利和义务一并转让给第三人。债权债务概括转让有两种方式：一为合同转让，即依据当事人之间的约定而发生的债权债务转移；二为因企业的合并而发生的债权债务转移。

(三)合同终止

1.合同终止

合同终止,是指当一定的法律事实发生后,合同当事人双方的权利义务关系终止。它与合同中止不同,合同中止是在法定的特殊情况下,当事人暂时停止履行合同,待这种情况消失后,需继续履行合同义务。合同终止是合同关系消灭,不可能恢复。

2.合同终止的法律规定

我国《合同法》规定,有下列情况之一者,合同终止:

(1)债务已按约定履行;

(2)合同解除;

(3)债务相互抵消;

(4)债务人依法将标的物提存;

(5)债权人免除债务;

(6)债权债务同归于一人;

(7)法律规定终止的其他情况。

3.合同解除

(1)合同解除的概念。

合同解除,是指合同当事人依法行使解除权或者经双方协商决定,提前解除合同效力的行为。合同解除包括:约定解除、法定解除。

约定解除是当事人通过行使约定的解除权或者经双方协商一致同意而进行的合同解除。前者为合向约定解除权的解除,简称约定解除,后者为合同的协商解除。

法定解除是解除条件直接由法律规定的合同解除。

(2)合同解除的法律规定。

我国《合同法》规定,有下列情形之一者,当事人可以解除合同:

①因不可抗力致使不能实现合同目的;

②在履行期限届满之前,当事人一方明确表示或者以自己的行为表明不履行主要债务;

③当事人一方延迟履行主要债务,经催告后在合理期限内仍未履行;

④当事人一方延迟履行债务或者有其他违约行为致使不能实现合同目的;

⑤法律规定的其他情形。

(3)合同解除的法律后果。

我国《合同法》规定，合同解除后，尚未履行的，终止履行；已经履行的，根据履行情况和合同的性质，当事人可以要求恢复原状、采取补救措施，并有权要求赔偿损失。

六 违约责任

(一)违约责任的概念

违约责任，是指合同当事人违反合同约定，不履行义务或履行义务不符合约定，而应承担的法律责任。违约责任制度是保证当事人履行合同义务的重要措施，有利于促进合同的恰当履行。

(二)违约责任的法律规定

《合同法》规定，当事人一方不履行合同义务或者履行的义务不符合约定的，应当承担继续履行、采取补救措施或者赔偿损失等违约责任。不以违约人有无过错为前提，只要违约人有违约行为，除不可抗力原因外，就要承担违约责任。

(三)承担违约责任的方式

1.继续履行合同

继续履行合同，是指违反合同的当事人不论是否承担赔偿金或者违约金，须根据对方的要求，在自己能够履行的条件下，对合同未履行的部分继续履行。承担赔偿金或者违约金责任，不能免除当事人的履约责任，尤其是金钱债务。因此，当事人一方未支付价款或者报酬的，对方可以要求其支付价款或者报酬。

当事人一方不履行非金钱债务或者履行非金钱债务不符合约定的，对方也可以要求继续履行，但有下列情形之一的除外：

(1)法律上或者事实上不能履行；

(2)债务的标的不适于强制履行或者履行费用过高；

(3)债权人在合理期限内未要求履行。

2.采取补救措施

采取补救措施，是指在违反合同的事实发生后，为防止损失发生或者扩大，而由违反合同的一方采取的修理、重作、更换、退货、减少价格或者报酬等措施，以给权利人弥补或者挽回损失的责任形式。采取补救措施的责任形式，主要发生在质量不符合约定的情况下。

3.赔偿损失

赔偿损失，是指当事人一方不履行合同义务或者履行合同义务不符合约定，并给对方造成损失的，应当赔偿对方的损失。损失赔偿额应当相当于违约所造成的损失，包括合同履行后可获得的利益，但不得超过违反合同一方订立合同时预见到或者应当预见到的因违反合同可能造成的损失。

当事人一方不履行合同义务或者履行合同义务不符合约定的，在履行义务或采取补救措施后，对方还有其他损失的，应承担赔偿责任。当事人一方违约后，对方应当采取适当措施防止损失的扩大，没有采取措施致使损失扩大的，不得就扩大的损失请求赔偿。当事人因防止扩大而支出的合理费用，由违约方承担。

4.支付违约金

违约金，是指当事人在合同中或合同订立后约定因一方违约而应当向另一方支付一定数额的货币。违约金具有一定的补偿性，但其基本属性是惩罚性的。只要当事人有违约行为，无论是否给对方造成损失，都应当支付违约金。

《合同法》规定，当事人可以约定一方违约时应当根据违约情况向对方支付一定数额的违约金，也可以约定因违约产生的损失额的赔偿办法。约定的违约金低于造成损失的，当事人可以请求法院或仲裁机构予以增加；约定的违约金过分高于造成损失的，当事人可以请求法院或仲裁机构予以适当减少。

5.执行定金罚则

定金，是合同当事人一方预先支付给对方的款项，其目的是在于担保合同债权的实现，它是债权担保的一种形式。

《合同法》规定，当事人可以约定一方向对方付给定金作为债权的担保，债务人履行债务后定金应当抵作价款或收回。付定金的一方不履行约定债务的，无权要求返还定金；收定金的一方不履行约定债务的，应当双倍返还定金。

当事人既约定违约金，又约定定金的，选择适用违约金或定金条款，两者只能选其一。

(四)不可抗力事件的免责

1.不可抗力事件的概念

不可抗力事件，是指当事人签订合同时不能预见其发生和后果不能避免并不能克服的事件，其具体表现为：自然灾害、政府特定行为和社会异常事件。

【案例】

华北某引水工程，在业主与承包商签署的合同专用条款里，对“不可抗力”有这样的约定：

1.6 级以上地震；

2.8 级以上持续 3 天大风；

3.20 mm以上持续 2 天大雨；

4.10 年以上未发生过，持续 3 天高温天气；

5.10 年以上未发生过，持续 3 天严寒天气。

【分析】

对于“不可抗力”的约定，专业性很强，实践性很强，其具体约定要由资深专家来确定；另外，在合同履行过程中，合同履行地或者附近要有有关不利自然气候现象的记录部门(如气象站、水文观测站)，最好有过去一定时间的历史记录，否则，即使有有关约定，履行起来也很困难。

2.不可抗力事件免责的法律规定

我国《合同法》规定，因不可抗力不能履行合同的，根据不可抗力的影响，部分或者全部免除责任，但法律另有规定的除外。当事人迟延履行后发生不可抗力的，不能免除责任。当事人一方因不可抗力不能履行合同的，应当及时通知对方，以减轻可能给对方造成的损失，并在合理的期限内提供证明。

七 合同争议的解决

合同争议也称合同纠纷，是指合同当事人对合同规定的权利和义务产生了不同的理解。合同争议的解决方式有和解、调解、仲裁、诉讼 4 种。

(一)和解

和解是指合同争议的当事人在自愿友好的基础上，相互沟通、相互谅解，从而解决纠纷的一种方式。

合同发生纠纷时，当事人一般通过和解方式解决纠纷。事实上，在合同的履行过程中，绝大多数纠纷都可以通过和解的方式解决。合同纠纷的和解有以下优点：

(1)简便易行，能经济、及时地解决纠纷；

(2)有利于维护合同双方的友好合作关系；

(3)有利于和解协议的执行。

(二)调解

调解是指合同争议的当事人在第三方的主持下,通过其劝说引导,在互谅互让的基础上自愿达成协议,以解决合同争议的一种方式。在实践中,依调解人的不同,合同的调解有民间调解、仲裁调解和法庭调解。

合同纠纷的调解往往是当事人经过友好协商,立场、分歧仍然较大,不能和解解决纠纷后采取的一种方式。与和解相比,它面临的纠纷额要大一些。与诉讼、仲裁相比,仍具有与和解相似的优点:

(1)能够较经济、较及时地解决纠纷;

(2)有利于消除合同当事人的对立情绪,维护双方的长期合作关系。

(三)仲裁

仲裁是合同争议当事人在争议发生前或争议发生后达成协议,自愿将争议交给中立的仲裁机构进行裁决,并负有自动履行义务的一种争议的解决方式。

1.仲裁的原则

仲裁制度有以下原则:

(1)自愿原则;

(2)公平合理原则;

(3)依法独立进行原则;

(4)一裁终局原则。

2.仲裁协议的内容

仲裁协议是纠纷当事人愿意将纠纷提交仲裁机构仲裁的协议。其内容包括:

(1)请求仲裁的意思表示;

(2)仲裁事项;

(3)选定的仲裁委员会。

3.仲裁庭的组成

仲裁庭可以由3名仲裁员组成或由1名仲裁员组成。由3名仲裁员组成的,设首席仲裁员。

4. 仲裁裁决的执行

仲裁裁决的执行，即仲裁裁决的强制执行，是指法院经当事人申请，采取强制性措施将裁决书的内容付诸实现的行为和程序。

(四)诉讼

诉讼是指人民法院在当事人和其他诉讼参与人参加下，审理和解决民事案件的活动以及在这种活动中产生的各种民事关系的总和。在诉讼过程中，法院代表国家行使审判权，是解决争议案件的主持者和审判者，而当事人则各自基于法律所赋予的权利，在法院的主持下为维护自己的合法权益而活动。

合同双方当事人在不愿调解或和解，和解或调解不成，未约定仲裁协议或仲裁协议无效等情况下，都可以选择以诉讼作为解决争议的最终方式。且诉讼不同于仲裁的主要特点在于，不必以当事人的相互同意为依据，只要不存在有效的仲裁协议，任何一方都可以向有管辖权的人民法院起诉。

1. 诉讼管辖

诉讼管辖是指各级人民法院之间和同级人民法院之间受理第一审民事案件的分工和权限。我国民事诉讼法将管辖分为：级别管辖、地域管辖、移送管辖和指定管辖。级别管辖是指按照一定的标准，划分上下级人民法院之间受理第一审民事案件的分工的权限。地域管辖是指按照各级人民法院的辖区的民事案件的隶属关系来划分诉讼管辖。

对于一般的合同争议，由被告住所地或合同履行地人民法院管辖。我国的民事诉讼法也允许合同当事人在书面协议中选择被告住所地、合同履行地、合同签订地、原告住所地、标的物所在地人民法院管辖。

2. 审判程序

我国民事诉讼法中将审判程序分为：第一审普通程序、简易程序、第二审程序、特别程序。简易程序适用于基层人民法院和它派出的法庭审理事实清楚、权利义务关系明确、争议不大的简单的民事案件。第二审程序适用于当事人不服第一审判决的上诉案件。特别程序适用于人民法院审理选民资格案件、宣告失踪或死亡案件、认定公民无民事行为能力或限制民事行为能力案件。

第一审普通程序是我国民事诉讼法规定的人民法院审理第一审民事案件通常所适用的程序。它包括起诉与受理、审理前的准备、开庭审理几个阶段。

需要注意的是，仲裁和诉讼这两种争议解决方式只能二者选一，当事人可根据具体情况选择。

第三节　建设工程合同的概念及其体系

 建设工程合同的基本概念

(一)建设工程合同的概念

我国《合同法》规定，建设工程合同是承包人进行工程建设，发包人支付价款的合同。工程建设的行为包括勘察、设计、施工。建设工程实行监理的，发包人也应当与监理人订立委托监理合同。

建设工程合同也是一种双务、有偿合同，当事人双方在合同中都有各自的权利和义务，在享有权利的同时必须履行义务。

从合同理论上说，建设工程合同是一种广义的承揽合同，也是承揽人(承包人)按照定作人(发包人)的要求完成工作(工程建设)，交付工作成果(竣工工程)，定作人给付报酬的合同。但由于工程建设合同在经济活动、社会生活中的重要作用，以及在国家管理、合同标的等方面均有别于一般的承揽合同，我国一直将建设工程合同列为单独的一类重要合同。同时，考虑到建设工程合同毕竟是从承揽合同中分离出来的，《合同法》规定，建设工程合同中没有规定的，适用承揽合同的有关规定。

(二)建设工程合同的特征

1.合同主体的严格性

建设工程合同主体一般只能是法人。发包人一般只能是经过批准进行工程项目建设的法人，有国家批准的建设项目，落实投资计划，并且应当具备相应的管理能力；承包人应具备法人资格，具备相应的从事勘察、设计、施工、监理等资质。无营业执照或无承包资质的单位不能作为建设工程合同的主体，资质等级低的单位不能越级承包建设工程。

2.合同标的的特殊性

建设工程合同的标的是各类建筑产品，而建筑产品与土地相连，这决定了建筑形态上的多样性，即使采用同一套图纸施工的建筑产品也具有起特殊性(在价格、位置上)。建筑产品的单件性及固定性等自身的特性，决定了建筑工程合同标的的特殊性，相互之间具有不可替代性。

3. 合同履行期限的长期性

建设工程由于结构复杂、体积大、建筑材料类型多、工作量大、投资巨大，使得建设工程的生产周期与一般工业产品的生产相比较长，这导致建设工程合同履行期限较长。而且，因为投资的巨大，建设工程合同的订立和履行一般都需要较长的准备期。同时，在合同的履行过程中，还可能因为不可抗力、工程变更、材料供应不及时等原因而导致合同期限的延长。所有这些情况，决定了建设工程合同的履行期限具有长期性。

4. 投资和程序上的严格性

由于工程建设对国家的经济发展、社会生活都具有影响，因此，国家对工程建设在投资和程序上进行管理、审批。订立建设工程合同以国家批准的投资计划为前提。计划外投资也要纳入到当年投资规模中，并经过相应的审批程序。建设工程合同的订立和履行还要遵守国家关于基本建设程序的规定。

（三）建设工程合同的种类

建设工程合同可从不同的角度进行分类。

1. 按承发包的范围分类

按承发包的范围和数量，可以将建设工程合同分为建设工程总承包合同、建设工程承包合同、分包合同。发包人将工程建设的全过程或其中某个阶段的全部工作发包给一个承包人的合同即为建设工程总承包合同。发包人如果将建设工程的勘察、设计、施工等的每一项分别发包给一个承包人的合同即为建设工程承包合同。经合同约定和发包人认可，从工程承包人的工程中承包部分工程而订立的合同即为建设工程分包合同。

2. 按完成承包的内容分类

按完成承包的内容来划分，建设工程合同可以分为建设工程勘察合同、建设工程设计合同和建设工程施工合同三类。

3. 按计价方式分类

业主与承包商所签订的合同，按计价方式不同，可以划分为总价合同、单价合同和成本加酬金合同三大类。

二 建设工程中的主要合同关系

工程项目建设，它经历可行性研究、勘察设计、工程施工和运行等阶段，涉及土建、水电、机械设备、通信等专业。由于现代的社会化大生产和专业化分工，一个稍大一点的工程其参加单位有十几个、几十个，甚至成百上千个，它们之间形成各式各样的经济关系。维系这种关系的纽带是工程建设合同。工程项目的建设过程实质上又是一系列经济合同的签订和履行过程。

在一个工程中，相关的合同形成一个合同网络。在这个网络中，业主和工程的承包商是两个最主要的节点。

（一）业主的主要合同关系

业主作为工程或服务的买方，是工程的投资者及项目的所有者。业主根据工程的需求，与有关单位签订如下各种合同。

1. 咨询（监理）合同

即业主与咨询（监理）公司签订的合同，咨询（监理）公司负责工程的可行性研究、设计监理、招标和施工阶段监理等某一项或几项工作。

2. 勘察设计合同

即业主与勘察设计单位签订的合同，勘察设计单位负责工程的地质勘察和技术设计工作。

3. 供应合同

对由业主负责提供的材料和设备，业主要有关的材料和设备供应商签订供应（采购）合同。

4. 工程施工合同

即业主与工程承包商签订的工程施工合同，一个或几个承包商分别承包土建、机械安装、电器安装、装饰、通信等工程施工。

5. 贷款合同

即业主与金融机构签订的由金融机构提供项目建设资金的合同。

（二）承包商的主要合同关系

承包商是工程施工的具体实施者，是工程承包合同的执行者。承包商的合同关系有：

1. 分包合同

对于一些大的工程，承包商常常必须与其他承包商合作才能完成总承包合同中的施工任务。承包商把从业主那里承接到的工程中的某些分项工程以工程分包形式承包给另一承包商来完成，此时，他们要签订分包合同。

承包商在承包合同下可能订立许多分包合同，分包商完成总承包商的工程，向总包商负责，与业主无合同关系。尽管部分工程已经分报出去，总承包商仍应

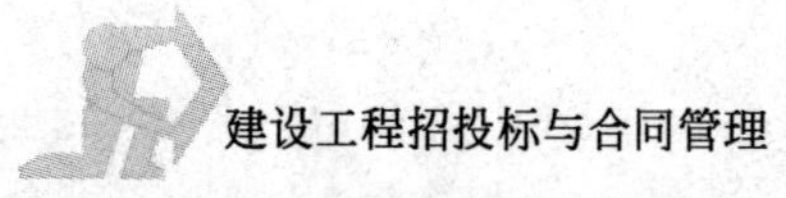

向业主担负全部工程施工责任，不仅如此，还要负责各分包商工作之间的协调、各分包商之间合同责任界面的划分以及承担因自己的协调失误造成损失的责任。

2.供应合同

承包商为工程所进行的必要的材料和设备的采购和供应，必须与供应商签订供应合同。

3.运输合同

这是承包商为解决材料和设备的运输问题而与运输单位签订的合同。

4.加工合同

即承包商将建筑构配件、特殊构件加工任务委托给加工承揽单位而签订的合同。

5.租赁合同

在建设工程中，承包商需要许多施工机械、运输设备、周转材料。当有些设备、周转材料在现场使用率较低，或自己购置需要大量资金投入而自己又不具备时，可以采用租赁方式，与租赁单位签订租赁合同。

6.劳务供应合同

建筑施工往往要花费大量的人力，承包商不可能全部采用自己的固定工人来完成该项工程。为了满足施工任务的需要，要与劳务供应商签订劳务供应合同，由劳务供应商向工程提供劳务。

7.保险合同

承包商按施工合同要求对工程进行保险，与保险公司签订保险合同。

承包商的这些合同都与工程承包合同相关，都是为了完成承包合同责任而签订的。

此外，在许多大型工程中，尤其是在业主要求总承包的工程中，承包商经常是几个企业的联营，即联营承包（最常见的是设备供应南、土建承包商、安装承包而、勘察设计单位的联合投标），这时承包商之间还需签订联营合同。

（三）建设工程合同体系

按照上述的分析和项目任务的结构分解，就得到不同层次、不向种类的合同，它们共同构成如图 6-1 所示的合同体系。

在该合同体系中，这些合同都是为了完成业主的工程项目目标而签订和实施的。由于这些合同之间存在着复杂的内部联系，构成了该工程的合同网络。其中，建设工程施工合同是最有代表性、最普遍，也是最复杂的合同类型。它在建设工程项目的合同体系中处于主导地位，是整个建设工程项目合同管理的重点。无论是业主、监理工程师或承包商都将它作为合同管理的主要对象。

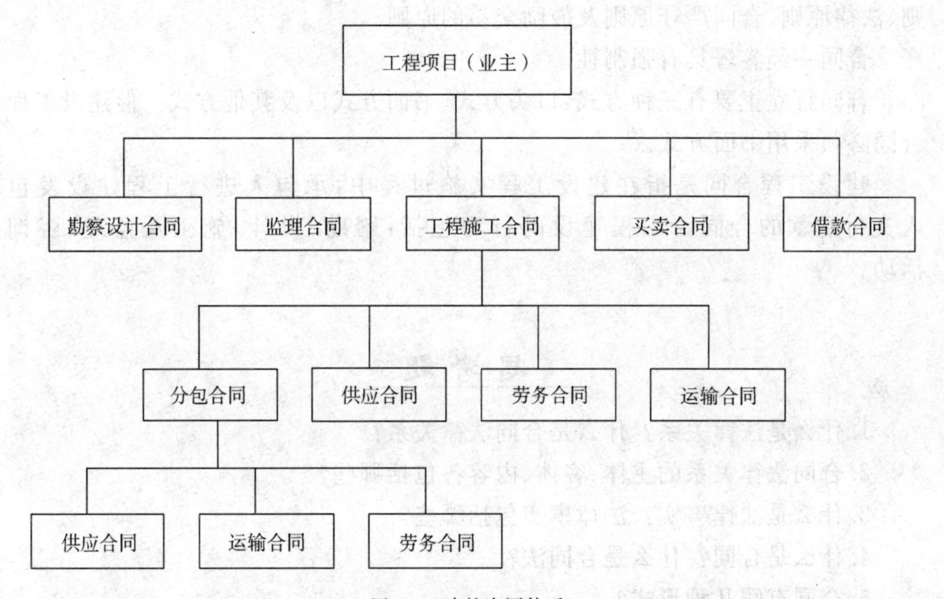

图 6-1　建筑合同体系

建设工程项目的合同体系在项目管理中也是一个非常重要的概念。它从一个角度反映了项目的形象，对整个项目管理的运作有很大的影响：

(1)它反映了项目任务的范围和划分方式；

(2)它反映了项目所采用的管理模式(例如监理制度、总包方式或平行承包方式)；

(3)它在很大程度上决定了项目的组织形式，因为不同层次的合同常常决定了该合同的实施者在项目组织结构中的地位。

本章小结

合同，是一种法律关系，调整在民事流转过程中所形成的当事人权利和义务。合同法律关系的主体是国家机关、法人、其他社会组织、个体工商户(农村承包经营户)及自然人。合同法律关系的客体是物、财、行为及智力成果。

1999 年 10 月 1 日起实施的《中华人民共和国合同法》，是我国第一部完整意义上的合同法，分总则、分则及附则三部分，计二十三章，四百二十八条。

合同法的基本原则包括：平等原则、合同自由原则、公平原则、诚实信用原则、法律原则、合同严守原则及鼓励交易的原则。

合同一经签署具有强制性。

合同订立主要有三种方式：口头方式、书面方式以及其他方式。但建设工程合同必须采用书面方式。

建设工程合同是指在建设工程实施过程中，承包人进行工程建设发包人支付价款的合同。工程建设的行为包括：踏勘、设计、施工及监理、咨询活动。

思考题

1.什么是法律关系？什么是合同法律关系？

2.合同法律关系的主体、客体、内容各包括哪些？

3.什么是法律事实？法律事实包括哪些？

4.什么是合同？什么是合同法？

5.合同有哪几种形式？

6.合同一般应包括哪些条款？

7.简述合同订立的程序。

8.什么是无效合同？哪些情况下合同无效？

9.构成合同有效的要件有哪些？

10.试述合同履行的原则。

11.简述合同履行中当事人享有哪些抗辩权？

12.合同解除和终止的条件各有哪些？

13.承担违约责任的方式有哪些？

14.合同争议的解决方式有哪些？各有何特点？

15.什么是建设工程合同？有何特征？

16.建设工程合同按计价方式分为哪几种？简述其各自的适用范围及其优缺点？

17.建设工程合同中主要包括哪些合同关系？

18.建设工程合同管理主要有哪些内容？

古契约一则

高何包卖铺地契约

立约永远卖地铺人高何包、亲母余氏，系州城圩街移居科邑村。今因家中贫寒，无米度活，不已，母子商议，愿将祖父遗下铺基一处，坐落圩街中，共起得铺屋两座之地，宽有一丈三尺，前至大街，后至河边，左近邱家，右界农姓。先通本街近邻，无人承受，凭中问到卷蒿巷赵老兄台印国福处实永买，取出本铜钱九千文足，即日亲手领钱回家应用。三面商定：其地即交与钱主，随时建造铺屋并旧遗下石条、石说交与钱主为用。日后倘有黄金、河海之变两无悔言。若年深月久，或有疏族兄弟冒言争端，系在约内卖主承当不敢异言。此乃明卖明买，并非折债等情。恐后无凭，人心难测，立约一张，交与钱主收执存据。

中保人本街黄致富

立永买地基人高何包亲母余氏

请人代笔

同治十二年(1873)五月十七日

——摘自李倩著《民国时期契约制度研究》

第七章 国内建设工程施工合同

【内容提要】

本章在简要详细介绍了国内建设工程施工合同的概念、特点，以及合同的内容之后，着重介绍了我国建设工程施工合同示范文本的内容，并对合同双方的一般权利及义务，工程进度、质量、投资控制，违约及合同终止，合同争议的解决等问题进行了详细论述。

【学习指导】

建设工程合同因其标的独特性，合同主体的严格性、建设计划和程序的严格性而构成一种特殊合同。建设工程因其标的的不同分为勘察、设计、施工及监理、咨询及材料设备供应合同，但施工合同最具代表性。

建设工程施工合同示范文本因行业、专业不同而具有各种版本，而由建设部和国家工商行政管理局1999年联合发布的《建设工程施工合同示范文本》(GF—99—0201)使用范围最为广泛。需要说明的是，合同示范文本属于推荐性质，不具备强制性。

随着工程实践的发展，新的问题逐渐出现，现行合同示范文本也显露出了需要改善、修订的空间。

第一节 概　　述

一 建设工程施工合同概念

建筑是指对工程进行营造的行为，安装主要是指与工程有关的线路、管道、设备等设施的装配。

建设工程施工合同是发包人（建设单位、业主或总包单位）与承包人（施工单位）之间为完成商定的建设工程项目施工任务，确定双方权利和义务的协议。建设工程施工合同也称为建筑安装承包合同。依照施工合同，承包人应完成约定的建筑、安装工程任务，发包人应提供必要的施工条件并支付工程价款。

 建设工程施工合同特点

（一）合同主体的严格性

合同的主体要具有相应的合同履约能力。发包人应是经过批准进行工程项目建设的法人，要有国家已批准的建设项目，落实了投资来源，并且具备相应的组织管理能力；承包人要具备法人资格，而且应当具备相应的从事施工资质。无营业执照、无施工承包资质的单位不能作为建设工程施工合同的主体，资质等级低的单位不能越级承包建设项目。

（二）合同标的特殊性

建设工程施工合同的标的是各类建筑产品。建筑产品不仅是建筑物本身，还包括建筑物所坐落的地理位置、地下岩土及周边服务设施，从这个意义上说，每个建筑施工合同的标的都与众不同，相互间具有不可替代性；建筑施工合同的标的的特殊性决定了施工生产的流动性。同时，建筑产品的功能多样、类别庞杂，每一个建筑产品都需单独设计和施工（即使供重复使用图纸或标准设计，施工场地、环境也不一样）。建筑产品生产的单件性，决定了建筑工程施工合同标的的特殊性。

（三）合同履行期限的长期性

建设工程由于结构复杂、体积大、建筑材料类型多、工作量大，使得合同履行期限都较长。大型建设工程项目合同的订立和履行一般都需要较长的准备期，在合同的履行过程中，还可能因为不可抗力、工程变更、材料供应不及时等原因而导致合同期限顺延。所有这些情况，决定了建设工程施工合同的履行期限具有长期性。

（四）计划和程序的严格性

建设工程施工合同规模应以国家批准的投资计划为前提。即使建设项目是

非国家投资的，以其他方式筹集的投资也要受到当年的贷款规模和批准限额的限制。建设工程施工合同的订立和履行还要符合国家关于建设程序的规定，并满足法定或其内在规律所必须要求的前提条件。

签订施工合同必需具备以下条件：

(1)初步设计已经批准；

(2)工程项目已经列入年度建设计划；

(3)有能够满足施工需要的设计文件和有关技术资料；

(4)建设资金和主要建筑材料、设备来源已经落实；

(5)招投标工程，中标通知书已经下达。

(五)合同形式的特殊要求

考虑到建设工程的重要性和复杂性，在建设过程中经常会发生影响合同履行的纠纷，因此《合同法》第二百七十条规定，建设工程合同应当采用书面形式。

三 建设工程施工合同示范文本简介

为了规范和指导合同当事人双方的行为，完善合同管理制度，解决施工合同中存在的合同文本不规范、条款不完备、合同纠纷多等问题，在1991年3月31日发布的《建设工程施工合同示范文本》(GF—91—0201)的基础上，国家建设部和国家工商行政管理局根据最新颁布和实施的工程建设有关法律、法规，总结了近几年施工合同示范文本推行的经验，结合我国建设工程施工的实际情况，并借鉴国际上通用的建设工程施工合同的成熟经验和有效做法，于1999年12月24日又颁发了修改后的新版《建设工程施工合同示范文本》(GF—99—0201)。该文本适用于建设工程，包括各类公用建筑、民用住宅、工业厂房、交通设施及线路、管道的施工和设备安装。另外，国家其他有关专业行政管理职能部门也颁布了专业工程合同示范文本，如2003年3月27日交通部颁布、2003年6月1日施行的《公路工程国内招标文件范本》，2000年2月23日水利部、国家电力公司和国家工商行政管理局联合修订颁布的《水利水电土建工程合同条件》(GF—2000—0208)。

现仅介绍《建设工程施工合同示范文本》(GF 99—0201)的基本内容。

《建设工程施工合同示范文本》(GF 99—0201)(简称《施工合同文本》)由协议书、通用条款、专用条款三部分组成，并附有三个附件。

(一)《协议书》

《协议书》是《施工合同文本》中总纲性文件，概括了当事人双方最主要的权利、义务，规定了合同工期、质量标准和合同价款等实质性内容；载明了组成合同的各个文件；并经合同双方签字、盖章认可，《协议书》是合同成立的纲领性文件。

(二)《通用条款》

《通用条款》是根据我国的法律、行政法规，参照国际惯例，并结合土木工程施工的特点和要求，将建设工程施工合同中共性的一些内容抽象出来编写的一份完整的合同文件。《通用条款》是双方当事人进行合同谈判的基础，它具有很强的通用性，基本适用于各类公用建筑、民用住宅、工业厂房及线路管道的施工和设备安装等要求。

《通用条款》的内容由法定的内容或无须双方协商的内容(如工程质量、检查和返工、重检验以及安全施工)和应当双方协商才能明确的内容(如进度计划、工程款的支付、违约责任的承担等)两部分组成。具体来说《通用条款》包括十一部分 47 条内容:①词语定义及合同文件；②双方一般权利和义务；③施工组织设计和工期；④质量与检验；⑤安全施工；⑥合同价款与支付；⑦材料、设备供应；⑧工程变更；⑨竣工验收与结算；⑩违约、索赔和争议；⑪其他。

(三)《专用条款》

考虑到不同建设工程项目的施工内容各不相同，工期、造价也随之变动，承包人、发包人各自的能力、施工现场的环境也不相同，《通用条款》不能完全适用于各个具体工程，因此配之以《专用条款》对《通用条款》作必要的修改和补充，使《通用条款》和《专用条款》成为双方统一意愿的体现。

《专用条款》的条款号与《通用条款》一一对应，由当事人根据工程的具体情况予以明确或者对《通用条款》进行选择或修改。如《通用条款》中第 9.1(2)条规定:承包人应向工程师提供、年、季、月度工程进度计划及相应的进度统计报表，而《专用条款》中第 9.1(2)条就具体化了承包人应提供计划、报表的名称及时间。很显然专用条款是对通用条款规定内容的确认与细化或补充、完善。

(四)附件

《施工合同文本》的附件是对施工合同当事人的权利、义务的进一步明确，并且使得施工合同当事人的有关工作一目了然，便于操作和管理。三个附件分别是:附件一《承包人承揽工程项目一览表》、附件二《发包人供应材料设备一览表》、附件三《工程质量保修书》。

第二节 《建设工程施工合同示范文本》主要内容

一 合同文件的组成及解释顺序

构成施工合同的文件是在签署合同前(如招投标阶段)及施工合同过程中合同双方签字、认可的,对自己、对方构成约束的文件。合同不仅仅是合同的协议书。施工合同文件应能相互解释、互为说明。除合同专用条款另有约定外,组成施工合同的文件和优先解释顺序为:

(一)双方签署的合同协议书

(二)中标通知书

(三)投标书及其附件

(四)本合同专用条款

合同专用条款是发包人与承包人根据法律、行政法规规定,结合具体工程实际,经协商达成一致意见的条款,是对通用条款的具体化、补充或修改。

(五)本合同通用条款

合同通用条款是根据法律、行政法规规定及一般建设工程施工的需要订立、通用于建设工程施工的合同条款。合同通用条款是集工程建设领域专家、学者、工程技术人员经验大成,反映我国工程建设领域施工惯例。

(六)本工程所适用的标准、规范及有关技术文件

在专用条款中要约定适用本工程的标准、规范及有关技术文件的名称。

(七)图纸

图纸不仅包括工程开工前由业主提供给承包商的施工图纸,还包括施工过程中由设计部门签发的设计变更、技术核定或补充图纸。

(八)工程量清单

(九)工程报价单或预算书

合同履行中,双方有关工程的洽商、变更等书面协议或文件视为本合同的组成部分,在不违反法律和行政法规的前提下,当事人可以通过协商变更合同的内容,这些变更的协议或文件的效力高于其他合同文件,且签署在后的协议或文件效力高于签署在先的协议或文件。

施工合同文件使用汉语语言文字书写、解释和说明。如专用条款约定使用两种以上(含两种)语言文字时,汉语应为解释和说明施工合同的标准语言文字。在少数民族地区,双方可以约定使用少数民族语言文字书写和解释、说明施工合同。

 双方的一般权利及义务

(一)发包人工作

1.根据专用条款约定的内容和时间,发包人应分阶段或一次完成以下工作

(1)办理土地征用、拆迁补偿、平整施工场地等工作,使施工场地具备施工条件,并在开工后继续解决以上事项的遗留问题;

(2)将施工所需水、电、通讯线路从施工场地外部接至专用条款约定地点,并保证施工期间需要;

(3)开通施工场地与城乡公共道路的通道,以及专用条款约定的施工场地内的主要交通干道,满足施工运输的需要,保证施工期间的畅通;

(4)向承包人提供施工场地的工程地质和地下管线资料,保证数据真实,位置准确;

(5)办理施工许可证和临时用地、停水、停电、中断道路交通、爆破作业以及可能损坏道路、管线、电力、通讯等公共设施法律、法规规定的申请批准手续及其他施工所需的证件(证明承包人自身资质的证件除外);

【案例】

华北某引水工程本C标段,地下管线长约8千米,穿越有农田、林地、居住区等。根据工程设计占地范围以及承包人提交局部地段临时用地图,合同约定业主应于开工之日前10天提供给承包人施工作业场地。但因为工程施工沿线

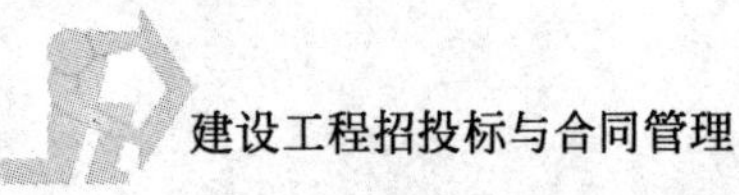

长，征地补偿涉及面宽，有时难免出现征地不及时或有遗留问题的现象，导致承包人进驻施工现场后在施工过程中屡屡遭遇地方村民以相关理由阻挠、移动沿线施工设施及其他突发事件，经常发生承包人在施工过程中不得不半途停止施工事情，因此而造成大量人员、施工机械设备的闲置、窝工，承包人支付了大量的额外费用。

为此，承包人提出了相应的索赔。

【分析】

在合同中，各方(包括业主)应该履行合同所约定的义务。合同中约定的义务，是合同主体在合同中享受权利时所必须付出的代价，是享受合同权利的前提。在合同履行过程中，若因一方未充分、完整地履行合同义务而导致合同另一方遭受损失，未充分履行合同义务的一方要承担相应的赔偿责任。这正是合同约束力的表现。

(6)确定水准点与坐标控制点，以书面形式交给承包人，并进行现场交验；

(7)组织承包人和设计单位进行图纸会审和设计交底；

(8)协调处理施工现场周围地下管线和邻近建筑物、构筑物(包括文物保护建筑)、古树名木的保护工作，并承担有关费用；

(9)组织做好施工工程竣工验收工作；

(10)发包人应做的其他工作，双方在专用条款内约定。

【案例】

某改扩建工程项目第3标段，承包商已经按合同要求完成全部工程，并按照规定对现场已进行清理，工程质量合同要求，竣工图和技术档案资料已按要求整理成卷，符合技术档案归档要求。承包人就此向监理工程师报送了要求进行竣工交工验收的书面申请报告，同时抄送业主。但在该改扩建工程的其他合同段，有的工期严重滞后，不能按期交工。业主考虑到单独将已经完工的3标段接受过来，业主将面临管理问题，故直到交工验收申请的6个月后，其他承包人的工程基本完工，才组织了对该合同段的交工验收。据此，承包人提出了费用索赔。

【分析】

1.如果在后来组织的交工验收中一次验收通过，则业主应当承担拖延验收这段时间工程照管费用；但若在业主后来组织的交工验收中，工程没有通过交工验收，则工程照管费用应该由承包商承担。

2.缺陷责任期的起算时间，仍然只能从实际通过交工验收、监理工程师签发《交工证书》之日起算，而不能从业主应组织验收而没有组织验收之日起算。因为在未验收之前，工程未投入使用，工程是否存在缺陷，应通过使用才能检验。

因此，缺陷责任期限应从项目投入使用的时间，即交工验收报告合格起算。

发包人可以将上述部分工作委托承包人办理，具体内容由双方在专用条款内约定，其费用由发包人承担。

【案例】

某跨越黄河大桥，承包商在河床设围堰施工桥墩。某日，上游水库在未通知的情况下进行放水，将围堰上的机械设备、原材料及工程桩等半成品冲毁殆尽，损失惨重。后承包商索赔成功。

【分析】

项目业主在与承包商签署合同之前就已经知道上游水库隔一定时间就会通过主河道向下游放水。为此，项目业主经过了解，知晓了放水的规律：第一次3月1日～4月15日，第二次5月20日～6月10日，第三次9月20日～10月10日，第四次12月1日～下年1月15日，并将此规律在合同中予以明确。

但在本案例中，水库没有按照上述时间放水，承包商在没有得到任何预警的状态下，受到洪水冲毁原材、机械设备的损失。这可以理解为业主没有尽告知的义务，业主要承担相应的赔偿责任。

如果在合同中将上游水库向下游放水的时间的调查的义务明确为承包商的义务，本案例的索赔结果很可能要改变。

2.有关施工许可证的工作

从事各类房屋建筑及附属设施的建筑、装饰装修和与其配套的线路、管道、设备的安装以及城镇市政基础设施工程的施工，要取得政府建设行政主管部门的施工许可。施工许可手续由建设单位向工程所在地的县级以上人民政府建设行政主管部门(以下称发证机关)申请办理。

建筑单位申请领取施工许可证，应当具备相应前提、条件：

(1)已经办理该建筑工程用地批准手续；

(2)在城市规划区的建筑工程，已经取得建设工程规划许可证；

(3)施工现场已经基本具备施工条件，需要拆迁的，其拆迁进度符合施工要求；

(4)已经确定施工企业；

(5)已具备施工需要的施工图纸及技术资料，施工图设计文件已按规定进行审查；

(6)有保证工程质量和安全的具体措施；

(7)按照规定应该委托监理的工程已委托监理；

(8)建设资金已经落实。建设工期不足一年的，到位资金原则上不得少于工

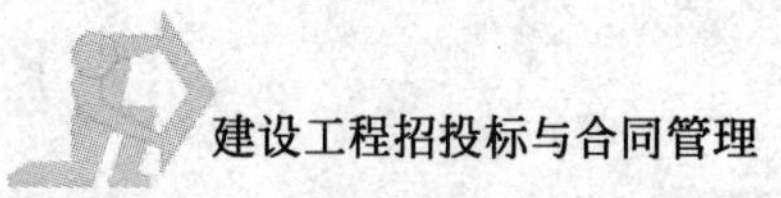

程合同价的50%，建设工期超过一年的，到位资金原则上不得少于合同价款的30%；

(9)法律、行政法规规定的其他条件。

3.有关施工竣工验收工作

建设单位收到竣工验收报告后28天内组织有关部门验收，并在验收后14天内给予认可或提出修改意见。

建设单位自工程竣工验收合格之日起15日内，规定，向工程所在地的县级以上地方人民政府建设行政主管部门(简称备案机关)备案。

建设单位办理工程竣工验收备案应当提交下列文件：

(1)工程竣工验收备案表；

(2)工程竣工验收报告。包括工程报表日期、施工许可证号、施工图设计文件审查意见，勘察、设计、施工、工程监理等单位分别签署的质量合格文件及验收人员签署的竣工验收原始文件，市政基础设施的有关质量检测和功能性试验资料以及备案机关认为需要提供有关资料；

(3)法律、行政法规规定应当由规划、公安、消防、环保等部门出具的认可文件或者准许使用文件；

(4)施工单位签署的工程质量维修书；

(5)法律、行政法规规定必须提供的其他文件。

发包人不按合同约定完成以上义务，导致工期延误或给承包人造成损失的，赔偿承包人的有关损失，延误的工期相应顺延。

(二)承包人工作

按专用条款约定的内容和时间，承包人负责完成以下工作：

(1)根据发包人的委托，在其设计资质等级和业务允许的范围内，完成施工图设计或与工程配套的设计，经工程师确认后使用，发生的费用由发包人承担。

(2)向工程师提供年、季、月工程进度计划及相应进度统计报表。

(3)按工程需要提供和维修非夜间施工使用的照明、围栏设施，并负责安全保卫。

(4)按专用条款约定的数量和要求，向发包人提供在施工现场办公和生活的房屋及设施，发生费用由发包人承担。

(5)遵守有关部门对施工场地交通、施工噪声以及环境保护和安全生产等的管理规定，按管理规定办理有关手续，并以书面形式通知发包人，发包人承担由此发生的费用，但因承包人责任造成的罚款除外。

(6)已竣工工程未交付发包方之前,承包人按专用条款约定负责已完工程的成品保护工作。保护期间发生损坏,承包人自费予以修复。要求承包人采取特殊措施保护的单位工程的部位和相应追加合同价款,在专用条款内约定。

(7)按专用条款的约定做好施工现场地下管线和邻近建筑物、构筑物(包括文物保护建筑)、古树名木的保护工作。

【案例】

某大型工程在基础土方开挖施工中发现数座有考古价值的古墓,承包人立即报告了监理工程师。监理工程师口头指示承包人暂停该工作面开挖施工,并要求承包人采取有效保护措施,防止古墓发掘前被除数盗或破坏。第二天总监下达书面暂停施工指令,并要求承包人尽可能调整施工计划,另行开辟开挖工作面。第三天文物部门到现场开始勘察、发掘,历时38天;第41天,总监发布复工令。据此,承包人提出了费用和工期索赔。

【分析】

埋藏于地下的古迹、文物属于国家财产,这是我国文物保护法的规定,业主、承包人都有责任、义务进行保护。根据合同示范文本规定,此类事件属于业主承担的风险,由此导致的承包人费用增加或工期延长,自然应当由业主给予补偿。但业主并没有违约,故一般不补偿因工期后拖而导致的利润(机会成本)损失。

(8)保证施工场地清洁符合环境卫生管理的有关规定。交工前清理现场达到专用条款约定的要求,承担因自身原因违反有关规定造成的损失和罚款。

(9)承包人应做的其他工作,双方在专用条款内约定。

承包人不履行上述各项义务,造成发包人损失的,应对发包人的损失给予赔偿。

【案例】

某华北引水隧道工程,采用单价合同。隧道洞长2 470m,在隧道钢筋混凝土衬砌工程施工中,因为隧洞洞径小,普通运输车辆无法进入,承包人在施工组织设计中采用泵送混凝土工艺,以管道运输的方式向洞中输送混凝土拌合物。考虑到运输距离较长,决定采用流动性大、和易性好、强度提高迅速的泡沫混凝土,输送管道为PCCP管。

鉴于对超长距离(>800～1 000m)泵送泡沫混凝土的泡沫损失还没有成熟的处理技术,实际施工中泡沫混凝土在输送过程中产生了层状离析现象,流动性减少,输送管道经常堵塞。虽然经过多次混凝土配合比调整,仍然无法消除堵管现象,最后泵送泡沫混凝土施工方案被迫放弃,相应地,提前大量储备(因施工地区交通不便)的具有速凝特性的525号硫铝酸盐水泥形成库存,因无法用于常态

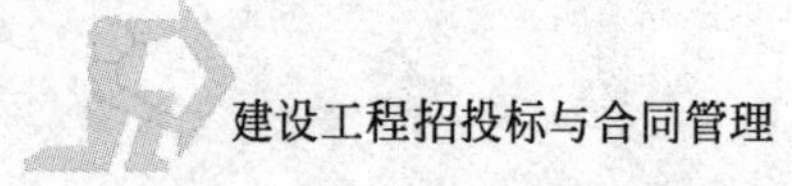

泵送混凝土施工，最终过期失效；同时泡沫混凝土所堵的PCCP管也因无法清除而报废。承包人因此向业主提出索赔。

监理工程师以承包人要对自己的施工技术方案负全责，不予认可索赔理由。但顾及我国目前并没有成熟的超长泵送混凝土施工技术，只是象征性地给了一部分管道的赔偿。

【分析】

在工程施工合同中，承包人的最大义务就是按照合同条款约定，保质、保量、保工期完成合同条款约定范围的施工任务。为此，在一般单价合同中，承包人有权选择他认为能够完成施工任务的相应的施工技术，并为他所选择的施工技术、方案的正确性、适用性负责。自然，在实施施工方案、或调整施工方案过程中所发生的费用应该不予计量、计价或进行任何形式的额外补偿。

但有另外的情况：这就是业主在工程施工中明确要求承包人采用某一特定施工方案的。此时，业主要为自己在施工工艺（技术方案）的要求承担相应的法律（合同）义务。所指定的特定施工方案一旦不适用，业主要承担相应的损失。

本案例中的关键施工技术是超长泵送混凝土施工技术。据了解，超长（>800～1 000m）泵送混凝土施工工艺在我国就是一个不成熟的施工技术。业主贸然指定承包人在工程中采用不成熟的施工技术，业主承担相应后果；反之，承包人贸然在激烈的市场竞争中决定在工程中采用不成熟的施工技术，要冒巨大的技术风险，后果不可预料。

（三）工程师

1. 工程师的产生

工程师包括监理单位委派的总监理工程师或者发包人指定的履行合同的负责人两种情况。

（1）发包人委托监理的项目。

发包人可以委托监理单位，全部或者部分负责合同的履行。工程施工监理应当依据法律、行政法规及有关的技术标准、设计文件和建设工程施工合同，对承包人在施工质量、建设工期和建设资金使用等方面，代表发包人实施监督。发包人应当将委托的监理单位名称、监理内容及监理权限以书面形式通知承包人。

监理单位委派的总监理工程师在施工合同中称为工程师。总监理工程师是经监理单位法定代表人授权，派驻施工现场的总负责人。总监理工程师行使监理合同赋予监理单位的权利和义务，全面负责受托工程的建设监理工作。监理单位委派的总监理工程师姓名、职务、职责应当向发包人报送，在施工合同的专用条款中应当写明总监理工程师的姓名、职务、职责。

(2)发包人派驻代表。

发包人派驻施工场地履行合同的代表在施工合同中也称工程师。发包人代表是经发包人单位法定代表人授权,派驻施工现场的负责人,其姓名、职务、职责在专用条款内约定,但职责不应与监理单位委派的总监理工程师职责相互交叉。

2. 工程师的职责

(1)委派具体管理人员。

工程师可委派工程师代表等具体管理人员,行使自己的部分权力和职责,并在认为必要时撤回委派。委派和撤回均应提前7天以书面形式通知承包人,负责监理的工程师还应将委派和撤回通知发包人。委派书和撤回通知作为合同附件。

工程师代表在工程师授权范围内向承包人发出的任何书面形式的函件,与工程师发出的函件效力相同。

(2)发布指令、通知。

工程师的指令、通知由其本人签字后,以书面形式交给项目经理,项目经理在回执上签署姓名和收到时间后生效。确有必要时,工程师可发出口头指令,并在48小时内给予书面确认,承包人对工程师的指令应予执行。工程师不能及时给予书面确认,承包人应于工程师发出口头指令后7天内提出书面确认要求。工程师在收到承包人确认要求后48小时内不予答复,应视为承包人要求已被确认。承包人认为工程师指令不合理,应在收到指令后24小时内提出书面申告,工程师在收到承包人申告后24小时内作出修改指令或继续执行原指令的决定,并以书面形式通知承包人。紧急情况下,工程师要求承包人立即执行的指令或承包人虽有异议,但工程师决定仍继续执行的指令,承包人应予执行。因指令错误发生的费用和给承包人造成的损失由发包人承担,延误的工期相应顺延。

工程师代表在其权限范围内发出的指令和通知,视为工程师发出的指令和通知,但工程师可以纠正工程师代表发出的指令和通知。除工程师和工程师代表外,发包人驻工地的其他人员均无权向承包人发出任何指令。

(3)应当及时完成自己的职责。

工程师应按合同约定,及时向承包人提供所需指令、批准、图纸并履行其他约定的义务,否则承包人在约定时间后24小时内将具体要求、需要的理由和延误的后果通知工程师,工程师收到通知后48小时内不予答复,应承担延误造成的追加合同价款,并赔偿承包人有关损失,顺延延误的工期。

(4)作出处理决定。

在合同履行中，发生影响承发包双方权利或义务的事件时，工程师应依据合同在其职权范围内客观公正地进行处理。为保证施工正常进行，承发包双方应尊重和执行工程师的决定。承包人对工程师的处理有异议时，按照合同约定争议处理办法解决。

三 工程进度控制

进度控制，是施工合同管理的重要组成部分。合同当事人应当在合同规定的工期内完成施工任务，发包人应当按时做好准备工作，承包人应当按照施工进度计划组织施工。

施工合同的进度控制可以分为施工准备阶段、施工阶段和竣工验收阶段的进度控制。

(一)施工准备阶段的进度控制

1.合同工期

合同工期，是指施工合同所约定的工程从开工起到完成施工合同专用条款双方约定的全部工程内容，达到竣工验收标准所经历的时间。合同工期是施工合同的一项重要内容，约定的内容具体包括开工日期、竣工日期和合同工期的总日历天数(包括法定节假日在内)。

2.承包人提交进度计划

承包人应当在专用条款约定的日期，将工程进度计划提交工程师。群体工程中采取分阶段进行施工的单项工程，承包人则应按照发包人提供图纸及有关资料的时间，按单项工程编制进度计划，分别向工程师提交。工程师接到承包人提交的进度计划后，应当予以明确表态，确认或者提出不同意见。如果工程师逾期不确认也不提出书面意见，则视为已经同意。

3.其他准备工作

在开工前，合同双方还应当做好其他各项准备工作。如发包人应当按照专用条款的规定使施工现场具备施工条件、开通施工现场与公共道路，承包人应当做好施工人员和设备的调配等工作。

4.延期开工

(1)承包人要求的延期开工。

承包人应当按照协议书约定的开工日期开工。承包人不能按时开工，应当不迟于协议书约定的开工日期前7天，以书面形式向工程师提出延期开工的理由和要求。工程师应当在接到延期开工申请后的48小时内以书面形式答复承包人。工程师在接到延期开工申请后的48小时内不答复,视为同意承包人的要求,工期相应顺延。

如果工程师不同意延期要求或承包人未在规定时间内提出延期开工要求,工期不予顺延。

(2)发包人原因的延期开工。

因发包人的原因不能按照协议书约定的开工日期开工,工程师应以书面形式通知承包人,推迟开工日期。发包人赔偿承包人因延期开工造成的损失,并相应顺延工期。

(二)施工阶段的进度控制

1.进度计划的执行

承包人有义务按照工程师确认的进度计划组织施工,接受工程师对进度的检查、监督。工程实际进度与经确认的进度计划不符时,承包人应当按照工程师的要求提出改进措施,经工程师确认后执行。因承包人的原因导致实际进度与进度计划不符,承包人无权就改进措施提出追加合同价款。

工程师应当随时了解施工进度计划执行过程中所存在的问题,并帮助承包人予以解决,特别是承包人无力解决的内外关系协调问题。

2.暂停施工

(1)工程师要求的暂停施工。

工程师在确有必要时,应当以书面形式要求承包人暂停施工,不论暂停施工的责任在发包人还是在承包人。工程师应当在提出暂停施工要求后48小时内提出书面处理意见。承包人应当按照工程师的要求停止施工,并妥善保护已完工工程。承包人实施工程师作出的处理意见后,可提出书面复工要求,工程师应当在48小时内给予答复。工程师未能在规定时间内提出处理意见,或收到承包人复工要求后48小时内未予答复,承包人可以自行复工。

因发包人原因造成停工的,由发包人承担所发生的追加合同价款,赔偿承包人由此造成的损失,相应顺延工期;因承包人原因造成停工的,由承包人承担发生的费用,工期不予顺延。因为工程师不及时作出答复,导致承包人无法复工的,由发包人承担违约责任。

(2)由于发包人违约,承包人主动暂停施工。

当发包人出现某些违约情况,如业主不按时支付工程进度款,导致承包人无法继续施工,或继续施工将导致承包人有可能承担重大风险时,承包人可以暂停

施工。这是承包人保护自己权益的有效措施。

(3)意外情况导致的暂停施工。

在施工过程中出现一些意外情况，如果需要暂停施工，则承包人应暂停施工。在这些情况下，工期是否给予顺延应视风险责任的划分来确定。如发现有价值的文物、发生不可抗力事件等，风险责任应当由发包人承担，故应给予承包人工期顺延。

3.工期延误

因以下原因造成工期延误，经工程师确认，工期相应顺延：

(1)发包人不能按专用条款的约定提供开工条件；

(2)发包人不能按约定日期支付工程预付款、进度款，致使工程不能正常进行；

(3)工程师未按合同约定提供所需指令、批准等，致使施工不能正常进行；

(4)设计变更和工程量增加；

(5)一周内非承包人原因停水、停电、停气造成停工累计超过 8 小时；

(6)不可抗力；

(7)专用条款中约定或工程师同意工期顺延的其他情况。

承包人在以上情况发生后 14 天内，就延误的工期以书面形式向工程师提出报告。工程师在收到报告后 14 天以内予以确认，逾期不予以确认也不提出修改意见，视为同意顺延工期。

(三)竣工验收阶段的进度控制

1.竣工验收的程序

(1)承包人提交竣工验收报告。

工程具备竣工验收条件，承包人按国家工程竣工验收有关规定，应向发包人提供完整竣工资料及竣工验收报告。

(2)发包人组织验收。

发包人自收到竣工验收报告后 28 天内组织单位验收，并在验收后 14 天内给予认可或提出修改意见。发包人收到承包人送交的竣工验收报告后 28 天内不组织验收，或验收后 14 天内不提出修改意见，视为竣工验收报告已被认可。

(3)发包人不按时组织验收的后果。

发包人收到承包人竣工验收报告后 28 天内不组织验收，从第 29 天起承担工程保管及一切意外责任。

2. 发包人要求提前竣工

在施工中，发包人如果要求提前竣工，应当与承包人进行协商，协商一致后应签订提前竣工协议。发包人应为赶工提供方便条件。提前竣工协议应包括以下几方面的内容：

(1)提前的时间；

(2)承包人采取的赶工措施；

(3)发包人为赶工提供的条件；

(4)承包人为保证工程质量采取的措施；

(5)提前竣工所需的追加合同价款。

四 质量控制

(一)工程验收的质量控制

建筑工程质量是指在国家现行的有关法律、法规、技术标准、设计文件和合同条款中，对工程的安全、适用、经济、美观等特性的综合要求。

工程施工中的质量控制是合同履行中的重要环节。施工合同的质量控制涉及许多方面的内容，任何一个方面的缺陷和疏漏都会使工程质量无法达到预期的标准。

1. 工程质量标准

工程质量应当达到协议书约定的质量标准。

需要说明的是，对大量重复出现的工业及民用建筑，适用的施工质量标准、规范遵循下述原则选用：

(1)有国家标准、规范的适用国家标准、规范；

(2)没有国家标准、规范但有行业标准、规范的，则约定适用行业标准、规范；

(3)没有国家和行业标准、规范的，则约定适用工程所在地的地方标准、规范；

(4)没有国家和行业或工程所在地标准、规范的，则可以约定施工企业自己的企业标准为本工程的适用标准、规范；

(5)若发包人要求使用国外标准、规范的，应负责提供中文译本。所发生的购买和翻译标准、规范或制定施工工艺的费用，由发包人承担。

对于有特殊要求的工程或国家重点工程项目，项目业主可能(委托咨询、设计院)编写仅适用本工程的施工质量标准、规范，在招标阶段由业主在招标文件

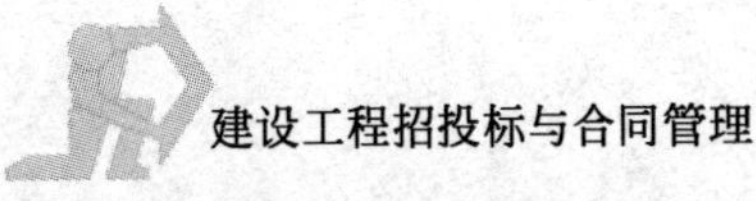

中明确，在施工阶段由发包人在专用条款中约定、执行。此时，该标准、规范的要求往往会高于国家、行业的现行质量要求、水平。

因承包人原因工程质量达不到约定的质量标准，承包人承担违约责任。

2.施工过程中的检查和返工

(1)承包人应认真按照标准、规范和设计图纸要求以及工程师依据合同发出的指令施工，随时接受工程师的检查检验，为检查检验提供便利条件。

(2)工程质量达不到约定标准的部分，工程师一经发现，应要求承包人拆除和重新施工，承包人应按工程师的要求拆除和重新施工，直到符合约定标准。因承包人原因达不到约定标准，由承包人承担拆除和重新施工的费用，工期不予顺延。

(3)工程师的检查检验不应影响施工正常进行。如影响施工正常进行，检查检验不合格时，影响正常施工的费用由承包人承担。除此之外影响正常施工的追加合同价款由发包人承担，相应顺延工期。

(4)因工程师指令失误或其他非承包人原因发生的追加合同价款，由发包人承担。

【案例】

某特大型桥梁，结构体系为预应力混凝土连续刚构桥，采用挂篮悬臂浇注。在夏季洪水期施工 2 号墩前悬臂 2 号块时，由于多种因素(如混凝土运输问题、入模问题、振捣问题、塌落度等)的影响，致使监理工程师怀疑该节段箱梁某区域混凝土内部密室度可能存在问题，于是书面指示承包人对该区域混凝土进行密室性检测。

于是承包人联系了一家具有资质的检测单位来对其进行无损检测。经检测后证实混凝土内部密实性良好，符合质量标准要求。此次无损检测共损耗 7 天。检测结果出来后，承包人提出了费用索赔和工期索赔。

监理工程师经过审核，认可费用索赔理由，但不予补偿工期。

【分析】

1.费用索赔理由正确，但索赔哪些费用，则另外考虑

(1)索赔费用中检测费的付款发票面值核定是可以的，但监理工程师在必要时应到相关检测单位寻价；

(2)检测过程中承包商派出的辅助人员费用，因工作时间较短，可以根据检测时所实际耗时来核定，或者可以认为，应当由检测单位付费用；

(3)临时措施费应只考虑直接与检测有关的、在原有施工设施上新增加的措施(设施)费用部分，与施工措施有关的费用部分应予核减。

当然，若检测结果不符合合同质量标准，除检测(试验)费用应由承包人承担外，承包人还必须承担对质量问题的处理费用。

2.不予补偿工期的原因在于

(1)导致监理工程师对混凝土内在质量(密实性)产生怀疑，意味着承包人在施工中或多或少存在与施工技术规范的要求存在差异的地方，只是产生的后果还没有造成质量缺陷。承包人承担因此而造成的后果，也在情理之中；

(2)无损检测所损耗的7天属于技术间歇期(混凝土的养护)，并没有影响后续工程的施工准备及施工，下一块件的施工准备工作仍然在正常进行。

由此可见，监理工程师在指示承包人进行合同文件规定的检(试)验以外的检(试)验项目时应慎之又慎，否则就可能会导致承包人索赔。

3.隐蔽工程和中间验收

(1)工程具备隐蔽条件或达到专用条款约定的中间验收部位，承包人先进行自检，并在隐蔽或中间验收前48小时以书面形式通知工程师验收。通知包括隐蔽和中间验收的内容，验收时间和地点。承包人准备验收记录，验收合格，工程师在验收记录上签字后，承包人可进行隐蔽和继续施工。验收不合格，承包人在工程师限定的时间内修改后重新验收。

(2)工程师不能按时进行验收，应在验收前24小时以书面形式向承包人提出延期要求，延期不能超过48小时。工程师未能按以上时间提出延期要求，不进行验收，承包人可自行组织验收，工程师应承认验收记录。

(3)经工程师验收，工程质量符合标准、规范和设计图纸等要求，验收24小时后，工程师不在验收记录上签字，视为工程师已经认可验收记录，承包人可进行隐蔽或继续施工。

4.重新检验

无论工程师是否进行验收，当其要求对已经隐蔽的工程重新检验时，承包人应按要求进行剥离或开孔，并在检验后重新覆盖或修复。检验合格，发包人承担由此发生的全部追加合同价款，赔偿承包人损失，并相应顺延工期。检验不合格，承包人承担发生的全部费用，工期不予顺延。

【案例】

某桥台台背回填要求用砂砾。承包人在施工中采用小型打夯机夯实，也进行了压实度检测，合格；回填完成后，有人向监理工程师反映，在监理工程师不在现场的时候，某些部位其回填没有按照图纸、规范进行。

为确保工程质量，监理工程师书面指示：对台背回填质量有怀疑的部位进行剥开分层检查。经过检查后，其检查结果符合施工图设计及合同规定的质量要求。承包人根据合同文件提出费用索赔。

【分析】

按照合同通用条款规定，没有监理工程师的批准，任何工程均不得覆盖或掩蔽；覆盖或掩蔽前，承包人应事先通知监理工程师并约定检查时间，如果监理工程师认为没有必要参与检查，应通知承包人；如果在约定时间后的12小时内，监理未到现场进行检查，承包人可自行检查并如实作出自检报告后覆盖或掩蔽，监理工程师事后应予认可。

本案例的关键在于，承包人在隐蔽工程前是否通知了监理工程师。若通知了监理工程师，但监理工程师因故没有到场，隐蔽之后，又要揭露检查，在检查合格的前提下则应该对承包人剥开及恢复原状的费用、检测费予以补偿。若覆盖或掩蔽前不通知监理工程师进行检查，或剥开检查质量不合格，则其检测费、剥开或开孔及恢复原状的费用均应由承包人自行承担。

(二)工程试车

1.单机无负荷试车

设备安装工程具备单机无负荷试车条件，由承包人组织试车。承包人应在试车前48小时书面通知工程师。通知包括试车内容、时间、地点、承包人准备试车记录，发包人根据承包人要求为试车提供必要条件。试车通过，工程师在试车记录上签字。只有单机试运转达到规定要求，才能进行联试。

2.联动无负荷试车

设备安装工程具备无负荷联动试车条件，由发包人组织试车，并在试车前48小时书面通知承包人。通知内容包括试车内容、时间、地点和对承包人的要求，承包人按要求做好准备工作和试车记录。试车通过，双方在试车记录上签字。

3.投料试车

投料试车应在工程竣工验收后由发包人负责，如发包人要求在工程竣工前进行或需要承包人配合时，应征得承包人同意，另行签订补充协议。

(三)材料设备供应

1.发包人供应材料设备时的质量控制

(1)实行发包人供应材料设备的，双方应当约定发包人供应材料设备的一览表。一览表作为合同附件，内容包括材料设备种类、规格、型号、数量、单价、质量等级、提供的时间和地点。

(2)发包人供应材料设备的验收。

发包人应当向承包人提供其供应材料设备的产品合格证明，并对这些材料设备的质量负责。发包人应在其所供应的材料设备到货前24小时，以书面形式通知承包人，由承包人派人与发包人共同清点。

(3)材料设备验收后的保管。

发包人供应的材料设备经双方共同验收后由承包人妥善保管，发包人支付相应的保管费用。因承包人的原因发生损坏丢失，由承包人负责赔偿。发包人不按规定通知承包人验收，发生的损坏丢失由发包人负责。

(4)发包人供应的材料设备与约定不符时的处理。

发包人供应的材料设备与约定不符时，应当由发包人承担有关责任，具体按照下列情况进行处理：

①材料设备单价与合同约定不符时，由发包人承担所有差价；

②材料设备种类、规格、型号、数量、质量等级与合同约定不符时，承包人可以拒绝接收保管，由发包人运出施工场地并重新采购；

③发包人供应材料的规格、型号与合同约定不符时，承包人可以代为调剂串换，发包方承担相应的费用；

④到货地点与合同约定不符时，发包人负责运至合同约定的地点；

⑤供应数量少于合同约定的数量时，发包人将数量补齐；多于合同约定的数量时，发包人负责将多出部分运出施工场地；

⑥到货时间早于合同约定时间，发包人承担因此发生的保管费用；到货时间迟于合同约定的供应时间，由发包人承担相应的追加合同价款。发生延误，相应顺延工期，发包人赔偿由此给承包人造成的损失。

(5)发包人供应材料设备使用前的检验或试验。

发包人供应的材料设备进入施工现场后需要在使用前检验或者试验的，由承包人负责，费用由发包人负责。即使在承包人检验通过之后，如果又发现材料设备有质量问题的，发包人仍应承担重新采购及拆除重建的追加合同价款，并相应顺延由此延误的工期。

【案例】

华北某引水工程的提水站工程，提水泵及配套设备由业主购置，承包商安装。安装完备之后，成功进行了打压实验，系统无渗(漏)水现象。第二年春天，发现不止一处筏门、管件冻裂、漏水。业主要求承包商无条件更换，承包商拒绝。

【分析】

按照合同，承包商负责提水泵站及有关配套设备的安装工程，设备由业主购

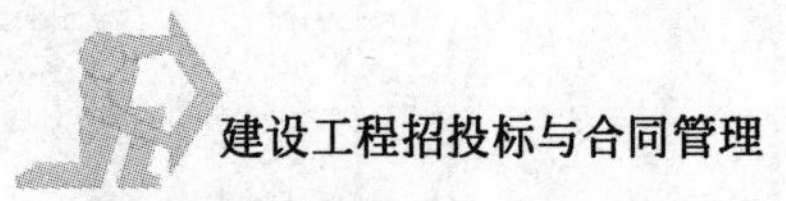

置。根据后来的调查，了解到在本案例中，泵站及有关配套设备是进口产品，向一年四季温暖如春的以色列购置，该产品不防冻。况且，在本案例中，承包商已经完成了安装工程，并已经验收(打压)通过，移交给业主，照管责任自然转移给业主。所以，业主无权向承包商提出无条件更换要求。

2.承包人采购材料设备的质量控制

对于合同约定由承包人采购的材料设备，应当由承包人选择生产厂家或者供应商，发包人不得指定生产厂家或者供应商。

(1)承包人采购材料设备的验收

承包人根据专用条款的约定及设计和有关标准要求采购工程需要的材料设备，并提供产品合格证明。承包人在材料设备到货前24小时通知工程师验收。

(2)承包人采购的材料设备与要求不符时的处理

承包人采购的材料设备与设计或者标准要求不符时，工程师可以拒绝验收，由承包人按照工程师要求的时间运出施工场地，重新采购符合要求的产品，并承担由此发生的费用，由此延误的工期不予顺延。

(3)承包方采购材料设备在使用前检验或试验

承包人采购的材料设备在使用前，承包人应按工程师的要求进行检验或试验，不合格的不得使用，检验或试验费用由承包人承担。

(4)承包人使用代用材料

承包人需要使用代用材料时，须经工程师认可后方可使用，由此增减的合同价款由双方以书面形式议定。

工程师不能按时到场验收，事后发现设备不符合设计或标准要求时，仍由承包人负责修复、拆除或者重新采购，并承担发生的费用，由此造成工期延误不予顺延。

(四)竣工验收

1.竣工工程验收需满足的条件

(1)完成合同中规定的各项工作内容，达到国家规定标准或双方约定的合同条件；

(2)有完整的工程技术经济资料；

(3)有完整的工程技术档案和竣工图；

(4)已办理完国家规定或双方约定的各项有关手续；

(5)已签署工程保修证书。

2.竣工验收中承发包双方的具体工作程序和责任

工程具备竣工验收条件，承包人按国家工程竣工验收有关规定，向发包人提供完整竣工资料及竣工验收报告。双方约定由承包人提供竣工图，应当在专用条款内约定提供的日期和份数。

发包人收到竣工验收报告后28天内组织有关部门验收，并在验收后14天内给予认可或提出修改意见。承包人按要求修改，并承担由自身原因造成修改的费用。建设工程未经验收或验收不合格，不得交付使用。发包人强行使用的，由此发生的质量问题及其他问题，由发包人承担责任。

(五)保修

建设工程质量保修制度是指建设工程在办理竣工验收手续后，在规定的保修期限内，因勘察、设计、施工、材料等原因造成的质量缺陷，应由施工承包单位负责维修、返工或更换，由责任单位负责赔偿损失。建设工程实行质量保修制度是落实建设工程质量责任的重要措施。

《建设工程质量管理条例》规定：

(1)建设工程承包单位在向建设单位提交竣工验收报告时，应当向建设单位出具质量保修书。质量保修书中应当明确建设工程的保修范围、保修期限和保修责任等。保修范围和正常使用条件下的最低保修期限为：

①基础设施工程、房屋建筑的地基基础工程和主体结构工程，为设计文件规定的该工程的合理使用年限；

②屋面防水工程、有防水要求的卫生间、房间和外墙面的防渗漏，为5年；

③供热与供冷系统，为两个采暖期、供冷期；

④电气管线、给排水管道、设备安装和装修工程为两年。

其他项目的保修期限由发包方与承包方约定。建设工程的保修期，自竣工验收合格之日起计算。因使用不当或者第三方造成的质量缺陷，以及不可抗力造成的质量缺陷，不属于法律规定的保修范围。

(2)建设工程在保修范围和保修期限内发生质量问题的，施工单位应当履行保修义务，并对造成的损失承担赔偿责任。

对在保修期限内和保修范围内发生的质量问题，一般应先由建设单位组织勘察、设计、施工等单位分析质量问题的原因，确定维修方案，由施工单位负责维修。但当问题较严重复杂时，不管是什么原因造成的，只要是在保修范围内，均先由施工单位履行保修义务，对于保修费用，则由质量缺陷的责任方承担。

根据上述规定，承包人应当在工程竣工验收之前，与发包人签订质量保修

书，作为合同附件。

五 投资控制

(一)工程计量

工程计量就是甲、乙双方对已完成的各项实物工程量进行计算、审核及确认，以此作为工程进度款支付的依据。除合同约定的特殊条款以外，工程量计算应严格按照实际施工图纸进行，做到计算工程量的项目与现行定额的项目一致、计量单位与现行定额规定的计量单位一致、工程量计算规则与现行定额规定的计算规则一致。如果未出现施工变更，则完成部分的工程量应当与预算书中的工程量相同。

承包人计量的已完成工程量必须经过工程师的确认才有效。确认的程序如下：首先，承包人向工程师提交已完工程量的报告。工程师接到报告后7天内按设计图纸核实已完工程量(以下称计量)，并在计量前24小时通知承包人。承包人收到通知后不参加计量，计量结果有效，并作为工程价款支付的依据。工程师接到承包人报告后7天内未进行计量，从第8天起，承包人报告中开列的工程量即视为被确认，作为工程价款支付的依据。工程师不按约定时间通知承包人，致使承包人未能参加计量，计量结果无效。

对承包人超出设计图纸范围和因承包人原因造成返工的工程量，工程师不予计量。

(二)合同价款

合同价款是按照合同约定计算，用以支付承包商按照合同要求完成所有施工内容的价款总额。合同价款不仅包括合同双方在合同协议书中载明的价款，还包括在合同履行过程中双方所同意增减、调整的费用。

合同价款确定方式可以有以下几种方式：

1. 固定价格合同

双方在专用条款内约定合同价款保函的风险范围和风险费用的计算方法，在约定的风险范围内合同价款不再调整。风险范围以外的合同价款调整方法，应当在专用条款内约定。

2. 可调价格合同

合同价款可根据双方的约定而调整，双方在专用条款内约定合同价款调整方法。

3. 成本加酬金合同

合同价款包括成本和酬金两部分，双方在专用条款内约定成本构成和酬金的计算方法。

可调价格合同中合同价款的调整因素包括：

(1)法律、行政法规和国家有关政策变化影响合同价款；

(2)工程造价管理部门公布的价格调整；

(3)一周内非承包人原因停水、停电、停气造成停工累计超过 8 小时；

(4)双方约定的其他因素。

(三)工程款支付

1. 工程预付款

预付款是在工程开工前，甲方预先付给乙方用来进行工程施工准备(如购进施工材料)的一笔借款。实行工程预付款的，双方应当在专用条款内约定发包人向承包人预付工程款的时间和数额，开工后按约定的时间和比例逐次扣回。预付时间应不迟于约定的开工日期前 7 天。发包人不按约定预付，承包人在约定预付时间 7 天后向发包人发出要求预付的通知，发包人收到通知后仍不能按要求预付，承包人可在发出通知后 7 天停止施工，发包人应从约定应付之日起向承包人支付应付款的贷款利息，并承担违约责任。

预付款的额度一般为合同额的 5%～15%，预付款一般应在工程竣工前全部扣回，可采取当工程进展到某一阶段如完成合同额的 60%～65%时开始扣起，也可从每月的工程付款中扣回。

2. 工程进度款

(1)工程进度款是在工程施工过程中分期支付的合同价款，一般按工程形象进度即实际完成工程量确定支付款额。在确认计量结果后 14 天内，发包人应向承包人支付工程进度款。按约定时间发包人应扣回的预付款，与工程进度款同期结算。

(2)双方在专用条款中约定的可调价款、工程变更调整的合同价款及其他条款中约定的追加合同价款，应与工程进度款同期调整支付。

(3)发包人超过约定的支付时间不支付工程进度款，承包人可向发包人提出要求付款的，发包人收到承包人通知后仍不能按要求付款，可与承包人协商签订延期协议，经承包人同意后可延期支付。协议应明确延期支付的时间和从计量结果确认后第 15 天起计算付款的贷款利息。

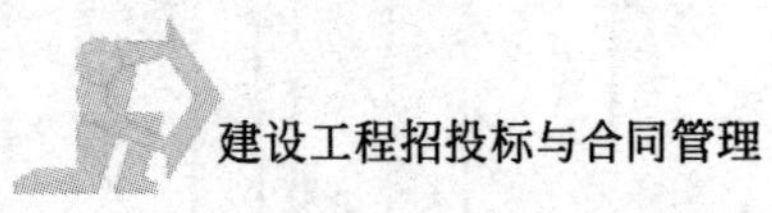

(4)发包人不按合同约定支付工程进度款,双方又未达成延期付款协议,导致施工无法进行,承包人可停止施工,由发包人承担违约责任。

(四)工程变更

1.设计变更的事由

能够构成设计变更的事项包括以下变更:

(1)更改有关部分的标高、基线、位置和尺寸;

(2)增减合同中约定的工程量;

(3)改变有关工程的施工时间和顺序;

(4)其他有关工程变更需要的附加工作。

因变更导致合同价款的增减及造成的承包人损失,由发包人承担,延误的工期相应顺延。

2.设计变更的计价

承包人在工程变更确定后 14 天内,提出变更工程价款的报告,经工程师确认后调整合同价款。变更合同价款按下列方法进行:

(1)合同中已有适用于变更工程的价格,按合同已有的价格变更合同价款;

(2)合同中只有类似于变更工程的价款,可以参照类似价格变更合同价款;

(3)合同中没有适用或类似于变更工程的价格,由承包人提出适当的变更价格,经工程师确认后执行。

承包人在双方确定变更后 14 天内不向工程师提出变更价款报告时,视为该项变更不涉及合同价款的变更。

工程师应在收到变更工程价款报告之日起 14 天内予以确认,工程师无不正当理由不确认时,自变更工程价款报告送达之日起 14 天后视为变更工程价款报告已被确认。

(五)工程结算

工程竣工验收报告经发包人认可后 28 天,承包人向发包人递交竣工决算报告及完整的结算资料。发包人自收到竣工结算报告及结算资料后 28 天内进行核实,确认后支付工程竣工结算价款。承包人收到竣工结算价款后 14 天内将竣工工程交付发包人。

工程竣工验收报告经发包人认可后 28 天内,承包人未能向发包人递交竣工结算报告及完整的结算资料,造成工程结算不能正常进行或者工程竣工结算价款不能及时支付,发包人要求交付工程的,承包人应当交付;发包人不要求交付工程的，承包人承担保管责任。

发包人收到竣工结算报告及结算资料后 28 天内无正当理由不支付工程竣工结算价款，从第 29 天按承包人同期向银行贷款利率支付拖欠工程价款的利息，并承担违约责任。

发包人、承包人对工程竣工结算价款发生争议时，按有关条款约定处理。

 不可抗力、保险和担保

(一)不可抗力

不可抗力，是指合同当事人不能预见、不能控制、不能克服，一旦发生会给合同当事人造成重大损害的客观事件。建设工程施工过程中的不可抗力包括战争、动乱、空中飞行物坠落或其他非发包人、承包人责任造成的爆炸、火灾，以及专用条款中约定的风、雨、雪、洪、震等自然灾害。

不可抗力事件发生后，承包人应在力所能及的条件下迅速采取措施，尽量减少损失，并在不可抗力事件结束后 48 小时内向工程师通报受害情况和损失情况，及预计清理和修复的费用。不可抗力事件继续发生，承包人应每隔 7 天向工程师报告一次受害情况，并于不可抗力事件结束后 14 天内，向工程师提交清理和修复费用的正式报告及有关资格。

不可抗力事件发生后，发包人应协助承包人采取相关措施。

不可抗力事件发生后，导致的损失双方按以下原则承担：

(1)工程本身的损害、因工程损害导致第三人员伤亡和财产损失以及运至施工场地用于施工的材料和待安装的设备的损害，由发包人承担；

(2)发包人、承包人人员伤亡由其所在单位负责，并承担相应费用；

(3)承包人机械设备损坏及停工损失，由承包人承担；

(4)停工期间，承包人应工程师要求留在施工场地的必要的管理人员及保卫人员的费用由发包人承担；

(5)工程所需清理、修复费用，由发包人承担；

(6)延误的工期业主承担。

因合同一方迟延履行合同后发生不可抗力的，不能免除迟延履行方的相应责任。

【案例】

江南某市滨江路工程，招标文件规定，工程所用的主材(钢材、水泥、沥青)

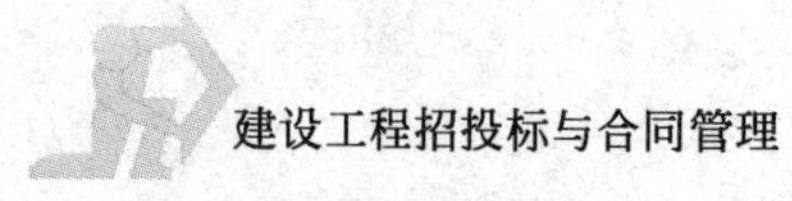

由业主统一采购供应，交货地点为各承包人工地现场的材料库。4月9日，业主将采购的钢筋直接运至工地现场，承包人在检查了质量合格证，并按照规定对钢筋抽取试样进行力学性能试验，确认质量合格后向监理工程师报验，开始下料加工，拟用在滨江路的扶壁式钢筋混凝土挡墙中。在第三天的钢筋加工制作过程中，发现有的ϕ18钢筋存在着质量问题(冷弯起皮、断裂)，表明到货的该批钢筋中存在不合格产品。为确保工程质量，监理工程师指示暂时停工，对已安装的钢筋逐根检查，将已用到工程中的不合格钢筋全部清除，共耗时3天。

不巧，该年长江春汛来得较通常年份早10余天，由于不合格钢筋的清理，导致耽误施工时间3天，致使该合同段挡墙未来得及浇筑混凝土就被水淹，而使得该段挡墙要在该年11月枯水季节才得以继续进行施工。对此，承包人提出了工期和费用的索赔。

【分析】

1.按照合同约定，由建设单位采购建筑材料、建筑构配件和设备的，应该符合设计文件和合同要求，应对所供材料的质量承担责任。同时，按合同法第113条规定，当事人一方不履行合同义务或者履行合同义务不符合约定，给对方造成损失的，损失赔偿额应当相等于因违约所造成的损失，包括合同履行后可以获得的利益，但不得超过违反合同一方在订立合同时预见到或者应预见到的因违反合同可能造成的损失。

2.按照建筑法第59条规定，建筑施工企业必须按照工程设计要求、施工技术标准和合同的约定，对建筑材料、建筑构配件和设备进行检验，不合格的不得使用。在本案例中，承包人在施工过程中遵守了有关法律、法规和管理程序的规定，对工程上所用的材料已经进行了必要的检验。

3.因为以上两条，显然承包人索赔理由成立。

4.在索赔的核定中，应该认可处理不合格钢筋拖延3天所产生的工、料、机械及有关管理费用，还有洪水过后恢复施工所必须的工作面的清理费用。但因为洪水(春汛)期提前到来，是不可预测(若按往年，不会存在因春汛而导致工作面被淹没)，理应该属于不可抗力，故除了工期顺延之外，除了上述已经明确予以补偿的费用之外，不再补偿其他费用。但在工程施工中遇到不可抗力，若经过详细计算，可以证明是因为处理业主供应的不合格钢筋拖延的3天所致，按照合同原理，因为不可抗力给承包人造成的损失，业主应当予以全额补偿。

5.在本案例的索赔处理过程中，实际还伴随着业主向材料供应商的索赔。

(二)保险

随着项目法人责任制的推行,以前存在着事实上由国家承担不可抗力风险的情况将会有很大改变。工程项目参加保险的情况会越来越多。

双方的保险义务分担如下:

(1)工程开工前,发包人应当为建设工程和施工场地内的发包人人员及第三方人员生命财产办理保险,支付保险费用。发包人可以将上述保险事项委托承包人办理,但费用由发包人承担;

(2)承包人必须为从事危险作业的职工办理意外伤害保险,并为施工场地内自有人员生命财产和施工机械设备办理保险,支付保险费用;

(3)运至施工场地内用于工程的材料和待安装设备,不论由承发包双方任何一方保管,都应由发包人(或委托承包人)办理保险,并支付保险费用。

保险事故发生时,承发包双方有责任尽力采取必要的措施,防止或者减少损失。

(三)担保

承发人双方为了全面履行合同,应互相提供以下担保:

(1)发包人向承包人提供履约担保,担保按合同约定支付工程价款及履行合同约定的其他义务。

(2)承包人向发包人提供履约担保,担保按合同约定履行自己的各项义务。

承发人双方的履约担保一般都是以履约保函的方式提供的,实际上是担保方式中的保证。履约保函往往是由银行出具的,即以银行为保证人。一方违约后,另一方可要求提供担保的第三方(如银行)承担相应责任。当然履约担保也不排除其他担任人出具的担保书,但由于其他担保人的信用低于银行,因此担保金额往往较高。

提供担保的内容、方式和相关责任,承发包双方除在专用条款中约定外,被担保方与担保方还应签订担保合同,作为施工合同的附件。

七 违约及合同终止

(一)发包人违约

1. 发包人不按时支付工程预付款或工程进度款

发包人超过约定的时间不支付工程预付款或工程进度款,承包人可向发包人发出要求付款的通知,发包人在收到承包人通知后仍不能按要求支付,可与承

包人协商签订延期付款协议，经承包人同意后可以延期支付。协议须明确延期支付时间和从发包人代表计量签字后第15天起计算应付款的贷款利息。发包人不按合同约定支付工程款（进度款），双方又未达成延期付款协议，导致施工无法进行，承包人可停止施工，由发包人承担违约责任。

2.发包人不按时支付结算价款

发包人收到竣工结算报告及结算资料后28天内不支付工程竣工结算价款，承包人可以催告发包人支付结算价款。发包人在收到竣工结算报告及结算资料后56天内仍不支付的，承包人可以与发包人协议将该工程折价，也可以由承包人申请人民法院将该工程依法拍卖，承包人就该工程折价或者拍卖的价款优先受偿。

3.发包人不履行合同约定的其他义务

发包人不履行合同约定的其他义务时，发包人应当赔偿违约行为给承包人造成的经济损失，延误的工期相应顺延。

(二)承包人违约

(1)承包人不能按合同工期竣工。

(2)工程质量达不到约定的质量标准。

(3)承包人不履行合同约定的其他义务。

承包人违约，承包人承担违约责任，赔偿因其违约给发包人造成的损失。双方应当在专用条款内约定承包人赔偿发包人损失的计算方法或者承包人应当支付违约金的数额和计算方法。

(三)合同终止

合同终止有以下几种情况：

(1)发包人、承包人发生一方或双方违约，发包人、承包人可根据约定的合同终止条款提出合同终止，在取得对方同意后，终止合同。

(2)发包人、承包人不在合同约定的终止条款内提出中止合同，经双方协商后，终止合同。

(3)发包人、承包人一方提出终止合同，而另一方不同意时，可向人民法院起诉或向约定的仲裁委员会申请仲裁。

合同的权利义务终止后，发包人、承包人应当遵循诚实信用的原则，履行通知、协助、保密等义务。

八 合同争议

(一)施工合同争议的解决方式

合同当事人在履行施工合同时发生争议,可以和解或者要求合同管理及其他有关主管部门调解。和解或调解不成的,双方可以在专用条款内约定以下一种方式解决争议:

(1)双方达成仲裁协议,向约定的仲裁委员会申请仲裁;

(2)向有管辖权的人民法院起诉。

(二)争议发生后合同的履行

发生争议后,在一般情况下,双方都应继续履行合同,保持施工连续,保护好已完工程。只有出现下列情况时,当事人方可停止履行施工合同:

(1)单方违约导致合同确已无法履行,双方协议停止施工;

(2)调解要求停止施工,且为双方接受;

(3)仲裁机关要求停止施工;

(4)法院要求停止施工。

本章小结

建设工程施工合同是发包人(建设单位、业主或总包单位)与承包人(施工单位),就商定的建设工程项目施工任务,确定双方权利和义务关系的协议,又称建筑安装承包合同。

建设工程施工合同具有如下特点:合同主体的严格性、合同标的的特殊形、合同履行期限的长期性及建设计划和程序严格性。建设工程合同形式必须采用书面形式。

《建设工程施工合同示范文本》(GF—99—0201)作为签署合同的示范文本具有推荐、示范性,可以根据工程具体情况予以补充完善、修改。它由协议书、通用条款、专用条款三部分组成,并附有三个附件。

《建设工程施工合同示范文本》(GF—99—0201)约定,组成施工合同的文件和优先解释顺序为:合同协议书、中标通知书、投标书及其附件、专用条款、通用条款、本工程所适用的标准、规范及有关技术文件、图纸、工程量清单及工程报价单或预算书。

思考题

1. 建设工程施工合同的概念？
2. 建设工程施工合同的特点？
3. 通用条款和专用条款的区别？
4. 《建设工程施工合同范本》的组成及解释顺序是怎样的？
5. 发包人、承包人的一般义务是什么？
6. 工程可以延期的情况有哪些？不可抗力包括哪些内容？
7. 对隐蔽工程的检查和验收是如何进行的？
8. 什么叫工程试车？有哪些形式？
9. 工程具备什么样的条件才能进行竣工验收？
10. 工程款的支付包括哪些内容？

管理箴言

在建筑工程承包中，业主通常想的是承包商“多劳少得”；而承包商通常想的是要“少劳多得”。一个公平、合理的合同条件能够阻止这两种想法变为现实。

第八章 国际工程合同条件

【内容提要】

我国的工程合同条件实际上借鉴了国际上成熟的工程合同条件，这一点毋庸置疑。在介绍我国工程合同条件之后，现就国际工程合同条件作一简单介绍。单就国际工程合同条件而言，不同国家、不同国际组织有着不同的文化传统和历史背景，也有着不同的合同条件。本章就国际上最常用的合同条件作简要介绍。

【学习指导】

国际工程是一个工程项目的咨询、融资、设计、采购、承包、管理以培训运营的参与者来自不止一个国家，按照国际上通用的管理模式进行管理的工程。中国进入 WTO 后，我国建筑行业愈来愈多地参与国际工程建设。

国际工程合同是跨国经济活动，涉及不同国家、民族和不同文化、法律背景，具有一系列特殊性。签署的合同文本因业主、项目、地区的不同而不同。其中最常用的合同文本是国际咨询工程师联合会(FIDIC)编制起草的合同系列。

随着我国加入 WTO，我国大型建筑企业越来越多进入国际市场承包工程任务，国外的建筑企业进入我国市场承包工程任务已成为建筑业发展也屡见不鲜。在这重要的融合时期，熟悉、了解一些国际工程合同的有关知识变得尤为必要。

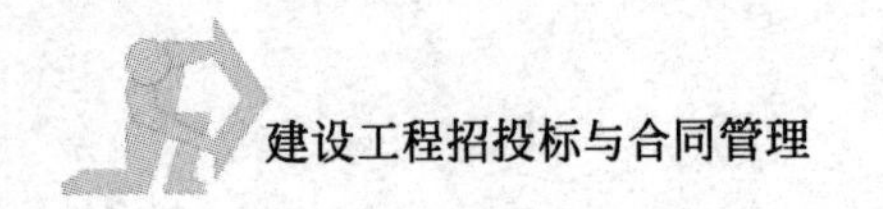

第一节　概　　述

一　国际工程的概念和特点

(一)国际工程的概念

国际工程是一个工程项目从咨询、融资、采购、承包、管理以及培训等各个阶段的参与者来自不止一个国家,并且按照国际上通用的工程项目管理模式进行管理的工程。根据这个定义,我们可以从两个方面去更广义地理解国际工程的概念。

1.国际工程包含国内和国外两个市场

国际工程既包括我国公司去海外参与投资和实施的各项工程,又包括国际组织和国外的公司到中国来投资和实施的工程。我国目前是一个开放的市场,我国加入 WTO 的时间越长,这种国内外建筑市场的融合越深。在国内我们也会遇到大量国内习惯称之为"涉外工程"的国际工程。所以我们研究国际工程不仅是走向海外的需要,也是巩固和占领国内市场的需要,同时还是我国建筑业的管理加快与国际接轨的需要。

2.国际工程包括咨询和承包两大行业

(1)国际工程咨询。

包括对工程项目前期的投资机会研究、预可行性研究、可行性研究、项目评估、勘测、设计、招标文件编制、监理、管理、后评估等。国际工程咨询是以高水平的人力资源为主的一个特殊行业,一般都是为建设单位提供服务 ,也可应承包商聘请为其进行项目施工管理、成本管理等。

(2)国际工程承包。

包括对工程项目进行投标、施工、设备采购及安装调试、分包、提供劳务等。按照业主的要求,有时也做施工详图设计和部分永久工程的设计。

综上所述,国际工程涵盖着一个广阔的领域,各国际组织、国际金融机构等投资方,各咨询公司和工程承包公司等在本国以外地区参与投资和建设的工程的总和组成了全世界的国际工程。各个行业、各种专业都会涉及国际工程。

(二)国际工程的特点

1.跨多个学科的系统工程

国际工程不但是一个跨多个学科的新学科,而且是一个不断发展和创新的学科。从事国际工程的人员既要求掌握某一个专业领域的技术知识，又要掌握涉及法律、合同、金融、外贸、保险、财会等多方面的其他专业的知识。从工程项目准备到项目实施，整个项目管理过程复杂，对管理人员素质要求很高。

2.跨国的经济活动

国际工程是一项跨国的经济活动，涉及不同的国家、民族，不同的文化、背景和政治、经济背景，不同参与单位的经济利益，因而合同各方不容易相互理解，常常产生矛盾和纠纷。

3.严格的合同管理

由于不止一个国家的单位参与工程建设，不可能依靠行政管理的方法，唯一可行的是采用国际上已形成惯例的、行之有效的一整套合同管理方法。采用国际工程合同管理办法，工程项目前期招标文件的准备、招标、投标、评标各阶段都花费比较多的时间，但却为选择理想的承包商、订立一个完备的合同，在实施阶段严格按照合同进行项目管理打下一个良好的基础。

4.风险与利润并存

国际工程是一个充满风险的事业。每年国际上都有一批工程公司倒闭，又有一批新的公司成长起来。

5.发达国家垄断

国际工程市场是以西方发达资本主义国家开始大规模向海外投资、扩张为标志的。一大批垄断建筑企业为了利润到国外去投资、咨询和承包工程，他们凭借雄厚的资本、先进的技术、高水平的管理和多年的经验，占有了绝大部分国际工程市场。我们要想进入这个市场需要付出加倍的努力。

二 国际工程合同的概念

(一)国际工程合同的概念

国际工程合同是指不同国家的业主和承包商之间为了实现在某个工程项目中的特定目的而签订的确定相互权利和义务的协议。由于国际工程是跨国的经济活动，因而国际工程合同远比一般国内的合同复杂。

(二)国际工程合同的特点

1.国际工程的合同管理是工程项目管理的核心

国际工程合同从前期准备（指编制招标文件）、招投标、谈判、修改、签订到

实施，都是国际工程中十分重要的环节。合同有关任何一方都不能粗心大意。只有订立一个好的合同才能保证项目的顺利实施。

2. 国际工程合同文件内容全面

国际工程合同文件包括合同协议书、投标书、中标函、合同条件、技术规范、图纸、工程量表等多个文件。编制合同文件时，各部分的论述都应力求详尽具体，以便在实施中减少矛盾和争论。

3. 国际工程合同制定、实施期长

国际工程合同标的往往比较大，一个合同实施期短则 1～2 年，长则 20～30 年（如 BOT 项目）。合同风险会随着时间的延长而增加。合同中的任何一方都必须十分重视合同的订立和实施，依靠合同来保护自己的合法权益。

4. 比较完善的合同范本

国际工程咨询和承包在国际上已有上百年历史，经过不断地总结经验，在国际上已经有了一批比较完善的合同范本，这些范本还在不断地修订和完善，可供我们学习和借鉴。

5. 每个工程项目都有各自的特点

"项目"本身就是不重复的、一次性的活动，国际工程项目由于处于不同的国家和地区、不同的工程类型、不同的资金条件、不同的合同模式、不同的业主和咨询工程师、不同的承包商，所以说每个项目都不相同。研究国际工程合同管理时，既要研究其共性，更要研究其特性。

6. 国际工程项目合同数量多

国际工程项目的实施往往是一个综合性的商务活动，当事人除主合同外，还可能需要签订多个分合同，如融资贷款合同、货物采购合同、分包合同、劳务合同、联营合同、技术转让合同、设备租赁合同等。其他合同均是围绕主合同，为主合同服务，但每一个合同的订立和管理都会影响主合同的实施。

综上所述，我们可以看出合同的制定和管理是搞好国际工程项目的基础和前提。工程项目的进度管理、质量管理与造价管理，均是以合同要求和规定为依据。项目任何一方都应配备得力人员认真研究合同，管理好合同。

三 国际工程合同条件

自 20 世纪 40 年代以来，随着国际工程承包事业的不断发展，逐步形成了国际工程施工承包常用的一些标准合同条件。许多国家在土木工程的招标承包业务中，参考国际合同条件标准内容和格式，并结合自己的具体情况，制定出本国的标准合同条件。

目前,国际上常用的施工合同条件主要有:国际咨询工程师联合会(FIDIC)编制的各类合同条件、英国土木工程师学会的"ICE 土木工程施工合同条件"、英国皇家建筑师学会的"RIBA/JCT 合同条件"、美国建筑师学会的"AIA 合同条件"、美国承包商总会的"AGC 合同条件"、美国工程师合同文件联合会的"EJCDC合同条件"、美国联邦政府发布的"ST—23A 合同条件"等。其中,以国际咨询工程师联合会编制的各类合同条件、英国土木工程师学会的"ICE 土木工程施工合同条件"和美国建筑师学会的"AIA 合同条件"最为流行。

国际合同条件具有以下特点:

(1)在数量上,除了 FIDIC 合同条件外,还存在其他国际通行的合同条件,如 ICE、JCT、NEC 合同条件等;

(2)在种类上,合同条件显现系列化,如 JCT 合同系列因承包方式、工程规模、计价方式、投资主体和分包形式不同形成了 17 种合同文本;

(3)在内容上,合同文件一般每 10 年修改、更新一次。如 FIDIC 合同条件从 1957 年第 1 版,到 1988 年第 4 版,1999 年又推出最新版本的合同条件,平均每 10 年内容就有较大幅度的变化;

(4)合同的基本结构及基本原则较为稳定、统一。

(一)ICE 土木工程施工合同条件

ICE 土木工程施工合同条件是由英国土木工程师学会(The Institution of Civil Engineers ,缩写为 ICE) 编制的,该组织在土木工程建设合同方面具有高度的权威性。它编制的土木工程合同条件在英联邦国家的土木工程界有广泛的应用。除了 ICE 外,还有英国咨询工程师协会(ACU)、土木工程承包商联合会(FCEC)等参与制定 ICE 合同条件。

ICE 合同条件属于单价合同格式,同 FIDIC 土木工程施工合同条件一样是以实际完成的工程量和投标书中的单价来控制工程项目的总造价。ICE 也为设计——建造模式制定了专门的合同条件。同 ICE 合同条件配套使用的还有一份《ICE 分包合同标准格式》,规定了总承包商与分包商签订分包合同时采用的标准格式。

与 FIDIC 施工合同相比,ICE 施工合同条件最大的不同在于其有关指定分包商的规定。其有关指定分包商的规定如下:

(1)指定的分包商是指按照合同或工程师的命令,由承包商雇佣的分包商。工程师指定的分包商实施的工程或采购的金额通常在暂定金额内支付。

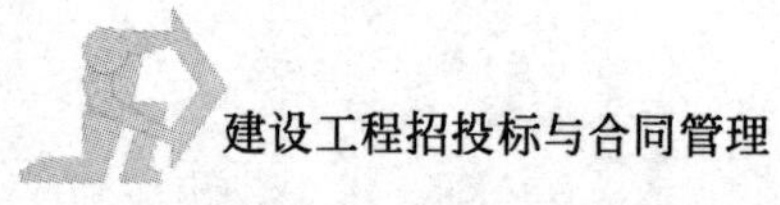

(2)工程师有权选择指定分包商,但这种指定不是强制性的。如承包商有正当理由,承包商可以拒绝与指定分包商签订分包合同。

(3)如果指定分包商在合同实施过程中出现失误,承包商可以根据合同的规定终止分包合同。在此情况下,工程师应该选择下列方式之一进行处理:

①重新选定另一名分包商;

②对存在问题的工程、材料、服务等项目进行变更;

③将相应的项目交给业主雇佣的其他人员实施,但这种转让不能影响承包商负责该部分工作时所应得到的利润;

④要求承包商另外推荐分包商并向工程师提交报价;

⑤由承包商自己负责进行该部分工程施工。

(4)承包商应对指定分包商的工作负责,同时指定分包商也保证其行为不给承包商造成任何损失。如果因指定分包商工作失误,承包商认为可以根据终止合同条款终止分包合同,则承包商应征得工程师的书面同意。如果工程师不予批准,则工程师应发出指令补偿因指定分包商行为引起的经济损失并顺延工期。在工程师批准终止合同后,承包商应采取措施防止损失的扩大,但如果上述终止合同的行为给承包商带来了额外支出,业主应给承包商以适当补偿。

(二)AIA 合同条件

AIA 系列合同条件是由美国建筑师学会(The American Institute of Architects,简称 AIA)制定发布的,该机构作为建筑师的专业社团,已经有近 140 年的历史,主要致力于提高建筑师的专业水平,促进其事业的成功并通过改善其居住环境提高大众的生活水准。AIA 出版的系列合同文件在美国建筑业界及国际工程承包界,尤其在美洲地区具有较高的权威性,应用广泛。

美国建筑师学会制定发布的合同条件主要用于私营的房屋建筑工程,在美国应用甚广,影响很大。针对不同的工程项目管理模式及不同的合同类型出版了多种形式的合同条件。AIA 文件中包括 A、B、C、D、F、G 等系列,各个系列内容简介如下:

A 系列——业主与承包商的标准合同文件,不仅包括合同条件,还包括承包商资质报表,各类担保的标准格式等;

B 系列——用于业主与建筑师之间的标准合同文件,其中包括专门用于建筑设计、室内装修工程等特定情况的标准合同文件;

C 系列——用于建筑师与专业咨询人员之间的标准合同文件;

D 系列——建筑师行业内部使用的文件;

F 系列——财务管理报表；

G 系列——建筑师企业及项目管理中使用的文件。

AIA 系列合同文件的核心是“通用条件”(A201 等)。采用不同的工程项目管理模式及不同的计价方式时，只需选用不同的“协议书格式”与“通用条件”。AIA 为包括 CM 模式在内的各种工程项目管理模式专门制定了各种协议书格式。AIA 合同文件的计价方式主要有总价、成本补偿合同及最高限定价格法。由于小型项目情况比较简单，AIA 专门编制用于小型项目的合同条件。

四 FIDIC 组织简介

FIDIC 是“国际咨询工程师联合会”的法文名称 Federation Internationale-DesIngenieurs Conseils 的缩写。1913 年欧洲三个国家的咨询工程师协会成立了国际咨询工程师联合会(以后简称 FIDIC)。第二次世界大战后，各参战国家百废待兴，建筑业也面临巨大发展机会。与此同时，由于在咨询和协调建筑业各项活动中所取得的骄人业绩，FIDIC 也日益发展壮大。该组织在每个国家或地区均吸收一个独立的咨询工程师协会作为团体会员，至今已有 60 多个发达国家和发展中国家或地区的成员，因此它是国际上最具有权威性的咨询工程师组织。我国已于 1996 年正式加入 FIDIC 组织。

FIDIC 是一个非官方机构，其宗旨是通过编制得到普遍认同、高水平的标准文件，召开研讨会，传播工程信息，从而推动全球工程咨询行业的发展。

FIDIC 下设多个委员会，如“业主——咨询工程师关系委员会”(CCRC)、“土木工程合同委员会”(CECC)、“电气机械委员会”(EMCC)、“职业责任委员会”(PCC)。各专业委员会发布的很多管理性文件和规范化的标准合同文件范本，不但为 FIDIC 成员国所采用，而且世界银行、亚洲开发银行及非洲开发银行等金融机构也要求在其贷款建设的建设工程项目实施过程中使用以该文本为基础编制的合同条件。我国于 1984 年正式开工、1988 年 7 月竣工的云南鲁布革水电站引水系统工程是我国第一个利用世界银行贷款，并按世界银行规定，采用国际竞争性招标和项目管理的工程，也是国内第一个使用 FIDIC 建设工程施工合同条件的工程。此后，FIDIC 合同条件也随之引入我国，并一步步得到推广、应用。

FIDIC 文件中应用较为广泛者有：

《业主——咨询工程师标准服务协议书》(Client/Consultant Model Services Agreement)(俗称“白皮书 ”)；

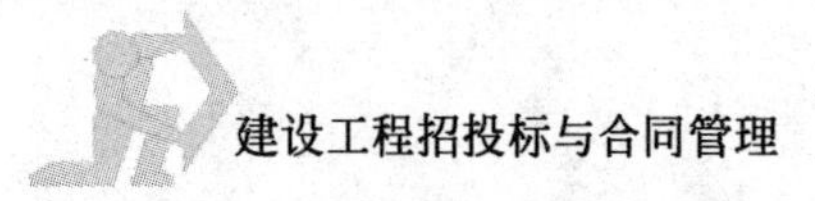

《土木工程施工合同条件》(Conditions of Contract for Works of Civil Engineering Construction)(俗称"红皮书");

《电气与机械工程合同条件》(Conditions of Contract for Electrical and Mechanical Works)(俗称"黄皮书")

《设计——建造与交钥匙合同条件》(Conditions of Contract for Design-Build and Turnkey)(俗称"橘皮书");

《土木工程施工分包合同条件》(Conditions of Subcontract for Works of Civil Engineering Construction)。

1999年9月,FIDIC又出版了新版的文件,共有四种:

《施工合同条件》(Conditions of Contract for Construction);

《工程设备与设计——建造合同条件》(Conditions of Contract for Plant and Design-Build);

《EPC交钥匙合同条件》(Conditions of Contract for EPC/Turnkey Projects);

《合同简短格式》(Short Form of Contract);

《业主——咨询工程师标准服务协议书》。

这些合同条件不是在以往FIDIC合同版本的基础上修改,而是进行了重新编写。它继承了原有合同条件的优点,并根据多年来在实践中取得的经验以及专家、学者和相关各方的意见和建议,作出了重大的调整。这些合同条件的文本不仅适用于国际工程,而且稍加修改后同样适用于国内工程,我国有关部委编制的适用于大型工程施工的标准化范本都以FIDIC编制的合同条件为蓝本。

第二节 FIDIC《施工合同条件》内容简介

《建设工程施工合同条件》(Conditions of Contract for Works of Civil Engineering Construction)(简称红皮书)是FIDIC最早编制的合同文本,也是其他几个合同条件的基础。1999年颁布了《施工合同条件》(Conditions of Contract for Construction)(第一版)(简称新红皮书)。无论是《建设工程施工合同条件》还是《施工合同条件》,都推荐用于由业主或其代表工程师设计的建筑或工程项目,在项目施工中,承包商按照业主提供的图纸进行工程施工。但该合同条件不排除由承包商设计部分土木、机械、电气和(或)构筑物的情况。目前,在国际工程界,这两个合同条件都有使用。

《施工合同条件》的主要特点是：条款中责任的约定以招标选择承包商为前提；合同履行过程中建立以工程师为核心的管理模式；承包商按照业主提供的图纸进行工程施工，以单价合同为基础（也允许部分工作以总价合同承包）。我国建设部和国家工商行政管理局联合颁发的《建设工程施工合同示范文本》采用了很多建设工程施工合同条件的条款，本节仅就其中部分未采用的合同条款予以介绍。

一 合同的法律基础、合同语言、合同文件

（一）合同的法律基础

投标函附录中必须明确规定合同受哪个国家或其他管辖区域的“管辖法律”的制约。

（二）合同语言

如果合同文本采用一种以上的语言编写，由此形成了不同的版本，则以投标函附录中规定的“主导语言”编写的版本为准。

工程中的往来信函应使用投标附录规定的“通信联络的语言”。工程师助理、承包商的代表及其委托人必须能够流利地使用"通信联络的语言"进行日常交流。

（三）合同文件

构成合同的各个文件应能相互解释，相互说明。当合同文件中出现含糊或矛盾之处时，由工程师负责解释。构成合同的各文件的优先次序为：①合同协议书；②中标函；③投标函；④专用条件；⑤通用条件；⑥规范；⑦图纸；⑧资料表以及其他构成合同部分的文件。

二 合同中部分主要用词的定义

（一）几个时间概念

1. 合同工期

合同工期是所签合同内注明的完成全部工程或分部移交工程的时间，加上合同履行过程中因非承包商应负责的原因导致变更和索赔事件发生后，经工程

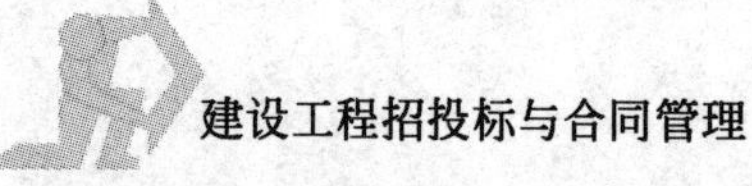

师批准顺延工期之和。合同内约定的工期指承包商在投标书附录中承诺的竣工时间。合同工期的日历天数作为衡量承包商是否按合同约定期限履行施工义务的标准。

2.施工期

从工程师按合同约定发布的"开工令"中指明的应开工之日起,至工程移交证书注明的竣工日止的日历天数为承包商的施工期。用施工期与合同工期比较,判定承包商的施工是提前竣工,还是延误竣工。

3.缺陷责任期

缺陷责任期,亦即缺陷通知期限,即国内施工合同文本所指的工程保修期,自工程移交证书中写明的竣工日开始,至工程师颁发解除缺陷责任证书为止的日历天数。尽管工程移交前进行了竣工检验,但工程移交证书只是证明承包商的施工工艺达到了合同规定的标准,设置缺陷责任期的目的是为了考验工程在动态运行下是否达到了合同中技术规范的要求。因此,自开工之日起至颁发解除缺陷责任证书日止,承包商要对工程的施工质量负责。合同工程的缺陷责任期及分阶段移交工程的缺陷责任期,应在专用条件内具体约定。次要部位工程通常为半年,主要工程及设备大多为一年,个别重要设备也可以约定为一年半。

4.合同有效期

自合同签字日起至承包商提交给业主的"结清单"生效日止,施工合同对业主和承包商均具有法律约束力。颁发解除缺陷责任证书只是表示承包商的施工义务终止,即证明承包商的工程施工、竣工和保修义务满足合同条件的要求,但合同约定的权利义务并未完全结束,还剩有管理和结算等手续。结清单生效指业主已按工程师签发的最终支付证书中的金额付款,并退还承包商的履约保函。结清单一经生效,承包商在合同内享有的索赔权利也自行终止。

(二)合同价格

合同条件中通用条件一般规定的"定义"有:"合同价格指中标通知书中写明的,按照合同规定,为了工程的实施、完成及其任何缺陷的修补应付给承包商的金额及按照合同所作的调整。"在此注意,中标通知书中写明的合同价格仅指业主接受承包商投标书中为完成全部招标范围内工程报价的金额,不能简单地理解为承包商完成施工任务后应得到的结算款额。因为合同条件内很多条款都规定,工程师根据现场情况发布非承包商应负责原因的变更指令后,如果导致承包商施工中发生额外费用所应给予的补偿,以及批准承包商索赔给予补偿的费用,都应增加到合同价格上去,所以签约时原定的合同价格在实施过程中会有所变化。大多数情况下，承包商完成合同规定的施工义务后，累计获得的工程款也不等于原定合同价格与批准的变更和索赔补偿款之和，可能比其多，也可能比其少。究其原因，涉及以下几方面的因素：

1.合同类型特点

建设工程施工合同条件适用于大型复杂工程采用单价合同的承包方式。为了缩短建设周期，通常在初步设计完成后就开始施工招标，在不影响施工进度的前提下陆续发放施工图，因此承包商据以报价的工程量清单中各项工作内容项下的工程量一般为概算工程量。合同履行过程中，承包商实际完成的工程量可能多于或少于清单中的估计量。单价合同的支付原则是，按承包商实际完成工程量乘以清单中相应工作内容的单价，结算该部分工作的工程款。

2.可调价合同

大型复杂工程的施工期较长，通用条件中包括合同工期内因物价变化对施工成本产生影响后计算调价费用的条款，每次支付工程进度时均要考虑约定可调价范围内项目当地市场价格的涨落变化。而这笔调价款没有包含在中标价格内，仅在合同条款中约定了调价原则和调价费用的计算方法。

3.发生应由业主承担责任的事件

合同履行过程中，当因业主的行为或应由业主承担风险责任的事件发生后，导致承包商增加施工成本，合同相应条款都规定应对承包商受到的实际损害给予补偿。

4.承包商的质量责任

合同履行过程中，如果承包商没有完全地或正确地履行合同义务，业主可凭工程师出具的证明，从承包商应得工程款内扣减该部分给业主带来损失的款额。合同条件内明确规定的情况包括：

(1)不合格材料和工程的重复检验费用由承包商承担。工程师对承包商采购的材料和施工的工程通过检验后发现质量没达到合同规定的标准，承包商应自费改正并在相同条件下进行重复检验，重复检验所发生的额外费用由承包商承担；

(2)承包商没有改正忽视质量的错误行为。当承包商不能在工程师限定的时间内将不合格的材料或设备移出施工现场，以及在限定时间内没有或无力修复缺陷工程，业主可以雇用其他工程队来完成，该项费用应从承包商处扣回；

(3)折价接收部分有缺陷工程。某项处于非关键部位的工程施工质量未达到合同规定的标准，如果业主和工程师经过适当考虑后，确定该部分的质量缺陷不会影响总体工程的运行安全，为了保证工程按期发挥效益，可以与承包商协商后折价接收。

5.承包商延误工期或提前竣工

签订合同时双方即需约定竣工拖期日赔偿额和最高赔偿限额。如果因承包商应负责原因竣工时间迟于合同工期,将按日拖期赔偿额乘以延误天数计算拖期违约赔偿金,但以约定的最高赔偿限额为赔偿业主延迟发挥工程效益的最高款额。如果合同内规定有分阶段移交的工程,在整个合同竣工日期以前,工程师已对部分分阶段移交的工程颁发了工程移交证书,且证书中注明的该部分工程竣工日期未超过约定的分阶段竣工时间,则全部工程剩余部分的日拖期违约赔偿额应相应折减。折减的原则是,将拖延竣工部分的合同金额除以整个合同的总金额所得的比例乘以拖期赔偿额,但不影响约定的最高赔偿限额。

如果承包商通过自己的努力使工程提前竣工是否应得到奖励,在建设工程施工合同条件中予以明确。提前竣工时承包商是否应得到奖励,业主要看提前竣工的工程或区段是否能让其得到提前使用的收益。如果招标工作内容仅为整体工程中的部分工程且这部分工程的提前不能单独发挥效益,则没有必要鼓励承包商提前竣工,可以不设奖励条款。若选用奖励条款,则需在专用条件中具体约定奖金的计算办法。FIDIC编制奖励办法时,为了使业主能够在完成全部工程之前占有并启用工程的某些区段提前发挥效益,约定的区段完工日期应固定不变。也就是说,不因该区段施工过程中出现非承包商应负责原因工程师批准顺延合同工期而对计算奖励竣工时间予以调整(除非合同中另有规定)。

6.包含在合同价格之内的暂定金额

某些项目的工程量清单中包括"暂定金额"款项,尽管这笔款额计入合同价格内,但其使用却归工程师控制。暂定金额实际上是一笔业主方的备用金,工程师有权依据工程进展的实际需要,用于施工或提供物资、设备以及技术服务等内容的开支,也可以作为供意外用途的开支。工程师有权全部使用、部分使用或完全不用暂定金额。工程师可以发布指示,要求承包商或其他人完成暂定金额项内开支的工作,因此只有当承包商按工程师的指示完成暂定金额项内开支的工作任务后,才能从其中获得相应支付。由于暂定金额是用于招标文件规定承包商必须完成的承包工作之外的费用,所以未获得暂定金额内的支付并不损害其利益。

(三)履约担保

1.履约担保的方式

为了保证承包商忠实地履行合同规定的义务,并保障业主在因承包商的严重违约受到损害时能及时获得损失补偿，合同条件规定承包商应提供第三人的履约保证作为合同的担保。保证方式可以是银行出具的履约保函，也可以是第三方法人提供的保证书。对于银行出具的保函，大多为无条件担保，担保金额应在专用条件内约定，保函金额通常为合同价的10%。如果不是银行保函，而是其他第三方保证形式，所规定的百分比通常要高得多，可以是合同价的20%～40%。这里还应提到的是，业主不能要求承包商预先支付一笔金额作为担保，对承包商只能要求其完成合同。因为担保金额较高且担保期限较长，担保金将冻结承包商对这笔资金的使用权，影响到资金的时间应用价值。国际承包活动中业主一般要求承包商提供银行出具的无条件履约保函。

2.履约保证的期限

保证期限是从签订合同之日起，到承包商完成全部施工、竣工、保修义务止。按照通用条件的规定，承包商应在收到中标通知书后的28天内，向业主提交履约保函换回投标保函，并相应通知监理工程师。保函的有效期应到监理工程师签发"解除缺陷责任证书"之日止，也就是担保承包商根据合同完成施工、竣工，并通过了缺陷责任期内的运行，修补了任何缺陷之后。发出"解除缺陷责任证书"(履约证书)之后，业主就无权对该担保提出任何索赔要求，并应在证书发出后的21天之内将履约保函退还承包商。由于保函金额较高，承包商须向担保银行支付的手续费也较高，用合同金额的10%来保证缺陷责任期的保修并不太合理，有时业主会在专用条件的相应条款中作出规定，或是承包商与业主协商后以补充文件的形式规定，在竣工验收合格后，承包商可以开具价值不超过履约保函金额一半的维修保函来代替履约保函。如果施工过程中出现不应由承包商负责的事件，经监理工程师批准，合同工期可以顺延，履约保函的有效期也应顺延。在履约保函有效期内，如果承包商严重违约，业主可以按照担保条件凭保函向银行索赔，银行不得拒付。

3.业主凭履约保证索赔的条件

由于履约保函的担保金额较高，承包商的风险很大，因此通用条件强调在任何情况下业主凭履约担保向保证人提出索赔要求前，都应预先通知承包商，说明导致索赔的违约性质，即给承包商一个补救违约行为的机会。《施工合同条件》(1999年第1版)的通用条件中进一步明确指出，业主按照合同规定有权依据履约保函获得索赔款的情况包括：

(1)按照承包商因其违约行为对业主造成损害的赔偿认可，工程师依据业主索赔作出的决定或发生合同争议后仲裁人作出的决定，在这类协议或决定后42天内承包商未能向业主支付应付的款项；

(2)在保修期内接到业主要求修补缺陷通知后的42天内,承包商未去修补缺陷;

(3)由于承包商违约,业主按照合同条件规定提出终止合同。合同条件相应规定,业主应使承包商免于因为业主凭履约保证对无权索赔的情况提出索赔的后果而遭受损害、损失和开支(包括法律费用和开支)。

由此可以看出,只有在承包商严重违约使得合同无法正常履行下去的情况下,业主才可以用履约保证索赔。在通用条件内,业主约束承包商履约的措施较多,对于较小违约行为可以从中期支付工程进度款内扣除损失费用;一般违约行为,可以从保留金内扣款;严重违约时,用履约保函从担保人处得到损害补偿。

(四)指定分包商

合同通用条件规定,业主有权将部分工程项目的施工任务或涉及提供材料、设备、服务等的工作内容发包给指定分包商实施。所谓指定分包商,是由业主(或工程师)指定、选定,完成某项特定工作内容并与承包商签订分包合同的特殊分包商。

之所以在合同内有指定分包商,大多因业主在招标阶段划分合同标段时,考虑到某部分施工的工作内容有较强的专业技术要求,一般承包单位不具备相应的技术能力,但如果以一个单独的合同对待指定分包商又限于现场的施工条件,工程师无法合理地进行协调管理。为避免各独立承包商之间的施工干扰,将这部分工作发包给指定分包商实施,由指定分包商与承包商签订分包合同。正是因为指定分包商是与承包商签订的分包合同,所以在合同关系和管理关系方面指定分包商与一般分包商处于同等地位,对其施工过程中的监督、协调工作也纳入承包商的管理之中。指定分包工作内容包括部分工程的施工,供应工程所需的货物、材料、设备,设计,提供技术服务等。

虽然指定分包商与一般分包商处于相同的合同地位,但两者并不完全一致,主要差异体现在以下几个方面:

(1)选择分包单位的权利不同。承担指定分包工程任务的分包商单位由业主或工程师选定;而一般分包商则由承包商选择。

(2)分包合同的工作内容不同。指定分包工作属于承包商无力完成,不在合同约定应由承包商必须完成范围之内的工作,即承包商投标报价时没有摊入间接费、管理费、利润、税金的工作,因此不损害承包商的合法权益;而一般分包商的工作则为承包商承包工作范围的一部分。

(3)工程款的支付开支项目不同。为了不损害承包商的利益,给指定分包商的付款应从暂定金额内开支；而对一般分包商的付款，则从工程量清单中相应工作内容项内支付。由于业主选定的指定分包商要与承包商签订分包合同，并需指派专职人员负责施工过程中的监督、协调、管理工作，因此也应在分包合同内具体约定双方的权利和义务，明确收取分包管理费的标准和方法。

(4)业主对分包商利益的保护不同。尽管指定分包商与承包商签订分包合同后，按照权利义务关系他直接对承包商负责，但由于指定分包商终究是业主选定的，而且其工程款的支付从暂定金额内开支，因此在合同条件内列有保护指定分包商的条款。通用条件规定，承包商在每个月月末报送工程进度款支付报表时，工程师有权要求其出示以前已按指定分包合同给指定分包商付款的证明。如果承包商没有合法理由而扣押了指定分包商上个月应得工程款的话，业主有权按工程师出具的证明从本月应得款内扣除这笔金额直接付给指定分包商。对于一般分包商则无此类规定，业主和工程师不介入一般分包合同履行的监督。

(5)承包商对分包商违约行为承担责任的范围不同。除非由于承包商向指定分包商发布了错误的指示要承担责任外，指定分包商任何违约行为给业主或第三者造成损害而导致索赔或诉讼，承包商不承担责任；如果一般分包商有违约行为，业主将其视为承包商的违约行为，按照主合同的规定追究承包商的责任。

三 风险责任的划分

合同履行过程中可能发生的某些风险是有经验的承包商在准备投标时无法合理预见的，就业主利益而言，不应要求承包商在其报价中计入这些不可合理预见风险的损害补偿费，以取得有竞争性的合理报价。合同履行过程中发生此类风险事件后，应按承包商受到的实际影响给予补偿。

（一）业主风险

通用条件规定，属于业主的风险包括：

(1)战争、敌对行动、入侵、外敌行动；

(2)叛乱、革命、暴动或军事政变、篡夺政权或内战；

(3)核爆炸、核废料、有毒气体的污染等；

(4)超音速或亚音速飞行物产生的压力波；

(5)暴乱、骚乱或混乱，但不包括承包商及分包商的雇员因执行合同而引起的行为；

(6)因业主在合同规定以外使用或占用永久工程的某一区段或某一部分而

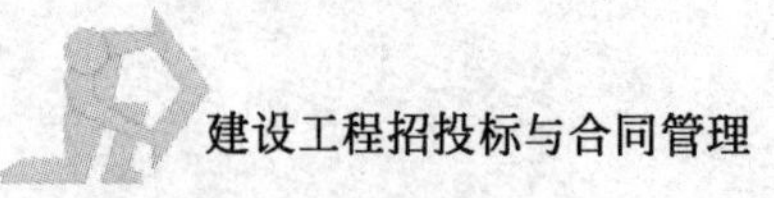

造成的损失或损害；

(7)业主提供的设计不当造成的损失；

(8)一个有经验的承包商通常无法预测和防范的任何自然力作用。

上述前5种风险都是业主或承包商无法预测、防范和控制的事件，损害的后果又很严重，因此合同条件又进一步将它们定义为“特殊风险”。因特殊风险事件发生导致合同的履行被迫终止时，业主应对承包商受到的实际损失(不包括利润损失)给予补偿。

(二)其他不能合理预见风险

如果遇到了现场气候条件以外的外界条件或障碍(如金融市场汇率的变化、工程所在国法令、政策的变化)影响了承包商按预定计划施工，经工程师确认该事件属于有经验的承包商无法合理预见的情况，则承包商实际施工成本的增加和工期损失应得到补偿。

四 工程师颁发证书程序

工程移交证书在合同管理中有着重要的作用：一是证书中指明的竣工日期，将用于判定承包商是应承担拖期违约赔偿责任还是可获得提前竣工的奖励的依据之一；二是颁发证书日，即为对已竣工工程照管责任的转移日期；三是颁发工程移交证书后，可按合同规定进行竣工结算；四是颁发工程移交证书后，业主应释放保留金的一半给承包商。

(一)颁发工程移交证书程序

工程施工达到了合同规定的“基本竣工”要求后，承包商以书面形式向工程师申请颁发移交证书，同时附上一份在缺陷责任期内及时完成任何未尽事宜的书面保证。基本竣工是指工程已通过竣工检验，能够按照预定目的交给业主占用或使用，而非完成了合同规定的包括扫尾、清理施工现场及不影响工程使用的某些次要部位缺陷修复工作后的最终竣工，剩余工作允许承包商在缺陷责任期内继续完成。这样规定有助于准确判定承包商是否按合同规定的工期完成施工义务，也有利于业主尽早使用或占有工程，及时发挥工程效益。

工程师接到承包商申请后的21天内，如果认为已满足竣工条件，即可颁发工程移交书；若不满意，则应书面通知承包商，指出还需完成哪些工作后才达到基本竣工条件。承包商按指示完成相应工作并被工程师认可后，不需再次申请

颁发证书,工程师应在指定工作最后一项完成的 21 天内主动签发证书。工程移交证书应说明以下主要内容:

(1)确认工程基本竣工;

(2)注明达到基本竣工的具体日期;

(3)详细列出按照合同规定承包商在缺陷责任期内还需完成工作的项目一览表。

如果合同约定工程不同区段有不同竣工日期时,每完成一个区段均应按上述程序颁发一个区段(标段)工程的移交证书。

(二)颁发解除缺陷责任证书

设置缺陷责任期的目的是检验已竣工的工程在运行条件下施工质量是否达到合同规定的要求。缺陷责任期内,承包商的义务主要表现在两个方面:一是按工程师颁发移交证书开列的后续工作一览表完成承包范围内的全部工作;二是对工程运行过程中发现的任何缺陷,按工程师的指示进行修复工作,以便缺陷责任期满时将符合合同约定条件(合理磨损除外)的工程进行最终移交。

缺陷责任期内工程圆满地通过运行考验,工程师应在最后一个缺陷通知期限期满后的 28 天内向承包商签发解除承包商承担工程缺陷责任的证书,并将副本送给业主。解除缺陷责任证书是承包商履行合同规定完成全部施工任务的证明,因此该证书颁发后工程师就无权再指示承包商进行任何施工工作,承包商即可办理最终结算手续。但此时仅意味着承包商与合同有关的指示任务已经完成,而合同尚未终止,剩余的双方合同义务只限于财务和管理方面的内容,业主应在证书颁发后的 21 天内,退还承包商的履约担保。

合同内规定有分项移交工程时,工程师将颁发多个工程移交证书。但从解除缺陷责任证书的作用来看,一个工程合同只颁发一个解除缺陷责任证书,即在最后一项移交工程的缺陷责任期满后颁发。较早到期的部分工程,通常以工程师向业主报送最终检验合格证明的形式说明该部分已通过了运行考验,并将副本送给承包商。

五 对工程质量的控制

(一)对工程质量的检查和试验

1. 工程师可以进行合同内没有规定的检查和试验

为了确保工程质量,工程师可以根据工程施工的进展情况和工程部位的重要性进行合同没有规定的必要检查或试验，有权要求对承包商采购的材料进行额外的物理、化学、金相等试验，对已覆盖的工程进行重新剥露检查，对已完成的工程进行穿孔检查。合同条件规定属于额外的检验包括：

(1)合同内没有指明或规定的检验；

(2)采用与合同规定不同方法进行的检验；

(3)在承包商有权控制的场所之外进行的检验(包括合同内规定的检验情况)，在工程师指定的检验机构进行。

2.检验不合格的处理

进行合同没有规定的额外检验属于承包商投标阶段不能合理预见的事件，如果检验合格，应根据具体情况给承包商以相应的费用和工期损失补偿；若检验不合格，承包商必须修复缺陷后在相同条件下进行重复检验，直到合格为止并由其承担额外检验费用。但对于承包商未通知工程师检查而自行隐蔽的任何工程部位，工程师要求进行剥露或穿孔检查时，不论检验结果表明质量是否合格，均由承包商承担全部费用。

(二)承包商执行工程师的有关指示

1.承包商应执行工程师发布的与质量有关的指令

除了法律(合同)规定或客观上不可能实现的情况以外，承包商应认真执行工程师对有关工程质量发布的指示，而不论指示的内容在合同内是否写明。例如，工程师为了探查地基覆盖层情况，要求承包商进行地质钻探或挖探坑。如果工程量清单中没有包括这项工作，则应按变更工作对待，承包商完成工作后有权获得相应补偿。

2.调查缺陷原因

在缺陷责任期满前的任何时候，承包商都有义务根据工程师的指示调查工程中出现的任何缺陷、收缩或其他不合格之处的原因，将调查报告报送工程师，并抄送业主。调查费用由造成质量缺陷的责任方承担：

(1)施工期间承包商应自费进行此类调查，除非缺陷原因属于业主应承担的风险、业主采购的材料不合格、其他承包商施工造成的损害等，应由业主负责调查费用；

(2)缺陷责任期内只要不属于承包商使用有缺陷材料或设备、施工工艺不合格以及其他违约行为引起的缺陷责任，调查费用应由业主承担。

(三)对承包商设备的控制

工程质量的好坏和施工进度的快慢,很大程度上取决于投入施工的机械设备、临时工程在数量和型号上的满足程度。鉴于承包商投标书报送的设备计划是业主决标考虑的主要因素之一,因此合同条件规定承包商自有的施工机械、设备、临时工程和材料(不包括运送人员和材料的运输设备),一经运抵施工现场后就被视为专门为本合同工程施工所用。虽然承包商拥有所有权和使用权,但未经工程师批准不能将其中的任何一部分运出施工现场。此项规定的目的是保证本工程的施工,并非在施工期内绝对不允许承包商将自有设备运出工地。某些使用台班数较少的施工机械在现场闲置期间,如果承包商的其他工程需要使用时,可以向工程师申请暂时运出。当工程师依据施工计划考虑该部分机械暂时不用并同意运出时,应同时指示何时必须运回以保证本工程施工之用,要求承包商遵照执行。对后期不再使用的设备,经工程师批准后承包商可以提前撤出工地。

(四)工程照管责任

从开工之日起到颁发工程移交证书之日止,承包商负有照管工程的责任。在此期间,工程的任何部分、待用材料、设备如果出现任何损失或损坏,除了业主应承担责任事件导致的原因外,应由承包商自费弥补这些损失或损坏。办理工程移交时,工程的各方面均需达到合同规定的标准。尽管承包商不对业主风险造成的损坏负责,但当工程师提出要求时仍应按指示修复缺陷,工程师也应批准给予相应的补偿。

在缺陷责任期内业主对移交工程承担照管责任。承包商不对工程运行条件下的正常维护或维修工作承担责任,只对缺陷责任期内应继续完成扫尾或修补缺陷部分的工程,以及该部分工程使用的材料和设备负有照管责任。

六 支付结算

建设工程施工合同条件规定的支付结算程序,包括每个月月末(或按合同约定)支付工程进度款、竣工移交时办理竣工结算和解除缺陷责任后进行最终决算三大类型。支付结算过程中涉及的费用又可以分为两大类:一类是工程量清单中列明的费用;另一类属于工程量清单内虽未注明,但条款有明确规定的费用,如变更工程款、物价浮动调整款、预付款、保留金、逾期付款利息、索赔款、违约赔

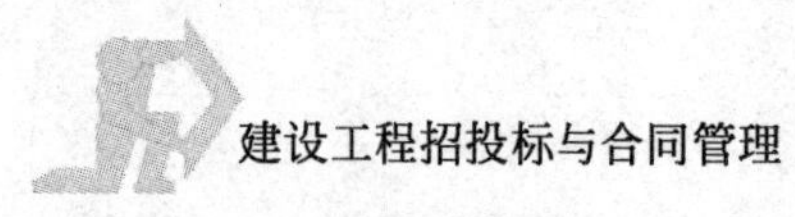

偿款等。

(一)工程进度款支付管理

1.工程进度款支付管理

保留金是按合同约定从承包商应得工程款中相应扣减的一笔金额,保留在业主手中,作为约束承包商严格履行合同义务的保证措施之一,当承包商有一般违约行为使业主受到损失时,可从该项金额内直接扣除损害赔偿费。例如,承包商未能在工程师规定的时间内修复缺陷工程部位,业主雇用其他人完成后,这笔费用可从保留金内扣除。

保留金的扣留是自首次支付工程进度款开始,用该月承包商有权获得的所有款项减去调价款后的金额,乘以合同约定保留金的百分比作为本次支付时应扣留的保留金(通常为10%)。逐月累计扣到合同约定的保留金最高限额为止(通常为合同总价的5%)。

颁发工程移交证书后,业主应退还承包商一半保留金。如果颁发的是部分工程移交证书,应退还该部分永久工程占合同工程相应比例保留金的40%。颁发解除缺陷责任证书后,退还剩余的全部保留金。在业主同意的前提下,承包商可以提交与一半保留金等额的维修保函代换缺陷责任期内的保留金,颁发移交证书后业主将全部保留金退还承包商。

2.预付款

FIDIC土木工程施工合同条件中将预付款分为动员预付款和预付材料款两部分。

(1)动员预付款。

动员预付款是雇主为了解决承包商进行施工前期工作时资金短缺,从未来的工程款中提前支付的一笔款项。通用条件中对动员预付款没有做出明确规定,因此,雇主同意给动员预付款时,须在专用条件中详细列明支付后扣还的有关事项。

动员预付款的数额由承包商在投标书内确认,一般在合同价的10%～15%范围内。承包商须首先将银行出具的预付款保函交给雇主并通知工程师,在14天内工程师应签发"动员预付款支付证书",雇主按合同约定的数额支付动员预付款,预付款保函金额始终保持与预付款等额,即随着承包商对预付款的偿还逐渐递减保函金额。

动员预付款应在支付证书中按百分比扣减的方式偿还,此种扣减应开始于支付证书中所有被证明了的期中付款的总额(不包括动员预付款及保留金的相减和偿还)超过接受的合同款额(减去暂定余额)的10%时,按照动员预付款的货币的种类及其比例,分期从每份支付证书中的数额(不包括动员预付款从保留金的扣减与偿还)中扣除25%,直至还清全部预付款。

如果在颁发工程的接收证书、雇主提出终止、承包商提出暂停和终止、因不可抗力终止合同前,尚未偿清动员预付款,承包商应将届时未付债务的全部余额立即支付给雇主。

(2)材料预付款。

由于FIDIC合同条件是针对包工包料承包的单价合向编制,因此,条款内规定由承包商自筹资金去订购其应负责采购的材料和设备。只有当材料和设备用于永久工程后,才能将这部分费用计入到工程进度款内支付。为了帮助承包商解决订购大宗主要材料和设备的资金周转,订购物资运抵施工现场经工程师确认合格后,按发票价值乘以合同约定的百分比(60%~90%)作为预付材料款,包括在当月应支付的工程进度款内。

预付材料款的扣还方式通常在FIDIC专用条件约定,具体有在约定的后续月内每月按平均值扣还或从已计量支付的工程量内扣除其中的材料费等方法:工程完工时,累计支付的材料预付款应与逐月扣还的总额相等。

3.计日工费

计日工费,是指承包商在工程量清单的附件中,按工种或设备填报单价的日工劳务费和机械台班费,一般用于工程量清单中没有合适项目且不能安排大批量的流水施工的零星附加工作,只有当工程师根据施工进展的实际情况.指示承包商实施以日工计价的工作时,承包商才有权获得用日工计价的付款。实施计日工工作过程中,承包商每天应向工程师送交以下一式两份的报表:

(1)列明所有参加计日工作的人员姓名、职务、工种和工时的确切清单;

(2)列明用于计日工的材料和承包商所用设备的种类及数量的报表。工程师经过核实批准后在报表上签字,并将其中一份退还承包商。如果承包商需要为完成计日工作购买材料,应先向工程师提交订货报价单请求批准,采购后还要提供证实所付款的收据或其他凭证。

每个月的月末,承包商应提交一份除日报表以外所涉及到日工计价工作的所有劳务、材料和使用承包商设备的报表,作为申请支付的依据。如果承包商未能按时申请,能否取得这笔款项取决于未申请的原因和工程师的态度。

4.因物价浮动的调价款

长期合同订有调价条款时,每次支付工程进度款均应按合同约定的方法计算价格调整费用。如果工程施工因承包商责任延误工期,则在合同约定的全部工程应竣工日后的施工期间，不再考虑价格调整，各项指数采用应竣工日当月所采用值；对不属于承包商责任的施工延期，在工程师批准的展延期限内仍应考虑价格调整。

5. 工程量计量

工程量清单中所列的工程量仅是对工程的估算量，不能作为承包商完成合同规定施工义务的结算依据。每次支付工程进度款前，均需通过测量来核实实际完成的工程量，以计量值作为支付依据。

6. 支付工程进度款

每个月的月末(或按合同约定)，承包商应按工程师规定的格式提交一式六份本月支付报表。内容包括以下几个方面：

(1)本月实施的永久工程价值；

(2)工程量清单中列有的，包括临时工程、计日工费等任何项目应得款；

(3)预付的材料款；

(4)按合同约定方法计算的，因物价浮动而需增加的调价款；

(5)按合同有关条款约定，承包商有权获得的补偿款。

工程师接到报表后，要审查款项内容的合理性和计算的正确性。在核实承包商本月应得款的基础上，再扣除保留金、动员预付款、预付材料款，以及所有承包商责任而应扣减的款项后，据此签发中期支付的临时支付证书。如果本月承包商应获得支付的金额小于投标书附件中规定的中期支付最小金额时，工程师可不签发本月进度款的支付证书，这笔款接转下月一并支付。工程师的审查和签证工作，应在收到承包商报表后的 28 天内完成。工程进度款支付证书属于临时支付证书，工程师有权对以前签发过的证书进行修正；若对某项工作的完成情况不满意，也可以在证书内删去或减少这项工作的价值。

承包商的报表经过工程师认可并签发工程进度款的支付证书后，业主应在接到证书的 28 天内向承包商付款。如果逾期支付，将按投标书附录约定的利率计算延期付款利息。

(二)竣工结算

1. 竣工结算程序

颁发工程移交证书后的 84 天内，承包商应按工程师规定的格式报送竣工报表。报表包括以下内容：

(1)至工程移交证书中指明的竣工日止，根据合同完成全部工作的最终价值；

(2)承包商认为应该支付给他的其他款项，如要求的索赔款、应退还的部分保留金等。

(3)承包商认为根据合同应支付给他的估算总额。

所谓估算总额，是指这笔金额还未经过工程师审核同意。估算总额应在竣工结算报表中单独列出，以便工程师签发支付证书。工程师接到竣工报表后，应对照竣工图进行工程量详细核算，对其他支付要求进行审查，然后再依据检查结果签署竣工结算的支付证书。此项签证工作，工程师也应在收到竣工报表后 28 天内完成。业主依据工程师的签证予以支付。

2.对竣工结算总金额的调整

一般情况下，承包商在整个施工期内完成的工程量乘以工程量清单中的相应单价后，再加上其他有权获得费用总和，即为工程竣工结算总额。但在颁发工程移交证书后，发现由于施工期内累计变更的影响和实际完成工程量与清单内估计工程量的差异，导致承包商按合同约定方式计算的实际结算款总额比原定合同价格增加或减少过多时，均应对结算价款总额予以相应调整。

(三)最终结算

最终结算是指颁发解除缺陷责任证书后，对承包商完成全部工作价值的详细结算，以及根据合同条件对应付给承包商的其他费用进行核实，确定合同的最终价格。

颁发解除缺陷责任证书后的 56 天内，承包商应向工程师提交最终报表草案，以及工程师要求提交的有关资料。最终报表草案要详细说明根据合同完成的全部工程价值和承包商依据合同认为还应支付给他的任何进一步款项，如剩余的保留金及缺陷责任期内发生的索赔费用等。

工程师审核后与承包商协商，对最终报表草案进行适当的补充或修改后形成最终报表。承包商将最终报表送交工程师的同时，还需向业主提交一份“结清单”，以进一步证实最终报表中的支付总额，作为同意与业主终止合同关系的书面文件。工程师在接到最终报表和结清单附件后的 28 天内签发最终支付证书，业主应在收到证书后的 56 天内支付。只有当业主按照最终支付证书的金额予以支付并退还履约保函后，结清单才生效，承包商的索赔权也即行终止。

七 对施工进度的控制

(一)暂停施工

工程师有权视工程进展的实际情况，针对整个工程或部分工程的施工发布暂停施工指示。施工的中断必然会影响承包商按计划组织的施工工作,但并非工程师发布暂停施工令后承包商就可以此指令作为索赔的合理依据,而要根据指令发布的原因划分合同责任。合同条件规定,除了以下四种情况外,暂停施工令发布后均应给承包商以补偿。这四种情况是:

(1)在合同中有规定;

(2)因承包商的违约行为或应由其承担风险事件影响的必要停工;

(3)由于现场不利气候条件而导致的必要停工;

(4)为了使工程合理施工以及为了整体工程或部分工程安全所必要的停工。

出现非承包商应负责原因的暂停施工已持续84天而工程师仍未发布复工指示,承包商可以通知工程师要求在28天内允许继续施工。如果仍得不到批准,承包商有权通知工程师认为被停工的工程属于按合同规定被删减的工程,不再承担继续施工义务。若是整个合同工程被暂停,此项停工可视为业主违约终止合同,宣布解除合同关系。如果承包商还愿意继续实施这部分工程,也可以不发这一通知而等待复工指示。

(二)追赶施工进度

工程师认为整个工程或部分工程的施工进度滞后于合同内竣工要求的时间时可以下达赶工指示。承包商应立即采取经工程师同意的必要措施加快施工进度。发生这种情况时,还要根据赶工指令的发布原因,决定承包商的赶工措施是否应该给予补偿。承包商在没有合理理由延长工期的情况下,其不仅无权要求补偿赶工费用,而且在其赶工措施中若包括夜间或当地公认的休息日加班工作时,还应承担工程师因增加附加工作所需补偿的监理费用。虽然这笔费用按责任划分应由承包商负担,但不能由其直接支付给工程师,而应由业主支付后从承包商应得款内扣回。

八 争端的解决

在工程承包中,经常发生各种争端,有一些争端可以按照合同约定来解决,另一些争端可能在合同中没有详细的预先规定,或是虽有规定而双方理解不一致,这种争端是不可避免的。FIDIC《施工合同条件》规定了解决合同争议的模式。

(一)解决合同争议的模式

1.提交工程师

FIDIC 编制《施工合同条件》的基本出发点之一,是合同履行过程中建立以工程师为核心的项目管理模式,因此不论是承包商的索赔还是业主的索赔均应首先提交给工程师。任何一方要求工程师作出决定时,工程师应与争议双方协商、沟通,并按照合同规定,考虑有关情况后作出恰当的决定。

2. 提交争端裁决委员会(DAB)

双方起因于合同的任何争端,包括对工程师签发的证书、作出的决定、指示、意见或估价不同意接受时,可将争议提交合同争端委员会(DAB,即 Dispute Adjudication Board),并将副本送交对方或工程师。裁决委员会在收到提交的争议文件后 84 天内作出合理的裁决。作出裁决后的 28 天内,任何一方未提出不满意裁决的通知,此裁决即为最终的决定。

3. 双方协商

任何一方对裁决委员会的裁决不满意,或裁决委员会在 84 天内未做出裁决,在此期限后的 28 天内应将争议提交仲裁。仲裁机构在收到申请后的 56 天才开始审理,这一时间要求双方尽力以友好的方式解决合同争议。

4. 仲裁(或诉讼)

如果双方仍未能通过协商解决争议,则只能由合同约定的仲裁(或诉讼)机构最终解决。但在国际工程实践中,多采用仲裁来作为解决争议的最后途径。如果最后用仲裁形式来解决争端时,则在合同的专用条件中应有专门的仲裁条款,约定仲裁是解决双方争端的最后手段(途径),无论仲裁结果对自己是否有利,争端双方都接受。

在采用仲裁来作为解决争议的最后途径时,若合同中没有另外的约定,应采用国际商会的仲裁规则。按仲裁庭(如设在法国巴黎的国际商会、联合国国际贸易法委员会、中国国际经济贸易仲裁委员会等)的调解与仲裁章程以及据此章程指定的一名或数名仲裁人予以最终裁决。上述仲裁人有权解释、复查和修改工程师对争端所做的任何决定、意见、指示、确定、证书或估价。雇主和承包商双方所提交的证据或论证也不限于以前提交给工程师的,工程师可以作为证人被要求,向仲裁人提供任何与争端有关的证据。

(二)争端裁决委员会(DAB)

如果任何合同争议均交由仲裁或诉讼解决,一方面往往会导致合同关系的破裂,另一方面解决起来费时、费钱且对双方的信誉都有不利影响。为了解决工程师的决定可能处理得不公正的情况,在 1999 年新版 FIDIC 施工合同条件中增加了"争端裁决委员会"处理合同争议的模式。新版 FIDIC 施工合同条件认为,咨询(监理)工程师属于业主的代理人,为业主的利益来工作,不适合担任合

同准仲裁者制度，而代之以与合同无任何关系的第三人争端裁决委员会。

1. DAB(争端裁决委员会)组成

若承包商和业主对DAB的组成无另外协议，DAB应由三人组成，其中两名分别由业主和承包商各提一名，并取得对方认可；第三名委员由业主和承包商与已指定的委员协商，确定第三名，此人应任命为主席。

2. DAB(争端裁决委员会)的性质

DAB(争端裁决委员会)属于非强制性但具有法律效力的行为，相当于我国法律中解决合同争议的调解，但其性质则属于合同双方的志愿委托。

DAB(争端裁决委员会)成员应满足以下要求：

(1)对承包合同的履行有经验；

(2)在合同的解释方面有经验；

(3)能流利地使用合同中规定的语言进行交流。

3. DAB(争端裁决委员会)的工作

由于裁决委员会的主要任务是解决合同争议，因此不同于工程师需要常驻工地。仲裁委员会的工作包括两个方面：

(1)平时工作。

裁决委员会的成员对工程的实施定期进行现场考察，了解施工进度和实际潜在的问题。一般在关键施工作业期间到现场考察，但两次考察的间隔时间不少于140天，离开现场前，应向业主和承包商提交考察报告；

(2)解决合同争议。

裁决委员会接到任何一方申请后，在工地或其他选定地点处理争议的有关问题。

4. DAB(争端裁决委员会)报酬

付给委员的酬金分为月聘请费和日酬金两部分，由业主与承包商平均负担。裁决委员会到现场考察和处理合同争议的时间按日酬金计算，相当于咨询费。

5. DAB(争端裁决委员会)成员的义务

保证公正处理合同争议是DAB(争端裁决委员会)成员的最基本的义务。虽然是合同双方各提名1位成员，但该成员不能代表任何一方的单方利益。合同规定：

(1)在业主与承包商双方同意的任何时候，他们可以共同将事宜提交给争端委员会，请他们提出意见。没有另一方的同意，任何一方不得就任何事宜向争端裁决委员会征求建议；

(2)裁决委员会或其中的任何成员不应从业主、承包商或工程师处单方获得任何经济利益或其他合同外利益；

(3)不得在业主、承包商或工程师处担任咨询顾问或其他职务；

(4)合同争议提交仲裁时，不得被任命为仲裁人，只能作为证人向仲裁提供争端证据。

九 其他

在1999年新版FIDIC施工合同条件中，还有一些新的规定，简介如下。

(一)对业主提出的更严格的要求

1999年新版FIDIC施工合同条件对业主方的要求更加严格，主要有：

(1)新版FIDIC施工合同条件设置了"业主的资金安排"一款，该款规定"在接到承包商的请求后，业主应在28天内提供合理的证据，表明他已做出了资金安排，……此项安排能使业主按照约定支付合同的款额。"如果业主不执行这一条，承包商可暂停工作或降低工程速度。

业主在合同中应尽的首要义务就是支付工程款项。合同条款对业主方的资金安排和支付能力提出了合理的要求，这是保障承包商利益的重要举措。这些规定对我国各部门制定合同条件也有重要借鉴意义。

(2)新版FIDIC施工合同条件对支付时间及补偿作了更明确的规定。具体要求有：①工程师在收到承包商的报表和证明文件后28天内，应向业主签发期中支付证书；②在工程师收到期中支付报表和证明文件56天内，业主应向承包商支付；(3)如果未按(2)中规定日期支付，承包商有权就未付款额按月计复利收取延误期的利息作为融资费，此项融资费的年利率是以支付货币所在国中央银行的贴现率加上三个百分点计算而得。这些规定既防止了工程师签发期中付款证书的延误，又确定了较高的融资费以防止业主任意拖延支付。

(3)新版FIDIC施工合同条件中规定：如果业主要对工程师的权力加以进一步限制，甚至撤换工程师时，必须得到承包商的同意。工程师的公正性是承包商在投标时必须考虑的风险因素，在施工过程中改变或撤换工程师无疑会对承包商投标报价时所考虑的风险增加变数，对承包商不利，所以"新红皮书"限制了业主在这方面的任意性。

(4)新版FIDIC施工合同条件对业主方违约作了更严格的规定。合同条件规定，当出现以下情况时，也认为业主违约：

①在采取暂停措施向业主发出警告后42天内承包商仍未收到业主资金安

排的证据；

②工程师收到报表和证明材料 56 天内未颁发支付证书；

③业主未按"合同协议书"及"转让"的规定执行。

按照合同条件，当工程师不按规定开具支付证书，或业主不提供资金安排证据，或业主不按规定日期支付时，承包商可提前 21 天通知业主，暂停工作或降低工作速度。承包商并有权索赔由此引起的工期延误、费用和利润损失。

(二)对承包商的工作也提出了更严格、更具体的要求

新版 FIDIC 施工合同条件对承包商的施工工作提出了许多新的严格的要求，主要有：

1.要求承包商按照合同建立一套质量保证体系

要求承包商按照合同建立一套质量保证体系，在每一项工程的设计和实施阶段开始之前，均应将所有程序的细节和执行文件提交工程师。工程师有权审查质量保证体系的各个方面，但这并不能解除承包商在合同中的任何职责，义务和责任。这对承包商的施工质量管理提出了更高的要求，同时也便于工程师检查工作和保证工程质量。

2.在工程施工期间，承包商应每个月向工程师提交月进度报告。此报告应随期中支付报表的申请一起提交月进度报告包括的内容很全面，主要有：

(1)进度的图表和详细说明(包括设计、承包商的文件、货物采购及设备调试等)；

(2)照片；

(3)工程设备制造、加上进度和其他情况；

(4)承包商的人员和设备数量；

(5)质量保证文件，材料检验结果；

(6)双方索赔通知；

(7)安全情况；

(8)实际进度与计划进度对比。

这份月进度报告对承包商各方面的管理工作提出了更高的要求，既有利于承包商每月认真检查、小结自己的工作，也有利于业主和工程师了解和检查承包商的工作。

3.对业主在什么条件下可以没收履约保证做出更明确的规定

(1)承包商不按规定去延长履约保函的有效期，业主可没收履约保证全部金额；

(2)如果已就业主向承包商的索赔达成协议或做出决定后42天，承包商不支付此应付的款额；

(3)业主要求修补缺陷后42天承包商未进行修补；

(4)按“业主有权终止合同”中的任一条规定。

4.对工程的检验和维修提出了更高的要求

(1)规定承包商必需提前通知竣工检验日期的要求，无论业主方还是承包商，无故延误检验均需承担责任；

(2)如果工程未能通过竣工检验，工程师可要求重新检验或拒收，如重新检验仍未通过时，工程师有权指示再进行一次重新的竣工检验或拒收或扣除一部分合同款额后接受工程；

(3)如果由于工程或工程设备的缺陷不能按预定日期使用，则业主有权要求延长缺陷通知期(即缺陷责任期)，但延长不能超过二年；

(4)如果承包商未能按要求修补缺陷，则业主可雇用他人进行此工作而由承包商支付费用，或减少合同价格；如果此缺陷导致工程无法使用时，业主有权终止该部分合同，甚至有权收回所支付的相关的工程费用以及其他费用；

(5)业主也可同意对有缺陷的工程设备移出现场修理，但承包商应增加履约保证款额或提供其他保证。这些要求虽是针对检验和维修提出的，实质上还是对承包商的施工质量提出了更高的要求，以保护业主的权益。

本章小结

国际工程，也称涉外工程，是工程建设过程参与者来自不同的国家，按照国际上通用的管理模式进行管理的工程。国际工程包括咨询和承包两大行业。

国际工程合同条件有国际咨询工程师联合会(FIDIC)编制的各类合同条件、英国土木工程师学会的“RIBA/JTC合同条件”、美国建筑师学会的“AIA合同条件”等。其中，以FIDIC、英国的ICE及美国的AIA合同条件最为流行。

思考题

1. FIDIC土木工程合同条件适用于哪一类合同？

2. 承包商在施工合同签署之后，为什么工程最终结算时所得的付款不一定等于合同签定时约定的合同金额，你又是如何理解“合同金额”这一概念的？

3. 试叙述“指定分包商”和一般分包商的区别。

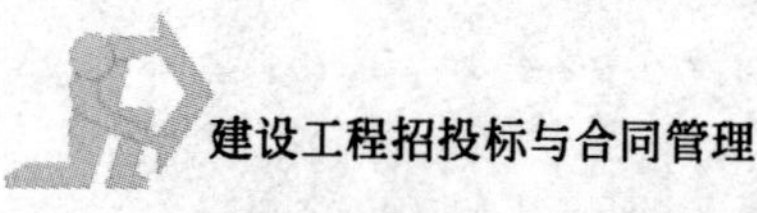

4. 试叙述“指定分包商”的选择程序。

5. FIDIC 土木工程合同条件中对工程质量控制有哪些规定？

6. 承包商所得到的中期支付进度款应该包括哪些内容？

7. 总承包商在与分包商签订分包合同时应该注意些什么问题？

8. 解释 FIDIC 合同价款中“暂定金额”的含义。

9. 叙述 FIDIC 合同中关于合同单价调整的有关规定。

10. 雇主的风险有哪些？

11. 在 1999 年新版 FIDIC 施工合同条件中，由 DAB 委员会来担任准仲裁者这一角色，而将咨询(监理)工程师仅仅限定在业主的代理人这一角色，试讨论之。

12. 叙述 DAB 机制解决争议的程序，并与我国建设监理制中解决争议的程序相比较。

古人论道

子曰：“君子和而不同，小人同而不和。”

孔丘《论语·子路篇》

第九章 施工合同管理概述

【内容提要】

在简要介绍了施工合同管理的各方主体及必要性之后，着重对业主、承包商的合同总体策划进行了简介。承包商的合同管理是合同管理的重中之重。

【学习指导】

施工合同，属于微观经济活动的范畴，主要调整、涉及施工合同当事人的经济利益。微观经济活动也是宏观经济的组成元素，影响到国家、社会利益，事关社会经济秩序。合同当事人对合同进行管理，国家行政机关、工商管理部门也对合同进行相应的管理，但管理的出发点、目的不一样。

合同当事人对合同进行管理，不仅在合同签署之后，更在合同签署之前，即合同的总体策划。一份在合同总体策划阶段就有漏洞、缺陷的合同，在合同实施阶段的合同管理会因困难重重，效果不佳。

施工合同管理，是指各级工商行政管理机关、建设行政主管机关，以及工程发包单位（业主）、监理单位（咨询公司）、承包单位（承包商）依据法律和行政法规、规章制度或合同，采取法律的、行政的、经济的、合同的、技术的手段，对建设工程合同关系进行监督、指导或组织、协调、实施，保护合同当事人的合法权益，处理施工合同纠纷，防止、制裁或减少合同违法、违约行为，保证施工合同的贯彻实施等一系列活动。

施工合同管理，既包括各级工商行政管理机关、建设行政主管机关对施工合同的管理，也包括工程发包单位、监理单位、承包单位等对施工合同的管理。各

级工商行政管理机关、建设行政主管机关对合同的管理侧重于宏观的管理，而发包单位、监理单位、承包单位等对建设工程合同的管理则是具体的微观管理。发包单位、监理单位、承包单位等对建设工程合同的管理是建设工程合同管理的落脚点，也是建设工程合同管理的重点和薄弱点。

第一节　施工合同行政监管

 施工合同行政监管的必要性

目前，我国市场经济秩序尚未成熟，相应法律还不健全，许多当事人还没有健全的法律意识，随意撕毁合同、践踏合同、损害国家与社会公共利益行为严重存在，利用合同进行欺诈的现象也屡见不鲜，这威胁着市场经济秩序的稳定和安全。《合同法》确立了合同监督管理制度，赋予行政机关处理违法合同行为的权力，从而加强了合同法维护市场交易秩序的力度。同时，在现代社会中，市场主体之间经济地位上的差距的存在，如果不考虑公平的要求，仍然完全尊重合同当事人的合同自由，将会导致当事人之间利益的严重不平衡，从而有损于社会正义。加强合同的行政监管，不仅可以平衡当事人之间的合法权益，而且也是对社会公共利益和社会正义观念的维护。

对工程施工合同来说，加强合同的行政监管具有以下重大意义：可以规范承发包双方的签约履约行为；促使承发包双方遵纪守法；平衡承发包双方权利义务关系；可以弥补司法救济的不足。

二 施工合同行政监管的主体及客体

（一）施工合同行政监管的主体

根据《合同法》的规定，对合同进行行政监管的主体应是工商行政管理部门和其他有关行政主管部门。就建设工程施工合同而言，应由建设行政主管部门和工商行政管理部门一道，在各自职责范围内，共同行使合同行政监管职责。

一般来说，工商行政管理部门通过鉴证等来对合同的合法性、有效性和公正性进行审查，而建设行政主管部门主要负责合同主体的资格确认，招标投标工作的合法性、有效性的监督审查，合同实施过程中合同当事人合同行为的合法性的监督和检查，以及对合同当事人违法违规行为进行纠正，对有过错的当事人实行

行政处罚，构成犯罪的，移交司法机关处理。

（二）施工合同行政监管的客体

施工合同行政监管的客体就是工程合同双方当事人的合同行为。但并非所有施工合同都必须接受行政监管。《建筑法》规定："省、自治区、直辖市人民政府确定的小型房屋建筑工程的建筑活动参照本法（《建筑法》）执行；抢险救灾及其他临时性房屋建筑和农民自建低层住宅的建筑活动，不适用本法。"由此可见，一些小型房屋建筑工程可不在建设行政主管部门监管范围。

三 施工合同行政监管的内容及方法

根据《合同法》规定，合同行政监管主要是对利用合同危害国家利益、社会利益的违法行为负责监督管理，即对合同的不法性进行行政监管。在《合同法》列举规定的五种不法性合同即无效合同都是行政监管的内容。

无效建设工程施工合同有以下几种类型：超越资质等级订立的施工合同；违法招标投标订立的施工合同；未订立书面形式的施工合同；违反国家计划、法律法规的施工合同；违反国家计划、法律法规的施工合同；违法分包、转包的施工合同。

（一）施工合同行政监管的内容

工商行政机关对建设工程施工合同的监管内容有：

（1）施工合同的合法性、有效性、公正性；

（2）信用记录；

（3）施工合同当事人履约执行情况；

（4）施工合同的鉴证和备案；

（5）施工合同违法违规行为。

建设行政主管机关对施工合同的监管内容有：

（1）合同主体资格的确认；

（2）招投标资格的合法性、有效性；

（3）施工合同签订过程中，国家制定的《建设工程施工合同（示范文本）》的应用；

（4）合同实施过程中合同当事人合同行为的合法性；

（5）合同当事人违法违规行为及处罚。

需要说明的是，合同示范文本为推荐性质，并不具有强制性，也没有建设行政主管机关有对示范文本进行监管的说法。目前，有关部门对于示范文本应用情况进行跟踪，实际上是履行行业协会的职能。

(二)施工合同行政监管的方法

行政监管的方式，从总体上可以分为事前审查、事中监督和事后验收三种方式。事前审查是指行政主管部门对合同当事人订立的合同进行审查，查看合同的主体、客体和内容是否符合法律规定。事中监督是指在合同履行过程中行政主管部门对合同当事人的检查督促，包括检查当事人是否有利用合同变更进行违法性活动等。所谓事后验收，是指行政监管部门在执法过程中，对已经履行完毕的合同及时验收，发现无效合同，及时处理，对有过错的当事人进行行政处罚，构成犯罪的，移交司法机关处理。

对建设工程施工合同的行政监管主要包括以下几方面：

(1)合同主体资格认证；

(2)招标投标的监督管理；

(3)规范合同当事人签约行为；

(4)做好合同的登记、备案和鉴证工作；

(5)加强合同履行的跟踪检查；

(6)加强合同履行后的审查。

第二节　业主的合同总体策划

一　概述

(一)合同总体策划概念

业主的合同管理首先表现在业主对合同的总体策划中，对整个工程或整个合同的实施带有根本性和方向性的问题予以总体谋划。一个合同总体策划成功的工程项目将给业主以后的合同管理奠定基础。

合同总体策划的总目标是设计、制定适当的合同来保证项目总目标的实现。合同的总体策划必须反映建设工程项目战略和业主(企业)战略，反映业主的现状、经营指导方针和根本利益。

业主的合同总体策划主要确定如下一些重大问题：如何将项目分解成几个

独立的合同？每个合同的工程范围有多大？采用什么样的委托方式和承包方式？采用什么样的合同种类、形式及条件？合同中一些重要条款如何确定？合同签订和实施过程中一些重大问题如何决策？工程项目各个相关合同在内容上、时间上、组织上、技术上的协调等。

(二)合同总体策划重要性

合同总体策划确定的是工程项目的一些根本性问题。合同总体策划的成败对整个工程项目的实施有根本性的影响：

(1)合同总体策划决定着工程项目的组织结构及管理体制，决定合同各方面责任、权力和工作的划分。

(2)通过合同总体策划，厘清、界定工程建设过程中各方面关系。

(3)正确的合同总体策划能够为业主和承包商履行合同奠定一个良好基础，促使各个合同达到完善的协调，减少矛盾和争执，顺利地实现工程项目的整体目标。

(三)合同总体策划步骤(过程)

通过合同总体策划，就是要解决工程施工合同中的一些全局性问题。合同总体策划过程如下：

(1)研究业主战略和项目战略，确定业主和项目对合同的要求。项目的总体管理模式对合同策划有决定性影响，例如业主全权委托监理工程师，或业主任命业主代表全权管理，或业主代表与监理工程师共同管理。一个项目采用不同的组织形式或不同的项目管理体制，会有不同的项目任务分解方式，也自然会有不同的合同类型。

(2)确定合同的总体原则和目标。

(3)分层次、分对象对合同的一些重大问题进行研究，列出各种可能的选择，按照策划的依据，综合分析各种选择的利弊得失。

(4)对合同的各个重大问题作出决策和安排，提出合同措施。

(5)在开始准备每一个合同招标以及准备签订每一份合同前，对合同策划再做一次评价。

(四)合同总体策划依据

合同双方有不同的立场和角度，但他们有着相同或相似的合同策划的内容。施工合同策划的依据主要有：

(1)业主方面:业主的资信记录、资金供应能力、管理水平,业主的目标以及目标的确定性,业主计划对工程项目管理的介入程度,业主对工程师和承包商的信任程度,业主的管理风格,业主对工程的质量和工期要求等。

(2)承包商方面:承包商的能力、资信记录、企业规模、管理风格和水平、在本项目中的目标与动机、目前经营状况、过去同类工程经验、企业经营战略、长期动机、承受和抗御风险的能力等。

(3)工程方面:工程的类型、规模、特点,技术复杂程度、工程技术设计准确程度、工程质量要求和工程范围的确定性、计划程度,招标时间和工期的限制,项目的盈利性,工程风险程度,工程资源(如资金、材料、设备等)供应及限制条件等。

(4)环境方面:工程所处的法律环境,建筑市场竞争激烈程度,物价的稳定性,地质、气候、自然、现场条件的确定性,资源供应的保证程度,获得额外建设资源的可能性。

以上各方面是考虑和确定合同战略的基本点和出发点。

 业主对合同的总体策划

(一)与业主签约的承包商的数量的确定

业主在招标前需要作出决定,将一个完整的工程项目分为几个合同包,是采用分散平行(分阶段或分专业工程)发包还是采用全包的形式。

1.分散平行发包

即业主将工程设计、设备采购、土建、电气及设备安装、装饰工程施工分别委托给不同的承包商,各承包商分别与业主签订合同,各承包商分别向业主负责。分散平行发包模式中各承包商之间没有合同关系。

分散平行发包,业主需进行大量的管理工作,比如需要多次招标,需要制定比较详细的计划及控制方案,需要在工程建设过程中作出各种决策。同时在工程建设过程中,业主要担负起各承包商之间的协调,并对各承包商之间互相干扰承担责任。例如,由于设计承包商拖延造成施工现场施工图延误,土建和设备安装承包商会向业主提出索赔。

分散平行发包,业主需要较强的管理能力。通常情况下,如果业主方没有相应的项目管理能力,或没有聘请得力的咨询(监理)工程师进行全过程、全方位的项目管理,则不能将项目分解得太细,承包商的数量不能太多。否则,业主面对自己并不专长的项目管理、协调困难、决策不易,很容易造成工程建设秩序混乱,

最终导致总投资的增加和工期的延长。

2.整体发包合同

即由一个承包商承包建筑工程项目的全部工作，包括设计、材料及设备的采购供应、各专业工程的施工，甚至包括项目前期筹划、方案选择、可行性研究和项目建设后的运营管理。在这种模式下，业主面对的承包商只有一个，承包商向业主承担全部工程责任。

在整体发包的工程中，业主日常事务性管理工作少，他主要工作是提出总体要求，作宏观控制，验收成果。因为业主不干涉承包商的工程实施过程和项目管理工作，所以合同争执和索赔很少。但在整体发包工程中，业主需要选择资信好、实力强、适应全方位工程建设的承包商。

在整体发包的工程中，承包商不仅需要具备各种专业工程施工力量，而且需要很强的设计、管理及供应能力，甚至需要有很强的项目策划能力和融资能力。

据统计，在国际工程中，国际上最大的承包商所承接的工程项目大多数都是采用全包形式。由于全包对承包商的要求很高，对业主来说，承包商资信风险很大。在工程建设中，为了减少业主面对的风险，业主可以让几个承包商联营投标，通过法律规定联营成员之间的连带责任来抓住联营各方，这在国际上一些大型的和特大型的工程项目中是十分常见的。

(二)招标方式的确定

工程招标方式的选择，要根据工程承包形式、合同类型、业主所拥有的招标时间(工程紧迫程度)、业主的项目管理能力和期望控制工程建设的程度等因素综合决定。关于各种招标方式的特点及其适用范围，详见本书有关章节。

(三)合同类型选择

一份恰当的合同应该是既鼓励合同双方合作完成工程项目，又对各方的职责和义务有明确的规定和要求，在业主和承包商之间合理分配风险，处理各项问题的程序严谨，易于进行操作。

建设工程项目本身的复杂性决定了合同的多样性，不同的合同类型对招投标和合同管理工作也有不同的要求。

1.单价合同

单价合同是这样一种合同模式，即在工程计量、计价时，工程量以实际完成认可的工程量为准，工程单价以承包商在投标书中填报、施工合同中约定的价格为准。在这种计价模式下，承包商仅按合同规定承担报价风险，即对报价的正确

性和适宜性承担责任；而工程量变化的风险由业主承担。工程单价合同有估计工程量单价合同(可调单价合同)和固定单价合同两种形式。

单价合同的特点是单价优先。在FIDIC施工合同条件中有这样的规定，即业主在招、投标阶段所给出的工程量表中的工程量仅是参考数字，实际合同价款按实际完成认可的工程量和承包商所报的单价计算。虽然在投标报价、评标、签定合同中人们常常注重合同总价，但在合同结算时所报的单价优先。

单价合同有以下优点：

(1)在招标前，发包单位无需对工程范围作出完整的、准确的规定，从而可以缩短招标准备时间；

(2)发包单位只需按分项工程量支付费用，因而可以减少意外开支；

(3)合同结算时只需对那种不可预见的、未予规定的工程确定单价或调整单价，结算程序比较简单。

当然，对于工程单价合同来说，招标单位或建设单位对工程性质及范围作出明确规定，明确了工程量的大小，有助于承包商合理确定单价。

2.总价合同

所谓总价合同，是指业主付给承包商的款额在合同中是一个规定的金额。

总价合同有固定总价合同、调值总价合同、固定工程量总价合同和管理费总价合同四种不同形式。

(1)固定总价合同。

固定总价合同的价格计算是以图纸及规范、规定为基础，合同总价是固定的。承包商在报价时对一切费用的上升因素都已做了估计，并已将其包含在合同价格之中。使用这种合同的条件是：

①施工范围、施工图纸、施工标准、规范都详尽、明确；

②工程施工工期较短(一般不超过1年)；

③施工技术成熟、普及。

这种合同模式，承包商在形式上将承担一切风险责任。因此，这类合同对承包商而言，其报价一般都较高。

(2)调值总价合同。

调值总价合同的总价一般是以图纸及规定、规范为基础，按约定条件、因素进行总价计算、调整。

在调值总价合同中，发包人一般承担通货膨胀这一不可预见的费用因素的风险，承包人承担了除通货膨胀以外的所有因素的风险。调值总价合同适用于工程内容，技术经济指标规定得很明确，但为工期在1年以上的项目。

应用得较普遍的调价方法有文件证明法和调价公式法。通俗地讲，文件证明法就是凭正式发票向业主结算价差。为了避免因承包商对降低成本不感兴趣而引起的副作用，合同文件中应规定业主和监理工程师有权指令承包商选择价廉的材料、设备供应来源。调价公式法常用的计算公式为：

$$C = C_0\left(\alpha_0 + \alpha_1 \frac{M}{M_0} + \alpha_2 \frac{L}{L_0} + \alpha_3 \frac{T}{T_0} + \cdots\cdots + \alpha_n \frac{K}{K_0}\right)$$

式中：C——调整后的合同价；

C_0——原签订合同中的价格；

α_0——固定价格的加权系数，即合同价格中不允许调整的固定部分的百分比系数，包括管理费用、利润，以及没有受到价格浮动影响的预计承包人以不变价格开支部分；

$M,L,T,\cdots,K$——分别代表受到价格浮动影响的材料设备、劳动工资、运费等价格；带有脚标“0”的项次代表原合同价，没有脚标项为付款时的价格；

$\alpha_0,\alpha_1,\alpha_2,\cdots,\alpha_n$——相应于各有关项的加权系数，一般通过对工程概算进行分解测算得到；各项加权系数之和应等于1，即

$$\alpha_0 + \alpha_1 + \alpha_2 + \alpha_3 + \cdots + \alpha_n = 1$$

综上所述，从招标单位的角度来看，总价合同有以下优点：

①可以在招、投标阶段，签署合同时，就将工程项目造价初步定下来（静态投资）；

②发包单位在主要开支发生前对工程成本能够做到心中有数；

③在形式上承包人承担了较多的风险；

④评标时易于迅速选定最低报价单位；

⑤在施工进度上极大地调动承包人的积极性；

⑥发包单位能更容易、更有把握地对项目进行投资控制。

3. 成本加酬金合同

在成本加酬金合同模式中，承包商完成工程施工所需要的支出全部由业主予以全额支付，同时，作为报酬，业主另外支付给承包商一笔费用。

当工程内容及其技术经济指标尚未全面确定，而由于种种理由工程又必须向外发包时，采用成本补偿合同这种形式，对招标单位来说是比较合适的。但是这种合同形式有两个最明显的缺点：一是发包单位对工程总造价不能实行实际的控制；二是承包商对降低成本也很少会有兴趣。

成本加酬金合同有以下几种形式：

(1)成本加固定酬金合同。

根据这种合同,发包单位对承包商支付的人工、材料和设备台班费等直接成本全部予以补偿,同时还增加一笔管理费。这种方式实质上是成本据实报销,酬金固定不变。这种合同形式通常应用于设计及项目管理合同方面。

计算公式为:

$$C=C_d+F$$

式中:C——总造价;

C_d——实际发生的直接费;

F——支付给承包商数额固定不变的酬金,通常按估算成本的一定百分比确定。

(2)成本加固定费率合同。

这种形式的合同与上述第1种相似,不同的只不过是所增加的费用不是一笔固定金额而是相当于成本的一定百分比。

计算公式为:

$$C=C_d(1+p)$$

式中:p——双方事先商定的酬金固定百分数。

从式中可看出,承包商可获得的酬金将随着直接成本的增大而增加,使得工程总造价无法控制。这种合同形式不能鼓励承包商关心缩短工期和降低成本,因而对业主是不利的,在工程实践中采用也较少。

(3)成本加浮动酬金合同。

浮动酬金是根据报价书中的成本概算指标制定的。合同中对这个指标规定了一个底点(约为工程成本概算的0.6~0.7倍)和一个顶点(约为工程成本概算的1.1~1.3倍),承包商在概算指标的顶点之下完成工程时可以得到酬金;当酬金加上报价书中的成本概算总额达到顶点时则不再发给酬金。如果承包商的工时或工料成本超出指标顶点时,应对超出部分进行罚款,直至总费用降到顶点时为止。

计算公式为:

①若 $C_d=C_0$ 则 $C=C_d+F$

②若 $C_d<C_0$ 则 $C=C_d+F+\Delta F$

③若 $C_d>C_0$ 则 $C=C_d+F-\Delta F$

式中:C_0——预期成本;

ΔF——酬金增减部分,可以是一个百分数,也可以是一个固定的绝对数。

(4)成本加固定最大酬金合同。

根据这种合同,承包商可以得到下列三方面支付:

①包括人工、材料、机械台班费以及管理费在内的全部成本；

②占全部人工成本的一定百分比的增加费(即杂项开支费)；

③可调的增加费(即酬金)。

在这种形式的合同中通常设有三笔成本总额:第一笔(也是主要的一笔)称为报价指标成本;第二笔称为最高成本总额;第三笔称为最低成本总额。

如果承包商在完成工程中所花费的工程成本总额没有超过最低成本总额时,他所花费的全部成本费用、杂项费用以及应得酬金等都可得到发包单位的支付;如果花费的总额低于最低成本总额时,还可与发包单位分享节约额;如果承包商所花费的工程成本总额在最低成本总额与报价指标成本之间时,则只有成本和杂项费用可以得到支付;如果工程成本总额在报价指标成本与最高成本总额之间时,则只有全部成本可以得到支付;超过顶点则发包单位不予支付。

4. 目标合同

在一些发达国家,目标合同广泛使用于工业项目、研究和开发项目、军事工程项目中。它是固定总价合同和成本加酬金合同的结合和改进形式。在这些项目中承包商在项目的可行性研究阶段,甚至目标设计阶段就介入工程,并以总包的形式承包工程。

在目标合同中,通常规定承包商对项目建成后的生产能力(或使用功能)、工程总成本(或总造价)、工期目标承担责任。如果项目投产后一定时期内达不到预定的生产能力,则按一定的比例扣减合同价格;如果工期拖延,则承包商承担工期拖延违约金;如果项目实际总成本超过预定总成本,则承包商按比例承担一部分,反之,承包商则得到相应比例的奖励。

目标合同能够最大限度地发挥承包商工程管理的积极性,适用于工程范围没有完全界定或预测风险较大的项目。

不同合同类型的特点和应用范围可参见表 9-1。

合同类型比较表 表 9-1

	总价合同	单价合同	成本加酬金合同		
			百分数酬金	固定酬金	浮动酬金
公式	$C=\alpha C_0$	$C=u_i m_i$	$C=C_d(1+p)$	$C=C_d+F$	$C=C_d+F\pm\Delta F$
应用范围	广泛	广泛	紧急工程、保密工程、为试验研究和技术发展修建的工程,业主与承包商长期共事、相互信任		
业主控制投资	易	较易	最难	难	不易
承包商	风险大	风险小	无风险		

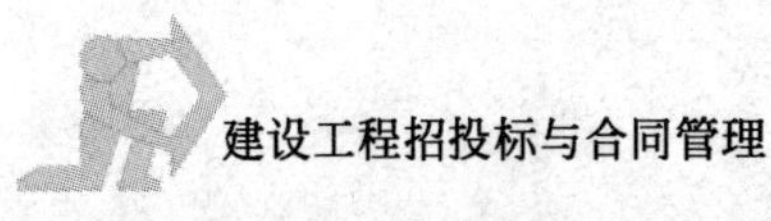

各工程合同类型选择可参考表 9-2。

选择合同类型参考表 表 9-2

合同类型	设计阶段	设计包括的主要内容	设计包括的主要内容
总价合同	施工详图设计阶段	(1)详细设备清单 (2)详细材料清单 (3)施工详图 (4)施工图预算 (5)施工组织设计	(1)设备、材料的安排 (2)非标准设备的制造 (3)施工图预算的编制 (4)施工组织设计的编制 (5)其他施工要求
单价合同	技术设计阶段	(1)较详细的设备清单 (2)较详细的设备材料清单 (3)工程必需的设计内容 (4)修正总概算	(1)设计方案中重大技术问题 (2)有关试验方面的要求 (3)有关设备制造方面的要求
成本补偿合同	初步设计阶段	(1)总概算 (2)设计依据、指导思想 (3)建设规模、产品方案 (4)主要设备选型和配置 (5)主要材料需要概数 (6)主要建筑物、构筑物 (7)公用、辅助设施 (8)主要技术经济指标	(1) 主要材料设备订货 (2)项目总造价控制 (3)技术设计的编制 (4)施工组织设计的编制

(四)合同条件的选择

在工程实践中,业主可以自己(通常委托咨询公司)起草合同条件,也可以选择合同条件示范文本。

合同条件的选择确定应考虑如下因素:

1. 对合同条件的熟悉程度

选用的合同条件最好业主、承包商都比较熟悉,这样的话方便合同条件的执行。

2. 与双方的管理水平相适应

大家从主观上都十分希望使用严密、周详、实用的合同条件,但合同条件应该与双方的管理水平相配套。双方的管理水平很低,若使用十分完备、周密,同时规定又十分严格的合同条件,则这种合同条件缺乏可执行性。

3. 其他制约因素

例如我国工程估价有一整套定额和取费标准，这是与我国所采用的施工合同示范文本相配套的。如果在我国工程建设中采用FIDIC“新红皮书”为合同蓝本，或在使用我国标准的施工合同条件时业主要求对合同双方的责任权利关系作重大的调整，则必须让承包商自由报价，不能使用定额和规定取费标准；而如果要求承包商按定额和取费标准计价，则不能随便修改现行的合同示范文本条件。

（五）重要合同条款的确定

业主居于合同的主导地位，尤其在制订、编写合同条件过程中更是这样。在制定、编写合同条件时，一些重要合同条款需要提前作出决定：

(1)合同适用的法律，合同争议解决的程序及仲裁、诉讼地点。

(2)付款方式。如进度款、预付款条款。

(3)合同价格的调整条件、范围及方法，特别是由于物价上涨、汇率变化、法律变化、海关关税变化等对合同价格的影响。

(4)合同双方风险的分担。

(5)对承包商的激励措施。恰当地采用奖励措施可以鼓励承包商缩短工期、提高质量、降低成本，激发承包商的施工积极性。

通常的奖励措施有：

①提前竣工的奖励。如规定工期提前一天，给承包商约定金额的奖励；

②提前竣工，将项目提前投产实现的盈利在合同双方之间按一定比例分成；

③承包商如果能提出新的设计方案、新技术，使业主节约投资，则按一定比例分成；

④奖励型成本加酬金合同。对具体的工程范围和工程要求，在承包加酬金合同中，确定一个目标成本额度，并规定，如实际成本低于这个额度，则业主将节约的部分按一定比例给予承包商奖励；

⑤质量奖。这在我国用得最多。由合同规定如果质量达优良，业主另外支付一笔奖金。

(6)通过合同措施来实现对工程的控制权。业主在工程施工中对工程的控制是通过施工合同来体现的。这些措施包括：

①变更工程的权力；

②对进度计划审批权，对实际进度的监督权；

③对工程质量的检查权；

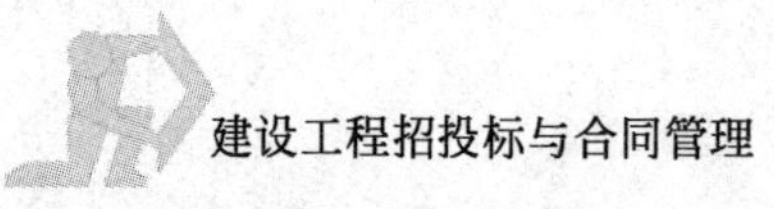

④对工程付款的控制权；

⑤在特殊情况下，例如承包商不恰当履行合同责任时业主所拥有的处置权，如在不解除承包商责任的条件下将承包商逐出现场。

(六)其他战略问题

1. 资格预审的标准及投标单位的数量

一般从资格预审到开标，投标人会逐渐减少。即发布招标广告后，会有较多的承包商来了解情况，但提供资质预审文件的单位会相对少一些；之后，购买标书的单位又会少一点，甚至有的单位投标后又撤回标书。招标时，要保证最终有一定数量的投标人参加竞争，这样能取得一个合理的报价。但如果投标单位过多，则评标工作量大，招标费用多，招标期也长。

2. 评标标准

评标标准是评标工作的依据及标准。不同的评标标准，选择的中标者不一样。一个合理、实用的评标标准，能够使一个恰当的投标者中标。

3. 标后谈判的处理

一般在招标文件中业主都申明不允许进行标后谈判。业主这样做是为了不留活口，掌握招标工作的主动权，这也是现行法律对公开招标的要求。但从个案角度来看，业主应欢迎进行标后谈判，因为可以利用这个机会获得更合理的报价和更优惠的服务，对签约双方和整个工程都有利。

4. 相关合同的协调

在进行工程项目的建设过程中，业主要签订不止一个合同，如设计合同、施工合同、设备供应合同等。这些合同中存在十分复杂的内在联系，业主要负责这些合同之间的协调、衔接。这种协调与承包商的合同协调相似，将在以后继续讨论。

三 业主合同总体策划的结果

业主合同总体策划是业主项目管理的总体筹划的组成部分，是在项目实施前对整个项目合同管理方案预先作出的合理的安排和设计。业主合同总体策划的结果主要包括以下内容：

(1)项目合同管理方案设计；

(2)项目合同管理责任及其分解体系；

(3)项目合同管理组织机构(如咨询公司或监理公司)及人员配备。

项目合同管理方案设计内容有：项目发包模式选择、合同类型选择、合同结构体系(合同分解或合同标段划分)、招标方案设计、招标文件设计、合同文件设计、主要合同管理流程设计(如投资控制流程、工期控制流程、质量控制流程、设计变更流程、支付与结算管理流程、竣工验收流程、合同索赔流程、合同争议处理流程)等。

第三节　承包商的合同总体策划

在建设工程项目招投标阶段，业主往往处于主导地位。对于业主的决策，投标者常常必须服从或无从选择。如招标文件、合同条件常常规定，承包商必须按照招标文件的要求做标，不允许对合同文件提出修改意见，甚至不允许使用保留条款，否则，业主有理由认为承包商的投标书没有对业主的招标书予以实质响应，承包商的投标书自然无效。

但承包商也有自己的合同策划问题。承包商的合同策划服从于承包商的基本目标和企业经营战略。

投标方向的选择

承包商在市场上会获得许多工程招标信息，此时，他面临着投标方向的决策问题。其投标方向的决策依据是：

(1)市场竞争的形势，如市场处于发展阶段或处于不景气阶段；

(2)该工程竞争者的数量以及竞争对手状况；

(3)工程及业主状况；

(4)承包商自身的情况，包括本公司的优势和劣势、技术水平、施工力量、资金状况、同类工程经验、现有的在手工程数量等。

投标方向的确定要能最大限度地发挥自己的优势，符合承包商的经营总战略。在承包商积极发展、力图打开新市场时，承包商应积极投标，增加发展机会。但承包商不要企图承包超过自己施工技术水平、管理水平和财务能力的工程，以及自己没有竞争力的工程。

二　合同风险总评价

承包商在合同策划时必须对本工程的合同风险又一个总体的评价。一般地说，如果工程存在以下问题，则工程风险很大。

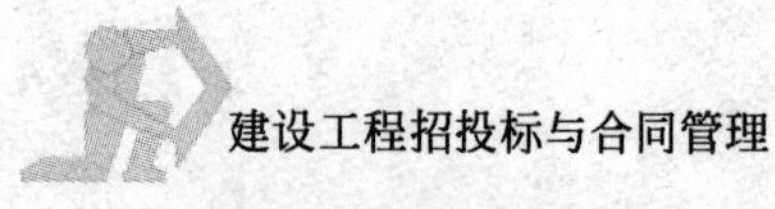

1. 工程规模较大，工期较长

工程规模较大，工期较长，而业主采用固定总价合同形式。在现代工程中，特别在一些合资项目中，业主喜欢采用固定总价合同的形式，这是因为：

1)工程中双方结算方式较为简单；

2)在固定总价合同的执行中，承包商的索赔机会较少(但不可能根除索赔)，在正常情况下，可以免除业主由于要追加合同价款、追加投资带来的上级(如董事会、甚至股东大会)审批的麻烦。但这一类合同由承包商承担了全部工作量和价格的风险。

2. 设计图不详细，不完备

业主要求采用固定总价合同，但工程招标文件中的设计图不详细、不完备、工程量不准确、范围不清楚等。如业主仅给出初步设计文件让承包商做标，或合同中的工程变更赔偿条款对承包商很不利。

3. 投标准备时间不足

业主将投标期压缩得很短，承包商没有时间详细分析招标文件，而且招标文件为外文，采用承包商不熟悉的合同条件。投标期是指从业主发售招标文件到投标截止期之间的这段时间。在这段时间内，投标人要审查招标文件、分析合同、作环境调查、作施工组织设计、作预算、起草投标文件。对这一切承包商承担全部风险。在国际工程中，人们分析大量的工程案例发现，投标期与工程争执、与索赔额、与工期拖延成反比。投标期长则争执少、索赔少、工期延长少。有许多业主为了加快项目进度，采用缩短投标期的方法，这不仅对承包商风险太大，而且会造成对整个工程总目标的损害，常常欲速则不达。

4. 工程环境不确定性大

如业主要求采用固定价格合同，但是物价和汇率未来可能存在大幅度波动、水文地质条件尚不清楚等。

大量的工程实践证明，如果存在上述问题，特别当一个工程中同时出现上述问题，则这个工程就极可能彻底失败，甚至有可能将这个承包企业拖垮。这些风险造成的损失的规模，在签订合同时常常是难以想象的。承包商若在这种情况下参加投标，应由足够的思想准备和措施准备。

 合作形式的选择

在总承包合同投标前，对于大型建设项目，承包商必须就如何完成合同范围内的工作作出决定。因为在实践中，承包商(即使是最大的公司)往往不能凭借

自己的能力独立完成工程，或者因为专业性质，自己独立完成工程施工从经济上来看不合算，尤其是技术复杂的工程，此时他可与其他承包商合作。与其他承包商合作的目的是为了发挥各自的专业技术、管理经验的优势，共同承担风险，谋取经济利益。

(一)分包

分包在工程中最为常见。分包常常出于如下原因：

1. 技术上需要

总承包商往往不可能，也不必具备总承包合同工程范围内的所有专业工程的施工能力。通过分包的形式可以弥补承包商在技术、人力、设备、资金等方面的不足。同时承包商又可通过这种形式扩大经营范围，承接自己不能独立承担的工程；

2. 经济上的需要

对有些分项工程，如果总承包商自己承担会亏本，而将它分包出去，让报价低同时又有能力的分包商承担，总承包商不仅可以避免损失，而且可以取得一定的经济效益；

3. 转嫁或减少风险

通过分包，可以将总包合同的风险部分地转嫁给分包商。这样，大家共同承担总承包合同风险，提高工程经济效益。

4. 业主的要求

有些项目，业主会在合同中要求承包商将部分工程分包给指定分包商，他可能是出于如下两种情况：一种情况是对于某些特殊专业的分项工程，业主仅对某专业承包商信任和放心，要求或建议总承包商将这些工程分包给该专业承包商；另一种情况是在国际工程中，一些国家规定外国总承包商承接本国工程后必须将一定量的工程分包给本国承包商，或工程只能由本国承包商承接，外国承包商只能分包。这是对本国企业的一种保护措施。

(二)联营承包

联营承包是指两家或两家以上的承包商联合起来，以一个实体投标承接工程。

1. 联营承包的优点

联营承包的优点有：

(1)承包商可通过联营进行联合，以承接难以独家完成的工程量大、技术复杂、风险大的工程，扩大经营范围；

(2)在投标中发挥联营各方技术和经济的优势，使报价更富有竞争力；

(3)在某些国际工程中，国外的承包商如果与当地的承包商联营投标，可以获得价格上的优惠；

(4)在合同实施中，联营各方进行技术和经济上的合作，可以互相支持，取长补短，减少工程风险，增强承包商的应变能力，能取得较好的经济效果；

(5)比合营、合资有更大的灵活性。通常，联营承包仅在某一特定工程中进行，该工程结束，联营体即告解散，联营体成员之间不存在联营承包项目以外的纠葛。

联营承包已成为许多承包商的经营策略之一，在国内外工程中都较为常见。一般常见的联营承包形式是施工承包商间的，但也有设计承包商、设备供应商、工程施工承包商之间的联营承包。

2.联营的两种形式

(1)内部联营。它实质上与分包相似。仅一联营成员作为联营领袖与业主签订总承包合同，向业主承担全部工程责任，同时负责工程的组织和协调工作。此时，联营领袖实质上处于总包地位，而其他联营成员仅承担自己工程范围内的合同责任，并直接向联营领袖收取相应的工程价款，与业主无直接的合同关系，实质上处于分包地位。

内部联营合同确定的是承包商之间在工程实施过程中的内部合作关系，对外没有影响。内部联营合同关系如图 9-1 所示。

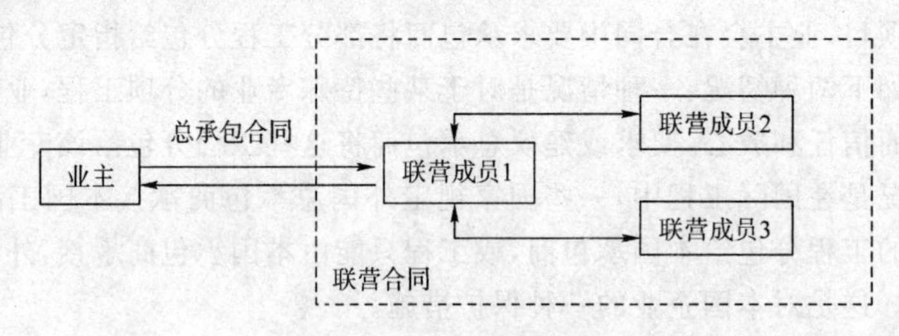

图 9-1　内部联营合同关系

(2)外部联营。几个承包商签订联营合同，组成联营体。每个承包商在联营关系上被称为联营成员。联营体与业主签订总承包合同，所以对外只有一个承包合同。外部联营合同关系如图 9-2 所示。

在这里，联营体作为一个实体，有责任履行总承包合同所确定的工程全部义务。每个联营成员作为业主的合同伙伴，不仅对联营合同规定的自己工程范围

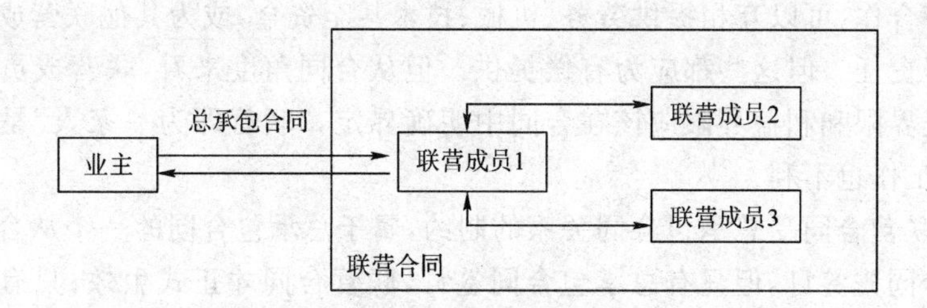

图 9-2　外部联营合同关系

负有责任，而且与业主有合同法律关系，对其他联营成员有连带责任。所以，对联营成员有双重合同关系，即总承包合同和联营合同关系。

联营成员之间的关系是平等的，按各自完成的工程量进行工程款结算，按各自投入资金的比例进行利润分成。

在外部联营合同的实施过程中，联营成员之间的沟通和工程管理组织，通常有两种形式：

①在联营成员中确定一牵头的承包商作为联营体代言人，具体负责联营成员之间，以及联营体与业主之间的沟通和协调。

②各联营成员派出代表组成管理委员会，负责工程项目的管理工作，处理与业主及其他方面的各种合同关系。

3. 联营合同的特点

联营合同在合同实施和争执的解决等方面与承包合同有一些区别，这往往被人们忽略，容易带来不必要的损失和合同争执。联营合同有如下特点：

(1)联营合同在性质上区别于承包合同。承包合同的目的是工程成果和报酬的交换；而联营合同的目的是合同双方(或各方)为了共同的经济目的和利益而组成联合，所以它属于一种社会契约。联营具有团体性，但他在性质上又区别于合资公司。

(2)联营合同的基本原则是，合同各方有互相忠诚和互相信任的义务。在工程建设过程中共同承担风险，共享权益。

但"互相忠诚和互相信任"，往往难以具体、准确地定义和解释。联营成员相互之间需要已经建立起来了解和信赖，只有这样才能够同舟共济，否则联营风险较大。

由于联营体对外是一个实体，所以在建设过程中的互相干扰和影响造成的损失是不能向业主提出索赔的。联营体成员在合作中，因为联营，风险共担，所以联营成员之间索赔也很小。这一点往往被人们忽略。

(3)联营各方在工程过程中，为了共同利益，有责任互相提携、帮助，进行技

术和经济合作，可以互相提供劳务、机械、技术甚至资金，或为其他联营成员完成部分工程责任。但这些都应为有偿提供。但从合同角度来看，联营成员之间各自的责任界限和利益界限应该在合同中明确界定，“联营即为一家人”是幼稚的想法，对工作也不利。

(4)联营合同受总承包合同关系的制约，属于总承包合同的一个从合同。通常联营合同先签订，但只有总承包合同签订，联营合同才正式生效；只有总承包合同结束，联营体才能解散。对于与业主签署的总承包合同，联营体各方具有连带责任，即任何一个联营成员因某一原因不能完成他的合同责任，或退出联营体，则其他联营成员有义务完成剩余的合同责任。

四 几个重要问题的确定

承包人在合同策划阶段，还有一些重要问题需要确定，诸如：

(1)承包商所属各分包(包括劳务、租赁、运输等)合同之间的协调。

(2)分包合同的策划，如分包的范围、委托方式、定价方式和主要合同条款的确定。在这里要加强对分包商和供应商的选择和控制工作，防止由于他们的能力不足，或对本工程没有足够的重视而造成工程和供应的拖延，进而影响整个工程的实施。

(3)承包合同投标报价策略的制定。

(4)合同谈判策略的制定等。

五 合同执行战略

合同执行战略是承包商依照企业和工程项目具体情况确定的执行合同的基本方针。

(1)企业必须考虑该工程在企业同期许多工程中的地位、重要性，确定优先等级。对企业信誉有重大影响的创牌子工程，大型、特大型工程，对企业准备发展业务的地区的工程等必须全力保证，在人力、物力、财力上予以倾斜。

(2)对于有潜力的地区或项目业主，承包商要以积极、稳健的态度履行合同。需要时，当业主遇到困难或工程中遇到问题时，积极与业主合作，乐于为业主分忧、承担责任，显示出一个负责任、可以长期合作的伙伴的风貌，赢得业主的信赖。

(3)对于资信不好，难以继续合作的项目业主，或明显会导致亏损，而企业难以承受亏损时，需要时，不惜以撕毁合同来解决问题。有时承包商主动中止合同，比继续执行合同造成的损失要小。尤其是承包商跌入“陷阱”的迹象已经显露无遗，不能承担的风险正在变为现实时。

(4)在工程施工中，如果业主对于由于非承包商原因引起的承包商费用大规模增加和工程拖延不予理睬，承包商在合同执行中可以通过适当调节施工进度，直接或见解地向业主施加压力和影响，以求得问题的合理解决。如果工程竣工并交付给业主，承包商的索赔主动权就没有了。

第四节　建设工程合同体系的协调

从上述分析可见，业主为了实现工程总目标，必须签订许多合同；承包商为了履行他的承包合同责任也往往订立许多分合同。这些合同从宏观上构成项目的合同体系，从微观上每个合同都定义并安排了一组工程活动。在这个合同体系中，相关的同级合同之间，以及主合同和分合同之间存在着有机联系，在国外又把这个合同体系称为合同网络。在这个合同网络中，合同之间关系的安排及协调是合同策划的重要内容。

工程和工作内容的完整性

业主的所有合同定义的工程或工程范围应能涵盖建设项目的所有工作，即只要完成各个合同，就可实现项目总目标；承包商的各个分包合同与拟由自己完成的工程（或工作）的综合应能涵盖总承包合同责任。在工作内容上不应有缺陷或遗漏。在实际工程中，这种缺陷会带来设计的修改、新的附加工程、计划的修改、施工现场的停工、工程延误，导致双方的争执。

为了防止合同内容的缺陷和遗漏，应做好如下工作：

(1)在招标前，业主应认真地进行项目的系统分析，确定工程项目的外延、内涵；

(2)系统地进行项目的结构分解，在详细的结构分解的基础上列出各个合同的工程内容表。实质上，将整个项目任务分解成几个独立的合同，每个合同中又有一个完整的工程内容表，这都是项目结构分解的结果。

(3)进行项目任务（各个合同或各个承包单位，或项目单元）之间的界面分析。确定各个界面上的工作责任、成本、工期、质量的定义。工程实践证明，许多遗漏和缺陷常常都发生在界面上。

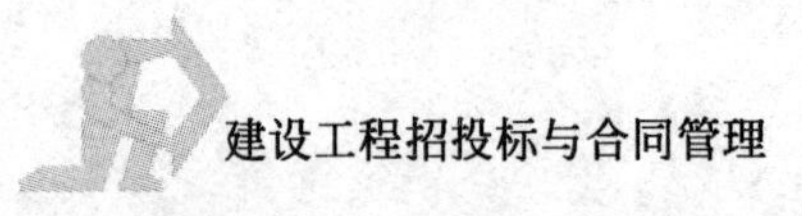

二 技术上的协调

建设工程项目是一个系统工程，一个项目能够持续、正常运转，离不开项目中各子系统(如土建、设备、给排水、空调、燃气、供电、通讯等)的支持和协调。

同一个项目中几个不同的系统之间的协调极其复杂。例如：

①几个主合同之间设计标准的一致性，如土建、设备、材料、安装等应有统一的质量、技术标准和要求。各专业工程之间，如建筑、结构、水、电、通讯之间应有很好的协调。在建设项目中建筑师常常作为技术协调的中心。

②分包合同必须按照总承包合同的条件订立，全面反映总合同的相关内容。采购合同的技术要求必须符合承包合同中的技术规范。总包合同风险要反映在分包合同中，由相关的分包商承担。为了保证总承包合同不折不扣地完成，分包合同一般比总承包合同条款更为严格、周密和具体，对分包单位提出更为严格的要求，所以对分包商的风险更大。

③各合同所定义的专业工程之间应有明确的界面和合理的搭接。例如供应合同与运输合同，土建承包合同和安装合同，安装合同和设备供应合同之间存在责任界面和搭接。界面上的工作容易遗漏，容易产生争执。

各合同只有在技术上协调，才能共同构成符合总目标的工程技术系统。

【案例】

我国云南鲁布革水电站工程，通过国际竞争性招标，选定日本承包公司进行引水隧洞的施工。在招标文件中，列出了承包商进口材料和设备的工商统一税税率。但在施工过程中，工程所在地的税务部门根据我国税法规定，要求承包商缴纳营业环节的工商统一税，该税率为承包合同结算额的3.03%。但外国承包公司在投标报价时没有包括此项工商统一税。

外国承包商认为，业主的招标文件在要求承包商报价中考虑的税种中仅列出了进口工商统一税，而遗漏了营业工商统一税，是属于招标文件中的失误，由之引起的风险理应由招标文件的起草者来承担，因而向业主提出了索赔要求。

在承包商提出索赔要求之初，水电站建设单位(业主)曾试图抵制承包商的这一索赔要求，援引合同文件中的一些条款，作为拒绝索赔的论据，如：“承包商应遵守工程所在国的一切法律”，“承包商应缴纳税法所规定的一切税收”等。但无法解释在招标文件中为何对几种较小数额的税收都作了详细规定，却未包括较大款额的营业税。

经监理工程师审查，业主编制招标文件的人员不熟悉中国的税法和税种。编写招标文件时没有了解到有两个环节的工商统一税。

这项索赔发生后,业主单位在上级部门的帮助下,向国家申请并获批准,对该水电站工程免除了营业环节的工商统一税。

至于承包商在索赔发生前已缴纳的92万元人民币的税款,经合同双方谈判协商,决定各承担50%,即对承包商已缴纳的该种税款,由业主单位给予50%的补偿。

【分析】

本案例的发生既与业主的招标文件不严谨有关,又与承包商的报价调查工作不细致有关。大型涉外工程项目的招标文件条款的确定是一个复杂的系统工程,既有项目内部的协调,又有项目本身与项目环境的协调,一个有机的、相互协调的系统才有可能正常运转。业主自身的行为将很大程度上决定其最终获得的是优质产品还是劣质产品,这是工程界公认的公理。

 价格上的协调

一般投标单位在在确定投标价格之前,会向各分包商(供应商)询价(若需要的话),或进行洽商,在分包报价的基础上考虑到管理费等因素,作为总包报价,所以分包报价水平常常又直接影响总包报价水平和竞争力:

(1)对大的分包(或供应)工程如果时间来得及,也应进行分包招标,通过竞争降低价格;

(2)作为总承包商,周围最好要有一批长期合作的分包商和供应商作为稳定的合作伙伴。若有可能,可以确定一些合作原则和价格水准或价格确定机制,这样可以保证分包价格的相对稳定;

(3)对承包商来说,由于与业主的承包合同先订,而与分包商和供应商的合同后定,一般在订承包合同前先向分包商和供应商询价;待承包合同签订后,再签订分包合同和供应合同。要防止在询价时分包商(供应商)报低价,而承包商中标后又报高价,特别是当询价时对合同条件(采购条件)未来得及细谈,分包商(供应商)有时找一些理由提高价格。一般可先订分包(或供应)意向书,既要确定价格,又要留有活口,防止总合同不能签订。

四 时间上的协调

由各个合同所确定的工程活动不仅要与项目计划(或总合同)的时间要求一致,而且它们之间时间上要协调,即各种工程活动形成一个有序的、有计划的实施过程。如设计图纸提供与开始施工,设备、材料供应与运输,土建和安装施工,

工程交付与运行等之间都有一个时间的先后次序问题。

【案例】

某机场改扩建工程，项目业主对改扩建工程所属的主航站楼及飞行跑道区的工程地质勘测、设计、土建施工、设备（强电、弱电、锅炉、通风、空调等）安装分别委托给不同的单位承揽。因为工期紧，设计院的图纸分批提供，航站楼的土建施工分步施工。因主航站楼的设计院是首次进行航站楼的设计，出图速度缓慢，且出现大量返工、变更事项，主航站楼土建施工比原计划进度滞后半年。但各种设备厂家按照与业主所签订的合同约定，陆续将各种设备（电缆、配电柜、空调机、制冷机、锅炉）生产出来，并部分到货。因为现场没有保管条件，基本上都是露天堆放。

设备厂家提出，因为设备保管期延长，要增加保管费用。

【分析】

大型工程建设项目的各合同之间的时间协调是一个关系到每个合同能不能按照原定计划完成，这个项目是否能够按照原定时间完成的大问题。

这个问题复杂在以下几个方面：

1. 在签署各合同时，每个合同之间的履约时间之间的关系，也即各合同之间的时间先后关系。这个时间先后取决于施工作业面的是否能够提供或腾出，工艺的先后顺序，施工所需要的技术时间是否能够保证；

2. 在施工过程中所出现的一些干扰因素，往往导致某个合同不能够按期施工、竣工。此时，一旦出现干扰因素，采取经济、技术方面的措施，尽可能将干扰因素的影响消除在一定范围。若控制不住，就要采取相应的措施，如在本案例中，就要考虑有关设备的到货时间的调整问题。

五 合同管理的组织协调

在实际工程中，由于工程合同体系中的各个合同并不是同时签订的，执行时间也不一致，而且常常也不是由一个部门统一管理的，所以它们的协调更为重要。这个协调不仅在签约阶段，而且在工程施工阶段都要重视；不仅是合同内容的协调，而且是职能部门管理过程的协调。例如承包商对一份供应合同，必须在总承包合同技术文件分析后提出供应的数量和质量要求，向供应商询价，或签订意向书；供应时间按总合同施工计划确定；付款方式和付款时间应与财务人员商量；供应合同签订前或后，应就运输等合同作出安排，并报财务备案，以作资金计划或划拨款项；施工现场应就材料的进场和储存作出安排。这样形成一个有序的管理过程。

本章小结

施工合同管理的主体是指国家各级工商行政管理机关、建设行政主管机关以及合同当事人(业主、设计、施工、监理、咨询)。但本章主要介绍合同当事人的合同管理。

业主在进行合同管理时,合同总体策划工作量大。合同总体策划之所以重要,原因在于业主是合同主要条款的起草者(对于以招投标形式确定承包商的工程尤其是这样)。业主要确定与业主签约的承包商的数量、招标方式的确定、合同类型的确定、合同条件的选择、重要合同条款的确定及其他战略问题的确定(资格预审标准及投标单位的数量、评标标准、标后谈判的处理)。

承包商合同总体策划问题较少,主要是投标方向的选择、合同总体风险评价、合作形式的选择、合同执行战略。

思考题

1. 叙述合同管理的概念。
2. 目前土木工程建设模式有哪些?各自有何特点?
3. 土木工程合同类型有哪些?如何选择?
4. 业主土木工程项目合同管理整体策划的结果主要有哪些?
5. 试阐述业主合同管理的必要性。
6. 试阐述国家行政机关对合同进行管理的必要性及手段。
7. 解释建设工程合同体系协调的概念。

古人论道

善为士者不武,善战者不怒,善胜敌者不与,而敌自服也,善用人者为下。是谓不争之德,是为用人之力,是谓配天,古之极。

老子《道经·27章》

第十章 合同风险管理

【内容提要】

本章从风险的概念入手，通过介绍风险的基本含义、特征、分类及风险评价，进而介绍合同与风险的关系，合同风险分配的原则，从而引出建设工程合同风险管理的概念和内容。

【学习指导】

风险，是经济活动中有可能存在的导致经济损失的潜在可能性或事件。人们关注风险，是因为风险影响到人们对未来收益的预期。

导致风险发生的原因是多方面的，有客观的因素、有主观的因素，有政治的因素、有经济的因素，有人为的因素、有物的或环境的因素，不一而足。人们在经济活动中，首先要识别风险，认识风险，才有可能对风险采取相应对策。

在工程建设过程中，业主与承包商各自面对着不同的风险。

建筑工程投资大、工期长、技术复杂以及工程参与方众多，在建设过程中考虑不到的因素或突发事件自然会多起来。施工过程中的各种意想不到的事件如不加以防范、处理，很可能会影响工程建设的顺利进行，严重者会造成重大损失。此时，工程项目的风险管理就显示出其重要性来。研究建筑工程的风险，对建筑工程合同的风险进行管理，既可以减少损失，也是各企业适应国际建筑市场的需求、国家基本建设和国民经济健康持续发展的需要。

第一节 风险概述

风险的基本含义

"天有不测风云，人有旦夕祸福"，提醒人们世间有些事情我们无法控制。"风险无处不在"、"风险与机遇并存"，则不仅提醒人们要注意风险的存在，还告诉人们若善待风险，风险也许就是机会。

那么如何理解风险的含义呢？

在《现代汉语词典》中风险是指遭受损失、伤害、破坏的可能性。风险的英文是"Risk"，它来自古希腊单词"Rhiza"，意思是靠近峭壁航行危险，可能撞上礁石、碰上暗流，可能遇上从崖上掉下的石头。对于风险从不同角度有多种说法和理解，但较为通用的是：

(1)风险是损失或收益发生的不确定性。即风险由不确定性和损失或收益两个要素构成。

(2)风险是在一定条件下，一定时期内，某一事件其预期结果与实际结果间的变动程度，变动程度越大，风险越大；反之，则越小。

风险的基本特征

(一)风险的客观性和普遍性

风险的客观性，首先表现在它的存在不以人的意志为转移。从根本上说，这是因为风险的各因素对风险主体来说是独立存在的。

通常，风险因素有以下三种：

(1)客观风险因素。客观风险因素为人类自身因素以外的客观世界、外在事物，如机械故障、材料性质的不稳定、人们不了解的地下岩土、水文条件等；

(2)道德风险因素。从风险的承担主体角度来看，道德风险因素是指(潜在)合作伙伴的道德品质或欺诈行为，它与人的后天修养、品格有关。

(3)心理风险因素。心理风险因素是指与风险的承担主体自身的心理状态有关的因素，例如，漠视风险的存在或出现，分包后疏于对分包商的管理等。

不管风险主体是否意识到风险的存在，风险在一定的条件下就可能变成现实。风险无时不有、无处不在，它存在于人类社会的发展过程中，潜藏于人类的

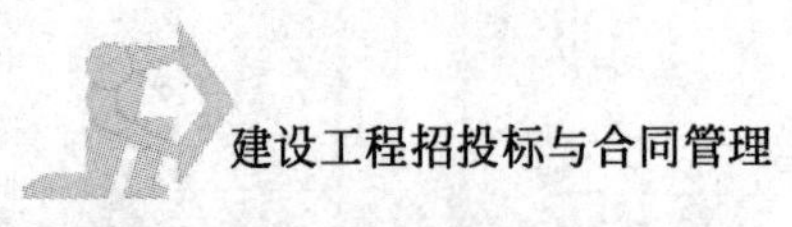

各种经济、社会活动之中。

(二)风险的不确定性

风险的不确定性是指风险的发生的不确定性,即风险的程度有多大、风险何时何地转变为现实都是不确定的。风险的不确定性并不代表风险就完全不可测度。有的风险可以测度,有的风险不可以测度。例如,项目投资问题,对不同投资方案的不同收益和损失的可能性,可以根据有关知识、数据,运用各种已知方法进行测度;对于经济风险、政治风险和自然风险就很难测度甚至无法测度。

风险的不确定性要求我们运用各种方法,尽可能地对风险进行预测,以便采取相应对策规避风险。

(三)风险的可预测性

风险发生的具有不确定性。但是,人们根据过去的经验、已经掌握的预测技术,对于某个风险发生的概率、产生的损失,提前作出预测,进而采取相应的措施,预防风险的发生,减少风险事件发生所导致的损害。但预测风险的前提,是人们能够识别风险。鉴于人们认识的有限性,在工程建设过程中面对日益增多的不熟悉的政治、经济、技术环境,不能识别、不熟悉的风险也时有发生。

(四)风险的可变性

风险的可变性是指在一定条件下风险可以转化。风险的可变性包括以下内容:

1.风险性质的变化

例如,几年前熟悉项目进度管理软件的人不多,使用计算机管理进度风险很大。现在熟悉的人多了,使用计算机管理进度不再是风险,甚至成为有利因素。

2.风险量的变化

随着社会的发展,预测技术的不断完善,人们抵御风险的能力增强,在一定程度上对某些风险能够加以控制,使其频率降低,风险造成损失的范围和程度在减少。但是,客观情况是,随着社会的发展,环境的变化,又往往产生新的问题,要面对新的风险。

3. 风险在一定条件下在一定范围内可能被减少或消除

例如，承包商为了避免因工程施工进度拖延而导致项目业主的罚款，而采取增加资源投入，如增加工作作业时间，增加人、材、机械、设备等投入时，就有可能按期完工。

4. 新风险的产生

随着项目和其他活动的展开，会有新的风险出现。如进行项目建设时，为了加快进度而采取边勘察、边设计、边施工的方法，因此又可能产生诸如质量、安全或造价风险。

(五)风险的相对性

风险的相对性是针对风险主体而言。相同的风险，对承受能力不同的风险主体而言是不同的。风险主体收益的多少，投入的大小和风险主体的经济地位与拥有的资源的差异，决定了其承受风险能力的差异。例如：同样是损失1 000元，对拥有100万元资产的人和拥有10万元资产的人，其风险大小显然不同。

(六)风险同利益的相关性

风险同利益的相关性是指对风险主体来说，风险的发生往往导致利益的损失。没有利益上的损失，不称其为风险。实际上，风险和利益是同时存在的，即风险是获取利益的代价，利益是承担风险的报酬。同一个风险，处理得当，可能因风险而获利，如果处理的不当，风险会带来损失。

三 风险的分类

(一)按起因分

1. 自然风险(Natural Risk)

自然风险是指由于自然力的作用，造成财产损毁或人员伤亡的风险，如暴雨、台风等自然灾害会给施工带来困难和损失，严寒天气无法施工等。

2. 人为风险(Personal Risk)

人为风险是指由于人的行为带来的风险。人为风险又可细分经济风险、技术风险、政治风险。

(1)政治风险(Political Risk)，是指因政治原因而导致的社会正常秩序的变

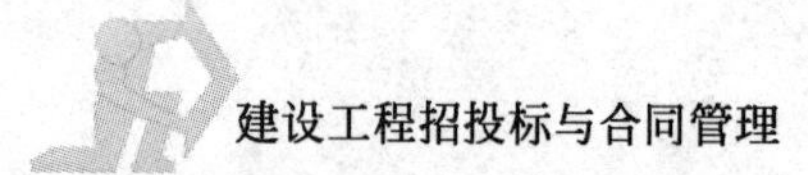

化,致使风险主体产生不可预期的后果。它包括政权交替、种族矛盾、宗教冲突、叛乱和战争以及政府管理部门的腐败和专制等。

(2)经济风险(Economic Risk),是指风险主体在从事经济活动中,由于自身经营管理不善、市场预测失误或市场价格波动、供求关系发生变化、通货膨胀、汇率变动等所导致经济损失的风险。

(3)技术风险(Technlogy Risk),是指伴随科学技术本身的时代性和人对技术所掌握程度先后顺序的不同所带来的风险。它包括设计方案在技术上的可行性、先进性,承包商技术力量满足施工的程度,特定施工方案的适用性、可操作性等。

(二)按后果分

1.纯风险(Pure Risk)

纯风险是指只造成损失而不会带来收益的风险。它的后果只有两种:损失或无损失,无论是哪种后果都不会带来收益。

2.投机风险(Speculative Risk)

投机风险是指那些既存在造成损失的可能,也存在获得收益的可能的风险。其后果有造成损失、无损失和收益三种结果,也就是说存在三种不确定状态。例如:某项工程项目中标后,其实施后可能会造成亏本、保本和盈利三种结果。

纯粹风险和投机风险的划分并不是绝对的,在一定的条件下它们可以相互转化。显然,风险管理人员应该努力创造条件,将纯粹风险转化为投机风险,同时必须避免投机风险转化为纯粹风险。

(三)按风险的形态划分

1.静态风险

静态风险是由于自然力的变化或由于人的行为失误导致的风险。如工程项目所在地的工程地质、岩性的不规则变化,这是既定的,但人们没有勘探清楚,导致原来的设计或施工组织措施不再适用。静态风险从发生的后果来看,静态风险多属于纯粹风险。

2.动态风险

动态风险是由于人类需求的改变、制度的改进和政治、经济、社会、科技等环境的变迁导致的风险。从发生的后果来看,动态风险既可属于纯粹风险,又可属于投机风险。

(四)按风险可否管理划分

1. 可管理风险

可管理风险是指用人的智慧、知识和能力可以预测、可以控制的风险。

2. 不可管理风险

不可管理风险是指用人的智慧、知识和努力等无法预测和无法控制的风险。

风险能否管理,取决于风险的不确定性能否消除以及活动主体的管理水平。要消除风险的不确定性,就必须掌握有关的数据、资料等信息。随着信息科学的发展、信息的增加以及管理水平的提高,有些不可管理的风险可以转变为可管理的风险。

(五)按风险影响范围划分

1. 局部风险

局部风险是指由于某个特定因素导致的风险,其损失的影响范围较小。

2. 总体风险

总体风险影响的范围大,其风险因素往往无法加以控制,如项目所在地的社会经济、政治等因素。

(六)按风险后果的承担者划分

按风险后果的承担者可分为:项目业主风险(政府风险、投资方风险)、承包商风险(施工承包商风险、设备或材料供应商风险、设计方风险)、监理方风险、担保方风险等。这样划分有利于合理分配风险,可提高项目承受风险的能力。

(七)按风险的影响程度划分

1. 一般风险

风险发生的可能性不大,或者即使发生,造成的损失较小,一般不影响项目的正常进行。

2. 严重风险

有两种情况,一是风险发生的可能性大,风险造成的损失大,使项目由正常进行受到严重影响甚至变得不可行;二是发生后造成的后果严重,但是发生的概率很小的风险,若能够采取有效的防范措施,使其不能发生,项目仍然可以正常实施。

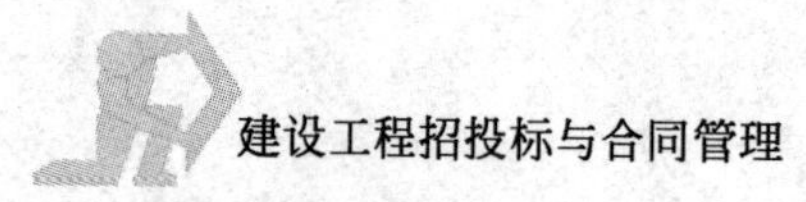

3. 灾难性风险

风险发生的可能性很大，一旦发生将产生灾难性后果，项目无法承受。

四 风险评价

通过风险识别，可揭示出项目所面临的风险；通过风险分析，可确定风险发生的概率和损失的严重程度。若要对风险采取监控措施，采取什么样的监控措施，监控到什么程度，以及采取监控措施后，原来的风险发生了什么变化，是否会因此而产生新的风险，这些问题都要通过风险评价来解答。

(一)风险评价的概念

风险评价(Risk Assessment)，也就是在对各种风险大小进行度量的基础上，判断风险对工程项目建设的影响。不仅要考虑风险事件发生的概率、要预测风险事件发生后将引起的损失或后果，而且要考虑项目风险主体对风险的承受能力。

(二)风险评价的目的

风险评价有四个目的：

(1)通过风险评价，可以确定风险的大小顺序，轻重缓急。

(2)可以将风险发生的概率和损失后果进一步量化，减少风险估计的不确定性。

(3)可以发现各风险事件间的内在联系，避免事故连环发生，为事半功倍地防控风险打下基础。

(4)可以更好把握不同风险之间、风险与机遇之间的相互转化条件，将风险变成机会，并且确实抓住机会。

(三)风险评价的步骤

风险评价可分为三步：

1. 确定风险评价基准

风险评价基准就是风险主体针对每一种风险后果确定的可接受水平。单个风险和整体风险都要确定评价基准，可分别称为单个评价基准和整体评价基准。风险的可接受水平可以是绝对的，也可以是相对的。

2. 确定项目整体风险水平

项目整体风险水平是综合了所有的个别风险之后确定的。

3. 评价风险

将单个风险与单个评价基准、项目整体风险水平与整体评价基准对比，确认项目风险是否在可接受的范围之内，进而确定该项目的停止或继续进行。

(四)风险评价的方法

1. 主观评分法

主观评分法，也叫综合评分法，是最简单、常用的风险评价方法之一。这种方法是在已列出的风险清单的基础上，请有经验的专家为每一个风险因素或风险事件赋予一个分值，然后对各个风险的分值进行综合计算，与风险评价标准对比。

【案例】

某项目建设要经历5个过程，面对的5种风险，见表10-1。假定项目整体风险基准为0.6，试评价项目风险。

首先，请有经验的专家对各建设过程的各个风险打分。分值为0表示无风险，9表示风险最大。然后计算各建设过程风险值、每一风险因素的风险值和项目总风险值。

主观评价表 表10-1

	费用风险	工期风险	质量风险	组织风险	技术风险	合　计
可行性研究	5	6	3	8	7	29
设计	4	5	7	2	8	26
招标	6	3	2	3	8	22
施工	9	7	5	2	2	25
试运行	2	2	3	1	4	12
Σ	26	23	20	16	29	114

表中风险因素的最大值是9，那么显然表中项目总风险最大值可能应为：$9\times5\times5=225$。而实际总分值为114，所以该项目整体风险水平为：$114/225=0.5067<0.6$。说明项目实际风险水平低于风险标准，是可以接受的。

【分析】

主观评分法简便易行，其评价结果考虑了多因素对整体风险的影响，可信度比仅考虑单因素时要高。但评价结果是否科学决定于评价标准的合理性与专家打分的客观性，特别是专家个人的经验和判断能力。

2. 层次分析法

并不是所有的风险都可以方便地量化排序，这时可以使用层次分析法(analytical hierarchy process，简称 AHP)，层次分析法是一种定性与定量相结合的评价方法，其特点在于可以细化工程项目风险评价因素和权重体系，采用两两比较法，提高了评价的准确性，可以通过分析结果对其逻辑性、合理性进行辨别。

3. 等风险图法

工程项目风险的大小涉及风险事件发生的概率和风险损失的多少两个因素，用 R 表示风险量的大小，分别用 P 和 Q 表示风险事件发生的概率和风险潜在损失值，风险量的大小是关于损失期望值(即 P 和 Q 的乘积)的增函数，一般认为期望损失越大风险就越大。

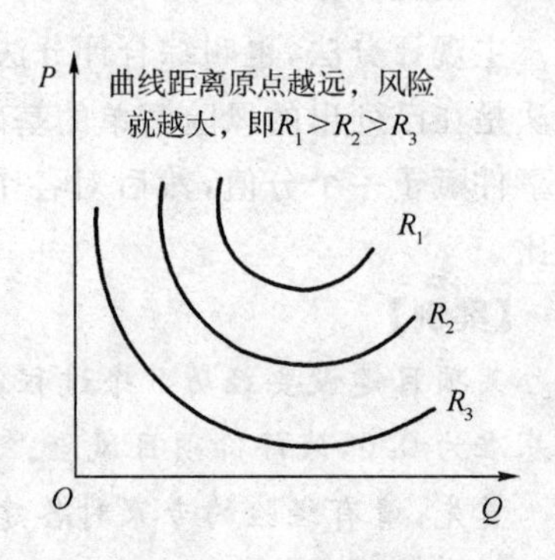

图 10-1　等风险图

某一风险不同严重程度，后果发生的概率值点描在以 Q 为横轴，P 为纵轴的平面坐标图中，把各点连接就得到一条曲线，等风险图大致形状如图 10-1。图中每条曲线代表一个风险。

4. 决策树法

【案例】

某承包商向一工程项目投标，可采取两种策略：一种是投高标，中标机会0.2(不中标机会 0.8)，另一种是投低标，中标与不中标机会均为 0.5。投标不中时，则损失投标准备费 5 万元。投标方案选择见表 10-2。

投标方案选择　　表 10-2

方案	效果	可能利润(万元)	概率	方案	效果	可能利润(万元)	概率
高标	好	500	0.3	低标	好	300	0.2
	一般	300	0.5		一般	200	0.6
	赔	−100	0.2		赔	−150	0.2

【分析】

对于比较复杂的风险评判问题，可以使用决策树法。它是把各种可供选择的方案和可能出现的自然状态、可能性的大小以及产生的后果简明地绘制在一幅图上，便于分析研究。

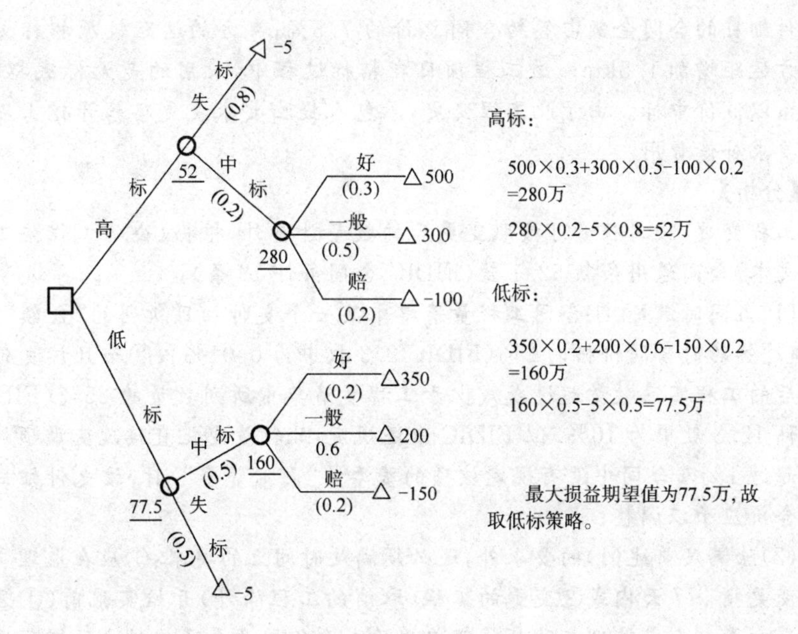

图 10-2

五 合同与风险

合同中有风险，风险存在于合同中。建设工程合同既是项目管理的法律文件，是合同主体各方应承担风险的界定，也是项目全面风险管理的主要依据。

合同风险是指合同中的以及由合同引起的不确定性。合同风险的客观存在是由其合同特殊性、合同履行的长期性和合同履行的多样性、复杂性以及建筑工程的特点决定。

(一)建设工程合同风险种类

1. 由合同种类所定义的风险

合同风险首先与所签订的合同的类型有关。如果签订的是固定总价合同，则承包商承担全部物价和工程量变化的风险；而对成本加酬金合同，承包商不承担任何风险；对常见的单价合同，风险由双方共同承担。

【案例】

某高速公路在路基开挖施工过程中，业主通过论证，提出要降低某合同段的路线纵坡，为此进行了工程变更。该项变更使该合同段路基挖方工程量由清单数量 656 860m³ 增加到 783 250m³(增加的工程量超过原清单数量 19.2%)，该

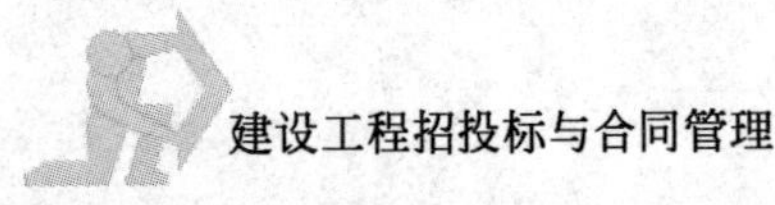

项支付细目的合同金额占签约合同总价的7.5%；弃方的运距较原招标文件中的弃方运距增加1.5km。该工程项目在招标过程中，采用的是无标底招标，承包人系以低价中标。由于此工程变更，承包人提出要求变更路基开挖土石方单价并要求补偿费用。

【分析】

工程变更，除工程量可按照变更后的数量计量外，根据《公路工程施工合同示范文本》合同通用条款52.1款(FIDIC合同条件12条)：

(1)当同时满足：①合同工程量清单中某一个支付细目所列的"金额""或合价"超过签约时合同价格的2%(FIDICI2.3款中为0.01%)；②而且该支付细目变更后的工程实卫数量超过或减少于工程量清单中所列数量的25%(FIDIC合同条件12.3款中为10%，但FIDIC中还规定：此数量变化直接改变该项的单位成本超过1%及合同中没有规定该项的费率为"固定费率")时，该支付细目的单价或合价应予以调整；

(2)除满足前述(1)的要求外，还必须满足时间上的要求：①应在监理工程师发出变更指令7天内或②变更的工程(取消的工程除外)开始实施前(①②中取小者)，由承包人或监理工程师将变更单价或合价的意向通知对方。若不同时满足(1)、(2)的规定，则原合同工程量清单中的单价中的单价或不能变更。通常，在合同履行的过程中，能满足合同通用条款52.2款规定而变更某一工程细目的单价或总额的情况是不多的。要同时满足"2%与25%"的要求才能变更单价，FIDIC合同条件(原第四版)通用条款52.2款中也是如此规定的，但在1999版FIDIC合同条件12款中，已大幅降低比率。

(3)本案例承包人提出变更工程单价，满足了超过签约时合同价格的2%的要求和提出变更单价时间性上的要求，但不满足工程量超过合同清单中该支付项工程量变更25%的要求，因此不满足合同中变更单价的相关要求。但在工程实施中的一个现实状况是，若承包人原报价的确很低(有的甚至低于成本价)，若因变更而导致增加土石方工程量较大，若不能够客观、妥善地处理变更部分工程量的单价问题，也许会对工程质量、进度造成不利影响。

2.合同中明确规定的应由一方承担的风险

一般工程承包合同明确规定业主、承包商所承担的风险的范围，如工程变更属于业主承担风险的范围、不可抗力属于合同双方共同承担的风险。

3.合同缺陷导致的风险

(1)条文不全面、不完整，没有将合同双方的责权利关系全面表达清楚，没有预计到合同实施过程中可能发生的各种情况。

(2)合同表达不清晰、不细致、不严密，合同条款矛盾、二义性。

(3)合同签订、实施控制中的问题。发包人有可能为了转嫁风险提出单方面约束性的、责权利不平衡的条款。例如合同规定："乙方无权以任何理由要求增加合同价格,如市场物价上涨,货币价格浮动,生活费用提高,工资的基限提高,调整税法,关税,国家增加新的赋税等。"

(二)合同风险特性

合同风险是相对的,同一个合同风险可以通过不同的合同条文来界定不同承担者。在工程中,如果风险成为现实,则由承担者主要负责风险控制,并承担相应损失责任。所以对风险的界定属于双方责任划分问题,不同的表达,有不同的风险,相应有不同的风险承担者。

如在合同中规定"乙方无权以任何理由要求增加合同价格,如……国家调整税率" 则国家对税率的调整完全是承包商的风险,如果国家提高税率,则承包商要蒙受经济损失。但另一方面,承包商在报价时,因为要考虑可能的国家税率的增加而增加报价,一旦没有增加税率,甚至降低税率,就会因此而增加收益。

六 风险分配的原则

合同风险如何界定、分配是决定合同形式的主要影响因素之一。合同的起草和谈判实质上很大程度上是风险的分配问题。作为一份完备的公平的合同,不仅应对风险有全面的预测和定义,而且应全面界定风险责任,公平合理地分配风险。

对合同双方来说,如何对待风险是个战略问题。由于业主起草招标文件、合同条件,确定合同类型,承包商必须按业主要求投标,所以对风险的分配业主起主导作用,有更大的主动权与责任。但从风险与利益的相关性角度来看,业主不顾主客观条件在合同中加上对承包商的单方面约束性条款和对自己的免责条款,把风险全部推给对方,对业主来说不一定有利。

(一)合理进行风险分配,防止两种倾向

1.业主承担所有风险

在合同中过于迁就承包商,不让承包商承担任何风险,所有风险都由业主来承担。如业主与承包商签订成本加酬金合同就是这种情况,原来通行的预算计价模式也几乎将所有的风险由业主来承担。这种合同对承包商来说没有成本控制的积极性,不仅不努力降低成本,反而有可能有意识提高工程成本以争取自己的收益。

2.承包商承担工程建设中的所有风险

让承包商承担工程建设中的所有风险,例如固定总价合同模式就是这种情

况。表面看起来,业主不承担任何风险,业主似乎有利,但是,让承包商在报价时承担所有风险,承包商在报价中的不可预见风险费自然加大,若风险没有发生或虽然发生,但造成的损失很少,承包商会因此而得利,业主适得其反。

合理地分配风险有如下好处:

(1)承包商报价中的不可预见风险费较少,业主可以得到一个合理的报价;

(2)减少合同的不确定性,承包商可以准确地计划和安排工程施工;

(3)可以最大限度发挥合同双方的天然优势,提高风险控制和履约的积极性。

所以工程专家告诫:业主应公平合理地善待承包商,公平合理地分担风险责任。一个苛刻的、责权利关系严重不平衡的合同往往是一把“双刃剑”,不仅伤害承包商,而且最终会损害工程的整体利益,伤害业主自己。所以,要实现合同管理的目标,在签订和实施合同时必须考虑到双方的利益,使之达到公平合理。

(二)按照效率原则进行风险分配

为了工程整体效益,最大限度地发挥双方的积极性,分配风险应尽可能做到:

(1)谁能最有效地防止和控制该风险,或能将该风险转移、消化掉,则应由他承担该风险;

(2)风险的承担者控制风险是比较经济的,即与对方相比风险的承担者能够以相对较低的成本来控制风险,他控制风险有效、方便、可行;

(3)通过这种风险分配,能更好地发挥双方管理和技术革新的积极性。

效率原则是进行风险分配的第一原则。如工程项目场址的工程地质及地下管线的埋藏情况,因为业主在项目前期做了大量的调查工作,由业主来对项目所在地的地质及地下管线的埋藏情况及其真实、准确性负责,符合效率原则;再如,由承包商来组织项目的施工,在施工现场的操作工人的施工安全,由承包商来负责也符合效率原则。

(三)公平合理,责权利平衡

公平原则也适用建设工程合同的风险分配方面,它具体体现在:

1.承包商提供的工程(或服务)与业主支付的价格之间应体现公平,这种公平通常以当地当时的市场价格为依据

2.风险责任与权利之间应匹配

风险作为一项责任,它应与权利相对应、平衡。任何一方有一项责任则必须有相应的权利;反之,有权利,就必须有相应的责任。防止合同中出现单方面权利或单方面义务条款。

例如：

①业主起草招标文件，则业主应对招标文件的适用性、严谨性（风险）承担责任；

②业主指定工程师，指定分包商，则业主应承担相应的因工程师、指定分包商而引起的风险；

③承包商有合同义务，以其所掌握的诀窍（know how）来完成工程施工任务，并解决在施工过程中所出现的各种问题，则承包商对施工方案正确性、适用性负责，应有权制定施工方案，并在认为必要的时候修正原方案；

④如采用成本加酬金合同，业主承担全部风险，则业主就有权选择或否定承包商所提出的施工方案，干预施工过程；

⑤采用固定总价合同，承包商承担全部风险，则承包商就应有相应的权力，业主不应多干预施工过程。

3.风险责任与机会对等

风险责任与机会对等，即风险承担者同时应能享有风险控制获得的收益和机会收益。例如承包商承担工期风险，拖延要支付违约金，相应地，因工期控制使工期提前自然要有奖励；如果承包商承担物价上涨的风险，则物价下跌带来的收益也应归他所有。

4.风险承担的可能性和合理性

风险承担的可能性和合理性，即给风险承担者以风险预测、计划、控制的条件和可能性。风险承担者应能较为有效地控制风险，能通过一些手段（如保险、分包）转移风险；一旦风险发生，他能较为有效地进行处理；通过他来承担风险，能够较为有效地发挥其计划、工程控制的积极性和创造性，风险的损失能由于风险的承担者的努力而减少。

（四）符合现代工程管理理念

现代工程管理理念和理论认为，合同双方的合作不是“零和游戏”，可以通过风险共担达到合作、双赢的目的，合作双方属于利益共同体、属于合作伙伴。在现代意义上的合同中，将不可抗力、恶劣的气候条件、汇率、政府行为、政府稳定性、环境限制和适应性等都作为特殊风险由合作双方共同承担。

（五）符合工程惯例

工程惯例一般都比较公平、合理，能够较好地反映合同双方的要求；同时，合同双方对工程惯例都比较熟悉，也更容易被双方接受、实施。一般来说，如果合同中的规定严重违反惯例，往往就违反了公平合理原则。

风险分配首先与合同类型有关。固定总价合同和成本加酬金合同是两个极端的情况，而常见的单价合同将风险在双方之间进行分配。按照惯例，承包商承担对招标文件理解、环境调查风险，报价的完备性和正确性风险，施工方案的适用性、完备性的风险，自己的分包商、供应商、雇用的工作人员的风险，工程进度和质量风险等等。业主承担的风险（但不限于此）：招标文件及所提供资料的正确性，工程量变动、合同缺陷（设计错误、图纸修改、合同条款矛盾、二义性等）风险，国家法律变更风险，一个有经验的承包商不能预测的情况的风险，业主雇用的工程师和其他承包商风险等。

而物价风险的分担比较灵活，可由一方承担，也可划定范围双方共同承担。

公平的合同能使双方都愉快合作，而显失公平的合同会导致合同的失败，进而损害工程的整体利益。

第二节　风 险 管 理

一　风险管理过程

风险管理（Risk Management），就是一个识别和度量风险，以及制定、选择和管理风险处理方案的过程。一个完整的建设项目风险管理过程如图 10-3 所示。

（一）风险识别（Risk Identification）

风险识别是指风险管理人员在收集资料和调查研究之后，运用各种方法对尚未发生的潜在风险以及客观存在的各种风险进行系统归类和全面识别。

风险识别的主要内容是通过某一种途径或几种途径的相互结合，尽可能全面地辨识出影响项目目标实现的风险事件存在的可能性，并加以恰当的分类。

（二）风险分析和评价（Risk Analysis and Evaluation）

风险分析和评价是一个将项目风险的不确定性进行定量化，用概率论来评价项目风险潜在影响的过程。这个过程在系统地认识项目风险和合理地管理项目风险之间起着桥梁作用。

风险分析和评价包括以下内容：

（1）确定风险事件发生的概率和可能性；

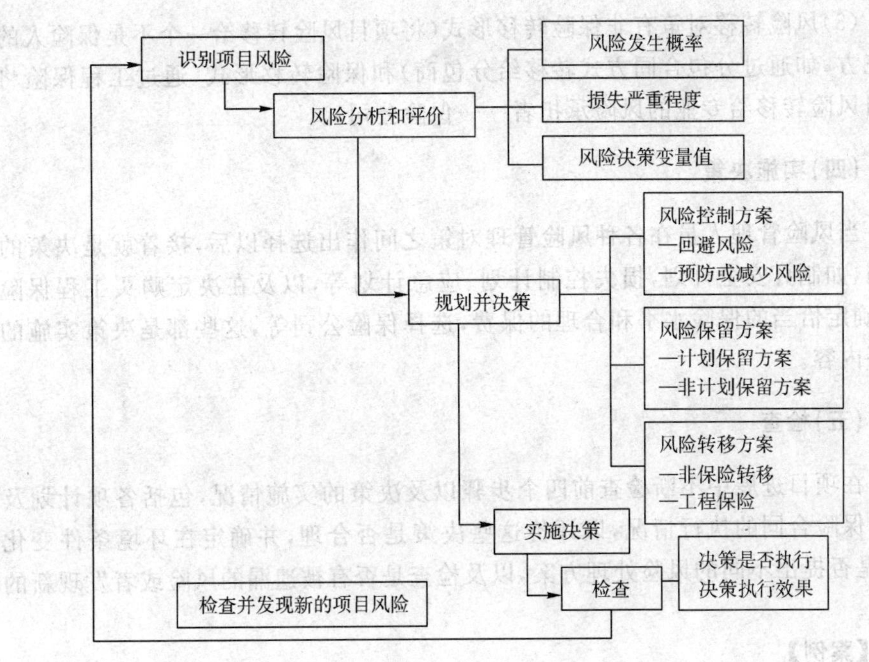

图 10-3 风险管理流程图

(2)确定风险事件的发生对项目目标影响的严重程度,如经济损失的大小、工期的延误等;

(3)确定项目建设周期内对风险事件的预测能力以及发生后的处理能力。

以上操作的实质是将项目面临的每一种风险定量化,以便从项目风险清单中确定哪些风险是最严重、最难以控制的风险。在项目风险清单中筛选出最需要关注的风险,作为最终风险评价的结果。

(4)将工程项目所有的风险视为一个整体,评价它们的潜在影响,从而得到项目的风险决策变量值,作为项目决策的重要依据。

(三)规划并决策(Response Planning)

完成了项目风险的识别和分析过程,就应该对各种风险管理对策进行规划,并根据项目风险管理的总体目标,就处理项目风险的最佳对策、组合进行决策。一般而言,风险管理有三种对策:风险控制(Risk Control)、风险保留(Risk Retention)和风险转移(Risk Transfer)。

(1)风险控制对策包括采取风险回避、风险预防或风险减少等措施;

(2)风险保留对策有计划风险保留方案和非计划风险保留方案两种形式;

(3)风险转移对策有非保险转移形式(将项目风险转移给一个不是保险人的第三方,如通过分包合同方式转移给分包商)和保险转移形式(通过工程保险将项目风险转移给专业的风险承担者——保险公司)。

(四)实施决策

当风险管理人员在各种风险管理对策之间作出选择以后,接着就是决策的实施,如制订安全计划,损失控制计划、应急计划等,以及在决定购买工程保险时,确定恰当的保险水平和合理的保费,选择保险公司等,这些都是决策实施的重要内容。

(五)检查

在项目进展中不断检查前四个步骤以及决策的实施情况,包括各项计划及工程保险合同的执行情况,以评价这些决策是否合理,并确定在环境条件变化时,是否提出不同的风险处理方案,以及检查是否有被遗漏的风险或者发现新的风险。

【案例】

A公司以融资租赁方式向客户提供重型装载车30台,用于大型水电站工程施工。车辆总价值820万元,融资租赁期限为12个月,客户每月向A公司缴纳75万元租赁费用。为保证资产安全,客户提供了足额的抵押物。合同执行到第6个月时,客户出现支付困难,抵押物的变现需时太长,A公司不能及时收回资金。公司A及时启动了风险控制预案,与一家信托投资公司合作,由信托公司全款买断30台车,客户与公司A终止合同,重新与信托投资公司签订24个月的融资租赁合同。

公司A及时地收回了全部资金,解除了风险。而客户又与信托投资公司签署新的租赁合同,继续经营。

【分析】

在这个案例中,通过运用工程项目的风险管理知识,公司A成功规避了项目的风险,最终赢得了项目的成功。

1.项目风险识别

项目中导致客户不能按时支付租金的主要风险:

(1)客户在工程施工中的赢利能力不足;

(2)项目业主向客户结算工程款的及时性;

(3)客户因经营管理不善导致严重亏损;

(4)客户在施工中发生重大车辆或人员损失；

(5)工程因政策要求停工；

(6)工程因重大事故被迫停工。

2.风险的定性及定量分析

为了估计诸多风险因素发生的概率及其可能产生的影响，公司A对风险因素进行了分析，确定了最可能发生和影响较大的风险因素为：客户在施工经营中的赢利能力不足。

3.风险规划及对策

针对可能面临的风险选择适当的风险应对策略：

回避：因客户只有通过工程赢利才有支付能力，该风险无法回避；

减轻：客户支付部分款项，可以减轻部分损失，但肯定会给公司带来一定损失；

转移(嫁)：将产权提前转让给有能力拓宽还款期限的第三方，损失极少的利息收入，及时收回资金；

通过比较，选择将风险转移出去为首选方案、减轻风险损失为第二方案。

二 风险管理的任务

建设过程中，无论是业主还是承包商都会面临大量的不确定性和风险因素，这些因素会对业主的投资效果和承包商的经济效益产生不利和负面影响。工程项目风险管理的主要任务有如下几个方面：

1.在工程招投标过程中和施工合同签订前对风险作全面分析和预测

主要应考虑如下问题：

(1)工程实施中可能出现的风险类型、种类；

(2)风险发生的规律，如发生的可能性、发生的时间及分布规律等；

(3)风险的影响，即风险如果发生，对施工过程、工期和成本等有哪些影响，业主或承包商要承担哪些经济的或法律的责任等；

(4)各风险之间的内在联系，如风险因素一起发生或伴随发生的可能和影响等。

2.对风险进行有效归避

即考虑如果风险发生应采取什么措施予以防止，或降低它的不利影响。对风险进行预控，要在组织、技术、资金等方面作好相应的准备。

3.对可能发生或已经发生的风险进行有效的控制

如采取措施防止或避免风险的发生；有效地转移风险，争取让多方承担风险造成的损失；降低风险的不利影响，减少自己的损失；在风险发生的情况下进行有效的决策，对工程风险进行有效的控制，保证工程项目的顺利实施等。

 风险分析的主要内容

风险分析是指应用各种风险分析技术，用定性、定量或两者相结合的方式处理风险不确定性的过程，其目的是评价风险的可能结果。风险分析和评估是风险辨识和管理之间联系的纽带，是决策的基础。

在项目生命周期的全过程会出现各种不确定性，这些不确定性将对项目目标的实现产生积极或消极影响。项目风险分析就是对将会出现的各种不确定性及其可能造成的各种影响和影响程度进行适当的分析和评估。通过对那些看起来不确定事件的关注，对风险影响的揭示，对潜在风险的分析和对自身能力的评估，采取相应的对策，从而达到降低风险的不利影响或减少其发生的可能性之目的。

风险分析具有以下作用：

(1)使项目选定、在项目成本估计和进度安排方面更现实、可靠；

(2)使决策人能更清晰、更准确地认识风险，及风险对项目的影响、风险之间的相互作用；

(3)有助于决策人制订更完备的应急计划，有效地选择风险防范措施；

(4)有助于决策人选定最合适的委托或承揽方式；

(5)能提高决策者的决策水平，加强他们的风险意识，开阔视野，提高风险管理水平。

风险分析包括以下三个必不可少的主要步骤：

1.采集数据

首先要采集与所要分析的风险相关的各种数据。这些数据可以从风险主体过去类似项目经验的历史记录、对方及项目本身的背景资料中获得。所采集的数据必须是客观的、可统计的。

某些情况下，直接的历史数据资料还不够充分，尚需主观评价，特别是那些对投资者来讲在技术、商务和环境方面都比较新的项目，需要通过专家调查方法获得具有经验性和专业知识的主观评价。

2.完成不确定性模型

以已经得到的有关风险的信息为基础，对风险发生的可能性和可能的结果给以明确的定量化。通常用概率来表示风险发生的可能性，风险发生所造成的

损益体现在项目现金流表上，用货币表示。

3. 对风险影响进行评价

在不同风险事件的不确定性已经模型化后，紧接着就要评价这些风险的全面影响。通过评价把不确定性与可能结果结合起来。

常见的风险分析方法有八种：即调查和专家打分法、层次分析法、模糊数学法、统计和概率法、敏感性分析法、蒙特卡罗模拟、CIM模型、影响图。其中前两种方法侧重于定性分析，中间三种侧重于定量分析，而后三种则侧重综合分析。

四 承担风险的基本准则

(一)量力而行准则

项目建设活动往往存在着这样或那样、或大或小的风险。在进行投资或选择某一风险时，必须考虑到：自身的财务状况、承担风险的能力以及选择某一风险机会时可能出现的最坏结果。

如果项目在某一时期财务状况欠佳，承担风险能力有限，而且某一风险机会的最坏结果可能导致财务上的崩溃，则应确立符合项目自身承担能力的风险规划，投入一定的成本将风险控制在可承受的程度以下。孤注一掷，从风险管理的角度来看是不可取的。总之，虽然冒一定的风险是不可避免的，但量力而行始终是平稳、持续发展之道。

(二)不因贪小而失大准则

因小失大是生活中的戒律，它同样也是风险管理中的一条禁忌。根据风险的特点，在通常的情况下，往往可以较小的费用支出防止较大的损失出现，取得较大的安全保障；反过来，较大损失的出现，往往与人们有贪图暂时的、较小的利益心理有着极大的关系。为节省较小的费用而丧失较大的安全保障不符合经济学原理。

(三)成本效益匹配准则

对于一个项目来说，面临的风险常常不止一种，即使是对某一既定风险，可以采取的对策也多种多样。而选择风险对策时要考虑到成本和效益。以最小的成本获得最大的经济效益，获得相应的安全保障，本身就揭示了成本和效益比较的重要性。值得注意的是，在确定风险管理目标时，成本内容往往可以较好地确

定，如转移风险的费用支出、自留风险的资金成本、损失控制的各种投入。但其效益则有其特殊性，这是因为所获得的安全保障程度究竟有多高很不确定，体现的风险管理效益也就难以确定。不仅如此，风险管理效果在短期内常常难以得到体现。因此，进行成本效益的比较在风险管理决策过程中显得尤为重要。

五 风险防范的一般方法

（一）回避风险（Risk Avoidance）

回避风险是在考虑到风险事件的存在和发生的可能性之后，决定主动放弃或拒绝实施可能导致风险损失的方案，以达回避风险的目的。通过回避风险，可以完全彻底地消除某一特定风险对自己造成的种种损失，而不仅仅是减少损失的影响程度。回避风险具有简单、易行、全面、彻底的优点，能将风险的概率保持为零。例如不投标、终止合同。

在采取回避风险措施时，应注意以下几点：

(1)当风险可能导致损失频率和损失幅度极高，且对此风险有足够的认识时，这种措施才有意义；

(2)当采用其他风险措施的成本和效益的预期值不理想时，可采用回避风险的措施；

(3)不是所有的风险都可以采取回避策略的，如地震、洪灾、台风等；

(4)由于回避风险只是在特定范围内及特定的角度上才有效，实际上，避免了某种风险，又可能产生另一种新的风险。

(5)避免了某种风险，实际上也放弃了与该风险伴随的机会或效益。

（二）转移风险

转移风险是指为避免承担风险损失，而有意识地将风险及其后果转嫁给另外的单位或个人去承担。

对于建设工程合同可以采用以下几种形式转移风险：

1. 分包

承包人通过合同分包，将他认为项目风险较大的部分转移给非保险业的其他人。如一个大跨度网架结构项目，若由不擅长网架结构施工的总包单位来进行施工作业，风险较大。将网架的制作、拼装和吊装任务分包给有相应设备和经验丰富的专业施工单位来施工，不仅转移了自己的风险，也许还能够获得较低的施工成本。

2.开脱责任合同

通过开脱责任合同,风险承受者免除转移者对承受者承受损失的责任。

3.免责约定

免责约定是合同不履行或不完全履行时,如果不是由于当事人一方的过错引起,而是由于不可抗力的原因造成的,违约者可以向对方请求部分或全部免除违约责任。例如,《合同法》规定:建筑工程项目未验收,发包方提前使用,发现质量问题,承包方享有免除责任的权利;再如,建筑安装工程承包合同中,发包方无故不按合同规定的期限验收合格的建设工程项目而造成损失的,承包方可免除责任,并有权要求发包方偿付逾期违约金。

4.保证合同

保证合同是由保证人提供保证,使债权人获得保障。通常保证人以被保证人的财产抵押来补偿可能遭受到的损失。

5.保险

保险是通过专门的机构,根据有关法律,运用大数法则,签订保险合同,当风险事故发生时,就可以获得保险公司的补偿,从而将风险转移给保险公司,如承包商购买保险建筑工程一切险、安装工程一切险和建筑安装工程第三者责任险。

(三)损失控制

损失控制是指在损失发生前采取措施消除损失可能发生的根源,或减少损失事件的频率,以及在风险事件发生后采取措施减少损失的程度。亦即,损失控制就是在风险发生前消除风险因素,在风险发生后减少风险损失。

(四)自留风险(又称承担风险)

1.自留风险的类型

(1)主动自留风险与被动自留风险。主动自留风险又称计划性承担,是指风险发生前,经过研究、分析,决定将风险留下来,自己承担,是一种有意识行为。被动自留风险是指由于疏忽或未意识到风险的存在,风险发生时不得不承担下来风险后果,是一种被动行为。

(2)全部自留风险和部分自留风险。全部自留风险是认为即使项目面对的所有风险都发生,所导致的损失额度小,或将这些风险自留对自己更为有利,自己也有足够的能力来承担、消化风险时,将这些风险全部留下来;部分自留风险是依靠自己的能力,决定由自己处理一定数量的风险。

2.自留风险的应对措施

(1)建立内部储备或设立风险基金,以便在风险损失实际发生时由该基金补偿。

(2)从外部取得应急贷款。应急贷款是在损失发生之前,通过谈判达成应急贷款协议,一旦损失发生,项目组织就可立即获得必要的资金,并按已商定的条件偿还贷款。

(五)风险的分散与组合

风险分散是将风险在时间、数量与空间上进行分离。在工程承包中应尽量避免风险过于集中或过大,对于较大的风险要尽可能分解或进行组合。如承包商可以把一部分风险转移和分散给分包商或联营体的合伙人。“不要把鸡蛋都放在同一个篮子里”这句西方谚语其实讲的就是风险分散。

六 业主的风险防范

施工合同中的风险往往是由业主和承包商分担的,由于各自的地位不同,因此所采取的具体措施、方法也各不相同。业主对风险防范的对策主要体现在以下几个方面:

(一)认真编制招标文件

合同文件是以招标文件为基础形成的,其完善程度如何,直接决定着合同风险的划分及将来可能的合同索赔、合同争议的频率和程度。招标文件应明确界定项目实施时可能预见到的风险事件的责任范围和处理方法,以减少合同执行过程中的争议与纠纷。

(二)严格对投标人进行资格预审

通过从投标人的组织机构、营业执照、资质等级证书以及工程经验、施工设备、人员素质、在建工程任务及财务状况等进行预先审查,保证有足够实力的承包商参加投标,为将来实施合同提供基础保证。

(三)做好评标、决标工作

在评标时应注意对报价的综合评审,特别要求低报价者能作出合理解释。对那些报价明显偏低的投标不要轻易接受,否则,将来承包商若遇到财务困难时，若业主不予援助，工程项目施工会受到影响，甚至无法进行，这对业主不利。

(四)聘请合格的监理工程师

业主聘请信誉良好的监理工程师实施施工监理，可以对工程项目的质量、进度、造价、合同等实行有效的管理与控制，以实现项目的合同目标，并能很好地处理承发包双方在施工过程中可能存在的各种争议与纠纷。

(五)保证承包商履约

业主可以利用履约保函、预付款保函，维修保函、扣留滞留金、违约误期罚款、工程保险单等经济、法律手段，来约束承包商在履行合同过程中的行为，并能减轻或避免因承包商违约所造成的工程损失。

七 承包商的风险防范

在工程实践中，由于业主常处于主导地位，承包商在进行投标时，对招标者事先已经拟定好的招标文件无从选择，一旦中标，合同风险主要集中在承包商方面。因此，承包商应在投标、合同谈判、签约以及项目执行过程中，都要认真研究和采取减轻、转移风险和控制损失的有效方法。

(一)认真研究招标文件

投标文件和报价以招标文件为依据。认真研究招标文件，对合同风险，承包商要在投标报价中予以充分的考虑，包括提高报价中的不可预见风险费，采取开口升级报价、多方案报价的报价策略，以及在投标书中使用保留条款、附加或补充说明等。但在采取这些措施时应以不使投标文件作废为前提，因为有些指标文件明确要求投标者不得在报价中有所保留或采取多方案报价。

(二)完善合同条款，合理分担风险

有些工程不允许标后谈判，有些工程容许标后谈判。若许可标后谈判，中标者要充分抓住这一机会，重新研判原招标文件中关于风险的划分，结合自己的实际情况，使风险性条款合理化，争取增加对承包商权益的保护性条款等。

(三)购买保险

工程保险是业主和承包商转移风险的一种重要手段。购买保险后，一旦保

险范围内的风险变为现实时，承包商可以向保险公司索赔，获得一定数额的赔偿。

(四)认真准备，精心组织

在承包合同实施前，一定要做好各项准备工作，尤其是风险大的项目，要对项目经理和人员的配备、技术力量、机械装备、材料供应、资金筹集、劳务安排、规章措施等作出精心的安排，以提高风险应变能力和对风险的抵御能力。

(五)加强索赔管理

用索赔来减少或弥补风险造成的损失，是当今被广泛采用的对策。通过索赔可以提高合同价格，增加工程收益，补偿因风险造成的损失。

许多有经验的承包商在分析招标文件时就考虑其中的漏洞、矛盾和不完善的地方，考虑到可能的索赔，甚至在报价和合同谈判中为将来的索赔留下伏笔，人们把它称为“合同签订前索赔”。

本章小结

风险是指遭受损失、伤害、破坏的可能性。

风险具有下述特征：风险的客观性和普遍性、风险的不确定性、风险的可预测性、风险的可变性和风险的相对性、风险同利益的相关性。

风险按起因分，有自然风险、人为风险；按后果分，有纯风险和投机风险；按风险的形态划分，有静态风险、动态风险；按可否管理，划分为可管理风险和不可管理风险；按影响程度不同可划分为一般风险、严重风险和灾难性风险。

通过风险识别、分析及评价，可了解风险的存在及其发生的可能性及对工程的影响、损失程度。

合同中有风险，风险存在于合同之中。

在对合同进行总体策划时，面对着如何处理各种风险。风险的分配既要遵循效率原则，还要兼顾公平合理、权责利平衡原则，符合现代管理理念及符合工程惯例原则。

风险管理过程就是风险识别、风险分析评价、风险规划并决策、实施及检查的过程。

在合同策划时，承担风险应遵循：量力而行原则、不因贪小而失大原则、成本效益匹配原则。

风险防范的一般方法有:回避风险、转移风险、控制风险、自留风险。

思考题

1.风险及风险管理的含义各是什么?在工程项目中有哪些主要的风险?

2.如何理解和认识风险的性质及其影响?

3.什么是风险评价?其目的是什么?

4.工程项目中合同风险表现在哪些方面?为什么要对合同风险进行分配?合同风险分配的原则是什么?

5.简述风险管理的程序。

6.风险控制的对策有哪些?

7.试分析在工程项目中承包商和业主如何防范合同风险。

谚语

你若喜欢阳光,就要接受阳光背后的阴影。

第十一章 建设工程施工合同签订

【内容提要】

本章从施工合同签订的全过程入手，通过介绍施工合同签订前的审查分析的目的、内容；施工合同谈判的内容、准备工作、程序、谈判策略和技巧；施工合同签订的原则、基本要求、形式和程序等，深化读者对施工合同签订有关内容的理解和认识，为工程建设者成功进行合同管理提供一个良好的开始。

【学习指导】

合同签订，是合同形成的最后一关。只要在合同签订之前，理论上就存在进行讨价还价，进行合同条款调整、谈判余地。一经签订，合同即告成立，合同条文不经过双方重新谈判不能更改。

为了签订一份符合自己利益的合同，要争取自己起草合同条款，或对对方起草的合同条款进行仔细的审查分析、评价，对自己不能接受的合同条款，要在后面合同谈判中争取更改。

第一节 建设工程施工合同签订前的审查分析

一 合同审查分析的目的

工程合同确定了合同当事人在工程项目建设和相关交易过程中的义务权利和责任关系。合同中的每项条款都与双方的利益息息相关，影响到双方的成本、费用和合同收益。在工程合同正式签订前，合同双方有必要对即将签署的合同认真、细致地进行全面的审查、分析。

合同审查分析的目的在于：

(1)判断合同内容是否完整、各项合同条款表述是否准确无歧义；

(2)明确自己的的权利、义务；

(3)分析合同中的问题和风险，提出相应的对策；

(4)通过合同谈判，对合同条款进行修改、补充、完善；

 合同审查分析的内容

(一)合同的合法性审查

合同的订立必须遵守法律法规，否则会导致合同全部或部分无效。合同的合法性审查通常包括以下几个方面：

1.合同双方当事人的缔约资格

当事人双方应具有发包和承包建设工程项目、签订工程合同的资格。由于建设工程项目不仅对参与各方带来利益和影响，还将对项目所在地的经济活动和社会生活产生影响，因此许多国家对工程合同当事人的主体资格和缔约资格都有严格的限制，只有符合这些资格限制条件的当事人，才能成为工程合同的合法主体。

2.建设工程项目是否具备招标投标、订立和实施合同的条件

《招投标法》对必须进行招标的项目作了限定，如按照规定应该进行招标投标的项目却未履行招投标程序，由此订立的工程合同无法律效力。

3.合同的内容、合同所要求的实施行为及其后果是否符合合法律法规的要求

如果合同内容违反法律和行政法规，也可能导致整个合同的无效或合同的部分无效。

【案例】

某市拟新建一大型火车站，各有关部门组织成立建设项目法人，在项目建议书、可行性研究报告、设计任务书等经市计划主管部门审核后，报国家计委、国务院审批并向国务院计划主管部门申请国家重大建设工程立项。审批过程中，项目法人与三家建筑施工单位签订《建设工程总承包合同》，约定由该三家建筑单位共同为车站主体工程承包商，承包形式为总价承包，估算工程总造价18亿元。但合同签订后，国务院计划主管部门公布该工程为国家重大建设工程项目，批准的投资计划中主体工程部分仅为15亿元。因此，该计划下达后，委托方(项目法

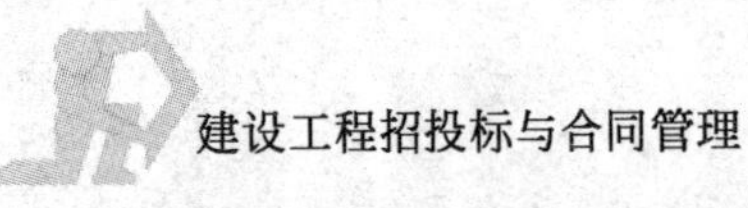

人)要求承建单位修改合同,降低包干造价,承建单位不同意,委托方诉至法院,要求解除合同。法院认为,双方所签合同标的是重大建设工程项目,合同签订前未履行必要的招投标程序,合同签订未取得必要的批准文件,并违背国家批准的投资计划,故认定合同无效,委托人(项目法人)负主要责任,赔偿承建单位损失若干。

【分析】

本案车站建设项目属2亿元以上大型建设项目,并被列入国家重大建设工程,应经国务院有关部门审批并按国家批准的投资计划订立合同,不得任意扩大投资规模。根据《合同法》第二百七十三条"国家重大建设工程合同,应当按照国家规定的程序和国家批准的投资计划、可行性研究报告等文件订立。"本案合同双方在签订合同时并未取得有审批权限主管部门的批准文件,缺乏合同成立的前提条件,合同金额也超出国家批准的投资的有关规定,扩大了固定资产投资规模,违反了国家计划,故法院认定合同无效,过错方承担赔偿责任,其认定正确。

(二)合同的完备性审查

合同的完备性审查是指审查工程合同的各种合同文件是否齐备。建设工程施工合同的组成文件很多,因此要特别注意这些文件是否齐备,是否包含了有助于明确界定当事人双方合同权利、义务关系的技术、经济、商务、贸易和法律等各类文件。

(三)合同条款的审查

合同条款审查就是审查合同是否对合同履行过程中的各种问题都进行了全面、具体和明确的规定,有无遗漏。若有遗漏,需要补充有关条款。

审查合同条款主要审查是否存在以下情况:

(1)合同条款之间存在矛盾性,即不同条款对同一具体问题的规定或要求不一致;

(2)有过于苛刻的、单方面的约束性条款,导致当事人双方在合同中的权利、义务与责任不平衡;

(3)条款中隐含较大的履约风险;

(4)条款用语含糊,表述不清;

(5)对当事人双方合同利益有重大影响的默示合同条款等。

如果存在以上问题,需要工程合同当事人双方通过协商对合同条款进行修改、补充、明确,达成一致意见,避免在合同履行过程中引起合同纠纷,妨碍建设工程项目的顺利实施。

合同审查是一项综合性很强的工作，要求合同管理人员必须熟悉与建设工程项目建设相关的法律、法规，通晓合同，对建设工程项目环境条件有全面的了解，有丰富的工程合同管理经验。通过合同审查，能够有效帮助合同当事人订立更加完善、权利义务与责任分配更加合理、平衡的合同。

【案例】

某机场改扩建项目动力区锅炉采购及安装合同，交钥匙工程，关于合同范围及合同价格有以下约定：

合同范围包括：合同附件内设备的供应、运输、装卸、安装、调试和行业主管部门验收等工作内容。

合同价格包括：合同设备（含备品备件、专用工具）及其所涉及设备的安装就位费、技术资料费、技术服务费、技术培训费、与锅炉房内土建施工单位、辅助设备安装单位或其他设备厂家的技术配合费用，以及税费、从设备出厂到指定安装现场的运输、装卸、保险费、包装费、设备保管费以及设备所需协调有关行业主管部门的申报检验费和验收费用（如锅检所验收）。所有合同与招标文件中列出的或隐含的所需一切责任和义务以及所涉及的相关费用都应包括在内，乙方不得再有报价以外的任何附加费用。

【分析】

上述案例有两个特点，一是交钥匙工程，二是设备采购安装工程。交钥匙工程，亦即一揽子工程。一揽子工程其内容不同的（工程范围）大不一样。针对特定的一揽子合同，其内容要严格约定，一一列举，不能有遗漏；设备采购安装工程与一般民用工程不一样的地方在于，设备安装完备之后，并不意味着工程结束，还有设备的调试，操作人员的培训，调试过程中还可能有耗材（本合同中就涉及燃料、电、水）及与有关部门的配合协调，投产之前国家有关部门要求的强制检验，运营过程中有专利技术的转让等。

无论对于以列举方式说明工程范围（工程内容），还是说明合同价格所包含的内容，若对专业不熟悉、精通，或稍有疏忽，可能就有遗漏，形成合同缺陷。合同草案往往是项目业主起草、拟订，自然，合同条款的缺陷的责任由合同的起草方承担，承包商以合同价格内没有包括某一项必然发生的费用为由索赔，索赔依据成立。从合同的起草者角度考虑，为了消除此类潜在的风险发生，可以在列举完有关内容(item)之后，附加一句："但不限于此"或"还包括此工程完成所必然发生的其他相关的内容（或费用）"，以此作为一道防火墙。果真如此，承包商在工程报价时，就要格外小心，以避免价格漏项。

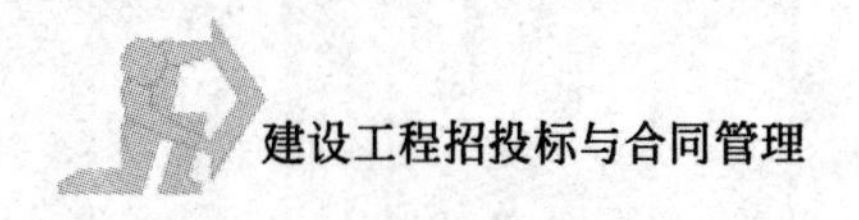

(四)合同审查表

合同审查表是进行工程合同审查的技术工具。合同审查表主要由编号、审查项目、合同条款号、条款内容、审查说明、建议或对策等几部分组成。合同审查表的格式见表 11-1。

某承包人的合同审查表　　表 11-1

审查项目编号	审查项目	条款号	条款内容	条款说明	建议或对策
J02020	工程范围	3.1	工程范围包括 BQ 单中所列出的工程,及承包商可合理推知需要提供的为本工程服务所需的一切辅助工程	对工程范围不清楚,业主可以随意扩大工程范围,增加新项目	(1)限定工程范围仅为 BQ 单中所列出的工程 (2)增加对新增工程可重新约定价格条款
S06021	责任和义务	6.1	承包商严格遵守工程师对本工程的各项指令并使工程师满意	工程师权限过大,使工程师满意对承包商产生极大约束	工程师指令及满意仅限于技术规范及合同条件范围内,并增加反约束条款
S08082	工程质量	16.2	承包商在施工中应加强质量管理工作,确保交工时工程达到设计生产能力,否则应对业主损失给予赔偿	达不到设计生产能力的原因很多,责权不平衡	(1)赔偿责任仅限于因承包商原因造成 (2)对因业主原因达不到设计生产能力的,承包商有权获得补偿
S08082	支付保证	无	无	这一条极为重要,必须补上	要求业主提供支付银行出具的资金到位证明或资金支付担保
……	……	……	……	……	……

表 11-1 中合同审查说明是对合同条款进行分析审查后,发现合同中存在的问题。审查说明应具体地评价该合同条款执行的法律后果,以及将给当事人双方带来的风险和影响,并为提出解决问题的建议或对策奠定基础。

建议或对策是针对合同条款存在的问题提出的解决措施和办法。合同审查工作完成后,应将合同审查结果以最简洁的形式表达出来,在合同谈判中可以针对合同审查期间发现的问题和风险与对方协商谈判,同时在协商谈判中落实合同审查表中的建议或对策。

第二节　建设工程施工合同的谈判

 合同的谈判的主要内容

合同谈判，是施工合同签订的双方对是否签订合同以及对合同具体内容是否达成一致的协商过程。通过谈判，能够充分了解对方及项目的情况，为高层决策提供信息和依据。

建设工程施工合同谈判包括以下主要内容：

(一)关于工程范围的谈判

承包方所承担的工程范围包括土建施工、水、暖、电、装饰装修，生产性项目还有设备采购、安装和调试(单机调试和联合试运转)等。在合同谈判时要做到合同范围清楚、合同责任明确，否则将导致报价漏项。

(二)关于合同文件

在拟订合同文件时，应注意以下几个问题：

(1)应将双方一致同意的修改和补充意见整理为正式的“备忘录”，并由双方签字作为合同的组成部分；

(2)应当将投标前发包方对各承包方质疑的书面答复，作为合同的组成部分；

(3)在合同中应该明确表明“在施工过程中的技术核定、会议纪要、洽商记录、往来函件及其他由双方签字确认的文件、图样均属于合同文件组成部分”；

(4)对于作为付款和结算工程价款的工程量及价格清单，应该根据自己的精确计算作出重新审定，并经双方签字。

(5)在签署合同时，即使是标准合同文本，在签字前也要全面检查合同条款，尤其是不熟悉的合同文本，对于不熟悉的规定、惯例、专用名词及工程术语数字更应该反复核对，不得大意。

(三)关于双方的一般义务

1.关于履约保证

对于国际工程，有些国家的发包方一般不接受外国银行开出的履约担保，此时应该争取发包方接受由国内银行、本地银行直接开出的履约保证函。

2.关于“工作必须使监理工程师满意”的条款

这是在合同条件中常常可以见到的,应该载明:“使监理工程师满意”只能是在施工技术规范和合同条件范围内的满意,监理工程师无权超出合同提高工程质量标准。合同条件中还常常规定:“应该遵守并执行监理工程师的指示。”对此,承包方通常可以采用书面记录方式记录下监理工程师对某个问题指示的意见和指示,以作为日处理纠纷、争议有可能产生的索赔的依据。

3.关于不可预见的自然条件和人为障碍问题

对合同中的“不可预见的自然条件和人为障碍”的内容应该在合同专用条款中明确、细化,使之具有可操作性。对于招标文件中提供的气象、地质、水文资料与实际情况有条件时要予以核实。

(四)关于工程的开工和工期

1.区别工期与合同期的概念

合同期是表明一份合同的有效期,即从合同生效之日起至合同终止之日的一段时间。而工期是对承包方完成其工作所规定的时间。在工程承包合同中,通常合同期长于工期。

2.明确规定开工应满足的条件

要保证工程按期竣工,首先要保证按时开工。将开工所必须满足的条件在合同中列清楚。如果由于发包方的原因导致承包方不能如期开工,则工期应顺延。

3.约定清楚发包方在验收工程时的义务

要约定发包方在承包商提交了竣工报告之后的某个时间内必须安排、组织工程验收工作,否则会影响到承包商竣工结算、及竣工款项的支付。

4.发包方向承包方提交的现场条件

现场条件应包括施工临时用地,并写明其占用土地的一切补偿费用均由发包方承担。否则,应在工程报价中予以考虑。

5.应规定现场移交的时间和移交的内容

所谓现场范围的实地移交,地下障碍物(工程管线)位置资料的移交,各种测量标志的移交。

6.单项工程较多的工程,应争取分批竣工、移交

单项工程较多的工程,应争取分批竣工、移交,由业主或业主委托授权的监理工程师发给移交证明。工程全部具备验收条件而发包方无故拖延验收时,应规定发包方向承包方支付相应工程保管费用。

7. 承包方应有由于工程变更、恶劣气候影响或其他由于发包方的原因，要求延长竣工时间的权利。

（五）关于材料和施工工艺

1. 对于报送给监理工程师或发包方审批的材料样品，应规定答复期限

发包方或监理工程师在规定答复期限不予答复，则视作“默许”。经“默许”后再提出更换，应该由发包方承担因延误工期和原报批的材料已订货而造成的损失。

2. 材料代用、更换型号及其标准时注意事项

如果发生材料代用、更换型号及其标准问题时，承包方应注意两点：其一，对这些事项作好文字记载，作为合同文件的一个组成部分；其二，如有可能，可趁发包方提出材料代用意见时，承包商提出更换那些原招标文件中规定的高价或难以采购的材料，以承包方熟悉的货源、可获得优惠价格的材料代替。

3. 对于向监理工程师提供现场测量和试验的仪器设备

对于在合同中注明由承包商向监理工程师提供现场测量和试验的仪器设备及其他生活、工作条件时，应在合同中列出相应清单，写明名称、型号、规格、数量等。如果清单内容中的设备满足不了实际需要，则应由发包方承担因此而发生的费用。

4. 关于工序质量检查问题

如果监理工程师延误了上道工序的检查时间，往往使承包方无法按期进行下一道工序，而使工程进度受到严重影响。因此，应对工序检验制度作出具体规定，特别是对需要及时安排检验的工序要有时间限制。超出时间限制而监理工程师未予检查，则承包方可认为该工序已被接受，可进行下一道工序的施工。

5. 争取在合同或“附件”中写明材料化验和试验的权威机构，以防止对化验结果的权威性产生争执。

（六）关于施工机具、设备和材料的进口

对于国际工程，承包方应争取用本国的机具、设备和材料，这样可以节省下来在国外购置新的施工机械的费用。许多国家允许承包方从国外运入施工机具、设备和材料为该工程专用，工程结束后再将机具和设备运出国境。如有此规定，应列入合同“附录”中。另外，还应要求发包方协助承包方取得施工机具、设备和材料进口许可。

(七)关于工程保修

应当明确保修工程的范围、保修期限和保修责任。一般工程的保修期届满时发包方应退还承包方的保修保证金。在保修阶段,承包方应争取以保修保函替代工程保修款。

(八)关于工程的变更和增减

工程变更应有一个合适的限额,超过限额,承包方有权提出修改单价,尤其是自己低价承包的工程。大幅度增加单项工程,有可能因材料、工资价格上涨而引起的额外费用;大幅度减少单项工程,有可能因材料业已订货、施工设备、人员已经进场而造成损失。

(九)关于付款

付款问题可归纳为三个方面,即价格问题、支付方式问题、货币问题。

1.工程承包合同的计价方式

如果是固定总价合同,承包方应争取订立"增价条款",保证在特殊情况下,允许对合同价格进行自动调整。这样,就将全部或部分成本增高的风险转移至发包方承担。如果是单价合同,合同总价格的风险将由发包方和承包方共同承担。其中,由于工程数量方面的变更而引起的预算价格的超出,将由发包方负担,而单位工程价格中的成本增加,则由承包方承担。对单价合同,也可带有"增价条款"。如果是成本加酬金合同,成本提高的全部风险由发包方承担。但是承包方一定要在合同中明确哪些费用列为成本,哪些费用列为酬金。

2.支付方式问题

主要有支付时间、支付方式和支付保证等问题。在支付时间上,因为承包商在施工过程中需要消耗大量的资金,故承包方越早得到支付款越有利。支付的方法有:预付款、工程进度付款、最终付款和退还质保金。对于承包方来说,要尽可能争取到预付款。对于工程进度付款,应争取它不仅包括当月已完成的工程价款,还包括运到现场合格材料与设备的费用。最终付款,意味着工程的竣工,承包方有权取得全部工程合同价款中一切尚未付清的款项(除质保金外)。承包方应争取将工程竣工结算和维修责任予以区分,最好用一份维修工程的银行担保函来担保自己的维修责任,并争取早日得到全部工程价款。关于退还质保金的问题,承包方应争取降低扣留金额的数额,使之不超过合同总价的5%;并争取工程竣工验收合格后全部退还,用维修保函代替扣留的应付工程款。

3.货币问题

国际工程中存在货币兑换限制、货币汇率浮动、货币支付问题。货币支付条款主要有:固定货币支付条款,即合同中规定支付货币的种类和各种货币的数额,今后按此付款,而不受兑换汇率的影响。选择性货币条款,即可在几种不同的货币中选择支付,并在合同中用不同的货币标明价格。这种方式也不受货币价值浮动的影响,但关键在于选择权的归属问题,承包方应争取主动权。

(十)关于争端、法律依据及其他

首先,应争取用协商和调解的方法解决双方争端。因为协商解决,灵活性比较大,有利于双方经济关系的进一步发展。如果协商不成,需协调解决则争取由调解机构调解;如果调解不成需仲裁解决,则争取由仲裁机构仲裁。

其次,应注意税收条款。招标文件可能在对投标报价的要求中已经列明投标报价需要考虑进去的各种税费的细目,此时,要在合同中注明,若承包商在施工中实际所要缴纳的税费超出招标文件列明税费的细目,或由于当地法令变更而导致税收或其他费用的增加,应由发包方按票据对承包商进行补偿;若招标文件中没有列明投标报价需要考虑进去税费的细目,则投标者要在投标之前对当地税收法规进行调查,将可能发生的各种税收计入报价中,并且承包商要承担因报价漏项而造成的损失。

再次,合同规定管辖的法律通常是当地法律。因此,应对当地有关法律有相当的了解。

总之,需要谈判的内容非常多,需要精明强干的投标班子进行仔细、具体的谋划。

二 合同的谈判的准备工作

合同谈判,是对谈判双方谈判人员都具有挑战性的工作。要求谈判人员不仅仅要了解、熟悉工程施工安装相关知识,还要熟知法律、工程经济,甚至涉外事务。要获得工程合同谈判的成功,在谈判前应做好相应准备工作。一般合同谈判的准备工作可从以下几个方面进行:

(一)收集资料与信息

工程合同谈判准备工作的首要任务就是要收集、整理有关合同对方当事人

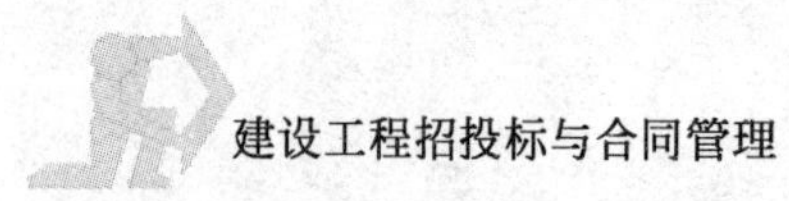

及建设工程项目的各种基础资料和背景材料。对投标人而言，收集的资料包括合同对方当事人的资信状况、资金落实情况或资金来源情况、招标人对己方的前期评估印象和意见，对方当事人参加工程合同谈判的人员名单及其有关情况等。就招标人而言，要收集有关中标人（承包人）工程合同履行能力的信息，包括技术、经济、管理方面的能力，以及目前其承包工程的情况，合同对方当事人谈判人员的情况等。

（二）信息加工、分析

1. 对谈判目标进行可行性分析

分析自身设置的谈判目标是否正确合理、是否切合实际。如果自身设置的谈判目标有疏漏或错误，或盲目接受合同对方当事人的不合理谈判目标，都会导致建设工程项目实施过程中出现诸多不利影响因素。在工程合同实践中，由于建设工程市场是典型的买方市场，投标人急于承包项目，往往接受招标人提出的不合理的要求，比如大量的垫资、工期要求极短等，这往往导致在未来工程合同履行过程中，承包人遇到资金回收、支付、工期索赔等方面的困难。

2. 对当事人合同地位进行分析

对当事人所处的合同地位进行分析，即对合同对方当事人在合同中所处的整体与局部的优势、劣势进行分析。如果己方在整体上存在优势，而在局部上存在劣势，则可以通过以后的谈判等弥补局部的劣势。但如果己方在整体上已显示劣势，则除非能有契机转化这一情势，否则就不宜再耗时耗资去进行不利的谈判。

3. 对合同对方当事人的谈判人员分析

了解合同对方当事人的谈判人员组成，以及他们的身份、地位、权限、性格、喜好等，以便与其建立良好的关系，发展友谊，争取在谈判前彼此对对方就具有亲切感和信任感，为谈判创造良好的氛围。

（三）拟定谈判方案

在具体分析工作完成之后，合同当事人应及时梳理项目的实施风险、双方的共同利益、双方的利益冲突，以及双方在哪些问题上已取得一致，哪些问题还存在着分歧，从而拟订谈判方案，决定谈判的重点，在运用谈判策略和技巧的基础上，争取获得有利的谈判结果。

三 合同谈判程序

(一)一般讨论

谈判开始阶段通常都是先广泛交换意见,各方提出自己的预想方案,探讨各种可能性,经过研究和商讨逐步将双方意见综合并统一起来,形成合同共识,并明确需要谈判的问题,明确谈判目标,为下一步详细谈判作好准备。

(二)技术谈判

在一般讨论结束之后,便进入技术谈判阶段。技术谈判主要是对工程合同技术方面的条款和内容进行研究、讨论和谈判,包括合同工程范围、技术规范、标准、方案、技术资料、建设工程项目施工条件、建设工程项目施工方案、建设工程项目施工进度、工程质量保证与检查、竣工验收等方面的内容。

(三)商务谈判

技术谈判结束之后,合同当事人双方要对工程合同商务方面的条款和内容进行细化,包括工程合同价款、支付条件、支付方式、预付款、履约保证、保留金、货币汇率风险的分担、合同价格的调整等方面的内容,使之具有可操作性。因技术条款和商务条款往往是联系在一起的,所以不能把技术谈判和商务谈判完全割裂开来进行谈判。

(四)拟定合同草案

工程合同谈判进行到一定阶段后,在合同当事人双方都已表明了观点,对原则性问题基本达成共识的情况下,相互之间就可以交换书面意见,合同条款逐条逐项地达成一致意见后,双方就进入到拟定合同草案阶段。合同草案经双方研究、讨论并通过后,一经签署,正式工程合同即告成立。

四 工程合同谈判的策略与技巧

(一)谈判的目标

合同谈判和其他谈判一样,都是一个双方为了各自利益说服对方的过程,而实质上又是一个双方相互让步,最后达成协议的过程。一般地讲,谈判的最高境界就是在适当的时机作出适当的让步。

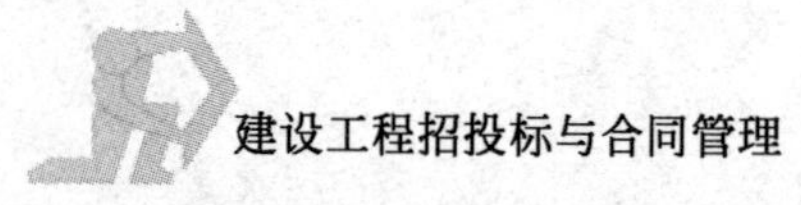

承包商承包工程是将承包工程作为手段以获取经济利益；而业主则恰好相反，是期望支付最少的工程价款，获得所希望的工程。二者手段和目的的置换，很大程度上决定了双方的立场、观点和方法的差异。但他们之所以能坐到一起，表明他们已经发现或者试图发现利益共同点。

有人说承包谈判犹如跳伞，己方从一开始就应使对方能看到一个影子（目标），然后通过多次谈判，逐渐摸清对方，相互调整，最后确定自己的着陆点（目标）。谈判开始前的这个着陆点是我们所要争取的“最高目标”。一旦确定了现实的“最高目标”，就要千方百计排除一切干扰，包括运用各种必要手段，如运用实力、变换话题、使用暗示等，争取获得所能得到的最佳效果。任何时候都不要太轻易地放弃自己所渴望达到的“最高目标”。

合同谈判是一门综合的艺术，需要经验，讲求技巧。在合同谈判中投标人往往处于防守的地位，因此更要在谈判过程中确定和掌握自己的谈判策略和技巧，抓住重点问题，适时地控制谈判气氛，掌握谈判局势，以便最终实现谈判目标。

(二)谈判策略

谈判策略就是谈判过程中使用的计策谋略，即为实现自己的目标而采取的手段。谈判策略具有强烈的攻击性、唯我性和较大的灵活性。合同谈判者的最高宗旨是以最有利的条件实现合同的签约。策略要根据客观环境变化而不断变化。正确的策略选择主要体现在针对性、适应性和效益性三方面。

谈判能否成功取决于策略的制定与实施。商业谈判中人们最常采用的策略莫过于四种，即强制、劝诱、教育、说服。

强制的策略通常是那些具备强大的谈判力的一方使用的，而且最易激起对方的反感，应该避免使用。如果实属不得已，那就要干得出其不意，泰山压顶，以使对方无力反击。

劝诱这个策略是企图通过给对方一些梦寐以求的好处，足以克服对方在其他方面的抵抗。劝诱改变着整个交易的平衡砝码，使对方觉得有利可图。赠送礼品、增添服务项目、许以种种诺言或给予回扣等，所有上述方法均可列为劝诱。

教育的策略旨在改变对方基本态度和信念，使其作出对己方有利的响应。教育与说服的过程有异曲同工之妙。

说服的策略是通过使对方认识到在交易中能够获得无与伦比的利益而奏效的。它的感染力能够通过对方的逻辑思维，触及对方的情感意识，甚至还能影响对方的价值观念。

在谈判过程中，下述破坏性策略常被人运用，我们对此应有所认识以便准备随机应变。

(1)搪塞。有些人假装顺从、随和,但是事实上仍是我行我素。这些人往往许一些空洞的诺言,而不见任何实质行动。

(2)拖延。“让我们再研究一下”、“我们需请教一下专家、顾问”、“我们无权就此进行决策,我们需要请示上级之后再作决定”等,这种方法给人一种处理事情循规蹈矩、谨小慎微的印象,可是实际上,往往只是在拖延时间,避其锋芒而已。

(3)观望。有些人不是积极地参与,而是一言不发,坐等别人的反应。有时这是在使用一种后发制人的策略。

谈判是一种智力较量,并非军事战场。在战场上可以先发制人,亦可后发制人。但在谈判场上情况就大不相同。先发制人,往往暴露自己,使对方发现自己的不足,随后自己将处于被动状态,防不胜防。老到的做法是以静制动,坚守阵地,尤其是与首次打交道的对手谈判。通过“静默”可以熟悉对方的规律,了解对方的真实意图,制定完善自己的计划或策略,寻找有利战机,一举“歼灭”对方。商业谈判常常是毅力的较量,时间会有助于消退对方的锐气。

(4)缺席。在需要作出决定的时刻,缺席,派一个无权作出决定的代表前往。

(5)威胁。提出无理要求。要求不可能得到的东西,要求解决难以解决的问题。要求权利,抗议一切,用大量的书面材料纷扰对方。

设法集结一大队专家来威胁对手。带上一个速记员或一个录音机,或把两者都带来,这在最后将形成一种威胁。

使用“最后一分钟”策略。即同意这最后一点(让步条件)就签字,否则不能成交。

使用“限期达成协议”的手法来要挟对方。即以另有重要任务为借口要求限期达成协议,否则就不得不中断谈判,或者以另找合作对象以督促甚至威胁对方让步。

(6)分而治之。设法在对方团体内部挑起纠纷,然后因对方不能团结、合作而渔翁得利。

这个策略常为发包人所用。发包人有意无意地向承包商透露一些虚假的信息,造成承包商的慌乱,竞相压价;更有甚者,发包人花钱雇用一些无意于承包该工程的承包商低价投标。但是,这个办法承包商同样也会运用,如在正式报价之前,有意通过各种渠道发出假信息,造成报高价的印象,以抬高其竞争对手的报价等。

(7)回避问题。有许多方法可以用来回避问题,如:避免全部或直接回答问

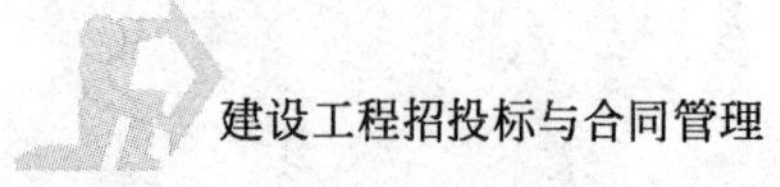

题，而用一句冗长空洞、抛开问题实质并把问题搞乱的话作为回答；要求所有问题都必须以书面的形式提出（以拖延时间）；利用下列词语诸如："按照我的理解你是……"或"让我重述一下你的问题……"而不全面回答问题；给发问者留下一种他的问题已得到回答的印象；在回答问题之前，先使提问者精神涣散，例如借口去卫生间，暂时离开；表示愤慨，声明发问者所提的问题是对你智力的侮辱，或者说回答问题是不可能的，声称发问者的提问等于审问。

(8)使用宣传手法。诉诸偏见和情绪化的宣传。有时候人们是易于接受宣传的，特别是人们懒惰不善于利用自己的大脑时，这种方法就能够奏效。

(9)逃离现场。三十六计，走为上计。最后，在绝望的时刻走出会场，假装生病或受辱，或声明另外有一项更重要的约会而需要离开会场。有时可以声明由于不了解会议的具体意图而准备不妥，然后愤愤不平地质问对手，"你为什么事先不通知我？为什么不送给我谈判的议程"这样就可以把罪过推给对方。

(三)谈判技巧

谈判中如何说服对方，要涉及很多因素，其中很重要的一个就是谈判技巧。所谓谈判技巧，概括地说，就是说服对方的工作技巧，包括派谁去，采取什么样的方法和选择什么样的机会、什么样的地点场合等。我们通常说的谈判技巧和谈判经验，就是指对这些问题的综合处理和运用的能力。

要想取得预期的收获，技巧的运用是必不可少的。谈判多种多样，谈判的技巧更是因事而异，在合同谈判过程中，像优势重复、对等让步、调和折中、先成交后抬价等等会经常用到。

优势重复是指反复阐述自己的优势，特别是对于第一次的合作对象，更是经常使用这个方法，以使对方进一步了解本单位。最常见的一种阐述方式就是使用比较法，即把本单位的实力、能力和优势与其他单位比较，促使对方感到与自己单位合作是放心的。

对等让步就是当己方准备对某些条件作出让步时，可以要求对方在其他方面也应作出相应的让步，就是说我让一步，你也得让一步，这叫对等让步。要力争把对方的让步作为自己让步的前提和条件。轻易让步也是不可取的。

调和折中是最终确定价格时常用到的一种方法。谈判中，当双方就价格问题谈到一定程度以后，虽然各方都作了让步，但并没有达成一致的协议，这时只要各方再作一点让步，就很有可能拍板成交，在这种情况下往往要采用折中的办法，即在双方所提的价格之间，取一大约的平均数。

先成交后抬价是某些有经验的谈判者常采用的手法，即先作出某种许诺，或采取让对方能够接受的合作行动。一旦对方接受并做出相应的行动而无退路时，此时再以种种理由抬价，迫使对方接受自己更高的条件。因此，在谈判中，不要轻易接受对方的许诺，要看到许诺背后的真实意图，以防被诱进其圈套而上当。

在谈判中，谈判人员应敢于和善于提出问题，毕竟谈判双方各自代表自己的利益，敢于向对方提出问题，也就等于维护了自己的利益；不管是在谈判前，还是在谈判过程中，凡事都应该问个为什么。我们应理直气壮地看护自己的花园，同时也不会践踏别人的草地。

(四)注意事项

1.掌握谈判议程

工程合同谈判要涉及诸多事项，而各谈判事项的重要性并不相同，谈判各方对同一事项的关注程度也并不相同，因此要善于掌握谈判的进程。在充满合作气氛的情况下，应重点与对方商讨自己所关注的问题，抓住时机，以形成对自己有利的合同条款。在气氛紧张时，则应积极引导谈判，关注双方已经具有共识的问题，这一方面有助于缓和谈判气氛，另一方面有助于缩小双方差距，推进谈判进程。当谈判陷入僵局的时候，可以采用拖延和休会的办法，使谈判方有时间冷静地思考，在客观分析形势后提出替代性方案。在整个谈判进程中，谈判人员应懂得合理分配谈判时间，对于各个议题的商讨时间应分配得当，不要过多拘泥于那些细节性问题，而要始终注意抓住主要的实质性问题。

2.注意谈判氛围

谈判双方往往存在利益冲突，要兵不血刃即获得谈判成功是幼稚、不现实的。但有经验的谈判者会在各方分歧严重，谈判气氛激烈的时候采取润滑措施，舒缓压力。在我国最常见的方式是饭桌式谈判。通过餐宴，联络谈判方的感情，拉近双方的心理距离，进而在和谐的氛围中重新回到谈判议题。

3.高起点出击

在工程合同谈判过程中，合同当事人各方都或多或少会放弃部分利益以求得谈判的进展。因此，谈判的过程就是各方妥协的过程。谈判者在谈判之初可有意识地向对方提出苛刻的谈判条件，即采用高起点战略，这样对方会高估己方的谈判底线，从而在谈判中可能作更多的让步。

4.避实就虚

工程合同谈判双方都有自己的优势和劣势。谈判人员应在充分分析形势的情况下，作出正确判断，利用对方的弱点，猛烈攻击，迫其就范并作出妥协，而对

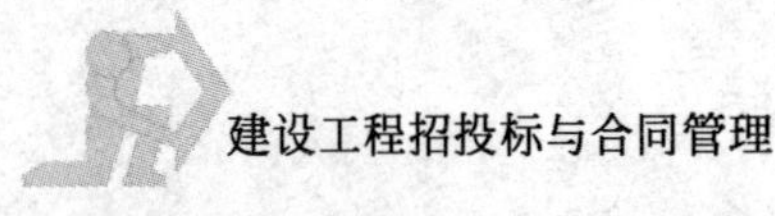

己方的弱点，则应注意尽量回避。

5.合理充分地分配谈判角色

任何一方的谈判机构都由多人组成。在工程合同谈判过程中，合同各方当事人应充分利用自己的谈判人员的不同的性格特征扮演不同的谈判角色。有的积极进攻，有的和颜悦色，软硬兼施，这样才可以达到事半功倍的效果。

6.充分发挥专家的作用

工程合同谈判的内容往往因工程合同的内容要涉及广泛的学科、专业和技术领域，通过各专业领域的专家参与工程合同谈判，充分发挥专家的作用，既可以有效解决专业问题，又可以利用专家的权威性给对方造成心理压力。

另外，工程合同谈判过程中，合同各方当事人的谈判人员一定要注意自己的言行举止，态度友好，同时要做到内部意见统一，切不可将内部分歧暴露给对方。

第三节　施工合同签订

经过合同谈判，双方对新形成的合同条款一致同意并形成合同草案后，即进入合同签订阶段。这是确立承发包双方权利义务关系的最后一步工作，一个符合法律规定的合同一经签订，即对合同当事人双方产生法律约束力。因此，无论发包人还是承包人，应当抓住这最后的机会，再认真审查分析合同草案，检查其合法性、完备性和公正性，争取改变合同草案中的某些内容，以最大限度地维护自己的合法权益。工程合同的签定，应符合合同法的有关精神，同时应注意下列事项。

(一)符合承包商的基本目标

承包商的基本目标是获得利润，所以有“合于利而动，不合于利而止”的告诫。这个“利”可能是工程的盈利，也可能为承包商的长远利益。合同谈判和签订应服从企业的总体经营战略。“不合于利”，即使丧失合同，也不能接受责权利不平衡、明显导致亏损的合同。这是签订合同的基本方针。

承包商在签订承包合同中常常会犯下述错误：

(1)由于长期承接不到工程而急于求成，急于成交，而盲目签订合同；

(2)初到一个地方，急于打开局面，而草率签订合同；

(3)由于竞争激烈，怕丧失承包资格而接受条件苛刻的合同条款；

(4)一味追求高的合同额，对工程利润关注较少，盲目承接工程。

若出现上述这些情况，承包商要冒很大的风险，失败难以避免。

“利益原则”不仅是合同谈判和签订的基本原则，而且是整个合同管理和工程项目管理的基本原则。

(二)积极地争取自己的正当权益

合同法和其他经济法规赋予合同双方以平等的法律地位和权利。但在实际经济活动中，权利还要靠承包商自己来争取。而且在合同中，这个“平等”常常难以具体地衡量。如果合同一方自己放弃权力，盲目地、草率地签订合同，致使自己处于不利地位，受到损失，常常法律对他难以提供帮助和保护。所以在合同签订过程中放弃自己的正当权益，草率地签订合同是“自杀”行为。

承包商在合同谈判中应积极地争取自己的正当权益，争取主动。如有可能，应争取合同文本的起草权。对业主提出的合同文本，应进行全面的分析研究。在合同谈判中，双方应对每个条款作具体的商讨，争取修改对自己不利的苛刻的条款，增加承包商权益的保护条款。对重大问题不能客气和让步，针锋相对。承包商切不可在观念上把自己放在被动地位，有“依附于人”的感觉。

当然，谈判策略和技巧是极为重要的。通常，在定标前，即承包商尚要与几个对手竞争时，处于守势，尽量少提出对合同文本作大的修改，否则容易引起业主的反感。在中标后，即业主已选定承包商作为中标人，应积极争取修改风险型条款和过于苛刻的条款，对原则问题不能退让和客气。

(三)重视合同的法律性质

合同一经签订，即成为合同双方的最高法律。签订合同是一种法律行为，所以在合同谈判和签订中，既不能用道德观念和标准要求和指望对方，也不能用它们来束缚自己。这里要注意如下几点：

1.“先小人，后君子”原则

一切问题，必须“先小人，后君子”，“丑话说在前”。对各种可能发生的情况和各个细节问题都要考虑到，并作明确的规定，不能有侥幸心理。在合同签订时要多想合同中存在的不利因素及对策措施，不能仅考虑有利因素，把事态、把人都往好处想。

尽管从取得招标文件到投标截止时间很短，承包商也应将招标文件内容，包括投标人须知、合同条件、图纸、规范等仔细研究，并详细地了解合同签订前的环境，切不可期望到合同签订后再做这些工作。这方面的失误承包商自己要负责，不能为将来合同实施留下麻烦和“后遗症”。

2. 完整、明确、具体地将双方共识用合同条款记录下来

对方已"原则上同意","双方有这个意向"常常是不具有可操纵性的。在合同文件中一般只有确定性、肯定性语言才有法律约束力,而商讨性、意向性用语很难具有约束力。

3. 多书面约束,少口头承诺

在合同的签订和实施过程中,不要轻易相信任何口头承诺和保证,要少口头多书面。双方商讨的结果、作出的决定,或对方的承诺,只有写入合同,双方签字画押才算确定;相信"一字千金",不相信"一诺千金"。

4. 明确、完善合同文件组成

对在标前会议上和合同签订前的澄清会议上的说明、允诺、解释和一些合同外要求,都应以书面的形式确认,如签署附加协议、会谈纪要、备忘录,或直接写入合同中。这些书面文件作为合同的一部分,具有法律效力,常常可以作为索赔的理由。

本章小结

合同审查的内容有:合同合法性审查、完备性审查、合同条款的审查。经合同审查后,对自己不利的条款或自己不愿接受的合同条款,要争取在合同谈判阶段予以调整。

合同谈判,是合同当事人就是否签署合同及对合同具体内容是否达成一致的协商过程。合同谈判的内容就是合同条款中的实质性内容,如工程范围的界定、合同文件的组成、合同双方的一般义务、工程的开工条件及工期的确定、材料的报验和施工工艺、施工机具、材料和设备的进口、工程保修条款、工程变更及工程计价、付款及争议的解决。需要说明的是,以工程招投标方式选择承包商的项目,合同实质条款在工程招投标阶段就已确定,在合同签订时,不允许进行合同谈判。

合同谈判工作是一项对谈判双方都具有挑战性的工作,要求谈判人员不仅仅要了解、熟悉工程施工安装专业知识,还要熟知法律、工程经济、甚至涉外事务。合同谈判可以从以下几个方面作准备:收集相关信息、分析信息、拟订谈判方案等。

合同谈判一般遵循如下程序:一般谈判、技术谈判、商务谈判、草拟合同草案。

合同谈判的策略有:搪塞、拖延、观望、缺席、威胁、分而治之、回避问题、逃离现场等。

合同签订注意“和于利而动,不合于利而止”的原则。

思考题

1.简述工程合同审查的主要内容。

2.合同谈判应做好哪些准备工作?

3.论述在签订工程合同前,业主和承包商进行合同谈判的必要性。

4.工程合同谈判的常用技巧和策略有哪些?

5.订立施工合同应遵循哪些原则?

6.简述施工合同文件的组成及解释的优先顺序。

7.订立施工合同应包括哪些主要条款?

箴言

在投标阶段,承包商的预期利润与预期风险成正比;在施工阶段,实际风险与实际利润成反比。

第十二章 建筑工程合同履约管理

【内容提要】

合同的履行管理是合同管理的重点，也是合同管理的落脚点。本章从合同条款分析、合同实施控制及合同变更管理三个角度来阐述合同履约管理这一命题。

【学习指导】

合同履行是合同谈判、签订的继续，也是合同管理的落脚点。没有合同履行，合同便没有最终归宿。

承包商的合同履行是由施工项目部来落实的，与承包商在招投标阶段合同谈判签订阶段人员有可能有区别，故承包商施工项目部管理人员要在合同履行前分析研究合同，熟知合同条款，明确各自的义务权利，对合同漏洞或歧义寻求合适的解释方案，在此基础上，才有可能落实合同，履行合同。

合同履行的实质，就是在知晓双方权利义务的基础之上，一只眼睛瞄着自己是否履行了自己的义务，令一只眼睛瞄着对方是否尽了义务，寻找对方的破绽，为自己索赔创造条件，并对合同变更，进行管理。

第一节 概　　述

一 合同履约概念

建筑工程合同的履行是指工程建设项目的发包方和承包方根据合同约定的

时间、地点、方式、内容及标准等要求，各自完成合同义务的行为。根据当事人履行合同义务的程度，合同履行可分为全部履行、部分履行和不履行。土木工程合同的履行，其内容之丰富，经历时间之长，是其他合同所无法比拟的，因此对土木工程合同的履行，尤应强调贯彻合同的履行原则。

 建筑工程合同履约原则

建筑工程合同履行的基本原则包括以下几个方面：

(一)实际履行原则

合同双方订立合同的目的是为了满足一定的经济利益，满足特定的生产经营活动的需要。因此当事人一定要按合同约定履行义务，不能用违约金或赔偿金来代替合同的标的。任何一方违约时，不能以支付违约金或赔偿损失的方式来代替合同的履行，守约一方要求继续履行的，应当继续履行。这是由建筑工程的特点所决定的。

(二)全面履行原则

当事人应当严格按合同约定的数量、质量、标准、价格、方式、地点、期限等完成合同义务。全面履行原则对合同的履行具有重要意义，它是判断合同各方是否违约以及违约应当承担何种违约责任的根据和尺度。

(三)协作履行原则

合同当事人各方在履行合同过程中，应当互谅、互助，尽可能为对方履行合同义务提供相应的便利、协作条件。

工程承包合同的履行过程是一个经历时间长、涉及面广、质量、技术要求高的复杂过程，一方履行合同义务的行为往往就是另一方履行合同义务的必要条件，只有贯彻协作履行原则，才能达到双方预期的合同目的。因此，承发包双方必须严格按照合同约定履行自己的每一项义务；本着共同的目的，相互之间应进行必要的监督检查，及时发现问题，平等协商解决，保证工程顺利实施；当对方遇到困难时，在自身能力许可且不违反法律和社会公共利益的前提下给予必要的方便，共渡难关；当一方违约给工程实施带来不良影响时，另一方应及时指出，违约方应及时采取补救措施；发生争议时，双方应顾全大局，尽可能不采取使问题

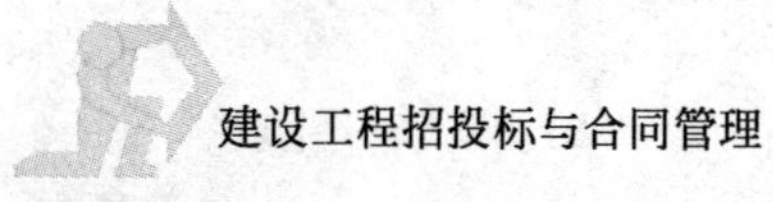

复杂化的行动等。

（四）诚实信用原则

诚实信用原则既是制定合同的基本原则，也是履行合同应该遵循的基本原则。当事人在执行合同时，应讲究诚实，恪守信用，实事求是，以善意的方式行使权利并履行义务，不得回避法律和合同，以使双方所期待的正当利益得以实现。

对施工合同来说，业主在合同实施阶段应当按合同规定向承包方提供施工场地，及时支付工程款，聘请工程师进行公正的现场协调和监理；承包方应当认真计划，组织好施工，努力按质按量在规定时间内完成施工任务，并履行合同所规定的其他义务。在遇到合同文件没有作出具体规定或规定矛盾或含糊时，双方应当善意地对待合同，在合同规定的总体目标下公正行事。

（五）情事变更原则

情事变更原则是指在合同订立后，如果发生了订立合同时当事人不能预见并且不能克服的情况，改变了订立合同时的基础，使合同的履行失去意义或者履行合同将使当事人之间的利益发生重大失衡，应当允许受不利影响的当事人变更合同或者解除合同。情事变更原则实质上是按诚实信用原则履行合同的自然延伸，其目的在于消除合同因情事变更所产生的不公平后果。理论上一般认为，适用情事变更原则应当具备以下条件：

(1)有情事变更的事实发生。即作为合同环境及基础的客观情况发生了异常变动；

(2)情事变更发生于合同订立后履行完毕之前；

(3)该异常变动无法预料且无法克服。如果合同订立时当事人已预见该变动将要发生，或当事人能予以克服的，则不能适用该原则；

(4)该异常变动不能归责于当事人。如果是因一方当事人的过错所造成或是当事人应当预见的，则应当由其承担风险或责任；

(5)该异常变动应属于非市场风险。如果该异常变动其实是市场中的正常风险，则当事人不能主张情事变更；

(6)情事变更将使维持原合同显失公平。

第二节　合 同 分 析

概述

(一)概念

合同分析是指从执行的角度分析、补充、解释合同，将合同目标和合同规定落实到合同实施的具体问题上和具体事件上，用以指导具体工作，使合同能符合日常工程管理的需要。

合同签订后，合同当事人的主要任务是按合同约定圆满地实现合同目标，完成合同责任。而整个合同责任的落实就体现在一项项工程和一个个工程活动。承包商的各职能人员和各工程操纵小组都应该熟悉合同约定，用合同指导工程的实施和工作，以合同作为行为准则。

合同履行阶段的合同分析不同于合同谈判阶段的合同审查与分析。合同谈判时的合同分析主要是对尚未生效的合同草案的合法性、完备性和公正性进行审查，其目的是针对审查发现的问题，争取通过合同谈判改变合同草案中于已不利的条款，以维护己方的合法权益。而合同履行阶段的合同分析的主体是合同的履行者，尤其是合同管理者，他的分析目的是对已经生效的合同进行结构分解，将合同落实到合同实施的具体问题上和具体事件上，用以指导具体工作，保证合同能够顺利履行。

(二)工程合同条款分析作用

如上所述，工程合同条款的分析是工程实施阶段的开始和前提，通过合同分解，明确自己的权利和义务，将自己的合同义务落实到具体问题和具体事件上，保证合同能够顺利履行。具体来说，工程合同条款分析作用有以下几个方面：

(1)分析合同漏洞，解释争议内容；

(2)分析合同风险，制定风险对策；

(3)分解合同工作并落实合同责任；

(4)进行合同交底，简化合同管理工作。

(三)工程合同条款分析基本要求

工程合同分析要满足上述功能的要求，应达到准确客观、简明清晰、全面完

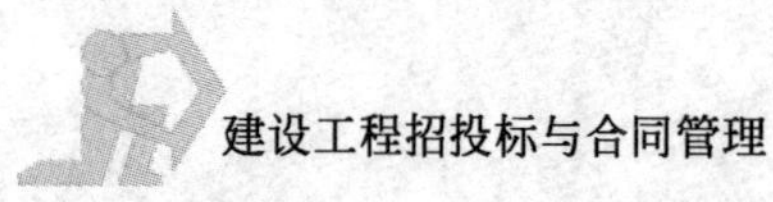

整，具体表现在以下几方面：

1.准确客观

合同分析的结果应准确、全面地反映合同内容。如果不能透彻、准确地分析合同，就不可能有效、全面地执行合同，从而导致合同实施产生更大失误。事实证明，许多工程失误和合同争议都起源于不能准确地理解合同条款。

对合同的工作分析，划分双方合同责任和权益，都必须实事求是，根据合同约定和法律规定，客观地按照合同目的和精神来进行，而不能以当事人的主观愿望解释合同，否则必然导致合同争执。

2.简明清晰

合同分析的结果必然采用使不同层次的管理人员、工作人员都能够接受的表达方式，使用简单易懂的工程语言，如图、表等形式，为不同层次的管理人员提供不同要求、不同内容的合同分析资料。

3.协调一致

合同双方对合同的理解应力求一致。合同分析实质上是双方对合同的详细解释，由于在合同分析时要落实各方面的责任，这容易引起争执。因此，双方在合同分析时应尽可能协调一致，分析的结果应能为对方认可，以减少合同争执。

4.全面完整

合同分析应全面，对所有合同文件、合同条款进行解释。对合同中的每一条款、每句话，甚至每个词都应认真推敲，细心琢磨，全面落实。在工程实施过程中，比如在索赔时，合同条款中的一个词甚至一个标点就能关系到争执的性质，关系到一项索赔的成败。同时，应当从整体上分析合同，不能断章取义，特别是当不同文件、不同合同条款之间规定不一致或有矛盾时，更应当全面整体地理解合同。

(四)分析内容

合同分析应当在前述合同谈判前审查分析的基础上进行。按其性质、对象和内容，合同分析可分为合同总体分析与合同结构分解、合同的缺陷分析、合同的工作分析及合同交底。

合同详细分析的对象是合同协议书、合同条件、规范、图纸、工作量表。它主要通过合同事件表、网络图、横道图等定义各工程活动。合同详细分析的结果最重要的部分是合同事件表。

合同事件表表示格式见表12-1。

合同事件表　　表12-1

合同事件表		
子项目：	编码：	日期： 变更：
事件名称和简要说明		
事件内容说明		
前提条件		
本事件的主要活动		
负责人(单位)		
费用： 计划： 实际：	参加者：	工期： 计划： 实际：

二 合同特殊问题的分析和解释

在合同总体分析及进行合同结构分解时，可能会发现已订立的合同有缺陷，如合同条款不完整或约定不明、合同条款规定含糊甚至有些条款相互矛盾等，这就需要合同当事人对这些合同瑕疵根据法律规定及行业惯例进行修正、补充，作出解释，以保证合同的恰当履行。合同缺陷的修正包括漏洞补充和歧义分析。

(一)漏洞补充

合同漏洞是指当事人应当约定的合同条款而未约定或者约定不明确、无效和被撤销而使合同处于不完整的状态。为鼓励交易、节约交易成本，法律要求对合同漏洞应尽量予以补充，使之足够明确、清楚，达到使合同全面、适当履行的目的。补充合同漏洞有以下三种方式：

1.约定补充

当事人享有订立合同的自由，也就自然享有补充合同漏洞的自由，即当事人对合同的疏漏之处按照合同订立的规则，在平等自愿的基础上另行协商，达成共识，作为合同的补充协议，并与原合同共同构成一份完整的合同。

2.解释补充

解释补充是指以合同缔约内容为基础，依据诚实信用原则并结合交易惯例对合同的漏洞作出符合合同目的的填补。

解释补充分为两种：

(1)按照合同有关明示条款合理推定。

合同各条款之间既独立又相互关联，是一个有机的整体，共同构成合同约定。例如，履行方式条款与履行地点条款、合同价款等就存在较为密切的联系。如果履行地点不明，但合同规定了履行方式，就有可能从中确定履行的地点；

(2)根据交易习惯确定。

此处的交易习惯既包括行业或者地区交易的惯例，也包括当事人之间已经形成的习惯做法。

3.法定补充

在由当事人约定补充和解释补充仍不足以补充合同漏洞时，适用法定补充的规定。

所谓法定补充，是指根据法律的直接规定，对合同的漏洞加以补充。《合同法》规定：

(1)合同标准不明确的，按照国家标准、行业标准履行；没有国家标准、行业标准的，按照通常标准或者符合合同目的的特定标准履行。质量等级要求不明确的，最低应当按质量合格的标准进行施工，不允许质量不合格的工程交付使用。如发包方要求质量等级为优良的，承包方可适时主张优质优价；

(2)价款或者报酬不明确的，按照订立合同时履行地的市场价格履行；依法应当执行政府定价或者政府指导价的，按照规定执行。工程价款不明确的，根据国家建设标准定额进行计算；

(3)合同工期不明确的，除国务院另有规定的以外，应当执行各省、市、自治区和国务院主管部门颁发的工期定额，按照工期定额计算得出合同工期。法律暂时没有规定工期定额的特殊工程，合同工期由双方协商。协商不成的，报建设工程所在地的定额管理部门审定；

(4)付款期限不明确的，则开工前发包方即应支付进场费和工程备料款根据承包方的工作报表，经审核后即应拨付工程进度款，以免影响后续施工；工程竣工后，工程造价一经确认，即应在合理的期限内付清；

(5)履行方式不明确的，按照有利于实现合同目的的方式履行；

(6)履行费用的负担不明确的，由履行义务一方负担。

(二)歧义解释

在合同履行过程中，由于各方面的原因，如当事人的经验不足、文化背景不一样，出于疏忽或是故意，合同有关条款用词不够准确或有二意性，从而导致合同约定内容理解不一致。具体表现在：

(1)合同中出现错误、矛盾以及二义性解释；

(2)合同中未作出明确解释，但在合同履行过程中发生了事先未考虑到的事件；

(3)合同履行过程中出现超出合同范围的事件，使得合同全部或者部分归于无效。

一旦在合同履行过程中产生上述问题，合同当事人双方往往就可能会对合同文件的理解出现偏差，从而导致双方当事人产生合同争议。因此，如何对内容表达不清楚的合同进行正确的解释就显得尤为重要。

1. 解释原则

根据工程施工合同的国际惯例，合同文件间的歧义一般按"最后用语原则"进行解释，合同文件内歧义一般按"不利于文件提供者原则"进行解释。前者是FIDIC在合同文件的优先解释顺序中确立的规则，即认为"每一个被接纳的文件都被看作一个新要约，这样最后一个文件便被看作为收到者以沉默的方式接受"，也就是后形成的合同文件优先于先形成的合同文件。后者为英国土木工程师学会制定的新版施工合同文本NEC确立的规则，实质是对定式合同提供者的一种制约，作为一方凭借自己优势将有歧义条款强加给另一方的一种平衡。

根据《合同法》第125条规定，合同的解释方法主要有：

(1)字面解释。

即首先应当确定当事人双方的共同意图，据此确定合同条款的含义。合同词句中没有明确指明的，不能强行解释加入。如果仍然不能作出明确解释，就应当根据与当事人具有同等地位的人处于相同情况下可能作出的理解来进行解释。其规则有：

①排他规则。如果合同中明确提及属于某一特窄事项的某些部分而未提及该事项的其他部分，则可以推定为其他部分已经被排除在外；

②合同条款起草人不利规则。虽然合同是经过双方当事人平等协商而作出的一致的意思表示，但是在实际操作过程中，合同草案往往是由当事人一方提供的，提供方可以根据自己的意愿对合同提出要求。这样，他对合同条款的理解应该更为全面。如果因合同的词义而产生争议，则起草人应当承担由于选用词句的含义不清而带来的风险；

③主张合同有效的解释优先规则。既在合同履行过程中双方产生争议，如果有一种解释，可以从该解释中推断出该合同仍然可以继续履行，而从其他各种对合同的解释中可以推断出合同将归于无效而不能履行，此时应当按照主张合同仍然有效的方法来对合同进行解释。主张合同有效的解释优先规则之所以被业界普遍接受，是基于这样的观点，即双方当事人订立合同的根本目的就是为了

正确完整地享有合同权利，履行合同义务，即希望合同最终能够得以实现。

【案例】

化北某引水工程，属国际工程合同，国际承包商与业主签署可调价单价合同。关于当地货币(RMB)价格的调整合同规定："当地币(RMB)指数应从山西省统计局获得。"承包商坚持认为，根据合同规定，人民币指数应从山西省统计局的出版物"统计年鉴"中获得，因为，价格指数是属于公共出版文件的内容，属"公共领域"内的东西，而只有"统计年鉴"符合这个条件。承包商从统计年鉴中间接地引用了一些指数，推算出劳务、设备、水泥、钢材等价格指数。承包商以自己的方法计算出的合同价格调整值为人民币 95 128 557 元。

业主认为根据合同要求，物价指数应当直接从山西省统计局获取。业主之所以坚持认为应从山西省统计局直接获取，是因为，根据业主测算，这样计算出来的价格调整值较小。

【分析】

上述合同的分歧在于同一个合同条款的不同理解上，而不同的理解导致不同的后果。

其实，按照争议解决的原则，针对合同条文的不同解释上，适用"反义居先"原则。作为招投标项目，业主是合同条款的起草者，无疑要对合同条款表述的简洁、清晰性负责。"反义居先"原则在本案例中要求承包商的申明理由应优先得到考虑。

(2)整体解释。

即当双方当事人对合同产生争议后，应当从合同整体出发，联系合同条款上下文，从总体上对合同条款进行解释，而不能断章取义，割裂合同条款之间的联系来进行片面解释。整体解释原则包括：

①同类相容规则。即如果有 2 项以上的条款都包含同样的语句，而前面的条款又对此赋予特定的含义，则其他条款所表达出来的含义可以推断出和前面一样。正所谓"义随文理，可求其于上下文"；

②非格式条款优先于格式条款规则。即当格式合同与非格式合同并存时，如果格式合同中的某些条款与非格式合同相互矛盾时，应当按照非格式条款的规定执行。

③合同目的解释。

即肯定符合合同目的的理解，排除不符合合同目的的解释。

【案例】

某装修工程，合同没有对所用导线绝缘材料的防火阻燃指标提出明确约定，在施工过程中，承包商采用了易燃材料，业主对此产生异议。

调解认为，虽然合同未对材料的防火性能作出明确规定，但是根据合同目的，装修好的工程必须符合我国《消防法》的规定，承包商应当采用防火阻燃材料进行装修。双方都接受该解释。

【分析】

对合同歧义进行调解、解释具有挑战性。解释的依据或法源不外乎法律、专业规范或行业惯例等。在一个领域成为专家已经不易，跨行业更艰难。而合同争议解决的魅力也就在这里。

(3)交易习惯解释。

即按照该国家、该地区、该行业所采用的惯例进行解释。运用交易习惯解释时，应遵循以下规则：

①必须是双方均熟悉该交易时，方可参照交易习惯；

②交易习惯是双方已经知道或应当知道而没有明确排斥者；

③交易习惯依其范围可分为一般习惯、特殊习惯及当事人之间的习惯。在合同没有明示时，当事人之间的习惯应优先于特殊习惯，特殊习惯应优先于一般习惯。

(4)诚实信用原则解释。

诚实信用原则是合同订立和合同履行的最根本的原则，因此，无论对合同的争议采用何种方法进行解释，都不能违反诚实信用原则。

2.土木工程对合同文件解释的惯例

(1)合同文件优先顺序。

如前所述，无论是我国建设工程施工合同示范文本还是国际工程合同，都有明确的文件解释其先后顺序。

(2)第一语言规则。

当合同文本是采用两种以上的语言进行书写的，为了防止因翻译而造成两种语言所表达出来的含义出现偏差而产生争议，一定要在合同订立时预先约定何种语言为第一语言。这样，如果在工程实施时两种语言含义出现分歧，则以第一语言所表达出来的真实意思为准。

(3)其他规则。

其他规则包括：

①具体、详细的规定优先于一般、笼统的规定，详细条款优先于总论；

②合同的专用条件、特殊条件优先于通用条件；

③文字说明优先于图示说明，工程说明、强制规范优先于图纸；

④数字的文字表达优先于阿拉伯数字表达；

⑤手写文件优先于打印文件，打印文件优先于印刷文件；

⑥对于总价合同，总价优先于单价；对于单价合同，单价优先于总价；

⑦合同中的各种变更文件，如补充协议、备忘录、修正案等，按照时间最近的优先。

【案例】

我国的云南鲁布哥水电工程建设采用FIDIC条款，承包商为国外某公司，我国某承包公司分包了隧道工程。分包合同规定：隧道挖掘中，在设计挖方尺寸基础上，超挖不得超过40cm，在40cm以内的超挖工作量由总包负责，超过40cm的超挖由分包负责。

由于地质条件复杂，工期要求紧，分包商在施工中出现许多局部超挖超过40cm的情况，总包拒付超挖超过40cm部分的工程款。分包就此向总包提出索赔，因为分包商一直认为合同所规定的"40cm以内"，是指平均的概念，即只要平均超挖量在40cm之内，超挖部分总包就应付款。而且分包商强调，这是我国水电工程中的惯例解释。

最终，监理工程师以合同条款中没有约定超挖工作量为"平均"而不认可分承包商的索赔要求。

【分析】

当然，如果总包和分包都是中国的公司，我国水电工程界的惯例解释是可以被认可的，我国水电工程施工规范也确实有这样的规定。但在国际工程合同中，合同双方的背景、习惯不一样，一味以自己熟悉的惯例来解释合同，出现合同争议就难免了。

在本合同中，没有"平均"两字，在解释中就不能加上这两字，这符合"字面解释原则"。因为，如果局部超挖达到50cm，则按本合同字面解释，40～50cm范围的挖方工作量确实属于"超过40cm"的超挖，不属总包负责。既然字面解释已经准确，则不必再引用惯例解释。分包商以百万元的学费学会了一条原则。

第三节　合同实施控制

一 概述

工程施工过程也是承包合同的履行过程。一个不利的合同，如条款苛刻、权利和义务不平衡、风险大，确定了承包商在合同实施中的不利地位和劣势。这使

得合同实施和合同管理非常艰难。但通过有力的合同管理可以减轻损失或避免更大的损失。而一个有利的合同，如果在合同实施过程中管理不善，也有可能经济效益不好。得标难，实施合同更难。

在我国工程实践中，许多承包企业签约后将合同锁入抽屉，将合同作为一份保密文件，施工操作者自然不能对合同进行分析和研究，施工阶段的合同管理工作自然也谈不上。这固然反映出我国工程界的合同意识淡薄的现状，出现经常失去索赔机会或经常反被对方索赔，造成合同有利，而工程却亏本的现象。而国外有经验的承包商却十分注重工程实施阶段的合同管理，通过合同实施控制不仅可以圆满地完成合同责任，而且可以挽回合同签订中的不足，“天天念合同经”，通过索赔等手段增加工程利润。

(一)合同实施任务

合同签订后，承包商派出工程的项目经理，由他全面负责工程施工管理工作。项目经理要组建包括合同管理人员在内的项目管理小组，进行施工日常管理工作。

在施工阶段项目管理的基本目标是：保证全面地完成合同责任，按合同规定的工期、质量、价格（成本）要求完成工程。

(二)合同实施主要工作

项目管理机构中的合同管理人员在这一阶段的主要工作有如下几个方面：

(1)建立合同实施的保证体系，以保证合同实施过程中的一切日常事务性工作有秩序地进行，使工程项目的全部合同事件处于控制中，保证合同目标的实现。

(2)监督承包商的工程小组和分包商按合同施工，并做好各分合同的协调和管理工作。承包商应以积极合作的态度完成自己的合同责任，努力做好自我监督。

同时也应督促并协助业主和工程师完成他们的合同责任，以保证工程顺利进行。

(3)对合同实施情况进行跟踪。收集合同实施的信息，收集各种工程资料，并作出相应的信息处理；将合同实施情况与合同分析资料进行对比分析，找出其中的偏离，对合同履行情况作出诊断；向项目经理及时通报合同实施情况及问题，提出合同实施方面的意见、建议、甚至警告。

(4)进行合同变更管理。主要包括参与变更谈判，对合同变更进行日常处理，落实变更措施，整理变更资料，检查变更措施落实情况。

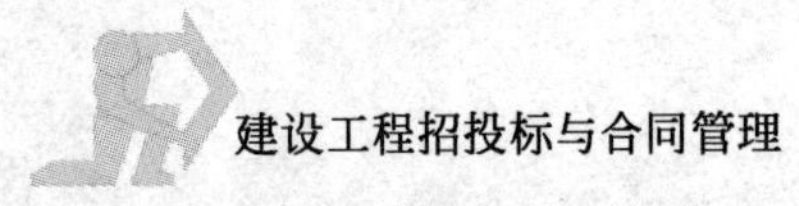

(5)进行日常的索赔和反索赔工作。

(三)合同实施保障体系

由于现代工程的特点,使得施工中的合同管理极为困难和复杂,日常的事务性工作极多。为了使工作有秩序、有计划地进行,需要建立工程承包合同实施的保证体系。

1.作“合同交底”,落实合同责任,实行目标管理

合同和合同分析资料是进行工程合同实施管理的依据。合同分析后,应向各层次管理者(如承包商工程作业小组或分包商)作“合同交底”,把合同责任具体地落实到各责任人和具体工作上,使大家熟悉合同中的主要内容、管理程序,了解承包商的合同责任和工程范围,各种行为的法律后果等。使大家都树立全局观念,工作协调一致,避免在执行中出现违约行为。

在我国传统的施工项目管理系统中,人们十分注重“图纸交底”工作,但却没有“合同交底”工作,所以项目组和各工程小组对项目的合同体系、合同基本内容不甚了解。我国工程管理者和技术人员有十分牢固的“按图施工”的观念,这并不错,但在现代市场经济中必须转变到“按合同施工”上来。特别在工程使用非标准的合同文本或项目组不熟悉的合同文本时,这个“合同交底”工作就显得尤为重要。

2.建立合同管理工作程序

在工程实施过程中,合同管理的日常事务性工作很多。为了协调好各方面的工作,使合同管理工作程序化、规范化,应订立如下工作程序:

(1)定期和不定期的协商、协调会制度。

在工程施工过程中,业主、工程师和各承包商之间,承包商和分包商之间以及承包商的项目管理职能人员和各工程小组负责人之间都应有定期的协商、协调会。通过协调会可以解决以下问题:

①检查合同实施进度和各种计划落实情况;

②协调各方面的工作,对后期工作进行安排;

③讨论和解决目前已经发生的和以后可能发生的各种问题,并采取相应的措施;

④讨论合同变更问题,落实变更措施,决定合同变更的工期和费用补偿数量等。

(2)建立一些特殊工作程序。

对于一些经常性工作应订立工作程序,使大家有章可循,如图纸批准程序、

工程变更程序、分包商的索赔程序、分包商的账单审查程序、材料、设备、隐蔽工程、已完工程的检查验收程序、工程进度付款账单的审查批准程序、工程问题的请示报告程序等。这些程序在合同中一般都有总体规定，在这里必须细化、具体化。在程序上更具有可操作性，并落实到具体人员。

在合同实施中，承包商的合同管理人员、成本、质量（技术）、进度、安全、信息管理人员都应紧密跟踪施工活动，相互之间保持密切的沟通、联系。

3. 建立文档系统

合同管理人员负责各种合同资料和工程资料的收集、整理和保存工作。这项工作非常繁琐和复杂，要花费大量的时间和精力。工程的原始资料在合同实施过程中产生，它可由各职能人员、工程小组负责人、分包商提供。

在工程实践中，人们往往会忽视合同资料和工程资料的收集、整理和保存工作，认为许多记录和文件是没有价值的，而且这些工作十分麻烦和费力，花费不少。如果工程一切顺利，双方没有争执，这些记录仅仅是合同履行过程的记录，没有过多的价值。但任何合同都有风险，都可能产生争议，甚至会产生重大争议，这时候都会用到这些原始记录。完好保存施工过程中产生的各种资料的价值就在于，当工程意外或争议需要证据的时候，它能够展现过去的原貌。

4. 工程过程中严格的检查验收制度

合同管理人员应主动地抓好工程和工作质量，协助做好全面质量管理工作，建立、健全一整套质量检查和验收制度，例如：每道工序结束应有严格的检查和验收；工序之间、工程小组之间应有交接制度；材料进场和使用应有一定的检验措施等。

防止由于承包商自己的工程质量问题造成被工程师检查验收不合格，试生产失败而承担违约责任。在工程中，由工程质量问题引起的返工、窝工损失，工期的拖延由承包商自己负责，得不到赔偿。

5. 建立报告和行文制度

承包商和业主、监理工程师、分包商之间的沟通都应以书面形式进行，或以书面形式作为最终依据。这是合同的要求，也是工程施工管理的需要。在实际工作中这项工作特别容易被忽略。

二 合同实施控制

（一）合同控制概述

1. 合同控制的概念

控制是项目管理的重要职能之一。所谓控制，就是行为主体为保证在变化

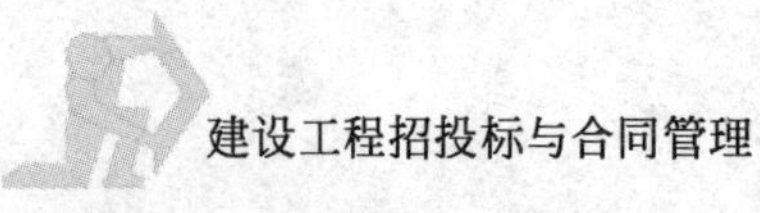

的条件下实现其目标，按照实现拟定的计划和标准，通过各种方法，对被控制对象的各种实际值与计划值进行检查、对比、分析产生偏差的原因，采取纠偏措施，以保证实现预定的目标。

合同控制指承包商的合同管理组织为保证合同所约定的各项义务的全面完成及各项权利的实现，对整个合同实施过程进行全面监督、检查、对比及采取相应措施的管理活动。

2.合同控制的地位

工程施工合同定义了承包商项目管理的主要目标，如进度目标、质量目标、成本目标、安全目标等。这些目标必须通过具体的工程活动实现。由于在工程施工中各种干扰的作用，常常使工程实施过程偏离总目标。整个项目实施控制就是为了保证工程实施按预定的计划进行，顺利地实现预定的目标。

一般而言，工程项目实施控制包括成本控制、质量控制、进度控制和合同控制。合同控制与项目其他控制的关系为：

(1)成本控制、质量控制、进度控制由合同控制协调一致。

成本、质量、工期是由合同定义的三大目标，承包商最根本的合同责任是达到这三大目标，所以合同控制是其他控制的保证。通过合同控制可以使质量控制、进度控制和成本控制协调一致，形成一个有序的项目管理过程。

(2)合同控制的范围较成本控制、质量控制、进度控制要广得多。

承包商除了必须按合同规定的质量要求和进度计划完成工程的设计、施工和进行保修外，还必须对施工方案的适用性、经济性、安全性负责，执行工程师的指令，对自己的工作人员和分包商承担责任，按合同规定及时地提供履约担保、购买保险等。同时，承包商有权获得合同规定的必要的工作条件，如场地、道路、图纸、指令，要求工程师公平、正确地解释合同，有及时如数地获得工程付款的权利，有决定工程实施方案，并选择更为科学合理的实施方案的权利，有对业主和工程师违约行为的索赔权利等。这一切都必须通过合同控制来实施和保障。

承包商的合同控制不仅包括与业主之间的工程承包合同，还包括与总合同相关的其他合同、总合同与各分合同之间以及各分合同相互之间的协调控制。

(3)合同控制较成本控制、质量控制、进度控制更具动态性。

这种动态性表现在两个方面：一方面，合同实施受到外界干扰，常常偏离目标，要不断地进行调整；另一方面，合同目标本身不断改变，如在工程过程中不断出现合同变更，使工程的质量、工期、合同价格发生变化，导致合同双方的责任和权益发生变化。这样，合同控制就必须是动态的，合同实施就必须随变化了的情况和目标不断调整。

各种控制的目的、目标和依据见表12-2。

合同控制的目的、目标和依据 表12-2

序号	控制内容	控制目的	控制目标	控制依据
1	成本控制	保证按计划成本完成工程，防止成本超支和费用增加	计划成本	各分部分项工程、总工程的计划成本，人力、材料、资金计划，计划成本曲线
2	质量控制	保证按合同规定的质量完成工程，使工程顺利通过验收，交付使用，达到预定的功能要求	合同规定的质量标准	工程说明，规范，图纸，工作量表
3	进度控制	按预定进度计划进行施工，按期交付工程，防止承担工期拖延责任	合同规定的工期	合同规定的总工期计划，业主批准的详细施工进度计划
4	合同控制	按合同全面完成承包商的责任，防止违约	合同规定的各项责任	合同范围内的各种文件，合同分析资料

3.合同控制的方法

一般的项目控制方法适用合同控制。项目控制方法可分为多种类型：按项目的发展过程分类，可分为事前控制、事中控制、事后控制；按照控制信息的来源分类，可分为前馈控制、反馈控制；按是否形成闭合回路分类，可分为开环控制、闭环控制。归纳起来，可分为两大类，即主动控制和被动控制。

(1)主动控制。

主动控制就是根据以往相同项目上掌握的可靠信息、经验，结合自己的知识，拟定和采取各项预防性措施，以保证计划目标得以实现。主动控制是一种对未来的控制，它可以最大可能地改变即将成为事实的被动局面，从而使控制更加主动、有效。当它预测系统将有可能偏离计划的目标时，就制定纠正措施并向系统输入，以使系统的输出回归既定的目标。

主动控制程序如下：

①在合同实施前，详细调查并分析项目外部环境条件，以确定那些影响目标实现和计划运行的各种有利和不利因素，并将它们考虑到计划和其他管理职能当中；

②识别风险，努力将各种影响目标实现和计划执行的潜在因素揭示出来，为风险分析和管理提供依据，并在计划实施过程中做好风险管理工作；

③根据以上分析，提前制订计划，消除那些造成资源不可行、技术不可行、经

济上不可行的各种错误和缺陷，保障工程的实施能够有足够的时间、空间、人力、物力和财力，并在此基础上力求计划优化；

④高质量地做好组织工作，使组织与目标和计划高度一致，把目标控制的任务与管理职能落实到适当的机构和人员，做到职权与职责明确，使全体成员能够通力协作，为共同实现目标而努力；

⑤制订必要的应急备用方案，以对付可能出现的影响目标或计划实现的事件。一旦发生这些事件，随时能够启动应急措施，从而减少偏离量或避免发生偏离；

⑥计划应留有余地，这样可避免那些经常发生而又不可避免的干扰对计划的不断影响，减少“例外”情况产生的数量，使管理人员处于主动地位；

⑦沟通信息流通渠道，加强信息收集、整理和研究工作，为预测工程未来发展提供全面、及时、可靠的信息。

(2)被动控制。

被动控制是控制者从计划的实际输出中发现偏差，对偏差采取措施，及时纠正的控制方式。因此要求管理人员对计划的实施进行跟踪，将其输出的工程信息进行加工、整理，再传递给控制部门，使控制人员从中发现问题，找出偏差，寻求并确定解决问题和纠正偏差的方法。被动控制实际上是在项目实施过程中、事后检查过程中发现问题及时处理的一种控制方法，因此仍为一种积极的并且是十分重要的控制方式，见图 12-1 所示。

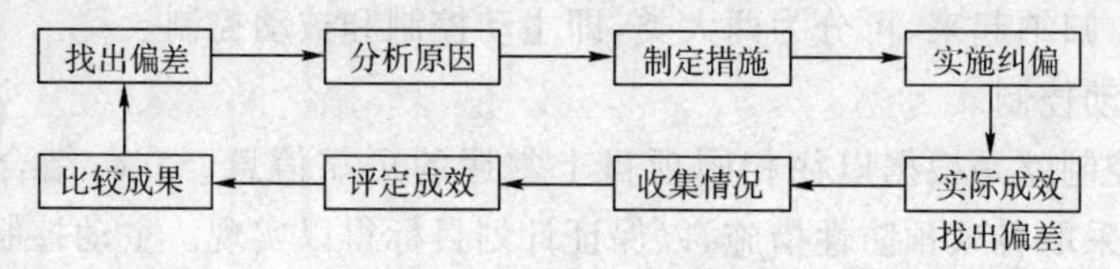

图 12-1 被动控制流程

被动控制的措施如下：

①应用现代化方法、手段，跟踪、测试、检查项目实施过程的数据，发现异常情况及时采取措施；

②建立项目实施过程中人员控制组织，明确控制责任，检查发现情况及时处理。

③建立有效的信息反馈系统，及时将偏离计划目标值进行反馈，以使其及时采取措施。

被动控制与主动控制对承包商进行项目管理而言缺一不可，它们都是实现项目目标所必须采用的控制方式。有效的控制是将被动控制和主动控制紧密地结合起来，力求加大主动控制在控制过程中的比例，同时进行定期、连续的被动控制。只有如此，方能完成项目目标控制的根本任务。

(二)合同控制之日常工作

1. 参与落实计划

合同管理人员与项目的其他职能人员一起落实合同实施计划，为各工程小组、分包商的工作提供必要的保证，如施工现场的安排，人工、材料、机械等计划的落实，工序间的搭接关系和安排以及其他一些必要的准备工作。

2. 协调各方关系

在合同范围内协调业主、工程师、项目管理各职能人员、所属的各工程小组和分包商之间的工作关系，解决相互之间出现的问题，如合同责任界面之间的争执、工程活动之间时间上和空间上的不协调。合同责任界面争执是工程实施中很常见的。承包商与业主、与业主的其他承包商、与材料和设备供应商、与分包商，以及承包商的各分包商之间、工程小组与分包商之间常常互相推卸一些合同中或合同事件表中未明确划定的工程活动的责任，这就会引起内部和外部的争执，对此，合同管理人员必须做好判定和调解工作。

3. 指导合同工作

合同管理人员对各工程小组和分包商进行工作指导，作经常性的合同解释，使各工程小组都有全局观念，对工程中发现的问题提出意见、建议或警告。合同管理人员在工程实施中起"漏洞工程师"的作用，但他不是寻求与业主、工程师、各工程小组、分包商的对立，他的目标不仅仅是索赔和反索赔，而且还要将各方面在合同关系上联系起来，防止漏洞和弥补损失，为工程顺利进行提供保证。

4. 参与其他项目控制工作

合同项目管理的有关职能人员每天检查、监督各工程小组和分包商的合同实施情况，对照合同要求的数量、质量、技术标准和工程进度，发现问题并及时采取对策措施。对已完工程作最后的检查核对，对未完成的或有缺陷的工程责令其在一定的期限内采取补救措施，防止影响整个工期。按合同要求，会同业主及工程师等对工程所用材料和设备开箱检查或作验收，看是否符合质量、图纸和技术规范等的要求，进行隐蔽工程和已完工程的检查验收，负责验收文件的起草和验收的组织工作，参与工程结算，会同造价工程师对向业主提出的工程款账单和分包商提交的收款账单进行审查和确认。

5. 合同实施情况的追踪、偏差分析及参与处理

另外，合同管理者的工作还包括审查与业主或分包商之间的往来信函、工程

变更管理、工程索赔管理及工程争议的处理，而且，这些工作是合同管理者更重要的工作。

(三)合同跟踪

在工程实施过程中，由于实际环境总是在变化，导致合同实施与预定目标(计划和设计)的偏离，如果不及时采取措施，这种偏差常常会由小到大，日积月累，最终导致合同目标的不能实现。为了实现合同目标，需要对合同实施情况进行随时跟踪，以便及时发现偏差，修正偏差，力保合同目标的实现。

1.合同跟踪的依据

合同跟踪时，判断实际情况与计划情况是否存在差异的依据有：

(1)合同和合同分析的结果，如各种计划、方案、合同变更文件等，它们是比较的基础，是合同实施的目标和方向；

(2)各种工程施工文件，如原始记录、各种工程报表、报告、验收结果等；

(3)工程管理人员每天对现场情况的直观了解，如对施工现场的巡视、与各种人谈话、召集小组会议、检查工程质量，通过报表、报告等。

2.合同跟踪的对象

合同实施情况追踪的对象主要有如下几个方面：

(1)具体的合同事件。

对照合同事件表的具体内容，分析该事件的实际完成情况。

以设备安装事件为例，跟踪的合同事件有：

①安装质量。如标高、位置、安装精度、材料质量是否符合合同要求？安装过程中设备有无损坏？

②工程数量。如是否全都安装完毕？有无合同规定以外的设备安装？有无其他的附加工程？

③工期。是否在预定期限内施工？工期有无延长？延长的原因是什么？

④成本的增加或减少。

将上述内容在合同事件表上加以注明，这样可以检查每个合同事件的执行情况。对一些有异常情况的特殊事件，即实际和计划存在较大的偏离的事件，可以列特殊事件分析表作进一步的处理。从这里可以发现索赔机会，因为经过上面的分析可以得到偏差的原因和责任。

(2)工程小组或分包商的工程和工作。

一个工程小组或分包商可能承担许多专业相同、工艺相近的分项工程或许多合同事件，所以必须对它们实施的总体情况进行检查分析。在实际工程中常常因为某一工程小组或分包商的工作质量不高或进度拖延而影响整个工程施工。合同管理人员在这方面应给他们提供帮助，如协调他们之间的工作，对工程缺陷提出意见、建议或警告，责成他们在一定时间内提高质量、加快工程进度等。

作为分包合同的发包商，总承包商必须对分包合同的实施进行有效的控制。这是总承包商合同管理的重要任务之一。

分包合同控制的目的如下：

①控制分包商的工作，严格监督他们按分包合同完成工程责任。分包合同是总承包合同的一部分，如果分包商完不成他的合同责任，则总包商就不能顺利完成总包合同责任；

②为向分包商索赔和对分包商反索赔作准备。总包和分包之间的利益是既一致又有区别的，双方之间常常有利益争执。在合同实施中，双方都在进行合同管理，都在寻求向对方索赔的机会，所以双方都有索赔和反索赔的任务；

③对分包商的工程和工作，总承包商负有协调和管理的责任，并承担由此造成的损失。所以分包商的工程和工作必须纳入总承包工程的计划和控制中，防止因分包商工程管理失误而影响全局。

(3)业主和工程师的工作。

业主和工程师是承包商的主要工作伙伴，对他们的工作进行跟踪十分必要。有关业主和工程师的工作包括：

①工程师有义务及时、正确地履行合同合同约定，为工程实施提供合同所约定的外部条件，如及时发布图纸、提供场地，及时下达指令、作出答复，及时支付工程款等；

②有问题及时与工程师沟通，多向工程师汇报情况，及时听取他的指示（书面的）；

③及时收集各种工程资料，对各种活动、双方的交流作好记录；

④对有恶意的业主提前防范，并及时采取措施。

(4)工程总的实施状况。

工程总的实施状况包括：

①工程整体施工秩序状况。如果出现以下情况，合同实施必定存在问题：现场混乱、拥挤不堪，承包商与业主的其他承包商、供应商之间协调困难，合同事件之间和工程小组之间协调困难，出现事先未考虑到的情况和局面，发生较严重的工程事故等；

②已完工程没有通过验收，出现大的工程质量事故，工程试运行不成功或达

不到预定的生产能力等；

③施工进度未能达到预定计划，主要的工程活动出现拖延；

④计划和实际的成本曲线出现大的偏离。

通过合同实施情况追踪、收集、整理，能反映工程实施状况的各种工程资料和实际数据，如各种质量报告、各种实际进度报表、各种成本和费用收支报表及其分析报告。将这些信息与工程目标进行对比分析，可以发现两者间的差异。根据差异的大小确定工程实施偏离目标的程度。如果没有差异或差异较小，则可以按原计划继续实施工程。

(四)合同实施偏差分析

合同实施情况偏差表明工程实施偏离了工程目标，应加以分析调整，否则这种差异会逐渐积累，越来越大，最终导致工程实施远离目标，使承包商或合同双方受到很大的损失，甚至可能导致工程的失败。

合同实施情况偏差分析，指在合同实施情况追踪的基础上，评价合同实施情况及其偏差，预测偏差的影响及发展的趋势，并分析偏差产生的原因，以便对该偏差采取调整措施。

合同实施情况偏差分析的内容包括：

1.合同执行差异的原因分析

通过对不同监督跟踪对象计划和实际的对比分析，不仅可以得到合同执行的差异，而且可以探索引起这个差异的原因。原因分析可以采用鱼刺图、因果关系分析图(表)、成本量差、价差、效率差分析等方法定性或定量地进行。

在上述基础上还应分析出各原因对偏差影响的权重。

2.合同差异责任分析

即这些原因由谁引起，该由谁承担责任，这常常是争议的焦点，尤其是在合同事件重叠、责任交错时更是这样。一般只要原因分析有根有据，则责任分析自然清楚。责任分析必须以合同为依据，按合同规定落实双方的责任。

3.合同实施趋向预测

分别考虑不采取调控措施和采取调控措施，以及采取不同的调控措施情况下合同的最终执行结果。

(五)合同实施情况偏差处理

根据合同实施情况偏差分析的结果，承包商应采取相应的调整措施。调整措施可分为:组织措施、技术措施、经济措施和合同措施。组织措施有增加人员投入,重新进行计划或调整计划,派遣得力的管理人员;技术措施有变更技术方案,采用新的更高效率的施工方案;经济措施有增加投入、对工作人员进行经济激励等;合同措施有进行合同变更,签订新的附加协议、备忘录,通过索赔解决费用超支问题等。

承包商采取合同措施时通常应考虑以下问题:

(1)如何保护和充分行使自己的合同权利,例如通过索赔以降低自己的损失。

(2)如何利用合同使对方的要求降到最低,即如何充分限制对方的合同权利,找出业主的责任。

如果通过合同诊断,承包商已经发现业主有恶意、不支付工程款或自己已经陷入到合同陷阱中,或已经发现合同亏损,而且估计亏损会越来越大,则要及早确定合同执行战略。如及早解除合同,降低损失;争取道义索赔,取得部分补偿;采用以守为攻的办法拖延工程进度,消极怠工。否则,工程完成得越多,承包商投入的资金也越多,承包商就越被动,损失会越大。若等到工程彻底完工,承包商的主动权就少了。

第四节　工程变更管理

 概述

(一)工程变更概念

合同变更是指合同成立以后、履行完毕以前由双方当事人根据情事变更原则对原合同约定的条款(权利和义务、技术和商务条款等)所进行的修改、变更。工程变更一般是指在工程施工过程中,根据合同的约定对施工的程序、工程的数量等作出的变更。

一般合同变更需经过协商的过程,而工程变更则不一样。在合同中双方有这样的约定,业主授予工程师进行工程变更的权力。在施工过程中,工程师直接行使合同赋予的权力发出工程变更指令,工程变更之前事先不需经过承包商的首肯。一旦承包商接到工程师的变更指令,承包商无论是否同意,都有义务实施该指令。

但当工程变更对工程的正常实施影响较大,如导致设计图纸、成本计划和支付计划、工期计划、施工方案、技术说明和适用的规范等定义工程目标和工程实

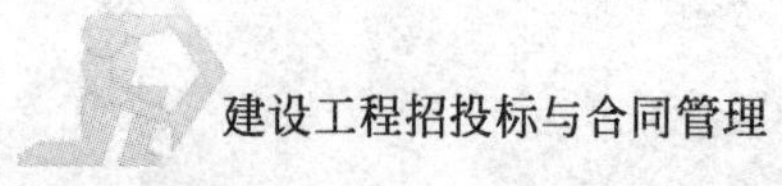

施情况的各种文件作相应的修改和变更，或者引起合同双方、承包商的工程小组之间、总承包商和分包商之间合同责任的变化，甚至还引起已完工程的返工、现场工程施工的停滞、施工秩序被打乱及已购材料出现损失等，则原来的合同义务、责任就要发生变化，此时工程变更就质变为合同变更。

（二）工程变更起因

工程内容频繁变更是工程施工的特点之一。一项工程变更的次数、范围和影响的大小与该工程招标文件（特别是合同条件）的完备性、适用性以及实施方案的科学性直接相关。工程变更一般主要有以下几方面的原因：

（1）业主新的变更指令，对工程新的要求。

（2）由于设计人员事先没能很好地理解业主的意图，或设计的错误，导致图纸修改。

（3）工程环境的变化，预定的工程条件不准确，实施方案或实施计划变更。

（4）由于产生新的技术和知识，有必要改变原设计、实施方案或实施计划，或由于业主指令及业主责任的原因造成承包商施工方案的改变。

（5）政府部门对工程新的要求，如国家计划变化、环境保护要求、城市规划变动等。

（三）工程变更范围

按照国际土木工程合同管理的惯例，一般合同中都有一条专门的变更条款，对有关工程变更的问题作出具体规定。

工程变更只能是在原合同规定的工程范围内的变动，业主和工程师应注意不能使工程变更引起工程性质方面有实质的变动，否则应重新订立合同。根据诚实信用的原则，业主显然不能单方面对合同作出实质性的变更。

从工程角度来讲，工程性质若发生重大的变更而要求承包商无条件地继续施工是不恰当的，承包商在投标时并未准备这些工程的施工机械设备，需另行购置或运进机具设备，使承包商有理由要求另签合同，而不能作为原合同的变更，除非合同双方都同意将其作为原合同的变更。承包商认为某项变更指示已超出本合同的范围，或工程师的变更指示的发布没有得到有效的授权时，可以拒绝进行变更工作。

二 工程变更之程序

(一)工程变更提出

工程变更的提出可以是工程的任何一个参与方,只要工程变更是依据合同明示条款或隐含条款提出的。

1.承包商提出工程变更

承包商在提出工程变更时,一般情况是工程遇到不能预见的地质条件或地下障碍。如原设计的某大厦的基础为钻孔灌注桩,承包商根据开工后钻探的地质条件和施工经验,认为改成沉井基础较好。另一种情况是承包商为了节约工程成本或加快工程施工进度,提出工程变更。

2.业主提出变更

业主提出的工程变更往往是改变工程项目某一方面的功能或具体做法,但若业主方提出的工程变更内容超出合同限定的范围,则属于新增工程,只能另签合同处理,除非承包方同意作为变更。

3.工程师提出工程变更

工程师往往根据工地现场工程进展的具体情况,可提出工程变更。

(二)工程变更批准

由承包商提出的工程变更,应交予工程师审查并批准。由业主提出的工程变更,为便于工程的统一管理,一般可由工程师代为发出。而工程师发出工程变更通知的权力,一般由工程施工合同明确约定。

工程变更审批的一般原则为:首先考虑工程变更对工程进展是否有利;第二要考虑工程变更是否可以节约工程成本;第三应考虑工程变更是否兼顾业主、承包商或工程项目之外其他第三方的利益;第四必须保证变更工程符合本工程的技术标准;最后一种情况为工程受阻,如遇到特殊风险、人为阻碍、合同一方当事人违约等不得不变更工程。

在我国目前建筑工程管理体制下,无论是业主还是承包商、工程师在提出工程变更后,在实施之前,涉及技术问题,比如结构安全,还往往要经过工程设计单位的会签或认可,涉及消防、规划方面的问题还要经过政府有关职能部门的批准。

(三)工程变更的决定及执行

为了避免耽误工作,工程师在和承包商就变更价格达成一致意见之前,可以先行发布工程变更指示,之后,再通过与承包商进一步协商,确定因工程变更而产生的费用问题。

工程变更指示的发出有两种形式:书面形式和口头形式。

一般情况下,工程师应该签发书面变更指令。当工程师发出口头指令要求工程变更,这种口头指示在事后一定要补签一份书面的工程变更指示。如果工程师口头指示后忘了补书面指示,承包商(需7天内)应以书面形式证实此项指示,交予工程师签字,工程师若在14天之内没有提出反对意见,应视为认可。

根据通常的工程惯例,除非工程师明显超越合同赋予他的权限,承包商应该无条件地执行其工程变更的指示,否则可能会构成承包商违约。

 工程变更价格调整

(一)变更责任分析

工程变更责任分析是确定赔偿问题的关键。工程变更可包括以下内容:

1.设计变更

设计变更会引起工程量的增加、减少,新增或删除分项工程,工程质量和进度的变化,实施方案的变化。一般工程施工合同赋予业主(工程师)这方面的变更权力,可以直接通过下达指令、重新发布图纸或规范实现变更。其责任划分原则为:

(1)由于业主要求、政府部门要求、环境变化、不可抗力、原设计错误等导致设计的修改,由业主承担责任;

(2)由于承包商施工过程、施工方案出现错误而导致设计的修改,由承包商负责;

(3)在现代工程中,承包商承担的设计工作逐渐多起来,承包商提出的设计必须经过工程师(或业主)的批准。对不符合业主在招标文件中提出的工程要求的设计,工程师有权不认可。这种不认可不属于索赔事件。

2.施工方案变更

在施工过程中施工方案的变更,其责任(费用)的认定较为复杂。同一个变更内容,在不同的合同计价模式下,其责任的认定、费用的处理方式不同。

(1)在单价合同或总价合同模式下的施工方案的变更。

无论是单价合同还是总价合同，往往都是经过招投标程序，经过技术、经济指标的综合评价，通过竞争而签署的合同。从逻辑上来说，合同价款(投标价格)与其所采用的施工方案的先进性、科学性、适用性紧密相联，具有一一对应的关系。施工方案的多样性决定了合同价款(投标报价)的多样性，尤其对于施工技术复杂、施工方案各异的大型水利、电力、交通设施建设更是这样。在单价合同或总价合同中，施工组织设计是它在投标阶段的一个核心内容，构成合同的一个不可或缺的组成部分。

承包商以单价或总价合同中标后，在施工过程中承包商为取得的更理想的经济效果，采用更为先进、科学，经济效果更突出的新施工方案，从性质认定上来说，应认为采用新的施工方案是承包商的技术措施。而在单价合同或总价合同中，其价格组成已经包含了相应的技术措施费用，且属于包干使用，方案调整并不涉及合同价格的调整(如降低)。反之，若承包商中标后，发现原投标时的施工方案与实际工程不匹配，施工方案过于简单，不具有操纵性，而采用了新的施工措施更为周全的技术方案，而导致施工措施费用增加。同样的道理，也认定方案的调整是施工技术措施的调整，不涉及合同价款(投标价格)的调整(如增加)。因为，在后一种情况，中标者中标的直接原因，理论上有可能是因为承包商的投标价格的低廉、施工方案的简洁。在建筑市场竞争激烈的大背景下，通过低价中标，中标之后再调整施工方案进而调整合同价款，这不符合签署合同时应遵守的诚实信用原则，对其他投标者来说也不公平，不利于市场经济秩序的保持、稳定。

即在单价合同或总价合同中，合同签署之后，虽然施工方案的调整仍然要经过业主(或业主委托的工程师)的批准、认可，但因为承包商的义务就是按照合同约定，保质、保量、保工期完成工程建设任务，承包商有权采取技术上、组织上的措施，履行合同约定义务。此时，承包商对其施工方案承担完全责任。

承包商具有确定施工方案(包括修改施工方案)的天然权利，但在单价合同或总价合同中，若因业主或设计原因或由业主而承担的风险(如工程地质的变化)引起的工程变更而导致原施工方案不再适用，此时，施工方案调整的责任应由业主来承担，合同价格要随着新的施工方案的实施而相应调整。

(2)以预算模式结算的合同中施工方案的变更。

按照惯例，以预算模式结算的工程，其工程价款包括施工方案中的技术措施费。这样，在施工过程中施工方案的调整就涉及工程成本的变化，涉及工程价款的调整。

理论上，不论在哪种计价模式下，施工方案的调整不外乎是由承包商承担的风险引起和业主承担的风险引起两种情况，其责任的认定根据风险的划分来决定，并以此来确定施工方案的调整是否涉及合同价格调整。大家都知道，在预算模式结算的工程中、几乎所有的风险都由业主来承担，故，施工过程中施工方案的调整往往都导致合同价格的变化。应该说，在预算模式中的施工合同中，因为业主几乎承担了工程施工中的所有风险，承包商并无调整施工方案、决定施工方案的天然权利。

(3)成本加酬金合同。

在工程实践中，成本加酬金合同适用工程范围很狭窄。一旦签署这种施工合同，按照约定，在施工过程中无论发生什么必须发生的费用(包括施工方案中的施工技术措施费)，都由业主来承担。在施工过程中，施工方案的调整的后果，自然也是由业主来承担。

但此时，施工方案调整的权利的决定权根据合同原理中的权责平衡、对应的原则，几乎全是由业主来决定的。

(二)工程变更价款的确定

我国施工合同示范文本所确定的工程变更估价原则为：

(1)合同中已有适用于变更工程的价格，按合同已有的价格变更合同价款。

(2)合同中只有类似于变更工程的价格，可以参照类似价格变更合同价款。

(3)合同中没有适用或类似于变更工程的价格，由承包人提出适当的变更价格，经工程师确认后执行。

FIDIC土木工程施工合同条件关于工程变更价款的确定较为复杂、严谨，尤其是工程变更数量超过规定幅度后，还应该调整工程单价或合同价款，具体内容参见本书有关部分。

本章小结

合同履行遵循实际履行原则，全面履行原则、协作履行原则、诚实信用原则及情事变更原则。合同分析是在合同实施前，通过合同分析、分解，将合同落实到具体事件上，保证合同能够顺利履行。

在合同分析、实施时，可能发现已签署的合同有缺陷，此时需要合同当事人对之修正补充或作出解释。漏洞补充的方式有：约定补充、解释补充及法定补充；合同歧义解释的原则有：字面解释、整体解释、合同目的解释、交易习惯解释及诚实信用原则。

合同履行的另一任务就是合同实施控制。合同实施控制工作有主动控制和被动控制两种方式。

工程变更管理是合同实施过程中经常碰到的一个问题，合同中要有相应的约定。

思考题

1. 试述施工合同履行的基本原则。
2. 简要叙述合同分析的作用。
3. 简要叙述施工合同的歧义处理原则。
4. 叙述合同交底的作用和内容。
5. 什么是合同变更，什么是工程变更，二者区别是什么？
6. 工程变更包括哪些内容，其程序是什么？

管理箴言

一个成功的项目有这样的特征：业主、承包商以及工程师在工作中是合作伙伴（Partnership）关系，并以协作的团队精神（Team Spirit）和双赢（Win-Win）的理念去指导工作。

第十三章 工程施工索赔管理

【内容提要】

本章从索赔概念、索赔处理程序及费用索赔、工期索赔几个方面介绍、论述索赔管理，并在阐述有关原理时插入一些工程上的案例来形象说明。索赔管理是合同管理的难点、最高境界。

【学习指导】

索赔是合同一方基于合同约定，当对方没有适当的履行合同义务或发生理应由对方承担的风险，而造成自己权利的损害（失）时，向对方提出权利补偿的一种方法。索赔的提出需具备几个要件：一要有合同依据；二要有索赔事件发生，而该事件的发生原因是合同另一方没有恰当履行合同义务或发生合同约定应该由其承担的风险；三是确实给自己造成损失，三者缺一不可。

工程施工工期长，影响因素多，尤其是大工程，参与方众多，相互间协调工作量大，合同一方既要对方按合同约定行事，自己也要按合同约定恰当履行义务，防止对方因自己不恰当履行义务而向自己提出索赔。

索赔是双向的。有可能导致工程索赔的因素、事件也多。工程索赔成功，要有及时、恰当的证据，履行相应的程序。

第一节 概 述

 索赔含义及分类

(一)索赔含义

索赔(Claim),在朗曼词典中是指作为合法的所有者,根据自己的权利提出的有关某一资格、财产、金钱等方面的要求;在牛津词典中是指,要求承认其所有权或某种权利,或根据保险合同约定提出的赔款。即,索赔是索赔主体对某事、某物权利所申明的一种主张或要求。工程索赔通常是指在工程合同履行过程中,合同当事人一方因非自身原因或对方不履行或未能正确履行合同约定而受到经济损失或权利损害时,为保证自身权利的实现向对方提出经济或时间补偿的要求。索赔是一种正当的权利要求,它是发包人、工程师和承包人之间一项正常的、大量发生而且普遍存在的合同管理业务。

索赔有如下特征:

(1)索赔是双向的,不仅承包人可以向发包人索赔,发包人同样也可以向承包人索赔。由于实践中发包人向承包人索赔发生的频率相对较低,而且在索赔处理过程中,发包人往往处于主动地位,当发包人认为承包人的行为给发包人造成损失时,他会直接从应付工程款中抵扣,或者通过没收承包人的履约保函、扣留保留金甚至留置承包商的材料设备作为抵押等来实现补偿自己损失的要求。因此在工程实践中,大量发生的、处理比较困难的是承包人向发包人的索赔,这也是索赔管理的主要对象和重点内容。

(2)只有实际发生了经济损失或权利损害,一方才能向另一方索赔。经济损失是指发生了合同以外的额外支出,如人工费、材料费、机械费、管理费等额外开支;权利损害是指虽然没有经济上的损失,但造成了权利上的损害,如由于恶劣气候条件对工程进度的不利影响,承包人有权要求工期延长等。

(3)索赔是一种未经对方确认的单方行为,它与施工现场签证不同。在施工过程中现场签证是承发包双方就额外费用补偿或工期延长等达成一致的书面证明材料和补充协议,它可以直接作为工程款结算或最终增减工程价款的依据;而索赔则是单方面行为,对对方尚未形成约束力。索赔要求能否得到最终实现,还要通过相应程序(如双方协商、谈判、调解或仲裁、诉讼)来确认。

(4)索赔的依据是法律法规、合同文件及工程惯例,但主要是合同文件。

(5)索赔发生的前提是自身没有过错,但自己在合同履行过程中遭受损失,其原因是合同另一方没有履行义务或没有恰当履行义务,或者是发生了合同约定由对方承担的风险。

(6)有充分的证据证明自己的索赔。

实质上,索赔的性质属于经济补偿行为,并不是对对方的惩罚。索赔是一种正当的权利主张,是基于合同所赋予的权利或合同精神、原则而作出的合同行为。索赔的特点在于"索",不"索",就没有"赔"。

(二)索赔作用

工程索赔的作用主要表现在以下方面:

(1)索赔是基于合同或法律赋予合同履行者免受意外损失的权利,索赔是当事人保护自己、避免损失、提高经济效益的一种手段。

(2)索赔既是落实和调整合同双方经济责、权、利关系的手段,也是合同双方风险分担的又一次合理再分配。离开了索赔,合同责任就不能全面体现,合同双方的责、权、利关系就不能平衡。索赔的发生,可以把原来考虑到合同条款中的风险责任落实为实际的工程费用,使合同价款的数额处于动态之中,工程造价计算更为合理。

(3)索赔是合同实施、履行的保证措施。索赔是合同法律效力的具体体现,对合同双方形成约束,特别是能对违约者起到警戒作用。当违约方要承担违约后果时,索赔就能够减少违约行为的发生,促使合同顺利履行。

(4)索赔对提高企业和工程项目管理水平起着重要的促进作用。索赔有利于促进双方加强内部管理,严格履行合同,维护市场经济秩序。

(5)索赔有助于承发包双方更快地熟悉国际惯例,熟练掌握索赔和处理索赔的方法与技巧,有助于对外开放和对外工程承包的开展。

(三)索赔分类

索赔贯穿于工程项目实施的全过程,其分类随划分标准、方法不同而不同。常见有以下几种分类方法。

1.按索赔当事人分类

(1)承包人与发包人之间的索赔;

(2)总承包人与分包人之间的索赔;

(3)发包人或承包人与供货人、运输人之间的索赔;

(4)发包人或承包人与保险人之间的索赔。

前两种涉及工程项目建设过程中施工条件或施工技术、施工范围等变化引起的索赔，一般发生频率高，索赔费用大，有时也称为施工索赔。

后两种涉及工程项目实施过程中的物资采购、运输、保管、工程保险等方面活动引起的索赔事项，又称商务索赔。

2.按索赔的依据分类

(1)合同内索赔。是指索赔所涉及的内容可以在合同文件中找到依据，并可根据合同规定界定责任。一般情况下，合同内索赔的处理和解决要顺利一些。

(2)合同外索赔。是指索赔所声明的内容和权利要求难以在合同文件中找到依据，但可从合同条文引申(隐含)含义和合同适用法律或政府颁发的有关法规中找到索赔的依据。

(3)道义索赔。是指承包人在合同内或合同外都找不到可以索赔的依据，但承包人认为自己有要求补偿的道义基础，而要求发包人对其遭受的损失予以补偿，即道义索赔。

道义索赔的主动权在发包人手中，发包人一般在下面四种情况下，可能会同意并接受道义索赔：

①业主若更换其他承包人，业主的工程支付费用会更大；

②业主为了树立自己良好的道德形象；

③业主基于对承包人的同情；

④业主谋求建立与承包人更长久合作关系。

3.按索赔目的分类

(1)工期索赔。由于非承包人自身原因造成拖期，承包人要求发包人延长工期，推迟原规定的竣工日期，以避免因误期而罚款。工期索赔的实质也是费用索赔，避免因拖延而遭业主罚款。

(2)费用索赔。即要求发包人补偿费用损失，调整合同价格，弥补经济损失。

4.按索赔事件的性质分类

(1)工程延期索赔。因发包人未按合同要求提供施工条件，如未及时交付设计图纸、施工现场或道路等，承包人由此提出索赔。

(2)工程变更索赔。发包人或工程师指令增加或减少工程量或增加附加工程、修改设计、变更施工顺序等，造成工期延长或费用增加，承包人对此提出索赔。

(3)工程终止索赔。由于发包人违约或发生了不可抗力事件等造成工程非正常终止，承包人因蒙受经济损失而提出索赔。

(4)工程加速索赔。由于发包人或工程师指令承包人加快施工速度，缩短工

期，引起承包人的人、财、物的额外开支而提出的索赔。

(5)意外风险和不可预见因素索赔。在工程实施过程中，因人力不可抗拒的自然灾害、特殊风险以及一个有经验的承包人通常不能合理预见的不利施工条件或客观障碍，如地下水、地质断层、溶洞、地下障碍物等引起的索赔。

(6)其他索赔。如因货币贬值、汇率变化、物价、工资上涨、政策法令变化等原因引起的索赔。这类索赔主要发生在国际工程中。

【案例】

华北某引水工程项目业主2000年收到承包商F的索赔报告，主要内容如下：

尊敬的某先生：

鉴于

1.《中华人民共和国劳动法》第四十四条有节假日安排劳动者工作要支付劳动者加班工资的规定："有下列情形之一的，用人单位按下列标准支付高于劳动者正常工作时间工资的工资报酬：安排劳动者延长工作时间的，支付不低于工资的150%的工资报酬；休息日安排劳动者工作而又不能安排补休的，支付不低于工资的200%的工资报酬；法定休息日安排劳动者工作的，支付不低于工资的300%的工资报酬。"

2.1999年9月18日国务院发布的第27号令(见附件，略)，修订了1949年12月23日政务院发布的《全国年节及纪念日放假办法》(见附件，略)，每年国家法定节假日由7天改为10天，其中国庆节增加1天，国际劳动节增加2天。为庆祝澳门回归，国务院规定1999年12月20日为公众假日。

3.在我单位与贵方1995年签订为期3年的施工合同时，我国执行1949年12月23日政务院发布《全国年节及纪念日放假办法》，每年年节及纪念日为7天。

由于国家法定节假日的增加，导致我单位在节假日施工时增加了费用支出(加班工资)，业主应予以补偿。根据我单位的工资标准及已批复的进度计划、动态劳动力表，计算出实际加班工资需115 534元(计算过程略)。请批复！

【分析】

这份索赔报告是项目业主收到的众多报告里的唯一一份基于国家政策变化而提出的索赔报告。

首先肯定，承包商F基于国家政策变化而提出的索赔报告的依据十分充分；其次，这份报告与众不同之处在于，与项目业主同时签署合同的施工承包商有十余家，唯独承包商F提交了索赔报告，这已经不是115 534元的问题了。

至于索赔数额，则应该按照有关约定、规定进行计算。

【案例】

某高速公路1#大桥的施工临时用地费用，在招标文件和标前会议的澄清中约定：投标人应在投标书中提供临时用地计划，其临时用地计费标准按当地现行补偿标准如下：临时用地按年计费，青苗费按800元/(亩·年)计；一次性构造附着物补偿费按500元/亩计；一次性土地复耕费按1 600元/亩计；各施工合同段用地数量由承包人自行考虑并计入报价内；用地手续由承包人自行办理，业主予以协调配合。该大桥开工后一年，为了规范对土地的使用管理，当地市政府专门下发了《××市耕地开垦费、耕地闲置费、土地复垦费收取与使用管理办法》，规定施工所占临时工用地复垦费10 005元/亩、青苗补偿费为1 200元/亩·年，一次性构造附着物补偿为700元/亩。

在投标文件中，承包人临时用地面积8.25亩，临时用地时间为3年。承包人以因后继法律、法规的变化致使支付的临时用地费用超出了原投标报价为由，要求业主对超出的费用予以补偿。

【分析】

1.一般情况下，在合同文件中对施工中临时工用地的处理(数量、价格)是由承包人自行测算、确定，其费用由承包人自行调查并包含在合同价格中。施工单位在办理临时用地租用手续时，业主往往会给予相应协助。在这种情况下，即使实际占地面积、支出价格与投标时所申报的不一样，索赔也不成立。

2.在本案例中，施工临时用地的费用组成及单价都在业主的招标文件中已经明确“按××市现行补偿标准”，承包人有理由认为，施工临时用地的费用组成及单价承包人无权更改。基于这样的认识，当实际必须支出的费用组成及单价发生变化，依据权利、义务对等原则，业主都有义务予以补偿、支出。

3.应该认为，若在新的法律、法规颁布之前承包人已经将所有3年临时用地费用已经支出，有关临时用地手续已经办妥，占地程序已经完成，鉴于法律不追溯既往的原则，可以不再涉及补偿事宜；若实际补偿是按年度分批进行的，则因新的法律、法规颁布而导致补偿标准发生变化，补偿年限应该以实计算。

5.按索赔处理方式分类

(1)单项索赔。就是采取一事一索赔的方式，即在每一件索赔事项发生后，索赔人报送索赔通知书，编报索赔报告，要求对方就此给予补偿，不与其他的索赔事项混在一起。

单项索赔是针对某一干扰事件提出的，即在影响原合同正常履行的干扰事件发生时或发生后，合同管理人员立即进入索赔程序，在合同规定的索赔有效期内向发包人或工程师提交索赔报告。单项索赔通常原因单一，责任单一，分析起来相对容易。因此合同双方应尽可能用这种方式来处理索赔。

(2)综合索赔。又称一揽子索赔,即将整个工程(或某项工程)中所发生的数起索赔事件,综合在一起进行索赔。一般在工程竣工前和工程移交前,承包人将工程实施过程中因各种原因未能及时解决的单项索赔集中起来进行综合考虑,提出一份综合索赔报告,由合同双方在工程交付前后进行最终谈判,以一揽子方案解决索赔问题。

实际上,由于在一揽子索赔中许多干扰事件交织在一起,影响因素复杂而且相互交叉,责任分析和索赔值计算都很困难,索赔涉及的金额较大,双方都不愿或不容易作出让步,使索赔的谈判和处理都很困难,因此综合索赔的成功率比单项索赔要低得多。

二 索赔的特点和原则

(一)索赔的特点

1.索赔工作贯穿于工程项目始终

缺乏工程承包经验的承包人,由于对索赔工作的认识不到位,往往在招投标阶段不注意研究指标文件中关于合同责任的划分,工程开始时并不重视合同中关于风险的约定,等到发现不能获得应当得到的偿付,或自身违约导致对方的索赔时,才匆忙研究合同,但已经陷入被动局面。索赔发生是在短时间内发生的,可索赔管理却贯穿于工程项目始终。

2.索赔是一门融工程技术和法律于一体的综合学问和艺术

索赔工作既要求索赔人员具备丰富的工程技术知识与实际施工经验,又要求索赔人员通晓法律与合同知识。争议比较大的索赔还有可能要通过既有进攻又有妥协的谈判来解决,这使得索赔的解决表现出一定的艺术性来。

3.影响索赔成功的相关因素多

索赔能否获得成功,除了以上所述的特点外,还与企业的项目管理基础工作密切相关。如在合同管理方面收集、整理施工中发生事件的一切记录,包括图纸、订货单、会谈纪要、来往信件、变更指令、气象图表、工程图像等,能够形成一个清晰描述和反映整个工程施工全过程的数据库,也为提出索赔提供了有效的技术支持和有力证据。

(二)索赔的原则

索赔应遵循以下原则:

1. 客观性

确实发生了索赔事件,并对自己造成了工期上的或经济上的损失。即,首先确实发生索赔事件,其次索赔事件的发生确实导致索赔人出现损失或权利受到损害。合同当事人要认真、及时、全面地收集有关证据,来支持自己提出的索赔要求。

2. 合法性

索赔事件非承包人自身原因引起,按照法律法规、合同文件或工程惯例,应当得到补偿。一般情况下,索赔的依据是合同文件。合同文件是合同当事人在履行合同过程中首先应当遵循的"最高法律",由它来判定索赔事件的责任应该由谁来承担,承担多大的责任。实际上,不同的工程项目具有不同的合同文件,不同的合同文件的约定也会有所不同。自然,同一个索赔事件,采用不同的合同文件,就会有不同的处理结果。

3. 合理性

索赔要求应合情合理,一方面要采取科学合理的计算方法和计算基础,真实反映索赔事件所造成的实际损失,另一方面也要结合工程的实际情况,不要滥用索赔,漫天要价。承包人一定要证明索赔事件的存在,证明索赔事件的责任,证明自己受到了损失,并且证明自己的损失与索赔事件之间存在着因果关系。不合理的索赔对方不会给予支持。

第二节　索赔事件及索赔处理程序

索赔事件

在合同实施过程中,经常会发生一些非承包商责任引起的,而且承包商不能左右的事件,这些事件使得原合同状态发生变化,最终引起施工工期和费用的增加。这些事件就是索赔事件,又称干扰事件。

一个导致索赔成功的索赔事件,一般要符合以下条件,即索赔事件的发生确实导致承包商施工工期和费用的变化或增加,同时,导致索赔事件发生的原因不是承包商的原因造成的,并且按约定,它不属承包商应该承担风险的范畴。

在工程实践中,承包人可能提出的索赔事件通常有以下几种:

(一)发包人合同风险

1. 发包人(业主)未按合同约定完成基本工作

如发包人未按时交付合格的施工现场及入场道路、接通水电等;未按合同规

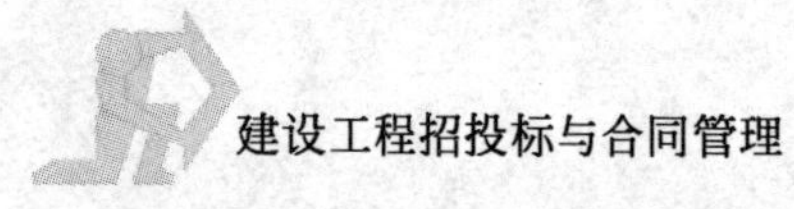

定的时间和数量交付设计图纸和资料；提供的资料不符合合同标准或有错误(如工程实际地质条件与合同提供资料不一致)等。

2.发包人(业主)未按合同规定支付预付款及工程款等

一般合同中都有支付预付款和工程款的时间限制及延期付款计息的利率要求。如果发包人不按时支付，承包人可据此规定向发包人索要拖欠的工程款及其滋生的利息，若因发包人(业主)未按合同规定支付预付款及工程款而导致工程停工，承包人有权提出相应的赔偿要求。

3.发包人(业主)应该承担的风险发生

由于业主承担风险的发生而导致承包人的费用损失增大时，承包人可据此提出索赔。许多合同规定，承包人不仅对由此而造成工程、业主或第三人的财产的破坏和损失及人身伤亡不承担责任，而且业主应保护和保障承包人不受上述特殊风险后果的损害，并免于承担由此而引起的与之有关的一切索赔、诉讼及其费用，除此之外承包人还可以得到由此损害引起的任何永久性工程及其材料的付款与合理的利润，以及一切修复费用、重建费用及上述特殊风险而导致的费用增加。如果由于特殊风险而导致合同终止，承包人除了可以获得应付的一切工程款和损失费用外，还可以获得施工机械设备的撤离费用和人员遣返费用等。

4.发包人或工程师要求工程加速

当工程项目的施工计划进度受到干扰，导致项目不能按时竣工、发包人的经济效益受到影响时，有时发包人或工程师会要求承包人加班赶工来完成工程项目，以加快施工进度。

如果工程师指令比原合同日期提前完成工程，或者发生可原谅延误，但工程师仍指令按原合同完工日期完工，承包人就必须加快施工速度，承包人在单位时间内投入比原计划更多的人力、物力与财力进行施工，此时的施工加速是应该得到补偿的；如果承包人发现自己的施工比原计划落后了而自己加速施工以赶上进度，则发包人不仅没有给予补偿的义务，承包人还应赔偿发包人一笔由此多支付的监理费。

【案例】

某高速公路1号大桥位于城市郊区，桥头两岸需要拆迁的建筑物、管线较多，土地征用和拆迁的难度较大，导致南引桥的施工场地移交比合同约定向后延迟2个月，致使承包人南引桥的基础开挖、预制场地的平整及梁的预制等工作均向后延迟2个月才开始施工。由于该项工程影响面大，业主要求原定竣工时间不变。为了在既定的竣工时间内完成工程，承包商需加速施工。为此，承包商需要增加各种投入，如要增加的临时工程有：预制场地的面积、预制台座的数量和定型模板数量也需要增加，晚上还要加班（人、机效率下降）。

为此，承包商向监理工程师提交了索赔报告。

【分析】

1. 承包商以业主推迟移交施工场地而提出索赔，有合同依据，因此索赔成立。

2. 索赔费用应由两部分组成：

(1)推迟移交现场而导致承包人费用的增加部分。

因推迟移交现场而导致承包人费用的增加，主要包括窝工、闲置的人工费和机械费。但闲置人工工日数应扣减在闲置期间临时安排了其他工作的人员的工日数，并且以实际人数为准；闲置的机械设备台数不能以计划进场数量和时间计算，而应以实际进场的数量和时间为准，且在机械费用的计算时，不能以机械台班为计算基础，而只能是机械台班中的一部分，不能包括机械台班费用中的人工、燃料、电力等可变费用，因为只有这样才符合"实际损失"的原则。

当然，按照上述原则处理有关费用时，需要监理工程师提供真实、独立的第一手资料，反映承包人人员、机械记备的闲置情况。

(2)推定赶工费用。

在竣工之前，在施工过程中因为实际工期已近，业主强调必须在合同规定的竣工时间完工，即使没有明确指示赶工，也形成"推定赶工"。在本案例中，赶工措施包括要增加箱梁预制场地、定型模板、临时建筑、机械设备，晚上还要加班。

因承包商的原因施工工期延后，为保证在合同规定的竣工时间完工而进行的赶工，赶工费用自然由承包商负担；因业主的风险而导致的工期延后，为保证在合同规定的竣工时间完工而进行的赶工，赶工费用理应由业主负担。在后一种情况，业主补偿的费用应该仅限于因赶工而增加的费用，如需要增加的箱梁预制场地、定型模板、临时建筑应该予以补偿，增加的大型机械设备的进出场费用，因晚上作业操作工人及机械效率下降而导致的完成同样工作需要增加的成本等。

5. 设计与指令错误

设计错误、发包人或工程师错误的指令或提供错误的数据等造成工程修改、停工、返工、窝工；发包人或工程师变更原合同规定的施工顺序，打乱了工程施工计划；由于发包人和工程师原因造成的临时停工或施工中断，特别是根据发包人和工程师不合理指令造成了工效的大幅度降低，从而导致费用支出增加等等，承包人可提出索赔。

【案例】

某高速公路4号大桥系预应力钢筋混凝土连续钢构桥，采用挂篮悬浇法施工。原设计箱梁底宽5.5m，承包人投标时按原设计报价，挂篮重420t，按使用

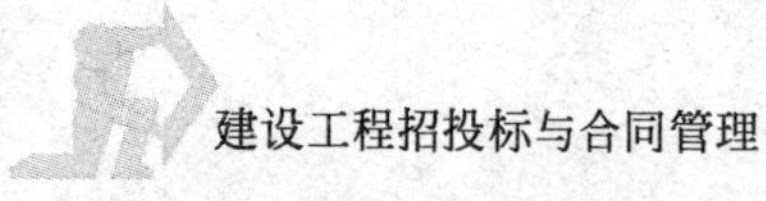

4个月摊销。在合同签署后箱梁施工之前,箱梁底宽设计变更为5.95m,导致已经加工好的挂篮需要进行改制。新挂蓝尺寸加大、重量增加,挂篮总重1069t。承包人就此提出了对挂篮设备摊销费的索赔。

【分析】

1.本案例的索赔就是由于设计变更导致施工机械设备、施工设施投入变化而产生的索赔。一般而言,要对施工机械设备、设施的变化进行索赔,针对交通工程通常是指在示范文本工程量清单第100章中列项的大型临时设施或临时工程或专用设备等,其工程变更(设计变更)有可能导致其发生根本改变,特别是一些特大桥工程施工常常如此。对一般的临时设施或临时工程或常规施工设备,其费用通常没有单独列支付细目,其费用是包含在合同工程量清单中的各分项工程单价或总额中的,不能进行单独索赔。

2.工程变更(包括设计变更),除可能导致需要重新确定变更工程的单价、费率,对合同工程量清单中工程细目的单价或总额进行变更,对合同总价中的管理费进行调整外,还可能产生由于打乱了承包人的施工部署或施工计划而导致承包人提出费用、工期的索赔,也可能使承包人需要赶工,或工效降低,或施工难度增加,或施工机械高、设施投入变化或增大,或施工时间延长而导致承包人提出费用或工期的索赔。

3.各个工程项目的合同专用条件有差异,工程量清单中的工程项目(细目)及包括含的工程(工作)内容、费用支付的范围有差异。在本案例中,通常情况下挂篮改制费、安装、拆除费应当补偿。若挂篮、吊机(悬臂吊机或塔吊)摊销费按照合同报价规则,若是是分摊在合同工程量清单的单价中的,则按照合同摊销费可在调整合同单价及总额时予以考虑,或对摊销费增加部分进行补偿。

6.发包人不正当地终止工程

由于发包人不正当地终止工程,承包人有权要求赔偿损失。其数额是承包人在被终止工程上的人工、材料、机械设备的全部支出,以及各项管理费用、保险费、贷款利息、保函费用的支出(减去已结算的工程款),甚至在国际工程中还包括承包商因差遣雇员而必然发生的费用,同时有权要求赔偿其应有盈利损失。

(二)不利的自然条件和客观障碍

不利的自然条件和客观障碍是指一个有经验的承包人无法合理预料的不利自然条件和客观障碍。“不利自然条件”中不包括一个有经验的承包商应该预见的正常气候条件,而是指投标时经过现场调查及根据发包人所提供的资料都无法预料到的其他不利自然条件，如地下水、地质断层、溶洞、沉陷等。“客观障碍”是指经现场调查无法发现、发包人提供的资料中也未提及的地下(上)人工构筑物及其他客观存在的障碍物，如下水道、公共设施、坑、井、隧道、废弃的旧建筑物、其他水泥砖砌物以及埋在地下的树桩等。

由于不利的自然条件及客观障碍，常常导致涉及变更、工期延长或成本大幅度增加，承包人可以据此提出索赔要求。

【案例】

某高速公路k标段路基挖方施工中发生大面积滑坡，导致已开挖的路基(施工边坡已经达到设计要求)被推移、掩埋，土石方施工机械十余台被损毁的后果。

大滑坡发生后承包人按照监理工程师的指示对土石方进行了清除。在土方清除前，承包人声明，保留要求补偿费用和工程延期的权利。该路段路基施工完成后，承包人向监理工程师报送了正式的索赔报告，提出了费用和工期索赔。

【分析】

1.鉴于设计资料没有指明该路段山体存在滑移带或可能存在滑移带，也没有关于滑坡的处理措施，属于不利工程地质条件。而不利的工程地质条件是一个有经验的承包商不能够合理预见的风险，依据合同，属于业主承担的风险。故索赔理由成立。

2.在索赔费用的核定计算中，不能考虑对承包人机械设备的损失进行补偿，根据《公路工程施工合同范本》合同通用条款22.1款的规定：“……承包人还应为已经运抵现场的承包人装备办理财产保险，其投保金额应足以现场重置。在本合同工程的施工和缺陷修复过程中业主对承包人雇员的人身死亡或伤残，或财产(设备)的损失不予赔偿……”

3.土石方清理费的单价不能按原合同中“路基填土”清单计价。因为“路基填土”清单计价中单价包括了开挖、装卸、运输、碾压及其他相应的管理、各种税费及合理的利润，土石方还要符合填料的粒径要求。此处土石方清理作为废方处理，只需计算装、运及弃土场弃方处理等费用，可按运输路远近核定。弃土场土地征用应由业主解决。

4.已完成的建筑产品或半成品(路基)若受到损坏而需要修复的，其修复费用应予以补偿。

5.关于工期的延期较为复杂。工期延期与否，不能凭直觉或按承包人的施工“横道图”来确定，要看受影响的施工工程是否在网络计划中处于关键线路上。是否处于关键线路，不能只看监理工程师在工程开工时已经批准的施工组织设计中的总进度计划，而应结合已完成工程和未施工工程重新绘制的现阶段具有

可操作性的"适时"网络图,通过计算时间参数分析确定。

(三)工程变更

由于发包人或工程师指令增加或减少工程量、增加附加工程、修改设计、变更施工顺序等,造成工期延长和费用增加,承包人可对此提出索赔。

需要指出的是,由于工程变更减少了工作量,也有可能进行索赔。比如在工程进行过程中,发包人减少了工程量,承包人可能对管理费、保险费、设备费、材料费(如已订货)、人工费(多余人员已到)等进行索赔。

(四)工期延长和延误

承包人有权利提出要求偿付由于非承包人原因导致工程延误而造成的损失。如果工期拖延的责任在承包人方面,则承包人无权提出索赔。

(五)工程师指令和行为

如果工程师在工作中出现问题、失误或行使合同赋予的权力造成承包人的损失,业主应该承担相应的合同责任。之所以有这样的规定,是因为工程师属于业主聘用的人员,在工程实施过程中代表业主利益而进行工作。

(六)合同缺陷

合同缺陷常常表现为合同文件规定不严谨甚至前后矛盾、合同规定过于笼统、合同中的遗漏或错误。一般情况下,发包人作为合同起草人,他要对合同中的缺陷负责,这是解释合同争议(缺陷)所遵循的一个原则。

(七)物价上涨

由于物价上涨,带来了人工费、材料费、施工机械费的增加,导致工程成本上升、承包人的利润受到影响,这也会导致志承包人提出索赔要求。

(八)国家政策及法律、法规变更

国家政策及法律法规变更,通常是指直接影响到工程造价的某些政策及法律法规的变更,比如限制进口、外汇管制或税收及其他收费标准的提高。

就国际工程而言,合同通常都规定:如果在投标截止日期前的第 28 天以后,由于工程所在的国家或地方的任何政策和法规、法令或其他法律、规章发生了变更,导致承包人成本增加,对承包人由此增加的开支,发包人应予以补偿;相反,如果导致费用减少,则也应由发包人收益。就国内工程而言,因国务院各有关部门、各级建设行政主管部门或其授权的工程造价管理部门公布的价格调整,比如定额、取费标准、税收、上缴的各种费用等,可以调整合同价款;如未予调整,承包人可以要求索赔。

(九)货币及汇率变化

就国际工程而言,合同一般规定:如果在投标截止日期前的第 28 天以后,工程所在国政府或其授权机构对支付合同价格的一种或几种货币实行货币限制或货币汇兑限制,发包人应补偿承包人因此而受到的损失。如果合同规定将全部或部分款额以一种或几种外币支付给承包人,则这项支付不应受上述指定的一种或几种外币与工程所在国货币之间的汇率变化的影响。

(十)其他承包人干扰

其他承包人干扰是指其他承包人未能按时、按序进行并完成某项工作,各独立承包人之间配合协调不好等而给本承包人的工作带来干扰。大中型土木工程,往往会有几个分别与业主签定合同的承包商在现场施工,由于各承包人之间没有合同关系,工程师有责任代表组织协调好各个承包人之间的工作;否则,将会给整个工程和各承包人的工作带来严重影响,引起承包人的索赔。比如,某承包人不能按期完成他那部分工作,其他承包人的相应工作也会因此而拖延,此时,被迫延迟的承包人就有权向发包人提出索赔。在其他方面,如场地使用、现场交通等,各承包人之间也都有可能发生相互干扰的问题。

【案例】

某高速路 K 标段在施工期中需要修建一条长 2.6km 的临时便道作为材料、设备的进出运输通道,耗资 129 万元,每年维护费用需 8 万元,便道使用期 3 年,每年土地租用费 6 万元,便道需复耕费 30 万元。按招标文件及工程量清单,其临时道路的修建、维护、复耕等费用不单独列项支付、而包含在单价和总价款中。

道路施工一年后,项目业主就高速公路服务区建设而与其他承包人签订了服务区施工承包合同。业主考虑到高速公路在附近已修建有临时道路,因此在服务区项目施工合同中约定,临时道路由业主负责提供。服务区承包人进场前,监理工程师应业主要求,向 K 标段承包商发出了要求允许服务区承包商使用临时道路的监理工程师通知 K 标段承包商执行了监理工程师的指示。

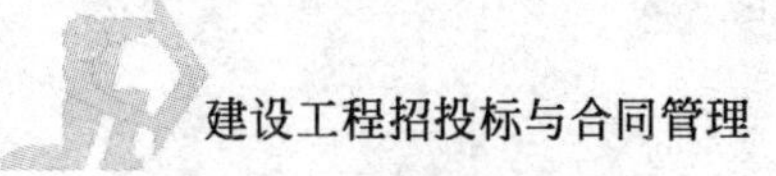

在监理工程师发出了要求允许服务区承包商使用临时道路的监理工程师通知14天后，K标段承包商向监理工程师递送了索赔意向书，声明保留要求费用补偿的权利；K标段施工结束之机，正式提出索赔报告。在索赔报告中，要求业主补偿该临时道路的修建、养护与拆除复耕费用。

监理工程师经过审核，认为在业主与K标段承包商签署的合同工程量清单中，业主已经全额支付了临时道路的修建及拆除复耕费用，仅认可因给服务区承包商使用临时道路而增加的养护费用。

【分析】

应该说，监理工程师的认可从理论上说是正确的。

但在工程量清单计价的合同中，对本案例中所涉及的事项的规定还可能有两种情况：

1. 在合同的工程量清单中，将临时道路的修建、养护与拆除复耕等工作，作为一个工程细目列入清单中，并按该细目总额支付；

2. 在合同的工程量清单中，没有将临时道路的修建和维护及拆除复耕作为单独的一个工程细目让承包人报价，而是要承包人将其费用包含在清单已有清单细目的各单价和总额中(实际工程建设中常有这种处理方式)。

无论上述情况中的哪一种出现，K标段承包商就难以接受监理工程师的意见了，因为：

1. 监理工程师区分不出来，合同的工程量清单在只有临时道路的修建、养护与拆除复耕一个工程细目总额时，修建、养护与拆除复耕分别是多少；

2. 在投标竞争激烈的时候，一般投标者对临时工程的费用往往考虑不足，即在承包人的报价中临时道路这部分费用是否全额计入，很难确认。

此时若K标段承包商认为监理工程师认可的费用偏少，甚至会导致K标段承包商不愿再为其他承包人提供临时道路的使用权。因此在费用核定时，监理工程师应与承包人、业主反复磋商，达成共识。

(十一)其他第三人原因

其他第三人的原因通常表现为因与工程有关的其他第三人的问题而引起的对本工程的不利影响，如银行付款延误、邮路延误、港口压港等。如发包人在规定时间内依规定方式向银行寄出了要求向承包人支付款项的付款申请，但由于邮路延误，银行迟迟没有收到该付款申请，因而造成承包人没有在合同规定的期限内收到工程款。在这种情况下，由于最终表现出来的结果是承包人没有在规定时间内收到款项，所以，承包人往往会向发包人索赔。

二 索赔的依据及证据

（一）索赔的依据

索赔的依据主要是法律、法规及工程建设惯例，尤其是双方签订的工程合同文件。由于不同的具体工程有不同的合同文件，索赔的依据也就不完全相同，合同当事人的索赔权利也不同。下述两表（表13-1、表13-2）分别给出了我国建设工程施工合同示范文本（GF—99—0201）中业主和承包商的索赔依据，FIDIC合同条件（1999年第一版）承包商可引用的索赔条款，仅作参考。

施工合同示范文本（GF—99—0201）中的索赔依据 表13-1

序号		条款序号	条款主要内容
01	业主向承包人索赔的依据	4.1	承包人在约定期间内将图纸泄密
02		7.3	情况警急时责任在承包人采取应急措施
03		9.2	承包人未能履行9.1款各项义务
04		12	承包人原因暂停施工
05		14.2	承包人原因不能按期竣工
06		15	承包人原因工程质量达不到约定的标准
07		18	工程师重新检验隐蔽工程不合格
08		19.5	承包人采购的设备导致试车不合格
09		20.1	承包人安全措施不利造成事故的
10		22	承包人原因造成重大伤亡及其他安全事故
11		27.3	承包人保管业主按期供应的设备发生丢失损坏
12		28	承包人使用未经工程师认可的代用材料
13		29.2	承包人擅自进行工程设计变更
14		29.3	未经工程师同意的承包人合理化建议
17	承包人向业主索赔的依据	6.2	工程师指令错误
18		6.3	工程师未能按合同约定履行义务
19		7.3	情况警急时承包人采取应急措施
20		8.2	承包人代行业主合同义务
21		8.3	业主未履行合同义务
22		9.1	承包人完成施工图设计或与工程配套的设计，向业主提供现场临时设施，按业主要求对已竣工工程采取特殊保护
23		11.2	业主原因延期开工

续上表

序号		条 款 序 号	条款主要内容
24	承包人向业主索赔的依据	12	业主原因暂停施工
25		13	业主原因或不可抗力延误工期
26		14.3	业主要求提前竣工
27		16.3	工程师检查、检验影响正常施工
28		18	工程师重新检验隐蔽工程合格
29		19.5	设计方原因、业主采购的设备导致试车不合格，未包括在合同价款内的试车费用
30		20.2	业主原因导致的安全事故
31		21	承包人提出且工程师认可的特殊危险场所安全防护措施
32		22	业主原因造成的重大伤亡及其他安全事故
33		23.3	可调价格合同中约定的价款调整因素
34		24	预付款延期支付利息
35		26.3	进度款延期支付利息
36		27.4	业主供应材料设备单价与合同不符，业主供应材料设备规格型号与合同不符并由承包人调剂串换，承包人保管业主提前到货的材料设备
37		27.5	业主供应材料设备由承包人负责检验和试验
38		29.1	业主提出的设计变更
39		29.3	经工程师同意的承包人合理化建议
40		33.3	竣工结算价款延期支付利息
42		39.3	不可抗力发生
43		40.2	运至现材料和待安装设备保险
44		40.3	委托承包人办理的保险
46		42.1	业主要求使用专利技术与特殊工艺
47		43	施工中发现文物及地下障碍物

FIDIC 合同条件(1999 年第一版)**承包商可引用的索赔条款**　　表 13-2

序号	条款序号	条款主要内容	可索赔内容	备　注
01	1.3	通信交流	T+C+P	隐含条款
02	1.5	文件的优先次序	T+C	隐含条款
03	1.8	文件有缺陷或技术性错误	T+C+P	隐含条款

续上表

序号	条款序号	条款主要内容	可索赔内容	备　注
04	1.9	延误的图纸或指示	T+C+P	明示条款
05	1.13	遵守法律	T+C+P	隐含条款
06	2.1	业主未提供现场	T+C	明示条款
07	2.3	业主人员引起的延误、妨碍	T+C	隐含条款
08	2.5	业主的索赔	C	隐含条款
09	3.2	工程师的授权	T+C+P	隐含条款
10	3.3	工程师的指示	T+C+P	明示条款
11	4.2	履约保证	C	隐含条款
12	4.7	因工程师数据差错，放线错误	T+C+P	明示条款
13	4.10	业主应提供现场数据	T+C	隐含条款
14	4.12	不可预见的外界物质条件	T+C	明示条款
15	4.20	业主设备或免费供应的材料	T+C	隐含条款
16	4.24	发现有化石、硬币或有价值的文物	T+C	明示条款
17	5.2	对指定分包商的反对	T+C+P	隐含条款
18	7.3	检查	T+C+P	隐含条款
19	7.4	工程师改变规定实验细节或附加实验	T+C+P	明示条款
20	8.1	工程开工	T+C	隐含条款
21	8.3	进度计划	T+C+P	明示条款
22	8.4	竣工时间的延长	T(+C+P)	明示条款
23	8.5	当局造成的延长	T	明示条款
24	8.9	暂停施工	T+C	明示条款
25	8.12	复工	T+C+P	隐含条款
26	10.2	业主接受或使用部分工程	C+P	明示条款
27	10.3	工程师对竣工实验干扰	T+C+P	明示条款
28	11.8	工程师指令承包商调查	C+P	明示条款
29	12.1	需测量的工程	C+P	隐含条款
30	12.3	实际完成的工程量数量超出工程量表的10%	T+C+P	隐含条款
31	12.4	删减	C	明示条款
32	13	工程变更	T+C+P	明示条款
33	13.7	法规改变	T+C	明示条款

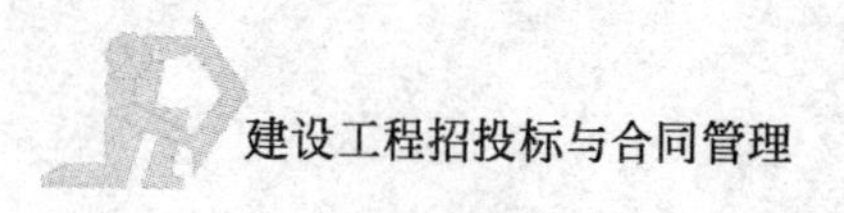

续上表

序号	条款序号	条款主要内容	可索赔内容	备　注
34	13.8	成本的增加或减少	C	明示条款
35	14.8	付款的延误	T+C+P	明示条款
36	15.5	业主终止合同	C+P	明示条款
37	16.1	承包商暂停工作的权利	T+C+P	明示条款
38	16.4	终止时的付款	T+C+P	明示条款
39	17.4	业主的风险	T+C(+P)	明示条款
40	18.1	当业主应投保而未投保时	C	明示条款
41	19.4	不可抗力	T+C	明示条款
42	20.1	承包商的索赔	T+C+P	明示条款

说明：T—工期；C—成本；P—利润

（二）索赔的证据

索赔证据是当事人用来支持其索赔成立及与索赔有关的证明文件和资料。索赔证据作为索赔报告的组成部分，在很大程度上关系到索赔的成功与否。证据不全、不足或没有证据，索赔是很难成功的。

一般认为，一个索赔或反驳、答辩的质量和能否成功取决于三个方面，那就是证据。因此，证据收集、整理工作是承包商、业主及工程师的一项日常重要事务。

对承包商来说，常见的索赔证据主要有：

1.合同文件

包括工程合同及附件、中标通知书、投标书、标准和技术规范、图纸、工程量清单、工程报价单或预算书、有关技术资料和要求等。具体的如发包人提供的水文地质、地下管网资料，施工所需的证件、批件、临时用地占地证明手续、坐标控制点资料等。

2.经工程师批准的文书

包括承包人施工进度计划、施工方案、施工项目管理规划等。它的各种施工报表有：

(1)驻地工程师填制的工程施工记录表，这种记录能提供关于气候、施工人数、设备使用情况等内容；

(2)施工进度表；

(3)施工人员计划表和人工日报表；

(4)施工用材料和设备报表。

3.各种施工记录

包括施工日志及工长工作日志、备忘录等。

4.工程形象进度照片

包括工程有关施工部位的照片及录像等。

5.有关各方往来文书

包括往来信件、电话记录、指令、信函、通知、答复等。

6.工程会议纪要

包括工程各项会议纪要、协议及其他各种签约、定期与业主雇员的谈话资料等。

业主与承包人、承包人与分包人之间定期或临时召开的现场会议讨论工程情况的会议记录,能被用来追溯项目的执行情况,查阅业主签发工程内容变动通知的背景和签发通知的日期,也能查阅在施工中最早发现某一重大情况的确切时间。另外,这些记录也能反映承包人对有关情况采取的行动。

7.发包人(工程师)发布的各种书面指令书和确认书

包括发包人或工程师发布的各种书面指令书和确认书,以及承包人要求、请求、通知书。

8.气象资料

气象报告和资料。如有关天气的温度、风力、雨雪的资料等。

9.投标前业主提供的各种工程资料

10.施工现场记录

包括设计交底记录、图纸变更、变更施工指令,工程送电、送水、道路开通、封闭的日期记录,工程停电、停水和干扰事件影响的日期及恢复施工的日期记录等。

11.业主或工程师签认材料

工程各项经业主或工程师签认的资料。

12.工程财务资料

工程结算资料和有关财务报告。如工程预付款、进度款拨付的数额及日期记录、工程结算书、保修单等。

13.各种检查验收报告和技术鉴定报告

如质量验收单、隐蔽工程验收单、验收记录、竣工验收资料、竣工图。

14.各类财务凭证

需要收集和保存的工程基本会计资料包括工卡、人工分配表、工人福利协议、经会计师核算的劳务工资报告单、购料订单收讫发票、收款票据、设备使用单据等。

15. 其他

包括分包合同、官方的物价指数、汇率变化表以及国家、省、市有关影响工程造价及工期的文件和规定等。

在施工过程中，作为工程惯例承包商应有自己独立的记录系统。为作好记录，需要大量胜任的、受过良好训练的现场施工管理人员常驻工地。需要时，随时编写专题报告，向项目经理报告，以使项目经理对工程进展和存在的问题有一个清晰的认识，并及时采取相关行动。

许多问题都不是突然发生的，他们都有一个缓慢的"酝酿"过程，最后才突然爆发。如果工程管理人员能够作好平时的记录，根据记录情况就能够对问题进行预警，并在问题刚一出现就可以将其根除，或为以后有可能的索赔提供丰富、有力的第一手资料。

(三)索赔的证据要求

一个支持有力的索赔证据应满足以下要求：

1. 真实性

索赔证据必须是在实施合同过程中确实存在和实际发生的，是施工过程中产生的真实资料，能经得住推敲。

2. 及时性

索赔证据的取得应当及时，它能够客观反映工程施工过程中发生的索赔事件。有些索赔事件，若不及时收集、整理有关证据，过后弥补起来可能要困难一些。甚至，合同对有关合同事件的处理都有时间要求。

3. 全面性

所提供的证据应能说明事件的全部内容。索赔报告中涉及的索赔理由、事件过程、影响、索赔额度等都应有相应证据。

4. 关联性

索赔的证据应当与索赔事件有必然联系，并能够互相说明、符合逻辑。

5. 系统性

索赔证据应能够系统地反映索赔事件的全貌，从时间、空间、原因、过程、结果等方面系统地予以证明索赔事件的存在及其影响。

6. 有效性

索赔证据必须具有法律效力。不同的证据其有效性不一样。书面证据比口头证据更为有效；经过业主或工程师签字、认可的资料其证据的有效性比承包人的自身施工记录强；能够说明问题的实物照片具有客观性，自然也具有无与伦比的证明力；官方的规定、文件可以作为直接的证据。

 索赔事件的分析方法

在实际工程中，干扰事件产生的原因比较复杂，有时双方都有责任；甚至，干扰事件也有时先后发生，前一事件发生是后一事件的原因，或影响重叠。此时，索赔事件原因的分析、责任的界定是一件复杂的工作。下面所介绍的“三种状态”分析方法有助于理清责任，分析各干扰事件的实际影响，以准确地计算索赔值。

(一)合同的三种状态

1.合同状态分析

(1)合同状态概念。

这里不考虑任何干扰事件的影响，仅对合同签订的情况作重新分析。

施工合同所确定工期和价格的基础是“合同状态”，即合同签订时的合同条件、工程环境和实施方案。在工程施工中，由于干扰事件的发生，造成“合同状态”的变化，原“合同状态”被打破，应按合同的规定，重新确定合同工期和价格。新的工期和价格必须在“合同状态”的基础上分析计算。

合同状态(又被称为计划状态或报价状态)的基础数据及计算方法之所以重要，是因为它是整个工程的假设状况，也是分析索赔事件影响的基础。

(2)合同状态的分析基础。

合同状态分析是重新分析合同签订时的合同条件、工程环境、实施方案和价格。其分析基础为招标文件和各种报价文件，包括合同条件、合同规定的工程范围、工程量表、施工图纸、工程说明、规范、总工期、双方认可的施工方案和施工进度计划、以及人力、材料、设备的需要量和计划安排、里程碑事件、承包商合同报价时的价格水平等。

(3)合同状态分析的内容。

包括各分项工程的工程量；按劳动组合确定人工费单价；按材料采购价格、运输、关税、损耗等确定材料单价；按所需用机械确定机械台班单价；按生产效率和工程量确定总劳动力用量和总人工费；进行网络计划分析，确定具体的施工进度和工期；劳动力需求曲线和最高需求量；工地管理人员安排计划和费用；材料使用计划和费用；机械使用计划和费用；各种附加费用；各分项工程单价、报价；工程总报价等。

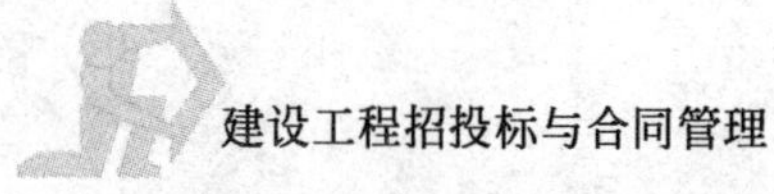

合同状态分析实质上与合同报价过程相似。合同状态分析确定的是，在合同条件、工程环境、实施方案等没有变化的情况下，承包商应在合同工期内，按合同规定的要求（质量、技术等）完成工程，并得到相应的合同价格。

2. 可能状态分析

合同状态仅为计划状态或理想状态。在任何工程中，干扰事件是不可避免的，所以合同状态很难保持。要分析干扰事件对施工过程的影响，必须在合同状态的基础上加上干扰事件的分析。为了区分各方面的责任，这里的干扰事件必须是因非承包商自己责任引起，而且不在合同规定的承包商应承担的风险范围内，才符合合同规定的赔偿条件。

仍然引用上述合同状态的分析方法和分析过程，需要时借以网络计划分析，再一次进行工程量核算，确定这种状态下的劳动力、管理人员、机械设备、材料、工地临时设施和各种附加费用的需要量，最终得到这种状态下的工期和费用。这种状态实质上仍为一种计划状态，是合同状态在受外界干扰后的可能情况，所以被称为可能状态。

3. 实际状态分析

按照实际的工程量、生产效率、人力安排、价格水平、施工方案和施工进度安排等确定实际的工期和费用。这种分析以承包商的实际工程资料为依据。

比较上述三种状态的分析结果，可以得到：

(1)实际状态和合同状态之差即为工期的实际延长和成本的实际增加量。这里包括所有因素的影响，如业主责任的、承包商责任的、其他外界干扰的。

(2)可能状态和合同状态结果之差即为按合同规定承包商真正有理由提出工期和费用索赔的部分。它可以直接作为工期和费用的索赔值。

(3)实际状态和可能状态结果之差为承包商自身责任造成的损失和合同规定的承包商应承担的风险。它应由承包商自己承担，得不到补偿。

【案例】

某大型路桥工程，业主认为工程总价 8 350 万美元。本工程采用 FIDIC 土木工程施工合同条件，某承包商中标合同价 7 825 万美元，工期 24 个月，并约定工期拖延罚款 95 000 美元/天。

在桥墩开挖中，地质条件异常，淤泥深度比招标文件所示深得多，基岩高程低于设计图纸 3.5m，图纸多次修改。工程结束时，承包人提出 6.5 个月工期和 3 645 万美元费用索赔。

业主、工程师接到承包商索赔报告后，对合同的三种状态分析如下：

(1)合同状态分析。业主全面分析承包商报价，经详细核算后，预算总价应为 8 350 万美元。工期 24 个月，承包商将报价降低了 525 万美元(即 8 350 万－7 825 万)，这为他在投标时认可的损失，应当由承包商自己承担。

(2)可能状态分析。由于复杂的地质条件、修改设计、迟交图纸等原因(这里不计承包商责任和承包商风险的事件)，造成承包商费用增加，经核算可能状态总成本应为 9 874 万美元，工期约为 28 个月，则承包商有权提出的索赔仅为 1 524万美元(9 874 万－8 350 万)和 4 个月工期索赔。由于承包商在投标时已认可了 525 万美元损失，则仅能赔偿 999 万美元(即 1 524 万－525 万)。

(3)实际状态分析。承包商提出的索赔是在实际总成本和总工期(即实际状态)分析基础之上的，实际总成本为 11 470 万(即 7 825 万＋3 645 万)美元，实际工期为 30.5 个月。

实际状态与可能状态成本之差 1 596 万美元(即 11 470 万－9 874 万)为承包商自己管理失误造成的损失，或提高索赔值造成的，由承包商自己负责。

由于承包商原因造成工期拖延 2.5 个月，对此业主要求承包商支付误期违约金：

误期赔偿金＝95 000 美元/天 * 76 天＝7 220 000 美元

最终双方达成一致：业主向承包商支付为

999 万－722 万＝277 万美元

【分析】

本案例非常有代表性，工期拖延既有承包商的原因，又有业主应承担的风险；在费用上，既有承包商为中标而自愿放弃的利益(低价策略)，又有因业主应承担的风险而导致的承包商的费用的增加。本案例中的工程师对三种合同状态的分析思路正确，分析合理，将合同双方的责任、义务恰到好处地予以界定、区分。

当然，在实际工程上，承包商要索赔成功，还必须按合同条款的约定，在规定的时间内提出索赔意向及索赔报告，准备齐全能够支持自己索赔的证据，如工程照片及有关因工程地质有变化而产生的往来信函、会议纪要、工程师的指示等资料。

(二)注意事项

三种分析方法从总体上将双方的责任区分开来，同时又体现了合同精神，比较科学和合理。分析时应注意以下几点：

1. 索赔处理方法不同，分析的对象也会有所不同

在日常的单项索赔中仅需分析与该干扰事件相关的分部分项工程或单位工程的各种状态；而在一揽子索赔(总索赔)中，必须分析整个工程项目的各种状态。

2.在“三种状态”分析中，对相同的分析对象采用相同的分析方法、分析过程和分析结果表达形式

这样做，能够方便对方对索赔报告的阅读、审查分析，使谈判人员对干扰事件的影响一目了然，方便索赔的谈判和最终解决。

3.分析要详细

分析要详细，能分出各干扰事件、各费用项目、各工程活动（合同事件），这样使用分项法计算索赔值很方便。

4.准确地计算索赔值

在实际工程中，不同种类、不同责任人、不同性质的干扰事件常常搅在一起，要准确地计算索赔值，必须将它们的影响区别开来，由合同双方分别承担责任。这常常是很困难的，会带来很大的争执。例如造成工期拖延的干扰事件就有如下几种情况：

(1)承包商责任造成的工期拖延，则工期和费用都得不到补偿；

(2)业主责任造成的工期拖延，则工期和费用都能得到补偿；

(3)由于其他方面干扰，如恶劣的气候条件造成的工期拖延，工期能得到补偿，而费用有时却得不到补偿等。

如果这几类干扰事件搅在一起，互相影响，则分析就很困难。这里特别要注意各干扰事件的发生和影响之间的逻辑关系，即先后顺序关系和因果关系。这样干扰事件的影响分析和索赔值的计算才是合理的。

5.借用计算机技术分析索赔事件影响

对于复杂的工程或重大索赔，分析资料多，采用人工处理必然花费许多时间和人力，常常无法达到索赔的期限（索赔有效期限制）和准确度要求，此时，借用计算机数据处理则能极大地提高工作效率。

6.采用差异分析的方法

在工程成本管理中人们经常采用差异分析的方法来分析各种影响因素的影响值，这种方法十分有效，经常被用在干扰事件的影响分析上。

四 索赔程序

(一)承包人的索赔

不同的施工合同条件对索赔程序的规定会有所不同。但在工程实践中，比较完整的索赔程序主要由以下步骤组成：

1. 索赔意向通知

在工程实施过程中，承包人发现索赔或意识到存在潜在的索赔机会后，要做的第一件事，就是要在合同规定的时间内将自己的索赔意向用书面形式及时通知业主或工程师，亦即向业主或工程师就某一个或若干个索赔事件表示索赔愿望、要求或声明保留索赔的权利。

索赔意向通知，是向业主或工程师表明索赔意向，一般包括以下内容：索赔事由发生的时间、地点、事件发生过程和发展动态，索赔所依据的合同条款和主要理由，索赔事件对工程成本和工期产生的不利影响。

施工合同要求承包人在规定期限内首先提出索赔意向，是基于以下考虑：

(1)提醒业主或工程师及时关注索赔事件的发生、发展的全过程；

(2)为业主或工程师的索赔管理作准备，如可进行合同分析、收集证据等；

(3)如属业主责任引起索赔，业主有机会采取必要的改进措施，防止损失的进一步扩大。

2. 索赔资料的准备

从提出索赔意向到提交索赔文件，是属于承包人索赔的内部处理阶段和索赔资料准备阶段。此阶段的主要工作有：

(1)跟踪和调查干扰事件；

(2)分析干扰事件产生的原因，划清各方责任；

(3)损失或损害调查或计算；

(4)收集证据；

(5)起草索赔报告。

3. 索赔报告的提交

承包人必须在合同规定的索赔时限内向业主或工程师提交正式的书面索赔报告。

4. 工程师对索赔文件的审核

工程师根据业主的委托或授权，对承包人索赔的审核工作主要分为判定索赔事件是否成立和核查承包人的索赔计算是否正确、合理两个方面，并可在业主授权的范围内作出自己独立的判断。

5. 工程师与承包人协商补偿额和工程师索赔处理意见

工程师经过对索赔文件的认真评审，并与业主、承包人进行了较充分的讨论后，应提出自己的索赔处理决定。通常，工程师的处理决定不是终局性的，对业主和承包人都不具有强制性的约束力。

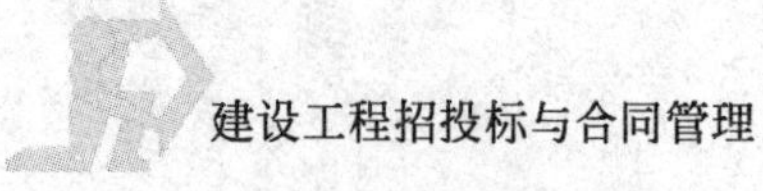

6. 业主审查、处理

当索赔数额超过工程师权限范围时，由业主直接审查索赔报告，并与承包人谈判解决，工程师应参加业主与承包人之间的谈判，工程师也可以作为索赔争议的调解人。索赔报告经业主批准后，工程师即可签发有关证书。对于数额比较大的索赔，一般需要业主、承包人和工程师三方反复协商才能作出最终处理决定。

7. 承包商提出仲裁或诉讼

如果承包人同意接受最终的处理决定，索赔事件的处理即告结束。如果承包人不同意，则可根据合同约定，将索赔争议提交仲裁或诉讼，以使索赔争议得到最终解决。在仲裁或诉讼过程中，工程师作为工程全过程的参与者和管理者，可以作为见证人提供证据以做答辩。

(二)发包人的索赔

根据我国《建设工程施工合同》示范文本规定，因承包人原因不能按照协议书约定的竣工日期或工程师同意顺延的工期竣工，或因承包人原因工程质量达不到协议书约定的质量标准，或承包人不履行合同义务或不按合同约定履行义务或发生错误而给发包人造成损失时，发包人也应按合同约定的索赔时限要求，向承包人提出索赔。

五 索赔报告

索赔报告编写的完善与否，对索赔要求的成功与否关系甚大。一个有经验的工程承包商，应该具备编制一个高质量的索赔报告书的能力。

(一)内容组成

在国内建设工程施工索赔中，对索赔报告的内容组成并没有一个统一的格式要求。在一个完整的国际工程索赔报告中，它必须包括以下 4～5 个组成部分。至于每个部分的文字长短，则根据每一索赔事项的具体情况和需要来决定。

1. 总论部分

每个索赔报告书的首页，应该是该索赔事项的一个综述。它概要地叙述发生索赔事项的日期和过程；说明承包商为了减轻该索赔事项造成的损失而做过的努力；索赔事项对承包商施工增加的额外费用；以及自己的索赔要求。

总论部分字数不多。最好在上述论述之后附上一个索赔报告书编写人、审核人的名单，注明其职称、职务及施工索赔经验，以表示该索赔报告书的权威性和可信性。

总论部分应包括以下具体内容：

(1)序言；

(2)索赔事项概述；

(3)具体索赔要求：工期延长天数，或索赔款额；

(4)报告书编写及审核人员。

2.合同引证部分

合同引证部分是索赔报告关键部分之一，它的目的是承包商论述自己有索赔权，这是索赔成立的基础。

合同引证的主要内容，是该工程项目的合同条件以及工程所在国有关此项索赔的法律规定，说明自己理应得到经济补偿或工期延长，或二者均应获得。

3.索赔款额计算部分

在论证索赔权以后，接着计算索赔款额，具体论证合理的经济补偿款额。这也是索赔报告书的主要部分，是经济索赔报告的第三部分。

款额计算的目的，是以具体的计价方法和计算过程说明承包商应得到的经济补偿款额。如果说合同论证部分的目的是确立索赔权，则款额计算部分的任务是决定应得的索赔款。前者是定性的，后者是定量的。

在款额计算部分中，承包商应首先注意采用合适的计价方法。至于采用哪一种计价法，应根据索赔事项的特点及自己掌握的证据资料等因素来确定。其次，应注意每项开支的合理性，并指出相应的证据资料的名称及编号，(这些资料均列入索赔报告书中)。只要计价方法合适，各项开支合理，则计算出的索赔总款额就有说服力。

4.工期延长论证部分

承包商在施工索赔报告中进行工期论证的目的，首先是为了获得施工期的延长，以免承担误期损害赔偿费的经济损失。其次，他可能在此基础上，探索获得经济补偿的可能性。因为如果他投入了更多的资源时，他就有权要求业主对他的附加开支进行补偿。

承包商在索赔报告中，应该对工期延长、实际工期、理论工期等工期的长短(天数)进行详细的论述，说明自己要求工期延长(天数)或加速施工费用(款数)的根据。

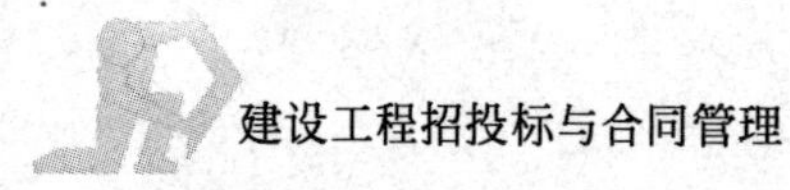

5.证据部分

证据部分通常以索赔报告书附件的形式出现，它包括了该索赔事项所涉及的一切有关证据资料以及对这些证据的说明。

(二)编写要求

有经验的承包商都十分重视索赔报告书的编写工作，使自己的索赔报告书充满说服力，逻辑性强，符合实际，论述准确，使阅读者感到合情合理，有根有据。编制索赔报告书，应注意做到以下几点：

1.事实的准确性

索赔报告书对索赔事项的事实真相，应如实而准确地描述。对索赔款的计算，或对工期延误的推算，都应准确无误、无懈可击。任何的计算错误或歪曲事实，都会降低整个索赔的可信性，给索赔工作造成困难。

为了证明事实的准确性，在索赔报告书的最后一部分中要附以大量的证据资料，如照片、录像带、现场记录、单价分析、费用支出收据，等等。并将这些证据资料分类编号，当文字论述涉及某些证据时，随即指明有关证据的编号，以便索赔报告的审阅者随时查对。

2.论述的逻辑性

合乎逻辑的因果关系，是指索赔事项与费用损失之间存在着内在的、直接的关系。只有这样的因果关系，才具有法律上的意义。如果仅仅是外在的、偶然性的联系时，则不能认定二者之间有因果关系。比如，承包商在施工期间遇到了业主原因引起的暂停施工 2 个月，工程被迫较原定竣工期推迟了 2 个月，对承包商来说，这 2 个月是属于可原谅的和应补偿的延误。如果在这两个月的延误期间，碰巧遇到了工程所在地的政治性罢工，又使工期拖了半个月，则这半个月的延误不能与前 2 个月的延误等同对待，这是属于政治性的特殊风险，是一种可原谅、且不予补偿的延误。但是，由于业主原因的 2 个月的延误(暂停施工)，必然要引起承包商在雨季施工，因雨季施工而形成的工期延误，以及由此引起的工作效率降低而形成的施工费用增加，承包商有权均应获得。

3.善于利用案例

为了进一步证明承包商索赔要求的合理性和逻辑性，索赔报告书中还可以引证同类索赔事项的索赔前例，即引用已成功的索赔案例，来证明这种同类型的索赔理应成功的道理。这是 FIDIC 合同条件所属的普通法体系的判案原则——按例裁决的原则。国际工程的承包商，应学会熟练地应用这一索赔判案原则。

在施工索赔实践中，当论证索赔款额时，通常会遇到三种难度不同的新增费用：

(1)第一类费用——客观性较强的费用。

所谓客观性较强的一类施工费用，是指人工费、材料费、设备费、施工现场办公费等直接费用。这些费用都发生在施工现场，有目共睹，只要有完备的现场记录资料，在索赔计价时一般容易通过。

(2)第二类费用——客观性较弱的费用。

这一类费用包括新增的工地及总部管理费，在冬季和雨季施工时的工效降低费，发生工程变更时的新增成本的利息，等等。这些费用一般都是存在的，但其具体客观性不如第一类费用那么明显，故称为客观性较弱的新增费用。

虽然客观性较弱，但多年来仍为业主所接受，按照前例可循的原则向承包商支付，只是在确定索赔款额时要进行一些讨价还价。

(3)第三类费用——主观性判断的费用。

这一类费用一般没有精确的计算方法，在相当大的程度上依赖其主观判断。例如：发生施工现场条件变更时或更换工人时，由于工人们在开始阶段操作不熟练而使工效降低所引起的施工费用增加，即国际工程承包界通称的新工人通过熟练曲线所花的费用；工人劳动情绪因受干扰而降低所发生的新增费用；由于工期延长而使承包商失去下一个工程项目的承包机会，因而失去施工利润机会的费用等。这些费用款额的决定，往往带有相当大的主观判断成本，故被称为主观性判断的费用。承包商想要取得这些费用，是相当不容易的，除非有类似的前例可循；业主即使同意支付这类费用，也要对承包商所提的款额“大砍一刀”。

4.文字简练，论理透彻

编写索赔报告书时应该牢记：你所写的索赔报告的读者，除了咨询工程师(监理工程师)和业主代表以外，主要的读者可能是业主的决策者，他们是承包商索赔工作成功与否的最终决策者。因此，索赔报告的文字一定要清晰简练，避免啰嗦重复，使工程项目的局外人也能一看即懂，认为你言之有理。

5.逐项论述，层次分明

索赔报告书的结构，通常采用“金字塔”的形式，首先在最前面的1～2页里概括地、简明扼要地说明索赔的事项、理由和要求的款额或工期延长，让读者一开始就了解你的全部要求。这就是索赔报告书的汇总部分。其次，逐项地、较详细地论述事实和理由，展示具体的计价方法或计算公式，列出详细的费用清单，并附以必要的证据资料。这样，在汇总表中的每一个数字，就伸展为整段落的文字叙述，许多的表格和分项费用，以及一系列的证据资料。

第三节 工期索赔

一 概述

工程延误是指工程实施过程中任何一项或多项工作实际完成日期迟于计划规定的完成日期，从而可能导致整个合同工期的延长。工程延误对合同双方一般都会造成损失。业主因工程不能及时交付使用、投入生产，就不能按计划实现投资效果，失去盈利机会，损失市场利润；承包人因工期延误而会增加工程成本，如现场工人工资开支、机械停滞费用、现场和企业管理费等，生产效率降低，企业信誉受到影响。因此，工程延误的后果在形式上表现的虽然是时间损失，实质上仍然是经济损失。

二 工期延误的分类与处理原则

(一)工程延误的分类和识别

1.按工程延误原因划分

(1)因业主及工程师自身原因或合同变更原因引起的延误。

因业主及工程师自身原因或合同变更原因引起的延误有以下几种：

①业主拖延交付合格的施工现场；

②业主拖延交付图纸；

③业主或工程师拖延审批图纸、施工方案、计划等；

④业主拖延支付预付款或工程款；

⑤业主提供的设计数据或工程数据延误，如有关放线的资料不准确；

⑥业主指定的分包商违约或延误；

⑦业主未能及时提供合同规定的材料或设备；

⑧业主拖延关键线路上工序的验收时间，造成承包人下道工序施工延误；

⑨业主或工程师发布指令延误，或发布的指令打乱了承包人的施工计划；

⑩业主设计变更或要求修改图纸，业主要求增加额外工程，导致工程量增加、工程变更或工程量增加引起施工程序的变动等等。

(2)因承包商原因引起的延误。

由承包商引起的延误一般是由于其内部计划不周、组织协调不力、指挥管理不当等原因引起的。这类延误不可谅解、不予补偿。

(3)不可控制因素导致的延误。

不可控制因素导致的延误有以下几种：

①人力不可抗拒的自然灾害导致的延误。如有记录可查的特殊反常的恶劣天气、不可抗力引起的工程损坏或修复；

②特殊风险,如战争、叛乱、革命、核装置污染等造成的延误；

③不利的自然条件或客观障碍引起的延误等。如施工现场发现化石、古钱、文物或未探明的障碍物；

④施工现场中其他承包人的干扰；

⑤罢工及其他经济风险引起的延误。如政府抵制或禁运而造成工程延误。

2.按工程延误的可能结果划分

(1)可索赔延误。

可索赔延误是指非承包人原因引起的工程延误,包括业主或工程师的原因和双方不可控制的因素引起的延误,并且该延误工序或作业一般应在关键线路上,此时承包人可提出补偿要求,业主应给予相应的合理补偿。

根据补偿内容的不同,可索赔延误可进一步分为以下三种情况：

①只可索赔工期的延误。这类延误是由业主、承包人双方都不可预料、无法控制的原因造成的延误,如不可抗力、异常恶劣气候条件、特殊社会事件、其他第三方等原因引起的延误。对于这类延误,一般合同规定:业主只给予承包人延长工期,不给予费用损失的补偿。

②只可索赔费用的延误。这类延误是指由于业主或工程师的原因引起的延误,但发生延误的活动对总工期没有影响,而承包人却由于该项延误负担了额外的费用损失。在这种情况下,承包人不能要求延长工期,但可要求业主补偿费用损失,前提是承包人必须能证明其受到了损失或发生了额外费用,如因延误造成的人工费增加、材料费增加、劳动生产率降低等。

③可索赔工期和费用的延误。这类延误主要是由于业主或工程师的原因而直接造成工期延误并导致经济损失。

(2)不可索赔延误。

不可索赔延误是指因可预见的条件,或在承包人控制之内的情况,或由于承包人自己的问题与过错而引起的延误。如果承包人因未能按期竣工还造成第三人(如其他承包商)的损害,则还应支付相应的误期损害赔偿费。

3.按延误事件之间的时间关联性划分

(1)单一延误。

单一延误是指在某一延误事件从发生到终止的时间间隔内,没有其他延误事件的发生,该延误事件引起的延误称为单一延误或非共同延误。

(2)共同延误。

当两个或两个以上的单个延误事件从发生到终止的时间完全相同时,这些事件引起的延误称为共同延误。共同延误的补偿分析比单一延误要复杂。图13-1 列出了共同延误发生的部分可能性组合及其索赔补偿分析结果。

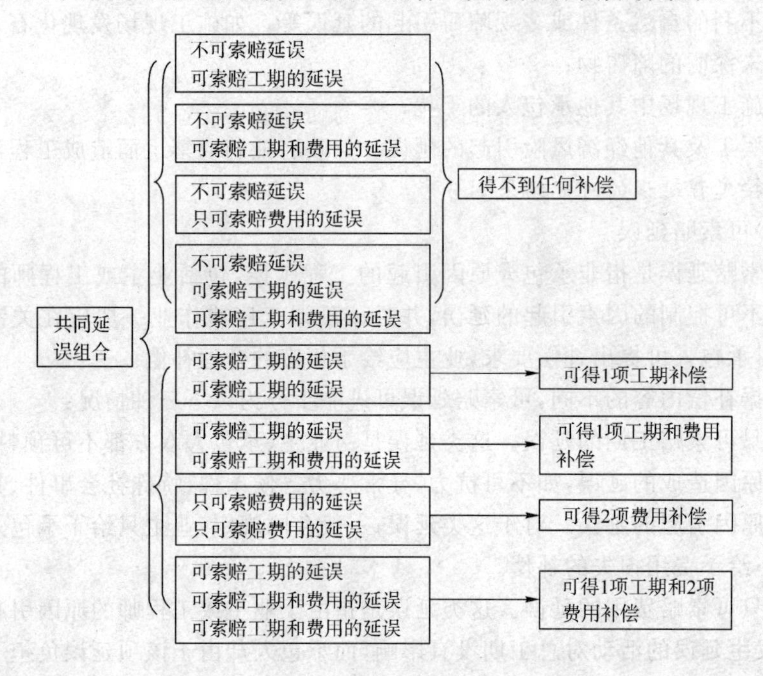

图 13-1　共同延误组合分析

(3)交叉延误。

当两个或两个以上的延误事件从发生到终止只有部分时间重合时,称为交叉延误。由于工程项目是一个复杂的系统工程,影响因素众多,常常会出现多种原因引起的延误交织在一起,这种交叉延误的补偿分析比较复杂。实际上,共同延误是交叉延误的一种特殊情况。

4.按延误发生的时间分布划分

(1)关键线路延误。

关键线路延误是指发生在工程网络计划关键线路上活动的延误。由于在关键线路上全部工序的总持续时间即为总工期,因而任何工序的延误都会造成总工期的推迟。因此,非承包人原因引起的关键线路延误,必定是可索赔延误。

(2)非关键线路延误。

非关键线路延误是指在工程网络非关键线路上活动的延误。

由于非关键线路上的非关键工作可能存在机动时间,因而当非承包人原因发生非关键线路延误时,会出现两种可能性:

①延误时间少于该工作的机动时间。

在此种情况下,所发生的延误不会导致整个工程的工期延误,因而业主一般不会给予工期补偿;但若因延误发生额外开支时,承包人可以提出费用补偿要求。

②延误时间大于该工作的机动时间。此时,非关键线路会因此而转变成关键线路,非关键线路上的延误会部分转化为关键线路延误,从而成为可索赔延误。

(二)工程延误的处理原则

1.一般原则

工程延误的影响因素可以归纳为两大类:第一类是合同双方均无过错的原因或因素而引起的延误,主要指不可抗力事件和恶劣气候条件等;第二类是由于业主或工程师原因造成的延误。

一般来说,根据工程惯例对于第一类原因造成的工程延误,承包人只能要求延长工期,很难或不能要求业主赔偿损失;而对于第二类原因,假如业主的延误已影响了关键线路上的工作,承包人既可要求延长工期,又可要求相应的费用赔偿;如果业主的延误仅影响非关键线路上非关键的工作,且延误后的工作仍属非关键线路,而承包人能证明因此(如劳动窝工、机械停滞费用等)引起了损失或额外开支,则承包人不能要求延长工期,但完全有可能要求费用赔偿。

2.共同和交叉延误的处理原则

共同延误可分为两种情况:第一种是在同一项工作上同时发生两项或两项以上延误;第二种是在不同的工作上同时发生两项或两项以上延误。

第一种情况主要有以下几种基本组合:

(1)可索赔延误与不可索赔延误同时存在。在这种情况下,承包人无权要求延长工期和费用补偿。可索赔延误与不可索赔延误同时发生时,则可索赔延误就变成不可索赔延误,这是工程索赔的惯例之一。

(2)两项或两项以上可索赔工期的延误同时存在,承包人只能得到1项工期补偿。

(3)可索赔工期的延误与可索赔工期和费用的延误同时存在,承包人可获得

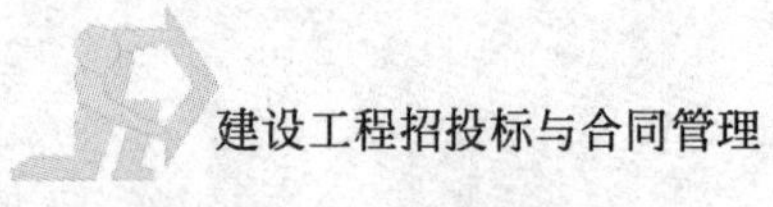

一项工期和费用补偿。

(4)两项只可索赔费用的延误同时存在，承包人可得两项费用补偿。

(5)一项可索赔工期的延误与两项可索赔工期和费用的延误同时存在，承包人可获得一项工期和两项费用补偿。即对于多项可索赔延误同时存在时，费用补偿可以迭加，工期补偿不能迭加。

第二种情况比较复杂。由于各项工作在工程总进度表中所处的地位和重要性不同，同等时间的相应延误对工程进度所产生的影响也就不同，所以对这种共同延误的分析就不像第一种情况那样简单。比如，不同工作上业主延误(可索赔延误)和承包人延误(不可索赔延误)同时存在，承包人能否获得工期延长及经济补偿。

对此应通过具体分析才能回答。首先，我们要分析不同工作上业主延误和承包人延误分别对工程总进度造成了什么影响，然后将两种影响进行比较，对相互重迭部分按第一种情况的原则处理。最后，看剩余部分是业主延误还是承包人延误造成的。如果是业主延误造成的，则应该对这一部分给予延长工期和经济补偿；如果是承包人延误造成的，则不能给予任何工期延长和经济补偿。对其他几种组合的共同延误也应具体问题具体分析。

对于交叉延误，可能会出现如图 13-2 所示的几种情况，具体分析如下：

(1)在初始延误是由承包人原因造成的情况下，随之产生的任何非承包人原因的延误都不会对最初的延误性质产生任何影响，直到承包人的延误缘由和影响已不复存在。因而在该延误时间内，业主原因引起的延误和双方不可控制因素引起的延误均为不可索赔延误。见图 13-2 中的(1)～(4)。

(2)如果在承包人的初始延误已解除后，业主原因的延误或双方不可控制因素造成的延误依然在起作用，那么承包人可以对超出部分的时间进行索赔。在图 13-2 中(2)和(3)的情况下，承包人可以获得所示时段的工期延长，并且在图 13-2 中(4)等情况下还能得到费用补偿。

(3)如果初始延误是由于业主或工程师原因引起的，那么其后由承包人造成的延误将不会使业主摆脱(尽管有时或许可以减轻)其责任，此时承包人将有权获得从业主延误开始到延误结束期间的工期延长及相应的合理费用补偿，如图 13-2 中(5)～(8)所示。

(4)如果初始延误是由双方不可控制因素引起的，那么在该延误时间内，承包人只可索赔工期，而不能索赔费用，见图 13-2 中的(9)～(12)。只有在该延误结束后，承包人才能对由业主或工程师原因造成的延误进行工期和费用索赔，如图 13-2 中的(12)所示。

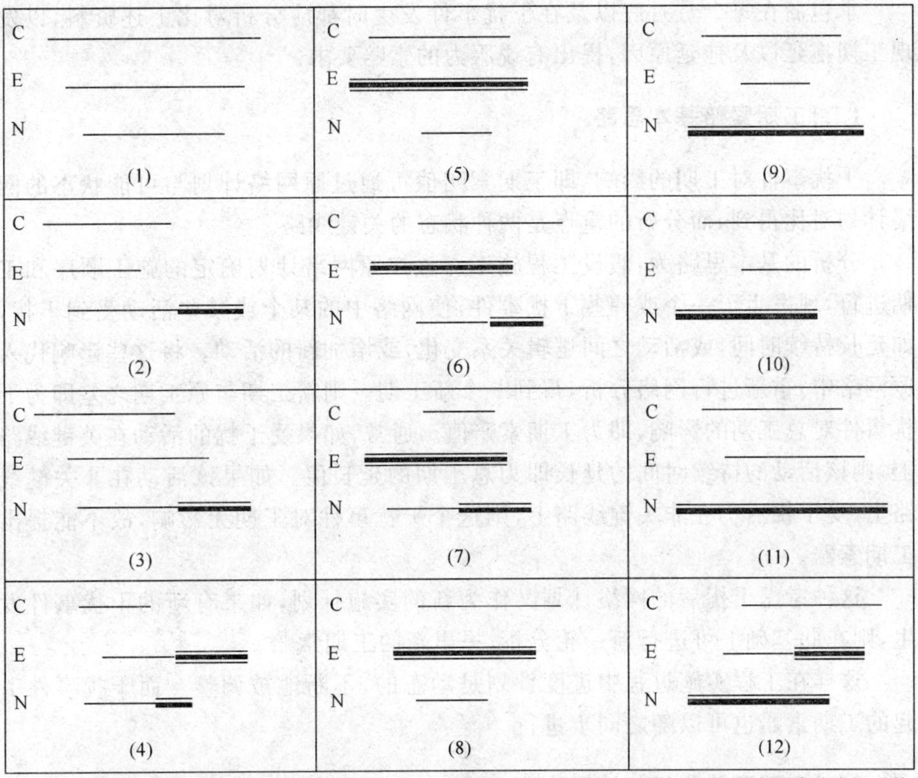

C E N (1)	C E N (5)	C E N (9)
C E N (2)	C E N (6)	C E N (10)
C E N (3)	C E N (7)	C E N (11)
C E N (4)	C E N (8)	C E N (12)

注：C为承包商原因造成的延误，E为业主或工程师原因造成的延误，N为双方不可控制因素造成的延误；——为不可得到补偿的延期，▬▬ 为可以得到时间补偿的延期，▬▬ 为可以得到时间和费用补偿的延期。

图 13-2　工程延误的交叉与补偿分析图

三 工期索赔的分析和计算方法

(一)工期索赔证据

工期索赔的证据主要有：

(1)合同规定的总工期计划；

(2)合同签定后由承包商提交的并经过工程师审核同意的详细的进度计划；

(3)合同双方共同认可的对工期的修改文件，如会谈纪要、来往信件等；

(4)业主、工程师和承包商共同商定的月进度计划及其调整计划；

(5)受干扰后实际工程进度，如施工日记、工程进度表、进度报告等。

承包商在每个月月底以及在干扰事件发生时都应分析对比上述资料，以发现工期拖延以及拖延原因，提出有说服力的索赔要求。

（二）工期索赔基本思路

干扰事件对工期的影响，即工期索赔值可通过原网络计划与可能状态的网络计划对比得到，而分析的重点是两种状态的关键线路。

分析的基本思路为：假设工程施工一直按原网络计划确定的施工顺序和工期进行，现发生了一个或一些干扰事件，使网络中的某个或某些活动受到干扰，如延长持续时间，或活动之间逻辑关系变化，或增加新的活动。将这些影响代入原网络中，重新进行网络分析，得到一个新工期。则新工期与原工期之差即为干扰事件对总工期的影响，即为工期索赔值。通常，如果受干扰的活动在关键线路上，则该活动的持续时间的延长即为总工期的延长值。如果该活动在非关键线路上，受干扰后仍在非关键线路上，则这个干扰事件对工期无影响，故不能提出工期索赔。

这种考虑干扰后的网络计划又作为新的实施计划，如果有新的干扰事件发生，则在此基础上可进行新一轮分析，提出新的工期索赔。

这样在工程实施过程中进度计划是动态的，不断地被调整。而干扰事件引起的工期索赔也可以随之同步进行。

（三）工期索赔分析与计算方法

1.网络分析法

承包人提出工期索赔，必须确定干扰事件对工期的影响值，即工期索赔值。工期索赔分析的一般思路是：假设工程一直按原网络计划确定的施工顺序和时间施工，当一个或一些干扰事件发生后，使网络中的某个或某些活动受到干扰而延长施工持续时间。将这些活动受干扰后的新的持续时间代入网络中，重新进行网络分析和计算，即会得到一个新工期。新工期与原工期之差即为干扰事件对总工期的影响，即为承包人的工期索赔值。

网络分析是一种科学、合理的计算方法，它是通过分析干扰事件发生前、后网络计划之差异而计算工期索赔值的，通常适用于各种干扰事件引起的工期索赔。但对于大型、复杂的工程，手工计算比较困难，需借助于计算机来完成。

2.比例类推法

前述的网络分析法是最科学的，也是最合理的。但它需要的前提是，对于较大的工程，它必须有计算机的网络分析程序，否则分析极为困难，甚至不可能。

因为稍微复杂的工程，网络活动可能有几百个，甚至几千个，人工分析几乎不可能。

在实际工程中，干扰事件常常仅影响某些单项工程、单位工程或分部分项工程的工期，要分析它们对总工期的影响，可采用较简单的比例类推法。比例类推法可分为两种情况：

(1)按工程量进行比例类推。

当计算出某一分部分项工程的工期延长后，还要把局部工期转变为整体工期，这可以用局部工程的工作量占整个工程工作量的比例来折算。

【案例】

某工程基础施工中，出现了不利的地质障碍，业主指令承包人进行处理，土方工程量由原来的 2 760m^3 增至 3 280m^3，原定工期为 45 天。因此承包人可提出工期索赔值为

$$\begin{aligned}工期索赔值&=原工期额\times新增加工程量/原工程量\\&=45\times(3\,280-2\,760)/2\,760=8.5(天)\end{aligned}$$

若本案例中合同规定 10%范围内的工程量增加为承包人应承担的风险，则工期索赔值为

$$工期索赔值=45\times(3\,280-2\,760\times110\%)/2\,760=4(天)$$

【分析】

以工程量进行比例类推来推算工期拖延的计算法，一般仅适用于工程内容单一的情况，若不顾适用条件而去套用，将会出现不尽科学、合理的现象，甚至有时会发生不符合工程实际的情况。

(2)按造价进行比例类推。

若施工中出现了很多大小不等的工期索赔事由，较难准确地单独计算且又麻烦时，可经双方协商，采用造价比较法确定工期补偿天数。

【案例】

某工程合同总价为 1 000 万元，总工期为 24 个月，现业主指令增加额外工程 90 万元，则承包人提出工期索赔为

$$\begin{aligned}工期索赔值&=原合同工期 * 额外或新增加工程量价格/原合同价格\\&=24\times90/1\,000=2.16(月)\end{aligned}$$

【分析】

当业主指令工程变更，使得因此而造成的工期索赔的详细计算变得不可能或没有必要时，采用按造价进行比例类推法计算不失为一个合适的方法。

比例类推法简单、方便，易于被人们理解和接受，但不尽科学、合理，有时不

符合工程实际情况，且对有些情况如业主变更施工次序等情况不适用，甚至会得出错误的结果，在实际工作中应予以注意，正确掌握其适用范围。

3.直接法

有时干扰事件直接发生在关键线路上或一次性地发生在一个项目上，造成总工期的延误，这时可通过查看施工日志、变更指令等资料，直接将这些资料中记载的延误时间作为工期索赔值。如承包人按工程师的书面工程变更指令，完成变更工程所用的实际工时即为工期索赔值。

4.工时分析法

某一工种的分项工程项目延误事件发生后，按实际施工的程序统计出所用的工时总量，然后按延误期间承担该分项工程工种的全部人员投入来计算要延长的工期。

第四节 费用索赔

一 概述

费用索赔是指承包人在非自身因素影响下而遭受经济损失时向业主提出补偿其额外费用损失的要求。因此，费用索赔应是承包人根据合同条款的有关规定，向业主索取的合同价款。索赔费用不应被视为承包人的意外收入，也不应被视为业主的不必要开支。

引起费用索赔的原因是由于合同环境发生变化使承包人遭受了额外的经济损失。归纳起来，费用索赔的产生主要有以下几种原因：

1.业主违约

【案例】

我国云南鲁布革水电站引水系统工程，在合同实施后，日本大成建设株式会社（承包人）提出了一项业主违约索赔。合同规定，业主要为承包人提供三级路面标准的现场交通公路；但由于业主指定的工程局（指定分包人）在修路中存在问题，现场交通道路在相当长的一段时间内未达到合同标准，使得承包人的运输车辆只能在块石垫层路面上行驶，造成轮胎严重的非正常消耗。承包人提出费用索赔，要求业主给予400多条超耗轮胎的补偿，最后业主批准了208条轮胎及其他零配件的费用补偿，共计1 900万日元。

【分析】

云南鲁布革引水系统工程的实施对我国工程界来说，无疑是一次洗礼和震撼,人们对"一字千金"有了切身体会。合同是维系工程实施双方关系的最高法律,合同要严谨,合同中所涉及的技术指标或标准应该有严格的定义、含义。合同中的承诺非同儿戏。

2. 工程变更

【案例】

某工程施工中,业主对原定的施工方案进行变更,尽管采用改进后的方案使工程投资大为节省,但同时也引发了索赔事件。在基础施工方案专家论证过程中,业主确认使用钢栈桥配合挖土施工,承包人根据设计图纸等报价139万人民币。在报价的同时,承包人为了不影响总工期,即开始下料加工。后来业主推荐租用组合钢栈桥施工方案,费用为72万元,节约费用67万元。但施工方案变更造成承包人材料运输、工料等损失,承包人即向业主提出费用索赔。后经双方友好协商,承包人获得12.5万元的补偿。

【分析】

一旦承包商的投标书为业主接受,经过评审,业主认为承包商响应了招标人的条件,技术(如施工方案)、商务均能够满足招标人的要求,业主即可授标承包商。此时,承包商的投标书即构成合同有效内容之一,对合同双方均具有约束力。承包商的报价文件建立在承包商的工程施工方案基础之上,当业主指令改变施工方案,承包商由此而提出索赔,索赔理由成立。在工程实践中,尤其是单价合同中(如FIDIC土木工程合同条件),承包商对工程施工方案的适用性、合同单价的齐备性负完全责任,业主或工程师若执意改变承包商的施工方案,一般情况下,承包商会由此而提出索赔的。

3. 业主拖延支付工程款或预付款

【案例】

某工程发生业主拖欠工程款和预付款情况。业主从1995年1月1日至2月底应付给承包人以下款项:

①1994年12月底工程款积欠　　49.669 7万元

②1995年工程预付款　　1 250.00万元

③1995年1月份工程款　　328.807 6万元

④1995年2月份工程款　　367.096 3万元

⑤1994年商品混凝土材料款　　369.00万元

业主在1995年3月15日时已支付情况为:

①1995年1月份预付款　　200.00万元

②1995年2月份预付款　　300.00万元

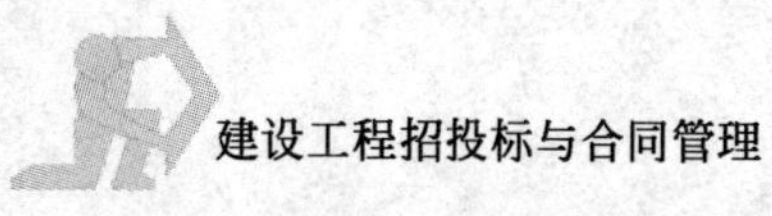

③1995 年 1 月份工程款　　　　　328.807 69 万元

两者相抵，业主拖欠工程款和预付款共计 1 535.766 万元。

双方签订的施工合同规定：预付款于每年 1 月 15 日前支付，拖欠工程款的月利率为 1%，同时承包人同意给予业主 15 天的付款缓冲期，即业主在规定付款日期之后 15 天内不需支付欠款利息。

于是承包人提出拖欠工程款（包括利息）索赔（截止 1995 年 3 月 15 日）。具体计算略。

【分析】

工程项目施工中，业主首要义务就是按照工程条款约定支付工程进度款。在工程实践中，因业主拖欠工程进度款而发生的纠纷比较多。因业主不能及时支付，或虽然业主已从自己的账户中划拨出去，但因故（第三人原因）而导致承包商没有收到工程款，按照国际惯例，业主应承担相应的风险。

4. 工程加速

【案例】

某工程地下室施工中，发现有残余的古建筑基础，按规定报知有关部门。有关部门在现场对所出现的古建筑基础进行了研究处理，然后由承包人继续施工。其间共延误工期 50 天。该事件后，业主要求承包人加速施工，赶回延误损失。因此承包人向业主提出工程加速索赔累计达 131 万人民币。

【分析】

施工现场发现古文物或有价值的古建筑基础，无论是我国施工合同范本还是国际工程施工合同条件，均规定应属业主承担的风险。承包商有责任积极配合有关部门处理有关事项，但由此而造成的承包商费用增加和工期拖延业主应承担完全责任。

5. 业主或工程师责任造成的可索赔费用的延误

6. 非承包人原因的工程中断或终止

【案例】

某项水利工程，要求进行河流拓宽，修建 2 座小型水坝。工程于 1990 年 11 月签订合同，合同价为 4 000 万美元，工期为 2 年。该河流的上游有一个大湖泊，这是一个自然保护区，大量的动植物在这块潮湿地生活、生长，河流拓宽后，将会导致湖泊水位下降，对生态环境造成不良影响，所以国际绿色和平组织不断向该国政府及有关人员施加压力，要求取消合同，最后业主于 1991 年 1 月解除了合同，承包人对此提出索赔，要求业主补偿这 2 个月所发生的所有费用，外加完成全部工程所应得的利润。经过谈判，业主支付了 1 200 万美元的补偿。

【分析】

因工程所在国家或地区的政治原因导致合同中断或失效，这个风险在各种国际工程承包合同中，都属于业主承担的风险。

7. 工程量增加(不含业主失误)

【案例】

某工程采用FIDIC(1999年第一版)施工合同条件，约定土方单价为20元/m³。在基础工程施工中，因地质条件与合同规定不符，发生了工程量增大，原工程量清单为4 500m³，实际达到5 780m³，合同(FIDIC1999年第一版)规定承包人应承担10%的工程量变化的风险。因此，承包人提出如下费用索赔：

承包人应承担的土方量	4 500*(1＋10%)＝4 950m³
业主应承担的土方量	5 780－4 950＝830m³
土方挖、运、回填直接费	830*20＝16 600元
管理费(综合)20%	16 600元*20%＝3 320元
合计：	16 600＋3 320＝19 920元
承包人提出费用索赔	25 320元

【分析】

工程施工中场地地质条件与由业主提供的场地工程地质勘探报告有出入，这在工程实践中经常发生。工程地质勘探报告无论多么详细，总不会完全反映场地地下条件，这是由工程地质勘探方法和技术条件所决定的。承包商因此而提出的索赔是否能被工程师或业主认可，其关键是要证明实际工程地质条件是否为一个有经验的承包商所能够预见，或者，要证明实际工程地质条件是否与业主提供的场地工程地质勘探报告有实质出入，而正是由此出入导致承包商的费用大量增加，这是该索赔能否被认可的关键。

在我国施工合同范本中明确要求，“发包人向承包人提供施工场地的工程资料和地下管线资料，对资料的真实准确性负责”，但FIDIC(1999年第一版)关于该问题的表述则稍有区别，规定：承包商施工过程中遇到的不利于施工的、招标文件未提供或与提供资料不一致的地表以下的地质和水文条件属业主承担的风险和义务，但“承包商对业主提供资料的理解和适宜性负责”。

另外，按FIDIC(1999年第一版)施工合同条件，当工程量清单中的工程量变化超过±10%时，工程量单价应该予以适当调整。

8. 其他

如业主指定分包商违约、合同缺陷、国家政策及法律、法令变更等。

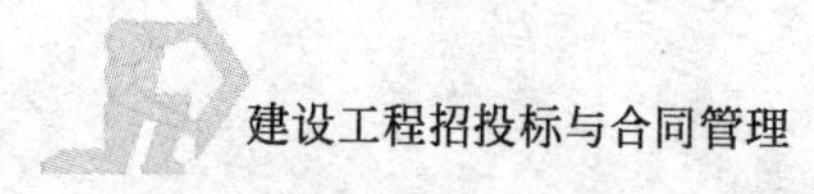

二 费用索赔计算原则及方法

费用索赔是合同索赔的最终目标。工期索赔在很大程度上也是为了费用索赔。目前,还没有大家统一认可的、通用的计算方法。而选用不同的计算方法,对索赔值影响很大。

只有计算方法合理,符合大家所公认的基本原则,费用计算才能够能够为业主、工程师、调解人或仲裁人接受。

(一)计算原则

费用索赔有如下几个计算原则:

1.实际损失原则

费用索赔都以赔(补)偿实际损失为原则。在费用索赔计算中,需注意如下两点:

(1)实际损失,即为干扰事件对承包商工程成本和费用的实际影响。这个实际影响即可作为费用索赔值。按照索赔原则,承包商不能因为索赔事件而受到额外的收益或损失,索赔对业主不具有任何惩罚性质。实际损失包括两个方面,即直接损失和间接损失。间接损失是承包商可能获得的利益的减少,例如由于业主拖欠工程款,使承包商失去这笔款的存款利息收入。

(2)所有干扰事件引起的实际损失,以及这些损失的计算,都应有详细的具体的证明,在索赔报告中必须出具这些证据。没有证据,索赔要求是不能成立的。

当干扰事件属于对方的违约行为时,如果合同中有违约金条款,按照合同法原则,先用违约金抵充实际损失,不足的部分再赔偿。

2.合同原则

费用索赔计算方法应符合合同的规定。赔偿实际损失原则,并不能理解为必须赔偿承包商的全部实际费用超支和成本的增加。

在索赔值的计算中还必须考虑:

(1)扣除承包商自己责任造成的损失,即由于承包商自己管理不善、组织失误等原因造成的损失由他自己负责;

(2)符合合同规定的赔(补)偿条件,扣除承包商应承担的风险;

(3)合同规定的计算基础。合同是索赔的依据,又是索赔值计算的依据。合同中的人工费单价、材料费单价、机械费单价、各种费用的取值标准和各分部分项工程合同单价都是索赔值的计算基础。

3.合理性原则

(1)符合规定的、或通用的会计核算原则。索赔值的计算是在成本计划和成本核算基础上，通过计划和实际成本对比进行的。实际成本的核算必须与计划成本（报价成本）的核算有一致性，而且符合通用的会计核算原则，例如采用正确的成本项目的划分方法、各成本项目的核算方法、工地管理费和总部管理费的分摊方法等。

(2)符合工程惯例，即采用能为业主、调解人、仲裁人认可的、在工程中常用的计算方法。例如在我国实行工程量清单报价的工程，则应符合《建设工程工程量清单计价规范》及有关规定。在国际工程中应符合大家一致认可的典型案例所采用的计算方法。

4.有利原则

承包商在索赔时如果选用不利的计算方法，会使索赔值计算过低，使自己的实际损失得不到应有的补偿，或失去可能获得的利益。通常情况下，一个合理的索赔值的拟定应该将对方的可能反索赔值及索赔最终解决时自己的让步也包括进去，以使谈判过程留有回旋余地。

(二)计算方法

对于索赔事件的费用计算，一般是先计算与索赔事件有关的直接费，如人工费、材料费、机械费、分包费等，然后计算应分摊在此事件上的管理费、利润等间接费。每一项费用的具体计算方法基本上与工程项目报价相似。

通常，干扰事件对费用的影响，即索赔值的计算方法有两种。

1.总费用法

总费用法的基本思路是把固定总价合同转化为成本加酬金合同，以承包商的额外成本为基点加上管理费和利润等附加费作为索赔值。

【案例】

某国际工程原工程报价分析如下：

工地总成本：(直接费＋工地管理费)	3 800 000 元
公司管理费：(总成本*10%)	380 000 元
利润：(总成本＋公司管理费)*7%	292 600 元
合同价	4 472 600 元

在实际工程中，由于完全非承包商原因造成实际工地总成本增加至4 200 000元。现用总费用法计算索赔值如下：

总成本增加量：(4 200 000－3 800 000)	400 000 元
总部管理费：(总成本增量*10%)	40 000 元
利润：(仍为7%)	30 800 元

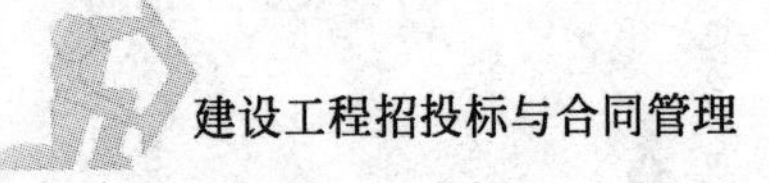

利息支付:(按实际时间和利率计算)　　4 000 元

最终索赔值:　　474 800 元

【分析】

由于完全非承包商的原因、按合同应由业主承担的风险而导致的承包商的费用增加,承包商提出索赔要求,索赔依据成立。具体索赔款项的确定(包括利润)需视风险类型、合同条款的约定及索赔证据完备程度综合确定。

总费用法是一种最简单的计算方法,但通常用得较少,且不容易被对方、调解人和仲裁人认可,因为它的使用有几个条件:

(1)合同实施过程中的总费用核算是准确的;工程成本核算符合普遍认可的会计原则;成本分摊方法,分摊基础选择合理;实际总成本与报价总成本所包括的内容一致;

(2)承包商的报价是合理的,反映实际情况。如果报价计算不合理,则按这种方法计算的索赔值也不合理;

(3)费用损失的责任,或干扰事件的责任完全在于业主或其他人,承包商在工程中无任何过失,而且没有发生承包商风险范围内的损失;

(4)合同争执的性质不适用其他计算方法。例如由于业主原因造成工程性质发生根本变化,原合同报价已完全不适用。这种计算方法常用于对索赔值的估算。有时,业主和承包商签订协议,或在合同中规定,对于一些特殊的干扰事件,例如特殊的附加工程、业主要求加速施工、承包商向业主提供特殊服务等,可采用成本加酬金的方法计算赔(补)偿值。

针对国内土木工程合同,因为建筑安装工程造价构成不同,费用组成、费用名称及计算数额不同,但上述思路同样适用,请读者自己考虑。

2.分项法

分项法是按每个(或每类)干扰事件,以及这事件所影响的各个费用项目分别计算索赔值的方法,其特点有:

(1)它比总费用法复杂,处理起来困难;

(2)它反映实际情况,比较合理、科学;

(3)它为索赔报告的进一步分析评价、审核,双方责任的划分,双方谈判和最终解决提供方便;

(4)应用面广,人们在逻辑上容易接受。

所以,通常在实际工程中(包括本书中所列举的索赔案例中)费用索赔计算都采用分项法。但对具体的干扰事件和具体费用项目,分项法的计算方法又是千差万别的。

用分项法计算，重要的是不能遗漏。在实际工程中，许多现场管理者提交索赔报告时常常仅考虑直接成本，即现场材料、人员、设备的损耗(这是由他直接负责的)，而忽略计算一些附加的成本，例如工地管理费分摊；由于完成工程量不足而导致的企业管理费的损失；人员在现场延长停滞时间所产生的附加费，如探亲费、差旅费、工地住宿补贴、平均工资的上涨；由于推迟支付进度款而造成的财务损失；保险费和保函费用增加等。

三 工期拖延的费用索赔

对由于业主责任造成的工期拖延，承包商在提出工期索赔的同时，还可以提出与工期有关的费用索赔。但因为国际、国内工程建筑安装工程造价构成不同，即使在国内工程上，因为合同类型不一样，风险分担也不同，同一索赔事件处理的结果也会有差别。下面就以国际工程为例，介绍因工期拖延而导致的费用索赔。

(一)人工费

在工期拖延情况下，人工费的损失可能有两种情况：

(1)现场工人的停工、窝工。一般按照施工日记上记录的实际停工工时(或工日)数和报价单上的人工费单价(在我国还有用定额人工费单价)计算。

(2)低生产效率的损失。由于索赔事件的干扰，工人虽未停工，却处于低效率施工状态。一段时间内，现场施工所完成的工作量未达到计划的工作量，但工人数量却依旧是计划数甚至增加。在这种情况下，要准确地分析和评价干扰事件的影响是极为困难的。通常人们以投标书所确定的劳动力投入量和工作效率为依据，与实际的劳动力投入量和工作效率相比较，以计算费用损失。

(二)材料费

一般工期拖延中没有材料的额外消耗，但可能有：

(1)由于工期拖延，造成承包商订购的材料现场保管期增加或必须推迟交货，而使承包商蒙受损失。这种损失凭实际损失证明索赔。

(2)在工期延长的同时，恰逢材料价格上涨，由此而造成承包商额外损失。这种损失按材料价格指数和未完工程中材料费的含量调整。

(三)机械费

机械费的索赔与人工费很相似。由于停工造成的设备停滞，一般按如下公

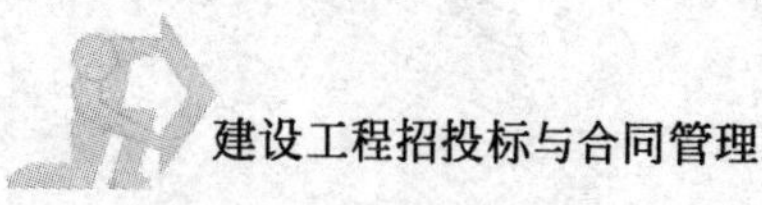

式计算：

机械费索赔＝停滞台班数×停滞台班费单价

停滞台班数按照施工日志计算；停滞台班费主要包括折旧费用、利息、保养费、固定税费等，但因在停滞期间不产生燃料或能源（电力）消耗，一般为正常设备台班费的60％～70％。

如果是租赁的机械，则按租金计算。

（四）工地管理费

如果索赔事件造成整个总工期的拖延，则还必须计算工地管理费。由于在施工现场停工期间没有完成计划工程量，或完成的工程量不足，则承包商没有得到计划所确定的工地管理费。尽管停工，现场工地管理费的支出依然存在。按照索赔的原则，应赔偿的费用是这一阶段（停止情况下）工地管理费的实际支出。如果此阶段尚有工地管理费收入，例如在这一阶段完成部分工程，则应扣除工程款收入中所包含的工地管理费数额。但实际工地管理费的审核和分配是十分困难的，特别是在工程并未完全停止的情况下。所以工地管理费的计算是比较复杂的，一般有如下几种算法：

1. Hudson 公式

工期延误工地管理费索赔＝（合同中包括的工地管理费/合同工期）×延误期限

它的基本思路是，在正常情况下承包商应完成计划工作量，则在计划工作量价格中承包商会收到业主的工地管理费；而由于停止施工，承包商没有完成工作量，则造成收入的减少，业主应该给予赔偿。

在实际工程中，由于索赔事件的干扰，承包商现场没有完全停工，而是在一种低效率和混乱状态下施工。例如工程变更、业主指令局部停工等，则使用Hudson 公式时应扣除这个阶段已完工作量所应占的工期份额。

【案例】

某工程合同工作量1 856 900美元，合同工期12个月，合同中工地管理费269 251美元，由于业主图纸供应不及时，造成施工现场局部停工两个月，在这两个月中，承包商共完成工作量78 500美元。则78 500美元相当于正常情况的施工期为：

78 500÷（1 856 900÷12）＝0.5（月）

则由于工期拖延造成的工地管理费索赔为：

（269 251美元/12月）×（2－0.5）月＝33 656.37美元

【分析】

由于 Hudson 公式计算简单方便，所以在不少工程案例中使用，但它不符合赔偿实际损失原则。它是以承包商应完成计划工作量的开支为前提的，而实际情况不是这样，在停工状态下承包商的实际工地管理费开支会减少。

2. 工程惯例

对于大型的或特大型的工程，按 Hudson 公式计算误差会很大，争执也很多。通常按工地管理费的分项报价和实际开支分别计算，即考虑施工现场停滞时间内实际现场管理人员开支及附加费，还考虑属于工地管理费的临时设施、福利设施的折旧及其营运费用、日常管理费等，再扣除这一阶段已完工程中的工地管理费份额。

这是一种比较精确的计算方法，大工程中用得较多。但对实际工地管理费的计算和审核比较困难，信息处理量大。

(五)物价上涨引起的调价费用

由于业主原因或应由业主承担的风险而导致工期拖延，同时物价上涨，引起未完工程费用的增加，承包商可以要求相应的补偿。这个调整与通常合同中规定的由于市场材料价格、劳务价格等上涨对合同价格的调整规定有区别又有联系。如果合同中规定材料和人工费可以调整，则由于工期拖延和物价上涨引起的费用调整可按合同规定的调整公式直接调整，并在工程进度款中支付。而对固定总价合同，本项调整可按如下方法进行：

(1)如果整个工程中断，则可以对未完工程成本按通货膨胀率作总的调整。

【案例】

某工程实行固定总价合同。由于业主原因使工程中断 4 个月，中断后尚有 3 800 万美元计划工程量未完成。国家公布的年通货膨胀率为 5%。对由于工期拖延和通货膨胀造成的费用损失承包商提出的索赔为：

$$38\,000\,000 \times 5\% \times 4 \div 12 = 633\,333 \text{ 美元}$$

【分析】

在实行固定总价合同的工程中，价格构成中已包含因通货膨胀率而导致的风险金，业主不应另外支付此项费用。但由于业主原因或应由业主承担的风险而导致工期拖延，期间恰遇物价上涨，引起未完工程费用的增加，承包商可以要求相应的补偿。在此时，承包商索赔的费用应该仅限于工程费用增加的部分，不包括承包商的利润。本案例计算略有瑕疵，因为计算基数(3 800 万美元)中包括了利润。

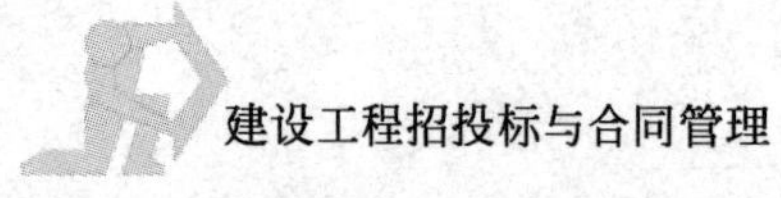

(2)如果由于业主拖期,工程一直处于低效施工状态,则分析计算较为复杂。

(3)可以采用国际上通用的对工资和物价(或分别各种材料)按价格指数变化情况分别进行调整的方法计算。

(4)对我国国内工程,由于材料和工资价格上涨,国家(或地方)预算定额和取费标准会有适当的调整,对执行国家预算的工程,则可以按照有关造价管理部门规定的方法和公布的调差系数调整拖期部分的合同价格。

在索赔值的计算中,由于物价调整造成的费用索赔一般不考虑总部管理费和利润收入。

(六)总部管理费

对工期延误的费用索赔,一般先计算直接费(人工费、材料费、机械费)损失,然后单独计算管理费。按照赔偿实际损失原则,应将承包商总部的实际管理费开支,按一定的合理的会计核算方法,分摊到已计算好的工程直接费超支额或有争议的合同上。由于它以总部实际管理费开支为基础,所以其证实和计算都很困难。它的数额较大,争议也比较大。在这里,分摊方法极为重要,直接影响到索赔值的大小,关系到承包商利润。

1.按总部管理费率计算

即在前面各项计算求和的基础上(扣除物价调整)乘以总部管理费分摊率。从理论上讲,应用当期承包商企业的实际分摊率,但它的审查和分析十分困难,所以通常仍采用报价中的总部管理费分摊率。这样比较简单,实际使用也比较多,完全取决于双方的协商。

2.日费率分摊法

这种方法通常用于因等待变更或等待图纸、材料等造成工程中断,或业主(工程师)指令暂停工程,而承包商又无其他可替代工程的情况。承包商因实际完成合同额减少而损失管理费收入,向业主收取由于工程延期的管理费。工程延期引起的其他费用损失另行计算。

计算的基本思路为:按合同额分配管理费,再用日费率法计算损失。其公式为:

争议合同应分摊的管理费=争议合同额×同期总部管理费总额/承包商同期完成的总合同额

日管理费率=争议合同应分摊的管理费/争议合同实际执行天数

管理费索赔值=日管理费率×争议合同延长天数

3. 总直接费分摊法

这种方法简单易行，说服力较强，使用面较广。基本思路为：按费用索赔中的直接费作为计算基础分摊管理费。其公式为：

每单位直接费应分摊到的管理费＝合同执行期间总管理费/合同执行期间总直接费

争议合同管理费分摊额＝每单位直接费分摊到的管理费×争议合同实际直接费

【案例】

某争议合同实际直接费为400 000元，在争议合同执行期间，承包商同时完成的其他合同的直接费为1 600 000元，这个阶段总部管理费总额为200 000元。则

单位直接费分摊到的管理费＝200 000/(400 000＋1 600 000)＝0.1元

争议合同可分摊到的管理费＝0.1×400 000＝40 000元

【分析】

这种分摊方法也有它的局限：

(1)它适用于承包商在此期间承担的各工程项目的主要费用比例变化不大的情况，否则明显不合理，而且误差会很大。如材料费、设备费所占比重比较大的工程，分配的管理费比较多，则不反映实际情况；

(2)如果工程受到干扰而延期，且合同期较长，在延期过程中又无其他工程可以替代，则该工程实际直接费较小，按这种分摊方式分摊到的管理费也较小，使承包商蒙受损失。

4. 特殊基础分摊法

这是一种精确而又很复杂的分摊方法。基本思路为，将管理费开支按用途分成许多分项，按这些分项的性质分别确定分摊基础，分别计算分摊额。这要求对各个分项的内容和性质进行专门的研究，如表13-3所示。

特殊基础分摊法　　表13-3

管理费分项	分摊基础
管理人员工资	直接费或直接人工费
与工资相关的费用如福利、保险、税金等	人工费(直接生产工人＋管理人员)
劳保费、工器具使用费	直接人工费
利息支出	总直接费

这种分摊方法用得较少，通常适用于工程量大、风险大的项目。

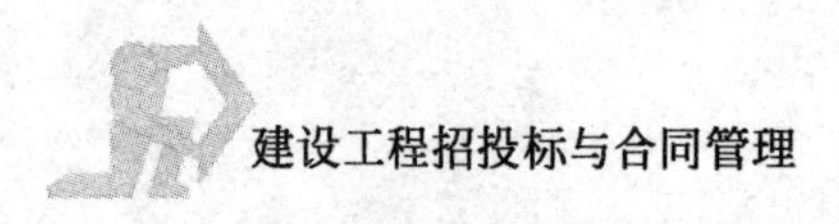

(七)非关键线路活动拖延的费用

由于业主责任引起非关键线路活动的拖延,造成局部工作或工程暂停,且该非关键线路的拖延仍然在时差范围内,没有影响总工期,则不涉及总工期的索赔。

但这些拖延如果导致承包商费用的损失,则仍然存在相关的费用索赔,在此不再详述。

四 工程变更

工程变更是施工中常见的现象,尤其是大型建筑工程,由于规模大、施工期长,以及受天气、地质等条件影响,施工中发生变更是不可避免的,由于工程变更,必然引起完工时间和工程造价的变化,引起施工索赔问题。

(一)工程量变更

在每项工程合同文件中,均有明确的“工程范围”的规定,即该项施工合同所包括的工程有哪些。工程范围的界定是合同的基础,也是双方的合同责任范围。超出合同规定的合同范围,就超出了合同的约束范围,是与合同无关的工程。

1. 一般工程量变更

工程量变更是最为常见的工程变更,它是指属于原合同“工程量范围”以内的工作,只是在其工程量上有所变化(它包括工程量增加、减少和工程分项的删除)。它可能是由设计变更或工程师和业主有新的要求而引起的,也可能是由于业主在招标文件中提供的工程量表不准确造成的。

属于“工程量范围”以内的一般工程量变更,对于固定总价合同,因为工作量作为承包商的风险,一般只有在业主修改设计的情况下才给承包商以调整合同价款。而对单价合同,因为工程量的变化是业主的风险,故此时工程量的变更不需要履行特殊手续,工程量经过工程师计量即可以计价、付款。

对于单价合同(如 FIDIC 施工合同条件),承包商必须对所报单价的准确性承担责任。一般单价是不许调整的,但在国际工程中,有些合同规定,当某一分项工程量变更超过一定范围时,允许对该分项工程的单价进行调整。如 FIDIC 土木工程施工合同(1999 年第一版)规定,在同时满足以下四个条件时,宜对有关工作内容采用新的费率或价格:

(1)如果一项工作实际测量的工作量变动超过工程量表或其他明细表中列

明的工程量的10%以上；

(2)工程量的变化与该项工作规定的价格的乘积超过了中标的合同0.01%；

(3)由此工程量的变化直接造成该项工作量单价费用的变动超过1%；

(4)该项工作没有在合同中被标明为“固定单价项”。

【案例】

某工程发包时发包方提出的工程量清单土方量为1 500m³，合同中规定单价为16元/m³，实际工程结束时完成土方量为1 800m³。因实际完成土方量超过工程量清单估计工程量的10%，经协调，同意调整单价为15元/m³。结算分析过程如下：则最终本合同结算工程价款应该为

承包商应该承担的风险量(按原单价结算)：1 500×(1+10%)=1 650m³

按新单价结算的工程量：1 800－1 650=150m³

最终本合同结算工程价款应该为：1 650×16+150×15=28 650元。

【分析】

在国际工程中，有些合同规定，当某一分项工程量变更超过一定范围时，允许对该分项工程的单价进行调整，这种调整主要针对合同单价组成中所分摊的固定费用(如管理费)。因为在一定的范围，固定费用并不随工程量的增加或减少而变化。一般人们将现场管理费和总部管理费作为固定费用。在本案例中，按照新单价结算的工程量应该是150m³，其余(亦即1 500×(1+10%)=1 650m³)应按旧单价结算。合同单价从16元/m³降至15元/m³，可以理解为在估计工程量为1 500m³时，固定费用(管理费)为1 500元，旧单价(16元/m³)费用组成中有固定费用(管理费)1元/m³，新单价中不再分摊此部分。

当然，按照FIDIC土木工程施工合同(1999年第一版)规定，更改或采用新的合同单价还有其他限制条件，也应该满足。

按照FIDIC合同规定，业主可以删除部分工程，但这种删除仅限于业主不再需要这些部分工程的情况。业主不能将在本合同中删除的部分工程再另行发包给其他承包商，否则承包商有权对该被删除工程中所包含的现场管理费、总部管理费和利润提出索赔。

2.合同内的附加工程

通常合同都赋予业主(工程师)以指令附加工程的权力，但这种附加工程通常被认为是合同内的附加工程。有些合同对工程范围有如下定义：“合同工程范围包括在工程量表中列出的工程和供应，同时也包括工程量表中未列出的，但对本工程的稳定、完整、安全、可靠和高效率运行所必需的供应和工程。”

对合同内的附加工程，承包商无权拒绝。合同内的附加工程的工程量可以

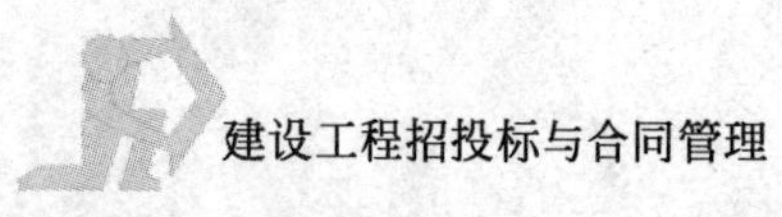

按附加工程的图纸或实际测量计算，单价通常由下表13-4确定。

合同内附加工程的费用确定　　表13-4

费用项目	条　件	计算基础
同合同报价	合同中有相同的分项工程	按该分项工程合同单价和附加工程计算
	合同中仅有相似的分项工程	对该相似分项工程单价作调整，附加工程量
	合同既无相同、又无相似的分项工程	按合同规定的方法确定单价，附加工程量

(二)合同外附加工程（工程范围变更）

合同外附加工程通常指新增工程与本合同工程项目没有必然的、紧密的联系，属于工程范围的变化。

通常承包商对于附加工程是欢迎的，因为增加新的工程分项至少可以降低现场许多固定费用的分摊。但在执行原有单价时，由于如下原因，承包商随着附加工程的增加反而亏损加大。

(1)合同单价是按工程开始前条件确定的，工程中由于物价的上涨，这个价格已经与实际背离，特别当合同规定不许调价时。

(2)承包商采用低价策略中标，合同单价过低。

(3)承包商报价中有重大错误或疏忽，致使承包商单价过低。

对合同外的附加工程，承包商有权拒绝接受，或要求重新签订协议，重新确定价格。

(三)工程质量变化

由于业主修改设计，提高工程质量标准，或工程师对符合合同要求的工程“不满意”，指令要求承包商提高建筑材料、工艺、工程质量标准，都可能导致费用索赔。质量变化的费用索赔，主要采用量差和价差分析的方法来考虑。

(四)工程变更和索赔关系

对于属于合同文件“工程范围”以内的工程量的变化，即一般统称为“工程变更”，其计量和支付应该在工程的实施过程中按照合同条款予以解决，是工程进度款支付中的正常工作，并不涉及施工索赔问题。

但在个别情况下，假如工程变更涉及的单价调整长期悬而不决，或者工程变更款的支付长期拖延，形成合同双方的争议，则此项争议即形成索赔问题。即，由于工程变更问题未及时妥善解决而形成索赔问题，正如其他任何合同问题未及时解决而变成专项索赔问题一样。

工程变更与索赔的区别，可从以下几点看出：

(1)在合同依据方面，工程变更和施工索赔有着不同的合同适用条款；

(2)就合同范围而言，工程变更往往属于合同"工程范围"以内的工作，系"附加工程"，索赔是对于超出合同"工程范围"的工作，属于"额外工程"；

(3)就款额而言，工程变更的款额有一定的限度，即不得超过该合同工程量清单中载明数量的10%或工程量的变化与该项工作规定的费率的乘积不超过中标的合同金额0.01%，否则，就要变更合同价款或费率，索赔款额没有上限，按具体索赔事项而定，该索赔多少就索赔多少；

(4)就计价支付的方式而言，工程变更款的计价一般系按投标书中的单价计算，仅在个别情况下需要调整单价，并在每月支付工程进度款时包括在内。索赔则要确定索赔单价(或总价)，而且一般按专项申报支付；

(5)就发起人而言，工程变更主要由工程师及业主提出，并签发书面的"变更指令"，承包商只能按指令办事。施工索赔主要由承包商提出，向工程师和业主专项申报，业主同意后该项索赔方能成立、支付。

(6)就复杂程度而言，工程变更系一般的合同问题，按合同规定办理即可。索赔则属于合同争议的范畴，涉及合同责任及新单价(或总价)等问题，解决过程相当麻烦，往往要专案处理，要经过申请、编写索赔报告、工程师审核、业主决定等主要过程，在索赔谈判中还有讨价还价，解决起来颇费周折。

五 加速施工

(一)能获得补偿的加速施工

通常在承包工程中，在如下情况下，承包商可以提出加速施工的索赔：

(1)由于非承包商责任造成工期拖延，业主希望工程能按时交付，由工程师指令承包商采取加速措施。

(2)工程未拖延，但由于其他原因，业主希望工程提前交付，与承包商协商后承包商同意采取加速措施。

(二)加速施工的费用索赔

加速施工的费用索赔计算是十分困难的，这是由于整个合同报价的依据发生变化。它涉及劳动力投入的增加、劳动效率降低(由于加班、频繁调动、工作岗位变化、工作面减小等）、加班费补贴；材料（特别是周转材料）的增加、运输方式的变化、使用量的增加；设备数量的增加、使用效率的降低；管理人员数量的增加；分包商索赔、供应商提前交货的索赔等。通常加速施工的费用分析见表13-5。

加速施工的费用索赔　　表13-5

费用项目	内容说明	计算基础
人工费	增加劳动力投入，不经济地使用劳动力使生产效率降低 节假日加班，夜班补贴	报价中的人工费单价，实际劳动力使用量，已完成工程中劳动力计划用量实际加班数，合同规定或劳资合同规定的加班补贴标准
材料费	增加材料投入，不经济地使用材料 因材料提前交货给材料供应商的补偿，改变运输方式 材料代用	实际材料使用量，已完成工程中材料计划使用量，报价中的材料价格或实际价格 实际支出材料数量，实际运输价格，合同规定的运输方式的价格代用数量差，价格差
机械费	增加机械使用时间，不经济地使用机械 增加新机械投入	实际费用，报价中的机械费，实际租金等 增加新机械，投入新机械报价，新机械使用时间
工地管理费	增加管理人员的工资 增加人员的其他费用，如福利费、工地补贴、交通费、劳保、假期等 增加临时设施费 现场日常管理费支出	计划用量，实际用量，报价标准 实际增加人工数，报价中的费率标准 实际增加量，实际费用 实际开支数，原报价中包含的数量
其他	分包商索赔总部管理费	按实际情况确定
扣除：工地管理费	由于赶工，计划工期缩短，减少支出：工地交通费、办公费、工器具使用费、设施费用等	缩短月数，报价中的费率标准
扣除：其他附加费	保函、保险和总部管理费等	

【案例】

在某工程中，合同规定某种材料需从国外某地购得，由海运运至工地，费用由承包商承担。现由于业主指令加速工程施工，经业主同意，该材料运输方式由海运改为为空运。对此，承包商提出费用索赔：

原合同报价中的海运价格为2.61美元/千克，现空运价格为13.54美元/千克，

该批材料共重 28 366 千克，则

索赔费用＝28 366 千克×(13.54－2.61)美元/千克＝310 324.04 美元

【分析】

在实际工程中，由于加速施工的实际费用支出的计算和核实都很困难，容易产生矛盾和争执。为了简化起见，合同双方在变更协议中拟定一赶工费赔偿总额(包括赶工奖励)，由承包商包干使用，这样确定也许方便一些。

六 索赔其他情况

(一)工程中断

工程中断指由于某种原因工程被迫全部停工，在一段时间后又继续开工。工程中断索赔费用项目和它的计算基础基本上同前述工程延期索赔。另外还可能有其他费用项目，见表表 13-6。

工程中断费用索赔补充分析　　表 13-6

费用项目	内容说明	计算基础
人工费	人员的遣返费，赔偿金以及重新招雇费用	实际支出
机械费	额外的进出场地费用	实际支出或按合同报价标准
其他费用	工地清理、重新计划、重新准备施工等	按实际支出

(二)合同终止

在工程竣工前，合同被迫终止，并不再履行，它的原因通常有：

(1)业主认为该项目已不再需要，如技术已过时，项目的环境出现大的变化，使项目无继续实施的价值；国家计划有大的调整，项目被取消；政府部门或环保部门的干预。

(2)业主违约、业主濒于破产或已破产、业主无力支付工程款，此时按合同条件承包商有权终止合同。

(3)不可抗力因素或其他原因。

一般解除(终止)合同并不影响当事人的索赔权力。索赔值一般按实际费用损失确定。这时工程项目已处于清算状态，首先必须进行工程的全盘清查，结清已完工程价款，结算未完工程成本，以核定损失，可以提出索赔的主要费用项目以及计算基础见表 13-7。

合同终止的费用索赔　　表 13-7

费用项目	内容说明	计算基础
人工费	遣散工人的费用，给工人的赔偿金，善后处理工作人员的费用	按实际损失计算
机械费	已交付的机械租金，为机械运行已作的一切物质准备费用，机械作价处理损失，已交纳的保险费等 已购材料，已订购材料的费用损失，材料作价处理损失	
其他费用	分包商索赔 已交纳的保险费，银行费用等 开办费和工地管理损失费	

(三)特殊服务

对业主要求承包商提供的特殊服务，或完成合同规定以外的义务等，可以采用如下三种方法计算赔(补)偿值：

(1)以日工计算。这里计日工价格除包括直接劳务费价格外，在索赔中还要考虑节假日的额外工资、加班费、保险费、税收、交通费、住宿费、膳食补贴、总部管理费等。

(2)用成本加酬金方法计算。

(3)承包商就特殊服务项目作报价，双方签署附加协议。这完全与合同报价形式相同。

(四)材料和劳务价格上涨的索赔

如果合同允许对材料和劳务等费用上涨进行调整，则可以直接采用国际上通用的对工资和物价(或材料)按价格指数变化情况分别进行调整。

使用公式为：

$$P=P_0\times\sum I\times T_i/T_0$$

式中：P_0——原合同价格；

I——某分项工程价格占总价格比例系数，$\sum I=1$；

T_0——基准期该分项工程价格指数；

T_i——报告期该分项工程价格指数；

P——调整后的合同价格，$P-P_0$ 即为索赔值。

按上述公式进行计算需要对合同报价中的费用要素及比例进行拆分。

(五)拖欠工程款

对业主未按合同规定支付工程款的情况,在我国,建设工程施工合同示范文本规定,业主可与承包商协商签订延期付款协议,经承包商同意后可延期支付,但业主应在协议签署后15天起计付利息。在国际工程承包中也有类似的规定。

(六)分包商索赔

在承包商向业主提出的索赔报告中必须包括由于干扰事件对所属的分包商影响的索赔。这一项索赔一般独立列项,通常以承包商的实际成本乘上管理费(或间接费)率计算。

(七)其他

1. 价值工程

即承包商提出合理化建议,使工程加速竣工,减低了施工或以后工程运营费用,提高工程效率或价值,为业主带来了经济利益。此时,业主应该给予承包商一定的利益分成。

2. 额外服务

业主人员或其他独立承包商、其他公共机关人员在施工现场工作,由承包商提供帮助,造成承包商的损失,如提供承包商自己的设备或临时工程。

3. 业主指令承包商修补工程缺陷,而缺陷非承包商责任等

另外,对由于设计变更以及设计错误造成返工,我国有关合同法规规定,业主(发包方)必须赔偿承包商由此而造成的停工、窝工、返工、倒运、人员和机械设备调迁、材料和构件积压的实际损失。

七 关于利润的索赔

尽管在我国建设工程施工合同示范文本(GF-99-0201)中并没有对承包商索赔费用组成中是否应包括利润这一问题予以明确规定,但在工程量清单计价模式(单价合同)下,由于工程范围的变更和施工条件的变化引起的索赔,承包商索赔的费用自然包括预期利润。但对于延误工期引起的索赔,由于利润是包括在每项工程内容的价格之内的,而延误工期并没有影响、削减合同范围既定工程内容的实施,承包商的预期利润并没有减少,所以,延误工期引起的索赔往往并不必然计入利润索赔。但因非承包商的原因而导致的工期延误,承包商付出了损

失"机会利润"代价,这是不争的事实。

FIDIC 施工合同条件 1999 年第一版规定:业主不向承包商负责赔偿承包商可能遭受的与合同有关的任何工程的使用损失、利润损失、任何其他合同损失,但由于业主的欺诈行为、故意违约或管理不善导致的责任除外。

第五节 索赔策略

索赔工作既有科学严谨的一面,又有艺术灵活的一面。对于一个既定的索赔事件往往没有一个预定的、唯一确定的解决方法,它受制于双方签订的合同文件、各自的工程管理水平和索赔能力以及处理问题的公正性、合理性等因素。因此,索赔成功不仅需要令人信服的法律依据、充足的理由和正确的计算方法,索赔的策略、技巧和艺术也相当重要。

一 承包商基本方针

(一)两种极端倾向

索赔管理不仅是工程项目管理的一部分,而且是承包商经营管理的一部分。如何看待和对待索赔,实际上是一个经营战略问题,是承包商对利益和关系、利益和信誉的权衡。

这里要防止两种倾向:

(1)只讲关系、义气和情谊,忽视索赔,致使损失得不到应有补偿,正当的权益受到侵害。

对一些重大的索赔,这会影响企业的正常的生产经营,甚至危及企业的生存。在国际工程中,若不能进行有效的索赔,业主会觉得承包商经营管理水平不高,常常会得寸进尺。承包商不仅会丧失索赔机会,而且还可能反被对方索赔,蒙受更大的损失。所以在这里不能过于强调"重义"。合同所规定的双方的平等地位、承包商的权益,在合同实施中,同样必须经过抗争才能够实现。需要承包商自觉地、主动地保护它,争取它。如果承包商主动放弃这个权益而受到损失,法律也不会主动给承包商提供保护。

对此,我们可以用两个极端的例子来说明这个问题:

①某承包商承包一工程,签好合同后,将合同文本锁人抽屉,不作分析和研究,在合同实施中也不争取自己的权益,致使失去索赔机会,损失 100 万美元。

②另一个承包商在签好合同后，加强合同管理，积极争取自己的正当权益，成功地进行了100万美元的索赔，业主应当向他支付100万美元补偿。但他申明，出于友好合作，只向业主索要90万美元，另10万美元作为让步。

对前者，业主是不会感激的。业主会认为，这是承包商经营管理水平不高，是承包商无能。而对后者，业主是非常感激的，因为承包商作了让步，是“重义”。业主明显地感到，自己少受10万美元的损失，这种心理状态是很自然的。

(2)在索赔中，合同管理人员好大喜功，只注重索赔。

承包商以索赔额的高低作为评价工程管理水平或索赔小组工作成果的唯一指标，而不顾合同双方的关系、承包商的信誉和长远利益，在索赔中，管理人员好大喜功，只注重索赔。特别当承包商还希望将来与业主进一步合作、或在当地进一步扩展业务时，更要注意这个问题，应有长远的眼光。

索赔，作为承包商追索已产生的损失，或防止将产生的损失的手段和措施，是不得已而用之。承包商切不可将索赔作为一个基本方针或经营策略，这会将经营管理引入误区。

(二)基本方针

1.全面履行合同责任

承包商应以积极合作的态度履行合同责任，主动配合业主完成各项工程，建立良好的合作关系。具体体现在：

(1)按合同规定的质量、数量、工期要求完成工程，守信誉，不偷工减料，不以次充好，认真做好工程质量控制工作。

(2)积极地配合业主和工程师搞好工程管理工作，协调各方面的关系。

(3)对发生事先不能预见的由业主承担责任的干扰事件，应及时采取措施，降低其影响，减少损失。

在友好、和谐、互相信任和依赖的合作气氛中，不仅合同能顺利实施，双方心情舒畅，而且承包商会有良好的信誉，业主和承包商在新项目上能继续合作。在这种气氛中，承包商实事求是地就干扰事件提出索赔要求，也容易为业主认可。

2.着眼于重大索赔

对已经出现的干扰事件或对方违约行为的索赔，一般着眼于重大的、有影响的、索赔额大的事件，不要斤斤计较。索赔次数太多，太频繁，容易引起对方的反感。但承包商对这些“小事”又不能不问，应作相应的处理，如告诉业主，出于友好合作的诚意，放弃这些索赔要求，或作为索赔谈判中让步余地。

在国际工程中，有些承包商常常斤斤计较，寸利必得。特别在工程刚开始

时，让对方感到，他很精干，而且不容易作让步，利益不能受到侵犯，这样先从心理上战胜对方。这实质上是索赔的处理策略，不是基本方针。

3.注意灵活性

在具体的索赔处理过程中要有灵活性，讲究策略，要准备并能够作出让步，力求使索赔的解决双方都满意，皆大欢喜。

承包商的索赔要求能够获得业主的认可，而业主又对承包商的工程和工作很满意，这是索赔的最佳解决。这看起来是一对矛盾，但有时也能够统一。这里有两个问题：

(1)双方具体的利益所在和事先的期望。

对双方利益和期望的分析，是制定索赔基本方针和策略的基础。通常，双方利益差距越大，事先期望越高，索赔的解决越困难，双方越不容易满足。

承包商的利益或目标有：

①使工程顺利通过验收，交付业主使用，尽快履行自己的合同义务，结束合同；

②进行工期索赔，推卸或免去自己对工期拖延的合同处罚责任；

③对业主、总(分)包商的索赔进行反索赔，减少费用损失；

④对业主、总(分)包商进行索赔，取得费用损失的补偿，争取更多收益。

业主的具体利益或目标有：

①顺利完成工程项目，及早交付使用，实现投资目的；

②其他方面的要求，如延长保修期，增加服务项目，提高工程质量，使工程更加完美，或责令承包商全面完成合同责任；

③对承包商的索赔进行反索赔，尽量减少或不对承包商进行费用补偿，减少工程支出；

④对承包商的违约行为，如工期拖延、工程不符合质量标准、工程量不足等，施行合同处罚，提出索赔。

从上述分析可见，双方的利益有一致的一面，也有不一致和矛盾的一面。通过对双方利益的分析，可以做到“知己知彼”，针对对方的具体利益和期望采取相应的对策。

在实际索赔解决中，对方对索赔解决的实际期望会暴露出来的。通常双方都将违约责任推给对方，表现出对索赔有很高的期望，而将真实期望隐蔽，这是常用的一种策略。它的好处有：

①为自己在谈判中的让步留下余地。如果对方知道我方索赔的实际期望，则可以直逼这条底线，要求我方再作让步，而我方已无让步余地。例如，承包商

预计索赔收益为10万美元，而提出30万美元的索赔要求，即使经对方审核，减少一部分，再逐步讨价还价，最后实际赔偿10万美元，还能达到目标和期望。而如果期望10万美元，就提出10万美元的索赔，从10万美元开始谈判，最后可能连5万美元也难以达到。这是常识。

②能够得到有利的解决，而且能使对方对最终解决有满足感。由于提出的索赔值较高，经过双方谈判，承包商作了很大让步，好象受到很大损失，这使得对方索赔谈判人员对自己的反索赔工作感到满意，使问题易于解决。

索赔解决中，让步是双方面的，常常是对等的，承包商通过让步可以赢得对方对索赔要求的认可。

在实际索赔谈判中，要摸清对方的实际利益所在以及对索赔解决的实际期望往往会很困难的。"步步为营"是双方都常用的攻守策略，尽可能多地取得利益，又是双方的共同愿望，所以索赔谈判常常是双方智慧、能力和韧性的较量。

(2)让步。

在索赔解决中，让步是必不可少的。由于双方利益和期望的不一致，在索赔解决中常常出现大的争执。而让步是解决这种不一致的手段。通常，索赔的最终解决双方都必须作让步，才能达成共识。一位有经验的业内人士曾说，谈判就是让步，谈判艺术的最高境界就是恰倒好处地让步。

让步作为索赔谈判的主要策略之一，也是索赔处理的重要方法，它有许多技巧。让步的目的是为了取得经济利益，达到索赔目标。但它又必然带来自己经济利益的损失。让步是为取得更大的经济利益而作出的局部牺牲。

在实际工程中，让步应注意如下几个问题：

①让步的时机。让步应在双方争执激烈，谈判濒于破裂时或出现僵局时作出；

②让步的条件。让步是为了取得更大的利益，所以，让步应是对等的，我方作出让步，应同时争取对方也作出相应的让步。这又应体现双方利益的平衡。让步不能轻易地作出，应使对方感到，这个让步是很艰难的；

③让步应在对方感兴趣或利益所在之处作出。如向业主提出延长保修期，增加服务项目或附加工程，提高工程质量，提前投产，放弃部分小的索赔要求，直至在索赔值上作出让步，以使业主认可承包商的索赔要求，达到双方都满意或比较满意的解决。同时又应注意，承包商不能靠牺牲自己的"血本"作让步，不过多地损害自己的利益；

④让步应有步骤地进行。必须在谈判前作详细计划，设计让步的方案。在谈判中切不可一让到底，一下子达到自己实际期望的底线。实践证明这样做常

常会很被动。

索赔谈判常常要持续很长时间。在国际工程中，有些工程完工数年，而索赔争执仍没能解决。对承包商来说，自己掌握的让步余地越大，越有主动权。

4.争取以和平方式解决争执

无论在国际、还是在国内工程中，承包商一般都应争取以和平的方式解决索赔争执，这对双方都有利。当然，具体采用什么方法还应审时度势，从承包商的利益出发。

在索赔中，"以战取胜"，即用尖锐对抗的形式，在谈判中以凌厉的攻势压倒对方，或在一开始就企图用仲裁或诉讼的方式解决索赔问题是不可取的。这常常会导致：

(1)失去双方之间的友谊，双方关系紧张，使合同难以继续履行，这样对承包商落实自己的利益更为不利。

(2)失去将来的合作机会，由于双方关系搞僵，业主如果再有工程，绝不会委托给曾与他打过官司的承包商；承包商在当地会有一个不好的声誉，影响到将来在同一地区的继续经营。

(3)"以战取胜"也是不给自己留下余地。如果遭到对方反击，自己的回旋余地较小，这是很危险的。有时会造成承包商的保函和保留金回收困难。在实际工程中，常常干扰事件的责任都是双方面的，承包商也可能有疏忽和违约行为。对一个具体的索赔事件，承包商常常很难有绝对的取胜把握。

(4)两败俱伤。双方争执激烈，最终以仲裁或诉讼解决问题，常常需花费许多时间、精力、金钱和信誉。特别当争执很复杂时，解决过程持续时间很长，最终导致两败俱伤。这样的实例是很多的。

(5)有时难以取胜。在国际承包工程中，合同常常以业主或工程所在国法律为基础，合同争执也按该国法律解决，并在该国仲裁或诉讼。这对承包商极为不利。在另一国承包工程，许多国际工程专家告诫，如果争执在当地仲裁或诉讼，对外国的承包商不会有好的结果。所以在这种情况下应尽力争取在非正式场合，以和平的方式解决争执。除非万不得已，例如争执款额巨大，或自己被严重侵权，同时自己有一定的成功的把握，一般情况下不要提出仲裁或诉讼。当然，这仅是一个基本方针，对具体的索赔，采取什么形式解决，必须审时度势，看是否有利。

【案例】

在非洲某水电工程中，工程施工期不到3年，原合同价2 500万美元。由于种种原因，在合同实施中承包商提出许多索赔，总值达2 000万美元。监理工程师作出处理决定，认为总计补偿1 200万美元比较合理。业主愿意接受监理工程师的决定。但承包商不肯接受，要求补偿1 800万美元。由于双方达不成协议，承包商按合同约定向国际商会提出仲裁要求。双方各聘请一名仲裁员，由所聘请的两名仲裁员另外指定一名首席仲裁员。本案仲裁前后经历近3年时间，相当于整个建设期，仲裁费花去近500万美元。最终仲裁结果为：业主给予承包商1 200万美元的补偿，即维持工程师的决定。

【分析】

时下，国人一般认为，西方发达国家的公民喜好打官司，动不动"法庭见"。其实，在工程界，合同双方有了矛盾，无论是在发达国家还是在发展中国家，通过仲裁或诉讼解决的并不多，绝大多数纠纷还是通过协商、友好解决。经过国际仲裁或诉讼，双方都受到很大损失，没有赢家。如果双方各作让步，通过协商，友好解决争执，则不仅花费少，而且麻烦少，对双方均有利。正如国际工程承包界的一句格言所说："一个好的诉讼远不如一个坏的友好解决"(A poor settlement is better than a good lawsuit)。

5.变不利为有利，变被动为主动

在工程承包活动中，承包商常常处于不利的和被动的地位。从根本上说，这是由于建筑市场激烈竞争造成的。它具体表现在招标文件的某些规定和合同的一些不平等的、对承包商单方面约束性条款上，而这些条款几乎都与索赔有关。例如：加强业主和工程师对工程施工、建筑材料等的认可权和检查权；对工程变更赔偿条件的限制；对合同价格调整条件的限制；对工程变更程序的不合理的规定，FIDIC条件规定索赔有效期为28天，但有的国际工程合同规定为14天，甚至7天；争执只能在当地，按当地法律解决，拒绝国际仲裁机构裁决，等等。

这些规定使承包商索赔很艰难，有时甚至不可能。承包商的不利地位还表现在：一方面索赔要求只有经业主认可，并实际支付赔偿才算成功；另一方面，出现索赔争执(即业主拒绝承包商的索赔要求)，承包商常常必须(有时也只能)争取以谈判的方式解决。

要改变这种状况，在索赔中争取有利地位，争取索赔的成功，承包商主要应从以下几方面努力：

(1)争取签订较为有利的合同。如果合同不利，在合同实施过程中和索赔中的不利地位很难改变。这要求承包商重视合同签订前的合同文本研究，重视与业主的合同谈判，争取对不利的不公平的条款作修改；在招标文件分析中重视索赔机会分析。

(2)提高合同管理以及整个项目管理水平，使自己不违约，按合同办事。同时积极配合业主和工程师搞好工程项目管理，尽量减少工程中干扰事件的发生，避免双方的损失和失误，减少合同的争执，减少索赔事件的发生。实践证明，索赔有很大风险，任何承包商在报价、合同谈判、工程施工和管理中不能预先寄希望于索赔。

在工程施工中要抓好资料收集工作，为索赔(反索赔)准备证据；经常与监理工程师和业主沟通，遇到问题多书面请示，以避免自己的违约责任。

(3)提高索赔管理水平。一旦有干扰事件发生，造成工期延长和费用损失，应积极地进行有策略的索赔，使整个索赔报告，包括索赔事件、索赔根据、理由、索赔值的计算和索赔证据无懈可击。对承包商来说，索赔解决得越早越有利；越拖延，越不利。所以一经发现索赔机会，就应进行索赔处理，及时地、迅速地提出索赔要求；在变更会议和变更协议中就应对赔偿的价格、方法、支付时间等细节问题达成一致；提出索赔报告后，就应不断地与业主和监理工程师联系，催促尽早地解决索赔问题；工程中的每一单项索赔应及早独立解决，尽量不要以一揽子方式解决所有索赔问题。索赔值积累得越大，其解决对承包商越不利。

(4)在索赔谈判中争取主动。承包商对具体的索赔事件，特别对重大索赔和一揽子索赔应进行详细的策略研究。同时，派最有能力、最有谈判经验的专家参加谈判。在谈判中，尽力影响和左右谈判方向，使索赔能得到较为有利的解决。项目管理的各职能人员和公司的各职能部门应全力配合和支持谈判。

在索赔解决中，承包商的公关能力、谈判艺术、策略、锲而不舍的精神和灵活性是至关重要的。

(5)搞好与业主代表、监理工程师的关系，使他们能理解、同情承包商的索赔要求。

 索赔谋略

如何才能够既不损失利益，取得索赔的成功，又不伤害双方的合作关系和承包商的信誉，从而使合同双方皆大欢喜，对合作满意。这个问题不仅与索赔数量有关，而且与承包商的索赔策略、索赔处理的技巧有关。

索赔策略是承包商经营策略的一部分。对重大的索赔(反索赔)，必须进行策略研究，作为制订索赔方案、索赔谈判和解决的依据，以指导索赔小组工作。

索赔策略必须体现承包商的整个经营战略，体现承包商长远利益与当前利益、全局利益与局部利益的统一。索赔策略通常由承包商亲自把握并制定，而项目的合同管理人员则提供索赔策略制定所需要的信息和资料，并提出意见和建议。

(一)确定目标

1.提出任务

提出任务,确定索赔所要达到的目标。承包商的索赔目标即为承包商的索赔基本要求,是承包商对索赔终期望。它由承包商根据合同实施状况,承包商所受的损失和他的总的经营战略确定。对各个目标应分析其实现的可能性。

2.分析实现目标的基本条件

除了进行认真的、有策略的索赔外,承包商特别应重视在索赔谈判期间的工程施工管理。在这时期,若承包商能更顺利地圆满地履行自己的合同责任,使业主对工程满意,这对谈判是个促进。相反,如果这时出现承包商违约或工程管理失误,工程不能按业主要求完成,这会给谈判以致于给整个索赔罩上阴影。

当然,反过来说,对于不讲信誉的业主(例如严重拖欠工程款,拒不承认承包商合理的索赔要求),则承包商要注意控制(放慢)工程进度。一般施工合同规定,承包商在索赔解决期间,仍应继续努力履行合同,不得中止施工。但工程越接近完成,承包商的索赔地位越不利,主动权越少。对此,承包商可以提出理由,如由于索赔解决不了,造成财务困难,无力支付分包工程款,无钱购买材料,发放工资等,工程无法正常进行,此时放慢施工速度或许是交比较好的选择。

3.分析实现目标的风险

在索赔过程中的风险是很多的,主要有:

(1)承包商在履行合同责任时的失误。这可能成为业主反驳的攻击点。如承包商没有在合同规定的索赔有效期内提出索赔,没有完成合同规定的工程量,没有按合同规定工期交付工程,工程没有达到合同所规定的质量标准,承包商在合同实施过程中有失误等。

(2)工地上的风险,如项目试生产出现问题,工程不能顺利通过验收、已经出现、可能还会出现工程质量问题等。

(3)其他方面风险,如业主可能提出合同处罚或索赔要求,或者其他方面可能有不利于承包商索赔的证词或证据等。

(二)对对方的分析

对对方的分析包括分析对方的兴趣和利益所在以及分析对方商业习惯、文化特点、民族特性。对对方的兴趣和利益的分析目的是:

(1)在一个较和谐友好的气氛中将对方引入谈判。在问题比较复杂、双方都有违约责任的情况下,或用一揽子方案解决工程中的索赔问题时,往往要注意这

点。如果直接提交一份索赔文件，提出索赔要求，业主常常难以接受，或不作答复，或拖延解决。在国际工程中，有的工程索赔能拖几年。而逐渐进入谈判，循序渐进会较为有利。

(2)分析对方的利益所在，可以研究双方利益的一致性、不一致性和矛盾性。这样在谈判中，可以在对方感兴趣的地方，而又不过多地损害承包商自己利益的情况下作让步，使双方都能满意。

分析合同的法律基础的特点和对方商业习惯、文化特点、民族特性，这对索赔处理方法的选择影响很大。如果对方来自法制健全的工业发达国家，则应多花时间在合同分析和合同法律分析上，这样提出的索赔法律理由充足。对业主(对方)的社会心理、价值观念、传统文化、生活习惯，甚至包括业主本人的兴趣、爱好的了解和尊重，对索赔的处理和解决有极大的影响，有时直接关系到索赔甚至整个项目的成败。现在西方的(包括日本的)承包商在工程投标、洽商、施工、索赔(反索赔)中特别注重研究这方面的内容。实践证明，他们更容易取得成功。

(三)承包商之经营战略分析

承包商的经营战略直接制约着索赔策略和计划。在分析业主的目标、业主的情况和工程所在地(国)的情况后，承包商应考虑如下问题：

(1)有无可能与业主继续进行新的合作，如业主有无新的工程项目？

(2)承包商是否打算在当地继续扩展业务？扩展业务的前景如何？

(3)承包商与业主之间的关系对在当地扩展业务有何影响？

这些问题是承包商决定整个索赔要求、解决方法和解决期望的基本出发点，由此决定承包商整个索赔的基本方针。

(四)承包商主要对外关系分析

在合同实施过程中，承包商有多方面的合作关系，如与业主、监理工程师、设计单位、业主的其他承包商和供应商、承包商的代理人或担保人、业主的上级主管部门或政府机关等。承包商对各方面要进行详细分析，利用这些关系，争取各方面的同情、合作和支持，造成有利于承包商的氛围，从各方面向业主施加影响。这往往比直接与业主谈判更为有效。

在索赔过程中，以至在整个工程过程中，承包商与监理工程师的关系一直起关键作用。因为监理工程师代表业主作工程管理，许多作为证据的工程资料需他认可，签证才有效。他可以直接下达变更指令、提出有指令作用的工程问题处理意见、验收隐蔽工程等。索赔文件首先由他审阅、签字后再交业主处理。出现争执，他又首先作为调解人，提出调解方案。所以，与监理工程师建立友好和谐的合作关系，取得他的理解和帮助，不仅对整个合同的顺利履行影响极大，而且常常决定索赔的成败。

在国际承包工程中，承包商的代理人(或担保人)通常起着非常微妙的作用。他可以办承包商不能或不好出面办的事。他懂得当地的风俗习惯、社会风情、法律特点、经济和政治状况，他又与其他方面有着密切联系。由他在其中斡旋、调停，能使承包商的索赔获得在谈判桌上难以获得的有利解决。

在实际工程中，与业主上级的交往或双方高层的接触，常常有利于问题的解决。许多工程索赔问题，双方具体工作人员谈不成，争执很长时间，但在双方高层人员的眼中，从战略的角度看都是小问题，故很容易得到解决。

所以承包商在索赔处理中要广泛地接触、宣传、提供各种说明信息，以争取广泛的同情和支持。

(五)对对方索赔之估计

在工程问题比较复杂，双方都有责任，或工程索赔以一揽子方案解决的情况下，应对对方已提出的或可能还要提出的索赔进行分析和估算。在国际承包工程中，常常有这种情况：在承包商提出索赔后，业主作出反索赔对策和措施，如找一些借口提出罚款和扣款，在工程验收时挑毛病，提出索赔，用以平衡承包商的索赔。这是必须充分估计到的。对业主已经提出的和可能还将提出的索赔项目进行分析，列出分析表，并分析业主这些索赔要求的合理性，即自己反驳的可能性。

(六)可能的谈判过程

一般索赔最终都在谈判桌上解决。索赔谈判是合同双方面对面的较量，是索赔能否取得成功的关键。一切索赔计划和策略都要在此付诸实施，接受检验；索赔(反索赔)文件在此交换、推敲、反驳。双方都派最精明强干的专家参加谈判。索赔谈判属于合同谈判，更大范围地说，属于商务谈判。

索赔谈判的四个阶段为：

(1)进入谈判阶段。如何将对方引入谈判，这里有许多学问。当然，最简单的是，递交一份索赔报告，要求对方在一定期限内予以答复，以此作为谈判的开始。在这种情况下往往谈判气氛比较紧张，不利于问题的解决。

要在一个友好和谐的气氛中将业主引入谈判，通常要从他关心的议题或对他有利的议题人手，以此开始谈判，可以缩短双方的心理距离。

这个阶段的最终结果为达成谈判备忘录。其中包括双方感兴趣的议题，双方商讨的大致的谈判过程和总的时间安排。承包商应将自己与索赔有关的问题

纳入备忘录中。

(2)事态调查阶段。对合同实施情况进行回顾、分析、提出证据,这个阶段重点是弄清事件真实情况。这里承包商应不急于提费用索赔要求,应多提出证据,以推卸自己的责任。

事态调查应以会谈纪要的形式记录下来,作为这阶段的结果。

(3)分析阶段。对干扰事件的责任进行分析。这里可能有不少争执,比如对合同条文的解释不一致。双方各自提出事态对自己的影响及其结果,承包商在此提出工期和费用索赔。这时事态已比较清楚,责任也基本上落实。

(4)解决问题阶段。对于双方提出的索赔,讨论解决办法。经过双方的讨价还价,或通过其他方式得到最终解决。

对谈判过程,承包商事先要作计划,用流程图表示出可能的谈判过程,用横道图作时间计划。对重大索赔没有计划就不能取得预期的成果。

(七)可能的谈判结果

这与前面分析的承包商的索赔目标相对应。用前面分析的结果说明这些目标实现的可能性,实现的困难和障碍。如果目标不符合实际,则可以进行调整,重新确定新的目标。

(八)索赔谈判注意事项

(1)注意谈判心理,搞好私人关系,发挥公关能力。在谈判中尽量避免对工程师和业主代表当事人的指责,多谈干扰的不可预见性,少谈他们个人的失误,以维护他们的面子。通常只要对方认可我方索赔要求,赔偿损失即可,而并非一定要对方承认错误。

(2)多谈困难,多诉苦,强调不合理的地方解决对承包商的财务、施工能力的影响,强调对工程的干扰。无论索赔能否解决,或解决程度如何,在谈判中,以及解决以后,都要以受损失者的面貌出现。给对方、给公众一个受损失者的形象。这样不仅能争取同情和支持,而且争取一个好的声誉和保持友好关系。索赔和拳击不同,即使非常成功,取得意想不到的利益,也不能以胜利者的姿态出现。

三 索赔艺术与技巧

(一)充分论证索赔权

要进行施工索赔,首先要有索赔权。如果没有索赔权,无论承包商在施工中承受了多么大的亏损，他亦无权获得任何经济补偿。

索赔权是索赔要求能否成立的法律依据，其基础是施工合同文件。因此，索赔人员应通晓合同文件，善于在合同条款、施工技术规程、工程量表、工作范围、合同函件等全部合同文件中寻找索赔的法律依据。

在全部施工合同文件中，涉及索赔权的一些主要条款，大都包括在合同通用条件部分中，尤其是涉及工程变更的条款，如：工程范围变更，工作项目变更，施工条件变更，施工顺序变更，工期延长，单价变更，物价上涨，汇率调整，等等。对这些条款的含义，要研究透彻，做到熟练地运用它们，来证明自己索赔要求的合理性。

(二)合理计算索赔款

在确立了索赔权以后，下一步的工作就是计算索赔款额，或推算工期延长天数。如果说论证索赔权是属于定性的，是法律论证部分；则确定索赔款就是定量的，是经济论证部分。这两点，是索赔工作成功与否的关键。

计算索赔款的依据，是合同条件中的有关计价条款，以及可索赔的一些费用。通过合适的计价方法，求出要求补偿的额外费用。

(三)按时提出索赔要求

在工程项目的合同文件中，对承包商提出施工索赔要求均有一定的时限。在我国施工合同范本和 FIDIC 合同条件中，均规定这个时限是索赔事项初发时起的 28 天以内，而且要求承包商提出书面的索赔通知书，报送工程师，抄送业主。

按照合同条件的默示条款，晚于这一时限的索赔要求，业主和工程师可以拒绝接受。他们认为，承包商没有在规定的时限内提出索赔要求，是他已经主动放弃该项索赔权。但同时，FIDIC 合同条件也明确要求工程师在收到索赔报告或该索赔的任何进一步的详细证明报告后 42 天内或者在其他约定的合理时间里表示批准或不批准，并就索赔的原则作出反应。

一个有经验的国际工程承包商的做法是：当发生索赔事态时，立即请工程师到出事现场，要求他做出指示；对索赔事态进行录像或详细的论述，作为今后索赔的依据；并在时限以内尽早地书面正式提出索赔要求。

(四)编写好索赔报告

在索赔事项的影响消失后的 28 天以内，写好索赔报告书，报送给业主和工程师。对于重大的索赔事项，如隧洞塌方，不可能在编写索赔报告书时已经处理

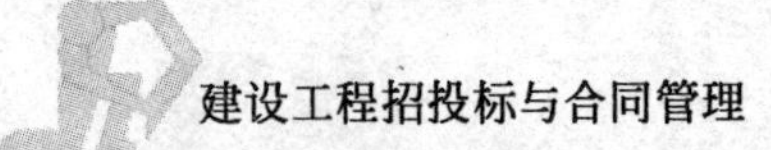

完毕，但仍可根据塌方量及处理工作的难度，估算出所需的索赔款额，以及所必须的工期延长天数。

索赔报告书应清晰准确地叙述事实，力戒潦草、混乱及自相矛盾。在报告书的开始，以简练的语言综述索赔事项的处理过程以及承包商的索赔要求；接着是去逐项地详细论述和计算；最后附以相应的证据资料。

对于重大的索赔事项，应将工期索赔和经济索赔分别编写，以便工程师和业主的审核。对于较简单、费用较小的索赔事项，可将工期索赔和经济索赔写入同一个索赔报告书中。

(五)提供充分的索赔证据

在确立索赔权、计算索赔款之后，重要的问题是提供充分的论证资料，使自己的索赔要求建立在可靠证据的基础上。

证据资料应与索赔款计算书的条目相对应，对索赔款中的每一项重要开支附上收据或发票，并顺序编号，以便核对。

(六)力争友好解决

承包商在报出索赔报告书以后的10～14天，即可向工程师查询其对索赔报告的意见。对于简单的索赔事项，工程师一般应在收到报告书之日起的28天以内提出处理意见，征得业主同意后，正式通知承包商。

咨询(监理)工程师对索赔报告书的处理建议，即是合同双方会谈协商的基础。在一般情况下，经过双方的友好协商，或由承包商一方提供进一步的证据后，工程师即可提出最终的处理意见，经双方协商同意，使索赔要求得到解决。

即使合同双方对个别的索赔问题难以协商一致，承包商亦不应急躁地将索赔争端提交仲裁或法庭，亦不要以此威胁对方，而应寻求通过中间人(或机构)调停的途径，解决索赔争端。实践证明，绝大多数提交中间人调停的索赔问题，均能通过调解协商得到解决。

(七)随时申报，按月结算

正常的施工索赔做法，是在发生索赔事项后随时随地提出单项索赔要求，力戒把数宗索赔事项合为一体索赔。这样做，使索赔问题交织在一起，解决起来更为困难。除非迫不得已，数宗索赔事项纵横交错、难以分解时，才以综合索赔的形式提出。

在索赔款的支付方式上，应力争单项索赔、单独解决、逐月支付，把索赔款的支付纳入按月结算支付的轨道,同工程进度款的结算支付同步处理。这样,可以把索赔款化整为零,避免积累成大宗款额,使其解决较为容易。

(八)必要时施加压力

施工索赔是一项复杂而细致的工作,在解决过程中往往各执一词,争执不下。个别的工程业主,对承包商的索赔要求采取拖的策略,不论合理与否,一律不作答复,或要求承包商不断地提供证据资料,意欲拖到工程完工,遂不了了之。

对于这样的业主,承包商可以考虑采取适当的强硬措施,对其施加压力,或采取放慢施工速度的办法;或予以警告,在书面警告发出后的限期内(一般为28天)对方仍不按合同办事时,则可暂停施工。这种做法在许多情况下是相当见效的。

承包商在采取暂停施工时,要引证工程项目的合同条件或工程所在国的法律,证明业主违约,如:不按合同规定的时限向承包商支付工程进度款;违反合同规定,无理拒绝施工单价或合同价的调整;拒绝承担合同条款中规定属于业主承担的风险;拖付索赔款,不按索赔程序的规定向承包商支付索赔款等。

索赔既是一门科学,同时又是一门艺术,它是一门融自然科学、社会科学于一体的边缘科学,涉及到工程技术、工程管理、法律、财会、贸易、公共关系等在内的众多学科知识。因此索赔人员在实践过程中,应注重对这些知识的有机结合和综合应用,不断学习,不断体会,不断总结经验教训,这样才能更好地开展索赔工作。

第六节 (咨询)监理工程师在处理索赔中的职责

一 工程师之特殊地位和作用

在工程的承包施工中,咨询(监理)工程师在工程项目的实施中起着举足轻重的作用。因此,论述他在处理施工索赔中的职责以前,有必要对工程师的地位和作用予以简要叙述。

在国际工程承包中,没有与我国建设监理制度中的监理工程师完全对应的称呼,代之以咨询工程师或工程师。咨询工程师或工程师(在本书中二者不加区别)在国际工程承包中具有特殊的法律地位及重要作用。其所以有“特殊地位”,是因为:

(1)在工程项目的施工协议书上,咨询工程师不是施工合同的签约者,“合同双方”是指业主和承包商。但是,在合同条款中赋予他很大的权力,由他监督管

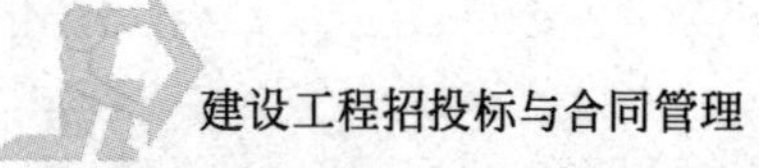

理合同项目的实施。甚至当业主和承包商发生合同争端时，由工程师协调解决。工程师在法律地位上享有"准仲裁员"的作用。

(2)从经济关系上说，咨询工程师受雇于业主。业主通过竞争性招标，从许多参加竞争的设计咨询公司中，选择一个满意的作为自己工程项目的"工程师"，他们之间签订有"服务协议书"，他代表业主对工程项目的实施进行监督管理。但是，咨询工程师的工作绝不是完全站在业主的立场上处理问题，他的工作地位是独立性的，他在国际工程承包界是以"独立的工程师"的身份进行工作。

(3)咨询工程师必须"办事公正"，这是他开展技术咨询服务业务的基本原则和职业道德。工程师的这一"公正办事"的职业道德，是受国际工程承包界和国际工程金融组织密切注视和监督着的。世界银行投资的工程项目，其咨询工程师必须是在世界银行通过资审和登记的设计咨询公司。他们的工作表现经常受世界银行有关部门的监督检查。违背咨询工程师职业道德(办事公正)的工程师，将会被排除在世界银行登记册以外。

(4)在国际工程承包界，咨询工程师(监理工程师)的工作可以说是一种崇高的技术职业，因为他办事公正，采用先进的管理手段，有力地推动着国际工程承包管理工作水平不断提高；工程师虽然受雇于业主，但对业主的指示并不是"唯命是从"；如果不符合合同条件或国际惯例，他将不采纳业主的意见。工程师经常同承包商打交道，但他的职业道德准则不容许他从承包商那里获取利益。违背合同条件，片面袒护业主的单方面利益，损害承包商的合法利益；或者受贿于承包商，无原则地给承包商以好处，这样的工程师是丧失职业道德的工程师，是不合格的工程师。

二 工程师之任务

在国际工程的整个实施过程中，咨询工程师的任务可概括如下：

1.工程项目的筹划(设计)者

按照FIDIC合同条件，工程师应负责工程项目的设计工作，并计算工程量和造价；编制招标文件；协助业主完成招标、评标工作。在有的大型工程项目上，业主还聘雇咨询工程师参加工程项目规划阶段的可行性研究工作。

有些工程项目的业主，把设计工作委托给专门的设计机构完成，而在工程施工时另选施工监理单位。在这种情况下，为了工程项目的顺利实施，施工监理班子中应包括主要设计人员。

2.施工监理

在工程项目进入施工阶段时，咨询工程师作为业主的代理人，对工程施工进行监督管理。施工监理的任务包括三个方面:施工进度监理、工程质量监理以及工程投资监督。

3.合同管理

监督合同双方按合同文件的要求合作,要求承包商按施工技术规程施工,使业主得到一个符合设计的工程项目。当双方对合同的理解和实施发生矛盾时,工程师作为施工合同的中介人,授权对合同进行解释,以期迅速消除分歧,保证工程顺利建成。

工程师在合同管理工作的一项重要任务,是处理施工索赔问题。

综合上述,可把咨询工程师称为:实施合同的中介人;工程项目的设计者;工程施工的监督者;合同纠纷的准仲裁员;工程资料的汇总者。通过咨询工程师的辛勤工作,业主从他手中接过该工程的全套资料,从承包商手中接过一个符合设计的工程项目。

三 工程师对索赔的管理

在国际工程施工的索赔和反索赔工作中,咨询工程师(监理工程师)起着十分重要的作用。一个工程项目的索赔工作能否处理好,既取决于工程师的业务水平,也取决于工程师的工作责任心和职业道德水准。

工程师在索赔管理工作中的任务,主要包括以下两个方面:

1.预防索赔发生

在工程项目承包施工中,索赔是正常现象,是一项难免的工作。尤其是规模大、工期长的土建工程,索赔事项可能多达数十项。但是,从合同双方的利益出发,应该使索赔事项的次数减至最低限度。在这里,工程师的工作深度和工作态度起很大作用,他应该努力做好以下工作:

(1)做好设计和招标文件。

工程项目的勘察设计工作做得仔细深入,可以大量减少施工期间的工程变更数量,也可以避免遇到不利的自然条件或人为障碍,不仅可以减少索赔事项的次数,也可保证施工的顺利进行。

(2)协助业主做好招标工作。

招标工作包括投标前的资格预审,组织标前会议,组织公开开标,评审投标文件,做出评标报告,参加合同商签及签订施工协议书等工作。

为了减少施工期间的索赔争议,要注意处理好两个问题:一是选择好中标的承包商,即选择信用好、经济实力强、施工水平高的承包商。报价最低的承包商

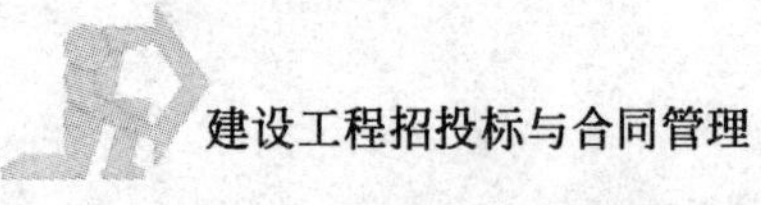

不一定就是最合适中标的承包商。二是做好签订协议书的各项审核工作，在合同双方对合同价、合同条件、支付方式和竣工时间等重大问题上彻底协商一致以前，不要仓促地签订施工合同。否则，将会带来一系列的争议。

(3)做好施工期间的索赔预防工作。

许多索赔争端都是合同双方分歧已长期存在的暴露。作为监督合同实施的工程师，应在争议的开始阶段，就认真地组织协商，进行公正地处理。例如，在发生工期延误时，合同双方往往是互相推卸责任，互相指责，使延误日益严重化。这时，咨询工程师应及时地召集专门会议，同业主、承包商一起客观地分析责任。如果责任难以立刻明确时，可留待调查研究，而立即研究赶工的措施，采取果断的行动，以减少工期延误的程度。这样的及时处理，很可能使潜在的索赔争端趋于缓和，再继以适当的工程变更或单价调整，使索赔争端化为乌有。

在签订工程项目的施工合同时，如果对工程项目的合同价总额没有达成明确一致的意见，或者合同双方对合同价总额有不同的理解，或者合同一方否认了自己在合同价总额上的允诺，都会使合同价总额含糊不清，双方各执一词，必然会形成合同争端，最终导致索赔争端。这种情况，合同双方在签订施工协议书以前，都应慎重仔细地办理，避免合同争端。

2.及时解决索赔问题

当发生索赔问题时，工程师应抓紧评审承包商的索赔报告，提出解决的建议，邀请业主和承包商协商，力争达成协议，迅速地解决索赔争端。为此，工程师应做好以下工作：

(1)详细审阅索赔报告。对有疑问的地方或论证不足之处，要求承包商补报证据资料。为了详细了解索赔事项的真相或严重程度。工程师应亲临现场，进行检查和调查研究。

(2)测算索赔要求的合理程度。对承包商的索赔要求，无论是工期延长的天数，或是经济补偿的款额，都应该由工程师自己独立地测算一次，以确定合理的数量。

(3)提出索赔处理建议。对于每一项索赔事项，工程师在进行独立的测算以后，都必须写出索赔评审报告及处理建议，征求承包商的意见，并上报业主批准。

对于工程师的索赔处理意见，如果承包商不同意，或者承包和业主都不满意时，工程师有责任听取双方的陈述，修改索赔评审报告和处理建议，直到合同双方均表示同意。如果合同双方中仍有一方不同意，而且工程师坚持自己的处理建议时，此项索赔争端将按照合同约定提交仲裁。

四 监理工程师在处理索赔中的地位之争议

(一)咨询(监理)工程师的道德准则

国际咨询工程师联合会(FIDIC)于 1991 年在慕尼黑召开的全体成员大会上,讨论批准了 FIDIC 通用道德准则。该准则分别从对社会和职业的责任、能力、正直性、公正性、对他人的公正共 5 个问题 14 个方面规定了咨询工程师的道德行为准则,其中有如下的规定。

1.对社会和职业的责任

(1)接受对社会的职业责任;

(2)寻求与确认的发展原则相适应的解决办法;

(3)在任何时候,维护职业的尊严、名誉和荣誉。

2.能力

(1)保持其知识和技能与技术、法规、管理的发展相一致的水平,对于委托人要求的服务采用相应的机能,并尽心尽力;

(2)仅在有能力服务时才进行。

3.正直性

在任何时候均为委托人的合法权益行使其职责,并且正直和忠诚地进行职业服务。

4.公正性

(1)在提供职业咨询、评审或决策时不偏不倚;

(2)通知委托人在行使其委托权时可能引起的任何潜在的利益冲突;

(3)不接受可能导致判断不公的报酬。

我国至今还没有一个完整、系统的关于工程咨询方面的法律和规章制度。但我国工程建设监理制度在制定之初就对明确界定,我国的工程建设监理是专业化、社会化的建设单位项目管理,所依据的基本理论和方法来自建设项目管理学,对工程监理企业和监理工程师的要求也提出了独立、公正的要求。我国法律和法规对监理工程师所提出的职业道德要求,基本参照了国际上咨询工程师道德准则,以保证监理工程师在维护建设单位利益的同时,维护或不损害承包商的合法利益。

(二)公正的法理学含义

1.公正的概念

公正,亦即公平、正义,它与秩序、自由、效率组成一个社会的价值体系,是现

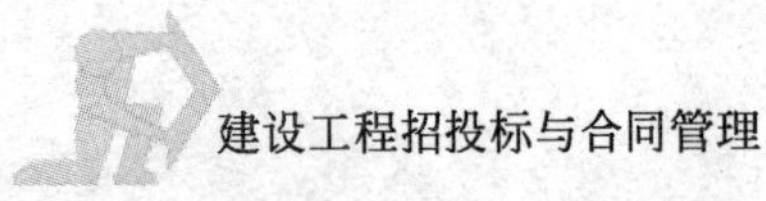

代社会法律制度所追求的社会目的。作为法律制度价值体系构成内容之一的公正是人类社会的崇高理想和美德。在中外学术著作中，公正也被赋予多方面、多层次的含义。有时公正是指一种德行（如"己所不欲，勿施于人"），有时是指一种对等（如"以其人之道还治其人之身"）；有时公正是一种形式上的平等，有时公正是指某种"自然的"理想的关系（如"自由、平等和博爱"在早期资产阶级看来就如此）；有人把公正作为法治或合法性来理解，也有人把公正理解为一种公正的体制。

2. 公正的标准

公正，具有形式公正标准和实质公正标准。而形式公正，它起源于古老的"自然公正"原则。而自然公正的概念通常表示处理纷争的一般原则和最起码的公平标准，它包含了这样两项最低限度的程序公正标准：一是任何人不能审理自己或与自己有利害关系的案件，即任何人或团体不能作为自己案件的法官；二是任何一方的诉词都要被听取，即今天所谓任何人或团体在行使权力可能使别人受到不利影响时，必须听取对方意见，每个人都有为自己辩护和防卫的权力。现代法律中关于回避的制度、辩论、质证制度即来源于此。而一个完整的公正的含义，至少应包含如下几方面标准：中立（与偏颇、偏私对应）、平等（与差别对应）、公开（与秘密对应）、科学（与任意、擅断、愚昧对应）、效率（与浪费对应）、文明（与野蛮对应）。

第一，中立是指"与自身有关的人不应该是法官"，它隐含这样的意思，即纠纷的解决者在所解决的纠纷中不应含有个人的利益，同时纠纷解决者不应有支持或反对某一方的偏见。

第二，平等是指无差别对待，即在争端中对"各方当事人的诉讼都应给予公平的注意"、"纠纷解决者应听取双方的论据和证据"。

第三，公开是指程序活动过程对当事人、利害关系人及社会公开进行，并告知和保证参加机会。除涉及个人隐私、商业秘密或国家机密外，一般情况下均采用公开程序。有公开性派生出来的是公开条件下的辩论和质证原则。

第四，科学是指程序中的各种活动与解决纠纷的目的是否具有必然的因果联系问题。解决纠纷应当以理性推演为依据和基础，因为公正是排除任意性的。合乎理性的推演应当参照纠纷活动所展示出来的那些材料，即当事人所提出来的论据和证据。如果某种程序活动（如证明活动）与证明结论没有客观必然联系的话，它就是一种带有巫术性质的程序。

第五，效率是指解决纠纷的程序成本与纠纷解决结果之间的关系问题。比如程序必须与纠纷的复杂程度相适应，简单的纠纷应该以简单的程序进行，以尽可能缩减程序的成本。

第六,文明是指程序应当合乎文明与生活道德。如果纠纷解决程序中存在外部行为的冲突,甚至武力争斗,粗暴对待被告等等,那么它就没有任何文明可言。而增加调解和互谅的方法,一定程度上体现和适应了现代精神文明。

(三)咨询(监理)工程师公正性的定位

1.我国现行法律、规章制度的规定

咨询(监理)工程师展开咨询(监理)业务是受委托人之委托而对特定的业务提供智力(技术、管理)服务。我国建筑法规定,建设监理是受建设单位委托并代表建设单位对工程建设的实施进行监督、管理。在项目的实施过程中,业主与承包商是具有独立要求的建筑市场利益主体。我国《建设工程监理规范》要求,监理工程师展开工作时,应公正、独立、自主,维护建设单位和承包商的合法利益。正是因为有这样的法律、规章,当业主与承包商之间有合同纠纷时,在程序上要求双方均应先提交咨询(监理)工程师处理。当对咨询(监理)工程师的决定不满意时,再提交仲裁或诉讼。因为咨询(监理)工程师在处理纠纷中的特殊地位,咨询(监理)工程师有准仲裁者之称。

2.效率原则与公平原则之争

咨询(监理)工程师担任合同纠纷准仲裁者,这种制度在西方国家至今已存在有200余年,并得到业界的普遍认可。其原因之一是在大量的合同纠纷处理中,由咨询(监理)工程师按程序调节处理,程序简单、成本(费用、时间)节省。

"效率"与"公平"历来是经济学的永恒话题,既古老又新鲜。在"效率"与"公平"之间的关系上,现代的观点认为,在宏观层面上,要求"效率优先,兼顾公平",但在微观(合同)层次上,公正原则要优先于效率原则。人类社会毕竟不同于自然界中的动物,动物可以弱肉强食,适者生存。人类社会在经济上对效率的追求,要受到人们对社会普遍认同的(有关公正的)价值观的制约,超越了这一点,就会因公平的丧失而导致效率的下降、人类福祉的减少。而这正是现代合同的"公平原则"的要求。现代合同的"公平原则"已彻底"否定"合同的"效率原则",一跃而成为合同的第一要素。现代合同观所体现的提高经济效益之目标是以不损害合同"公平原则"为前提的。换言之,提高效益应当与公平、正义的实现不发生矛盾和冲突。如果强调合同效率原则而忽视合同正义要求,必然将陷入功利主义和非道德的分析方法之中,这对整个社会和社会道德、秩序的维护是不利,也与我们所信奉的社会价值观背道而驰。

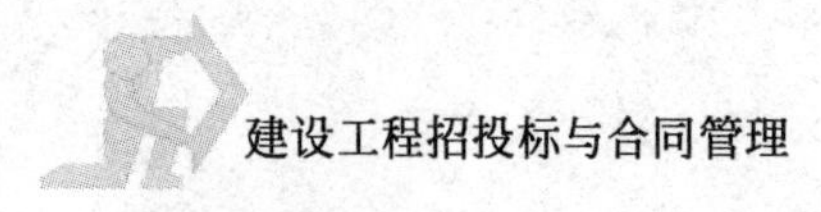

(四)发展方向

对咨询(监理)工程师在职业道德的上要求公正、独立、自主,在合同中也明确约定咨询(监理)工程师要维护建设单位的合法利益,同时也要求维护承包商的合法利益,将使得咨询(监理)工程师的合同角色存在错位或混乱。咨询(监理)工程师的"公正性"近来越来越受到业界的质疑。这正如在法庭上原被告一方委托的辩护律师在极力为其委托人辩护的同时还要维护另一方的利益。这在理论上、逻辑上似乎有悖论之嫌,在实践上将使得我国建设监理制度陷入两难、尴尬境地。

正是基于对现代合同公平原则的认同,一些国际上有远见的施工合同条件已经采纳现代合同原则,将合同的公正原则置于合同的第一原则。在 FIDIC 出版的各种合同的通用条件中,明确将工程师定义为业主的雇佣人员。FIDIC(1999 年第一版)和 NEC 施工合同条件(1995 年版)现已摒弃咨询(监理)工程师担任合同争议准仲裁者制度,而代之以与合同无任何关系的第三人 DAB(Dispute Adjudiction Board)委员会来担任准仲裁者这一角色,将咨询(监理)工程师仅仅限定在业主的代理人这一角色。FIDIC(1999 年第一版)和 NEC 工程施工合同条件(1995 年第二版)中关于工程师的重新定位及引进 DAB 委员会来担任准仲裁者这一制度,这无疑是我国建设监理制度的未来发展方向。

第七节 国际工程施工索赔综合案例

一 工程项目概况

(一)工程简介

山西省万家寨引黄工程是一项大型跨流域引水工程,主要任务是从根本上解决太原、大同和朔州等重工业城市的水资源紧缺问题。工程引水水源为黄河万家寨水利枢纽。整个引水工程由总干线、北干线、南干线和连接段组成。输水线路总长 452.41km,设计年引水量为 12 亿 m^3。

工程南干线全长 101.76 公里,主要由 7 条隧洞组成,设计流量 25.8m^3/s,年引水 6.4 亿 m^3。南干线被划分为两个国际标段,其中国际II标输水线路全长 49.48km,沿线构筑物包括 4 号隧洞、西平沟渡槽、5 号隧洞、木瓜沟埋涵、6 号隧洞、温岭埋涵，其中隧洞总长 47.7km；国际 III 标输水线路全长41.447km，沿线构筑物包括 7 号隧洞北段、7 号隧洞南段、出口节制闸、消力池、明渠等，其中隧洞总长 40.975km。

各隧洞除进出口共计 1 690m 的局部洞段采用常规方法开挖衬砌外，其余 86.98km 长的洞段采用 4 台隧洞掘进机（TBM）施工。如此大规模的 TBM 施工在我国尚属首例。

TBM 是 Tunnel Boring Machine 的缩写，即隧洞掘进机。它自 20 世纪 50 年代在国外发展，经过不断的改进完善，近十多年来得到越来越广泛的应用。

TBM 借助于机械推力，使装在刀盘上的若干个滚刀旋转和顶推，使岩石在切割和挤压作用下破碎。掘进时，通过推进缸给刀盘施加压力，滚刀旋转削碎岩体，由安装在刀盘上的铲斗转至顶部通过皮带机将石渣运至机尾，卸入其他运输设备运走。在条件适合的情况下，TBM 施工具有掘进速度快，支护及衬砌工作量小，电力驱动污染小等优点。

由于隧洞长而施工工期短，隧道衬砌设计采用了适用于 TBM 高速掘进的"蜂窝管片"系统，包括管片、机械连接销、导向杆、止水条等组件。每个衬砌环由底拱、两侧边拱和顶拱等 4 块管片组成，沿洞轴方向成蜂窝状排列。管片呈六边形，沿洞轴方向宽度 1.4m。管片的厚度根据地质条件的不同，II 标为 22cm，III 标为 25cm。在管片的周边预先安装有橡胶止水条，在管片安装后起到环纵向缝和环向缝的止水作用。岩石开挖面和管片之间的环状空腔用豆砾石回填灌浆处理，即在每环管片安装后立即喷入粒径 5～10mm 的级配豆砾石，随后再进行水泥回填灌浆。

（二）合同授予

引黄工程土建国际 II 标、国际 III 标工程作为世行贷款建设项目，通过国际竞争性招标方式选择承包商，施工合同被组合授标于意大利英波吉洛公司（牵头公司）（48％股份）、意大利 CMC 公司（42％股份）和中国水利水电建设第四工程局（10％股份）组成的万龙联营体（WLJV）。

业主最初任命山西黄河水利工程咨询有限公司（YREC）为工程师，2000 年 3 月起改由中国水利水电建设工程咨询北京公司（BBC）担任工程师。宾尼布莱克·维奇、麦克唐纳联营体（BBV/MM）担任施工监理咨询。

工程的设计方为水利部天津水利水电勘测设计研究院。由加华电力公司和 D2 联营体（CCPI/D2）担任设计咨询。CCPI 公司还向业主提供了合同管理协助咨询服务。

本项目业主为山西省万家寨引黄工程总公司(YRDPC)。

(三)合同数据

国际 II/III 标合同的主要数据如下表示：

	II 标	III 标
开工令颁发日期	1997.9.1	1997.9.1
合同竣工日期	2001.8.31	2001.8.31
基本完工日期(按照和解协议)	2001.10.31	2001.10.31
缺陷责任期	2 年	2 年
投标价格	US$103 746 608(等值)	US$106 773 192(等值)
合同价格	US$95 555 077(等值)：RMB350 930 973＋US$18 824 696.95＋ITL47 236 302 018.15＋FFr38 422 402.20	US$98 623 028(等值)：RMB345 341 928＋US$19 605 948.12＋ITL50 865 346 674.04＋FFr43 199 656.77
完工签证金额	US$115 975 719(等值)	US$108 066 698(等值)
履约保函(按合同价比例)	10%	10%
预付款(按合同价比例)	15%	15%
保留金(以保函替代)	5%	5%
最低支付签证	US$750 000(等值)	US$750 000(等值)
误期损害赔偿金(每日)	US$30 000	US$30 000
材料信贷	75%	75%

(四)争议解决机制

1. DRB

DRB 是 Disputes Review Board 的缩写，即争议评审委员会。它首先于 20 世纪 80 年代在美国的地下工程合同中得到应用，以后推广到其他工程项目及世界其他地方，包括在世行贷款项目中经常采用。

为了从组织、形式上保证 DRB 解决争议的公正性，DRB 是由业主和承包商各选一位与本工程各方无瓜葛的资深专家作为委员，再由这两位委员推举一位同样条件的专家作为委员会的第三成员，并由第三名成员其来担任 DRB 的主席。这三位委员都要得到业主和承包商双方的认可，他们的一切开支则由合同双方分担。

DRB 应是本项工程领域内的专家，并具有相当的权威性，他们当中应有人熟悉工程合同管理及有关法律。DRB 一般在签订合同时就写入合同中，在签订合同后很快组建起来，它的功能是设法避免产生合同争议和在发生争议之后及时予以解决。

国际 II/III 合同规定了两阶段的争议解决程序，即争端审议委员会(DRB)程序和仲裁程序。

按照合同，所有争议必须首先提交 DRB 听证并出具建议书。如果一方或双方拒绝了 DRB 的建议，并且在收到建议书后 14 天内发出仲裁意向通知，争议才可以进入仲裁程序。

1998 年 1 月，按照世界银行标准招标文件的要求，业主和承包商任命了各自的争议审议委员会委员，两位委员指定了一名主席，三名成员共同组成国际 II/III 标 DRB。这三位委员分别是：

Mr. Harry A. Foster，主席

Mr. Anthony E. Pugh，业主任命的成员

Mr. James J. Brady，承包商任命的成员

按照合同特殊条款 67 条，DRB 程序的步骤依次如下：

合同一方向另一方发出书面“争议通知”(以信函形式)，详细说明争议的缘由，要求另一方在 14 天内作出答复；

若对方未在规定时间内作出答复，任一方均有权将争议提交给 DRB，请求 DRB 作出建议；

DRB 召集合同双方及工程师举行听证会；

DRB 在收到提出方“建议书申请”后的 56 天内作出建议书。

2. 国际 II、III 标的 DRB 程序

国际 II、III 标实际采用的 DRB 程序如下：

(1)听证前。

①承包商提交立场报告；

②业主提交立场报告。

(2)听证中。

①承包商陈述；

②业主陈述；

③承包商反驳；

④业主反驳；

⑤承包商最终意见；

⑥业主最终意见。

(3)听证后。

双方提交最后的书面反驳(如果有的话)，回答 DRB 听证时提出的问题或作其他评论。

DRB 应于听证结束后 56 日内提交建议书。

合同规定仲裁机构为瑞典斯德哥尔摩商会仲裁院(SCC)。仲裁规则为斯德哥尔摩商会仲裁规则，仲裁语言为英语，仲裁地点为斯德哥尔摩。

需要说明的是，在 1999 年第一版 FIDIC 中规定的争议解决机制是 DAB (Dispute Adjudication Board)委员会机制，其性质与组成、功能与 DRB 相同。

二 争议与 DRB 建议

国际 II/III 标合同执行过程中，承包商向 DRB 递交了 16 项较大的争议。这 16 项争议如下表所示，其中的“主题”分别列出了承包商立场报告的标题和 DRB 建议书的标题。

<table>
<tr><th>争议序号</th><th>主　题</th><th>听 证 时 间</th></tr>
<tr><td>DRB1</td><td>WLJV:要求延期和赶工指令(涉及 1997.9—1998.12 期间)
DRB:工期延长</td><td rowspan="3">1999 年 11 月</td></tr>
<tr><td>DRB2</td><td>WLJV:衬砌设计对规定要求的适应性，DRB 决定其合同后果和双方合同下的责任
DRB:管片设计/质量</td></tr>
<tr><td>DRB3</td><td>WLJV:工程师未能按合同 60 款签证
DRB:签证不足</td></tr>
<tr><td>DRB4</td><td>WLJV:混凝土规范的不同解释及其后果
DRB:混凝土技术规范</td><td rowspan="2">2000 年 5 月</td></tr>
<tr><td>DRB5</td><td>WLJV:未能就所遇到的影响隧道掘进和永久衬砌的条件发布恰当及时地指令
DRB:影响隧道掘进和衬砌的条件</td></tr>
<tr><td>DRB6</td><td>WLJV:要求延期和支付推断赶工(涉及 1997.9～工程完工的时间)
DRB:第 2 号延期/推断赶工</td><td rowspan="2">2000 年 11 月</td></tr>
<tr><td>DRB7</td><td>WLJV:现场治安/环境—缺乏业主的协助
DRB:现场治安/环境</td></tr>
</table>

续上表

争议序号	主　　题	听 证 时 间
DRB8	WLJV:豆砾石回填灌浆和工程移交(4号洞和6号洞) DRB:豆砾石回填灌浆	2001年5月
DRB9	WLJV:当地币价格调整—适当指数和评估 DRB:当地币价格调整	
DRB10	WLJV:止水条指令变更—工程师未能按52款适当的签证款额 DRB:止水条	
DRB11	WLJV:关税/增值税返还 DRB:海关税	
DRB12	WLJV:4号洞进口01支洞封堵的支付 DRB:01支洞封堵	2001年10月
DRB13	WLJV:管片混凝土强度和额外混凝土试验 DRB:额外的混凝土试验	
DRB14	WLJV:TBM拆卸洞室的支付(III标) DRB:拆卸洞室	2001年10月
DRB15	WLJV:T7:管理地下水 DRB:管理地下水	
DRB16	WLJV:工程师权利,移交签证和所谓的缺陷 DRB:工程师的权利	2002年2月

这16项争议出现后,DRB先后组织了6次听证会,并对每个争议出具了建议书。承包商、业主对DRB的16项建议书同时都接受的少,大部分争议(金额超过一亿美元)按照合同争议解决的规定,走完DRB程序,进入最后仲裁程序。

三 争议解决

业主在积极进行仲裁准备的同时,也没有放弃通过协商解决双方存在的争议。

从2001年5月起,业主仲裁准备工作组根据引黄总公司确定的"不希望仲裁,但也不怕仲裁"、"仲裁、协商两手准备"的方针,与承包商开始就协商解决的可能性进行讨论,以期找到一种可将双方都能接受的方式,这种方式应保证即使友好解决不成,双方在DRB或仲裁程序中的立场也不会受到损害。

2001年7月,CCPI、BBV/MM和工程师应用不同的方法,对业主在仲裁中的潜在责任进行了分析,并对协商解决的最低责任费用进行了评估。然后三方将各自得到的最终金额进行了比较及分析。

2001 年 12 月，业主组织工程师对所有的争议、潜在争议、承包商声称未解决的变更、业主的反索赔进行了详细的评估，并提出了建议的谈判方案。

为了加快解决引黄工程国际 II/III 标的合同争议进程，业主在组织认真准备仲裁工作的同时，与承包商就通过友好协商解决合同争议问题进行了多次讨论。在取得基本共识的条件下，2002 年 1 月 9 日—11 日及 2 月 2 日—3 日，应承包商方面提议，双方进行了两轮谈判，但在费用补偿额度上未能取得一致。2 月23 日至 3 月 4 日，应万龙联营体董事长马万尼先生和英波吉洛、CMC 两公司的邀请，王新义局长、卫耕润副总经理等对两公司总部进行了友好访问，双方借此机会又进行了第三轮会谈。通过艰苦的协商，双方就合同争议涉及的费用补偿和其他问题达成了一揽子解决的协议。

(一)第一轮谈判

2002 年 1 月 9 日至 11 日，双方在太原举行了第一轮正式谈判。双方通过充分讨论，签署了保密协议和有关于谈判基础的谅解备忘录。对费用的谈判，承包商首先提出他们愿意把仲裁申请中的索赔额由 1.06 亿美元降到 7 000 万美元。而业主提出能够补偿给承包商的最高费用金额不超过 960 万美元。随后承包商考虑到通过友好协商解决争议，可以节省费用，承包商开始将要求得到的补偿将至 5 600 万美元，继而又把要求将为 4 000 万美元。而业主提出可补偿承包商的最高额度不超过 2 000 万美元。在业主对承包商的要求逐项反驳后，承包商把补偿要求又将低至 3 800 万美元，而业主坚持最高可补偿的费用不能超过 2 200万美元。由于双方无法取得一致，承包商建议双方休会，择日再谈。

(二)二轮谈判

同年 2 月 2 日至 3 日，双方在太原进行了第二轮谈判。双方在上次谈判到 2 200 万美元和 3 800 万美元补偿费用的基础上进行了认真的深入讨论，承包商基本上认可了业主关于双方都回到 DRB 建议的基础上来的意见。并把总的补偿要求降到为 3 500 万美元。业主在经过认真分析和研究后，提出同意补偿 2 390万美元。双方对争议涉及的具体问题进行了详细的讨论，以期能够促进相互的理解，尽量达成一致。最后承包商提出他们的补偿要求无论如何不能低于 3 360 万美元。由于承包商不愿在作让步，使得双方的谈判又停顿下来。

(三)第三轮谈判

1. 准备情况

第二轮会谈结束后，业主负责人会见了承包商代表。会见结束时，万龙联营体董事长马万尼先生和CMC代表弗斯迪先生分别代表两公司总裁及万龙联营体邀请业主负责人等人于2月底或3月初(即3月中旬斯德哥尔摩仲裁听证会开始之前)赴意大利英波吉洛和CMC总部访问,并表示希望届时继续讨论解决争议问题。

为了争取在下一轮谈判时掌握主动,业主组织工程师、律师和国际咨询专家对通过仲裁可能做出的裁决结果以及下一轮谈判时承包商可能作出让步的程度和谈判可能取得的结果进行了分析。专家和律师们认为,仲裁作出补偿承包商相当于其索赔额30%~40%的可能性较大。即使按承包商申请数额的30%计算,仅前10项争议的费用就要3 500万美元,加上BOQ和变更应支付340万美元,则总的费用为3 840万美元,扣除通过反索赔可以扣回的费用(根据工程师分析,业主可能得到仲裁庭支持的部分仅为180万美元),业主最终支付给承包商的费用要在3 600万美元以上。加上到2003年6月所需支出的律师费、专家费用和仲裁费用约800万美元,总支出可能最少在4 400万美元左右。显然如果能够通过友好协商解决问题,无论从费用补偿方面考虑还是从下一步工作安排方面考虑,都利大于弊。

考虑到在通过前两轮谈判后,双方的差距虽然仍然较大,但承包商基本上接受了业主提出的双方均应以DRB建议为基础进行讨论的建议,而且双方在大多数问题上基本取得了一致,且鉴于双方的差距已由原来非常悬殊的数额缩小到约900万美元,说明谈判双方都是有诚意的,通过第三轮谈判解决所有争议较有希望,因此,经请示省政府并经办公会议研究,业主决定接受承包商的邀请,赴意大利对英波吉洛和CMC公司进行访问,并借此机会继续与承包商进行谈判。

2.会谈情况

同年2月25日至3月1日,双方在米兰就费用问题和一揽子协议的有关条款进行了为期5天的谈判。同前两次一样,会谈开始,首先由双方代表进行谈判。双方经过长时间的讨论,承包商坚持所要求的费用无论如何不得低于3 200美元,而业主根据预先研究确定的方案,提出可补偿费承包商的费用最高不会超过2 800万美元。由于双方的谈判难于继续往下进行,使得原定双方负责人的会见时间只的一推再推,最后业主负责人和英波吉洛总裁罗白尼先生亲自参加,双方进行了长达5个小时的艰苦谈判。先是承包商要求的3 200万美元,一分不降。最后业主负责人提出为了表明业主的友好和合作诚意,业主愿意在已经让步的基础上再让一步,即一揽子补偿额度为3 000万美元,双方不再讨价还价。为了获得更多的补偿,承包商希望暂停谈判,第二天继续进行,业主坚持必须当天谈定,要么承包商接受业主的提议,要么双方继续走仲裁的路子。承包商最后坚持认为3 000万美与实在无法接受，即使再增加50万美元也可。业主当即予以回绝。

双方最终同意了3 000万美元的补偿数额，这其中包括争议涉及的补偿费用2 960万美元(含双方签署协议日期之前发现的任何正式的或潜在的争议，无论是否向DRB或仲裁庭提出)，由于承包商责任引起的缺陷责任和未完工程扣款300万美元，以及按照BOQ和变更令应由工程师签证支付给承包商的其他工程费用340万美元。双方还同意将人民币和外币的比例调整为人民币和美元各50%。即人民币12 414.75万元(相当于1 500万美元)，美元1 500万美元。

关于和解协议的谈判，双方是以承包商及其律师准备的草稿开始讨论的，双方进行了多个回合的谈判，十易其稿，最后达成一致。在谈判过程中，业主充分发挥了咨询专家和律师的作用，咨询专家和律师在谈判文稿上从语言上、法律上、合同上进行把关。

四 业主对谈判结果的评价

业主认为，要准确地分析国际II/III标所有争议涉及的费用到底应该是多少，是非常困难的事情。因为双方争议的焦点主要集中在设计是否有缺陷和由于地质原因、设计变更的原因和业主场地迟交等原因是否给承包商带来工期延误和费用损失。根据DRB所做的建议，这些方面对业主都是不利的，因此通过仲裁获得更好结果的可能性并不是非常大。双方最终达成的结果基本上是以DRB建议为基础计算的，这对双方来说都应该是一个较为合适的结果。因为至少双方都省去了一笔律师费。而且根据专家们分的分析，通过仲裁业主支付的费用可能会更高(估计最少在4 400万美元左右)。而目前双方通过协商达成的总补偿费用仅占承包商仲裁申请费用的约26%。

考虑双方签署的一揽子协议后，国际II/III标合同的总价值将达到2.24亿美元(已支付1.94亿+协议确定的3 000万美元)，占原合同价(1.942亿美元)的115.3%，占工程概算(2.34亿美元)的95.7%。争议补偿费用(2 960万美元)占原合同价格的比例为15.2%。

本章小结

工程索赔是指在工程合同履行过程中，合同当事人一方因非自身原因或对方不履行或未能正确履行合同约定而受到经济损失或权利损害时，为保证自己合同利益的实现而向对方提出经济或时间补偿的要求。索赔的目的一是经济上的补偿，二是工期上的补偿。工期补偿其实质仍然是经济上的补偿。

索赔遵循客观性原则，合法性原则及合理性原则。

从承包商角度来讲，可导致向对方提出索赔的事件有：发包人未按合同履行基本义务，发包人未及时拨付工程款项，发生了发包人应承担的风险，设计及指令错误，发包人要求加速施工，发包人不正当地终止工程及其他能够导致索赔的事件。

不同的合同文本对合同义务的约定不一样，自然合同履行起来索赔的依据会略有不同，但索赔的证据、程序、分析方法基本是相同的。

思考题

1. 总价合同是承包商完成合同规定的工作，获得一批固定的工程款额，这个总款额中包含着一定的预防风险的金额。因此，不少业主认为，总价合同款额中已考虑了承包施工的风险，因此不应再要求索赔。你同意这种观点吗？如果你认为这个观点不符总价合同的条件，那么请你逐条列出你的理由，或者用国际合同条件来论证你的观点的正确性。

2. 在我国一些工程项目上（对外国的承包商来说，我国的项目是他们从事的海外工程），有的已经采用了 DAB 委员会来解决合同争论（主要是索赔争端）问题。你认为，这种调停方式的优缺点是什么？

3. 在国际工程施工索赔实践中，要索赔到利润和利息比较困难些，但仍是可索赔的。请你详细写出在哪种情况下可索赔到，哪些情况下难以索赔到，哪些情况下根本不能索赔？

4. 施工索赔是工程合同管理工作中的一个组成部分，但由于其重要性和困难性，往往被国际工程合同专家们视为一门专门的学问。有人把施工索赔说成“是合同管理知识的集中表现”，“是维护各自合同利益的高级形式。”请谈谈你的看法。

5. 在承包商的合同管理工作中，应把索赔管理放在重要地位，并贯彻在工程合同管理的全过程。你以为承包商在索赔管理工作中最主要的是抓好哪几项？

6. 有人把工程变更引起的工程款增收列入施工索赔款的范畴内，使索赔款的总额变得很大。这样做对吗，为什么？请你举例说明工程变更与索赔的关系。

7. 每个工程项目的合同条件中，或多或少地总是包含着一些对业主的“开脱性条款”，这就给承包商进行索赔工作设下陷阱。因此，在投标报价以前就要仔细识别这些陷阱，以免亏损或破产。请你选取一个工程项目的合同条件文本，详细列出其中包含的这种开脱性条款。

8.在国际工程施工索赔实践中，业主对承包商反索赔的案例比承包商对业主索赔的案例要少得多，这是为什么？请你详细地列出原因。

9.在施工索赔实践中，“道义索赔”的成功意味着业主、承包商和工程师之间存在着良好的合作关系。良好的合作关系是在工程实践中的合同双方都应争取做到的，它对合同双方利益的实现都有益处，有助于合同目的的实现。请你论述如何达到良好的合作。

10.在国际工程承包施工中，既然索赔是必不可少的、正常的现象，但为什么又要提出预防索赔或减少索赔的要求，这是为什么？预防索赔是否对承包商也有益处？

古人论财富

子曰："富而可求也，虽执鞭之士，吾亦为之。如不可求，从吾所好。"

孔丘《论语·述而篇》

附录 1

优秀合同谈判人员的 28 个特征

1. 谈判准备充分，计划周密；
2. 对谈判的议题十分清楚；
3. 面对压力和复杂情况，思维清晰、反应敏捷；
4. 过人的语言表达能力；
5. 善于聆听；
6. 卓越的判断力；
7. 有人格魅力；
8. 具有说服他人的能力；
9. 有耐心；
10. 行事果断；
11. 能赢得对手的尊重和信任；
12. 具有分析和解决问题的能力；
13. 自我控制能力强；
14. 善于洞察他人的心理；
15. 具有持之以恒的决心；
16. 以目标为导向，能见机行事；
17. 能洞察自己公司和对手公司的潜在需求；
18. 有能力领导和控制自己的队伍；
19. 谈判经验丰富；
20. 善于采纳不同的观点；
21. 强烈的进取心；
22. 在自己组织内部具有良好的沟通和协调技能；
23. 自信；
24. 能胜任不同的谈判角色；
25. 在自己组织内部有一定的地位；
26. 有幽默感；
27. 善于见好就收；
28. 辩论技巧。

附录 2

《世界银行贷款项目招标文件范本—土建工程国际竞争性招标文件》选录

第一卷

第一章　招标邀请书

招标邀请书格式

致__________[承包人名称]__________[日期]

__________[地址]

____

____

关于:世行贷款号、合同名称与招标编号

敬启者:

1.我们通知您,你们已经通过了上述合同的资格预审。

2.我们代表业主________________[填入业主名称]邀请你们与其他资格审查合格的投标人,为实施并完成此合同递交密封的投标文件。

3.按下述地址你们可在我们的办公处所获取进一步的信息、查阅并取得招标文件:________________[邮政地址、电报、电话和传真]。

4.在交纳了一笔不可退还得费用________________[填入金额和币种]后可购得一套完整的招标文件。

5.所有的投标文件均应按招标文件规定的格式和递交相应金额的投标保证金,并且应于________________[时间和日期]之时或之前送至下述地点:________________[地址和准确地点]。开标仪式随即开始,投标人可派代表参加。

6.请以书面形式(电报、传真或电传)立即确认已收到此函。如果您不准备参与投标,亦请尽快通知我们,我们将不胜感激。

您真诚的，

授权代表签名：________　　授权代表签名：________

姓名和职务：________　　姓名和职务：________

采购代理：________　　业主：________

第二章　投 标 须 知

A.准　　则

1.投标范围

1.1　招标资料表和投标书附录所定义的业主(下称“业主”),愿意接受为修建本文件第5、6、7、8及11章所描述的和招标资料表所概述的工程(下称“本工程”)而投的标。

1.2　预期中标的投标人应从开工之日起在招标资料表和投标书附录中规定的时期内完成本工程。

1.3　在整个投标书中,术语bid与tender(标书)以及其派生词bidder和tenderer,bid/tendered及bidding/tendering等(投标人、招标及投标等英文词语)都是同义词,而“日”均表示日历日。单数也具有复数意义。

2.资金来源

2.1　招标资料表中指明的借款人已经向/从国际复兴开发银行或国际开发协会(统称为“世行”)申请/得到了一笔等值于招标资料表所述美元金额的贷款或信贷(下称“贷款”)用以支付招标资料表中规定的工程的费用,借款人拟将此贷款的部分资金用于本招标合同项下的合理支付。

2.2　该项贷款的支付须经借贷人提出要求,由世行按照贷款协议条款的规定予以支付,并须在各方面符合贷款协议中的条款。如果世行认为某种支付或进口是联合国安理会根据联合国宪章第七篇作出的决定所禁止的,则贷款协议禁止从贷款帐户中提取金额,用以支付任何个人或实体,或用于进口任何施工机械、设备或材料。除借款人外,任何一方不得从贷款协议中得到任何权利,也不得请付贷款。

3.合格的投标人

3.1　本投标邀请书面向符合以下四项要求的任何投标人(包括联营体成员和投标人的全部分包人):

(a)投标人必须来自国际复兴开发银行和国际开发协会采购指南(下称“采

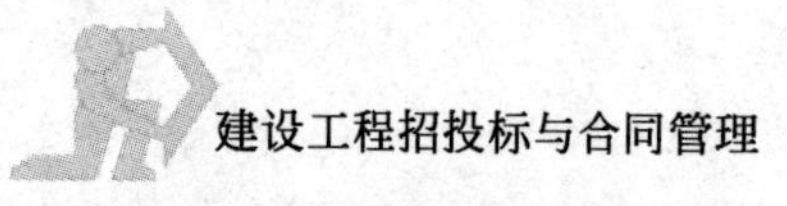

购指南”)中规定的合格货源国；

(b)投标人不应与下述任何一个公司或实体有关系：

(i)在本工程或作为本项目组成部分的工程的准备阶段已经向业主或借贷人提供了有关本工程的咨询服务的公司或实体；或

(ii)已被业主或借贷人雇用或拟被雇用作为本合同的工程师。

(c)投标人必须由业主通知已通过资格预审；

(d)投标人应不属于世行据第 39.1(c)款发布的具有腐败和欺诈行为而不合格的投标人行列。

3.2　当业主提出合理的要求时，投标人应提供令业主继续满意其资格的证明材料。

3.3　借贷国公有的企业可以通过资格预审，只要他们除满足上述所有要求外，他们在财务和法律上自主、依据商业法律运营，并且不是借款人或转借人的隶属机构。

4.合格的材料工程设备、供货、设备和服务

4.1　根据本合同所提供的全部材料、工程设备、供货、设备和服务必须来源于世行《采购指南》规定合格的国家，本合同下的所有开支也仅限于这些材料、工程设备、供货、设备和服务。

4.2　在本条第 4.1 款中，“原产地”是指开采、种植、生产或制造材料、工程设备、设备和其他供货点的地点，以及提供服务的来源地。

5.投标人的资格

5.1　作为其投标书的一部分，投标人应该：

(a)递交一份投标人委托签署投标书的书面授权书；

(b)更新所有随资格预审申请书递交的且已经变更的资料，务必更新在招标资料表中指明的资料，而且应使其继续满足资料预审文件中规定的最低要求。

投标人起码应更新以下资料：

(a)取得信贷额度和获得其他财务资源的证据；

(b)当年及今后两年的财务预测，包括现已获悉的合同承诺的影响；

(c)资格预审之后承诺的工程；

(d)最近的诉讼资料；及

(e)可利用的关键设备的情况。

5.2　由两个或两个以上公司作为合伙人组成的联营体递交的投标书应满足下述要求：

(a)投标书中应包括上述第 5.1 款指明的所有资料；

(b)投标书和中标后的协议书应予以签署，以使所有联营体成员均受法律约束；

(c)应推荐一家联营体成员作为主办人，且应提交一份由所有联营体成员的合法代表签署的授权书；

(d)应授权联营体主办人代表任何和所有联营体成员承担责任和接受指示，而且整个合同的实施(包括支付)应全部由联营体主办人负责；

(e)所有联营体成员应共同地和分别地对按合同条件实施合同承担责任。在上述(f)款的授权书及投标书和协议书(如中标)中应对此作出说明；且

(g)一份联营体各成员签署的联营体协议也应随投标书提交。

5.3　投标人还应提交足够详细的施工方法和进度建议书，以便说明投标人的建议书足以满足技术规范和上述第1.2规定的竣工时间。

5.4　欲申请在评标中享受百分之七点五(7.5%)优惠的单独的国内投标人或联营体中的国内投标人和中外联营体，应提供全部资料以说明其满足本须知第32条中所述的资格条件。

6.一标一投

6.1　每个投标人只应自己单独或作为联营体的成员投一个标，除了根据第18条递交选择报价外，投标人提交或参加一个以上的标均将被视为不合格。

7.投标费用

7.1　投标人应承担其投标书准备与递交所涉及的一切费用。不管投标结果如何，业主对上述任何费用不负任何责任。

8.现场考察

8.1　建议投标人对工程现场和周围环境进行现场考察，以获取那些需自己负责的有关投标准备和签署本工程合同所需要的所有资料。考察现场的费用由投标人自己承担。

8.2　业主应准许投标人及其代表为了考察现场而进入现场和有关场地。但明确规定：投标人及其代表不得让业主和其代表在考察中负任何责任，并应对由于现场考察而引起的死亡、人身伤害、财产的损失和损坏，以及任何其他的损失、损坏、开支和费用负责。

8.3　业主可将现场考察和第19条规定的标前会在同一时间内进行。

B.招 标 文 件

9.招标文件的内容

9.1　招标文件包含下述文件，它们应与按本须知在第11条发布的补遗书

共同阅读：

第 1 章　招标邀请书

第 2 章　投标人须知

第 3 章　招标资料表

第 4 章　第一部分——合同通用条款

第 5 章　第二部分——合同专用条款

第 6 章　技术规范

第 7 章　投标书、投标书附录和投标保函的格式

第 8 章　工程量清单

第 9 章　协议书格式、履约保函格式及预付款保函格式

第 10 章　图纸

第 11 章　说明性注解

第 12 章　资格后审

第 13 章　争端解决程序

10. 招标文件的澄清

10.1　要求澄清招标文件的投标人应按招标文件中规定的地址以书面或电报(电报包括电传和传真)的方式通知业主。凡在投标截止日二十八(28)天前递交的需澄清问题,业主均将予以答复。业主的答复(包括对问题的描述,但不指明出处)的附本将交给所有已购招标文件的投标人。

11. 招标文件的修改

11.1　在递交标书以前的任何时候,业主可能以补遗书的方式对招标文件进行修改。

11.2　根据第 9.1 款的规定,所有补遗书均将构成招标文件的一个组成部分,投标人应以电报方式尽快确认收到的每份补遗书。

11.3　为了使投标人在准备投标书时能有合理的时间将补遗书的内容考虑进去,业主应根据第 22 条的规定酌情延长递交投标书的截止时间。

C. 投标书的编制

12. 投标书的语言

12.1　投标书及投标人和业主之间交换的与标书有关的来往函电和文件,均应使用招标文件招标资料表和合同专用条款中规定语言。投标人递交的证明材料和印刷品可以是另外一种语言,但其中相关段落应配有上述规定的语言的准确译文,且投标书的解释以此译文为准。

13.组成投标书的文件

13.1　投标人递交的投标书应包含下列文件:正确填写的投标书格式和投标书附录、投标保函、已报价的工程量清单、被邀请提供的选择方案,及根据本须知要求投标人提供的其他信息或材料。第7和第8章所列的文件必须毫无例外地加以填写,但可以按同样格式加以扩展,投标保函的格式可按第17.2款的规定加以选择。

13.2　如果投标资料表中有规定,将此合同与其他合同组成一个包投标的,投标人应在投标书中予以声明,并且给出授予一个以上合同时所提供的任何折扣。

14.投标价格

14.1　除非招标文件中另有规定,本合同应指本须知第1.1款中所述的整个工程,并以投标人递交的工程量清单中的单价和价格为依据。

14.2　投标人应填报工程量清单中列明的所有工程项目的单价和价格,投标人未填报单价和价格的,项目业主在执行期间将不予支付,并将视此项目的费用已包含在工程量清单的其他单价和价格之中。

14.3　所有根据合同或由于其他原因,截至到投标日前二十八(28)天,由投标人支付的关税、税费和其他捐税都要包含在投标人呈报的单价、价格和总投标报价中。

14.4　除非招标资料表和合同专用条款中另有规定,投标人填报的单价和价格在合同执行期间将依合同条款第70条的规定予以调整。投标人应在投标书附录中为价格调整公式填写价格指数和权重系数,并随其投标书递交合同条款第70条要求的证明材料。业主可要求投标人修改其建议的权重系数。

15.投标货币和支付货币

15.1　投标货币应按招标资料表的规定,采用下述选择方案A或B。

选择方案A:投标人以当地货币报价

15.2　投标人应以招标资料表和合同专用条款中规定的业主所在国的货币报出其单价和价格。如果投标人预计有来自业主国以外的工程投入会产生其他币种的费用("外汇需求"),他应在投标书附录中列出其所需外汇需求占投标价格(除暂定金额外)的百分比(%),但外汇币种不多于3种世行成员国的货币,欧洲货币单位也应视为合格的币种之一。

15.3　投标人应在投标书附录中列明其为折算当地币种和上述第15.2款

所述百分比而采用的费率，此费率将适用于合同项下的所有支付，以使中标人免除汇率风险。

15.4　投标人应在投标附录中列出其外汇需求。

15.5　业主可能会要求投标人澄清其外汇需求，并证明包含在单价和价格中及列在投标书附录中的金额是合理的并符合第 15.2 款的要求。在这种情况下，投标人应递交一份详细的外汇需求明细表。

15.6　在工程进行中，合同价中未结算余额中外汇部分可能要调整，这种调整要有业主和承包人一致同意。调整的目的是反映本合同外汇需求按专用条款第 72.4 款发生的一些变化。任何这样的调整应通过投标书中报出的百分比(%)同本合同中已用的金额及承包人对进口物品未来外汇需求进行比较的方法来作出。

选择方案 A 结束

选择方案 B：投标人以当地货币和外币报价

15. 投标货币和支付货币

15.2　投标人应分别按下述货币报出单价和价格：

(a)对于投标人预计由业主所在国提供的工程投入量，以招标数据表和合同专用条款中规定的业主所在国货币报价。

(b)对于投标人预计从业主所在国以外提供的工程投入(外汇需求)以最多三种世行成员国货币报价，此时欧洲货币单位也被视为合格货币单位。

(15.3、15.4 和 15.5 使用选择方案 A 的同样内容，在选择方案 A 中的 15.6 中，以金额代百分比)

选择方案 B 结束

16. 投标书的有效期

16.1　自第 25 条规定的开标日算起，投标书应在招标资料表中规定的期限内保持有效。

16.2　在原投标有效期结束前，如果出现特殊情况，业主可要求投标人延长一个写明的时限。这种要求和答复应以书面和电报形式进行。投标人可拒绝这种要求而不失去他的投标保证金。同意延期的投标人将不被要求或允许修改其投标书，但需要相应延长投标保证金的有效期，并符合第 17 条的所有的要求。

16.3　合同价格为固定价格(不予调价的)的合同，如果投标有效期的延长超过八(8)周，应付给被选定为中标人的当地货币和外币的金额，将按招标资料表或要求延期函中为超过八(8)周的期限(从原定投标有效期终止日为止)所定的系数分别对当地货币和外币部分进行提价。评标仍以投标价为依据,而不考虑上述的价格修正。

17.投标保证金

17.1 作为其投标书的一部分,投标人应用招标资料表中规定的业主所在国的当地货币的金额或相当于该金额的一种可自由兑换的外币提供投标保证金。

17.2 根据投标人的选择,投标保证金可以是保兑支票,信用证或由在投标人选择的任一合格来源国有信誉的银行出具的保函。银行保函的格式应符合招标文件第7章的要求,经过业主的事先批准其他格式亦可采用。直至投标书的有效期后的第二十八(28)天且超过据第16.2款要求的延期,投标保证金均应保持有效。

17.3 对于未能按要求提供投标保证金的投标书,业主应视为不响应投标而予以拒绝。联营体应以联营体的名义提交投标保证金。

17.4 未中标的投标人的投标保证金应尽快退还,最迟不超过投标有效期满后的二十八(28)天。

17.5 中标人的投标保证金将在其签约并按要求提供了履约保证金后予以退还。

17.6 投标保证金将被没收

(a)如果投标人撤回其投标书(本文24.2款规定的除外);

(b)如果投标人不接受根据第29.2款所作的其投标价格的修正;

(c)中标人未能在规定的期限内

(i)签署协议

(ii)提供所要求的履约保证金

18.投标人的选择报价

18.1 如果明确邀请投标人报出选择工期,招标资料表中将对此作出声明,并规定评审不同工期的办法。

18.2 除下述第18.3款的规定外,希望提供满足招标文件要求的技术选择方案的投标人,应首先按招标文件描述的业主的设计报价,然后再向业主提供为了全面评审其技术选择方案所需要的全部资料,其中包括图纸、设计计算书、技术规范、价格分析、建议的施工方法以及其他有关的细节。如有技术选择方案,只有符合基本技术要求且评标价最低的投标人递交的技术选择方案,业主才予以考虑。

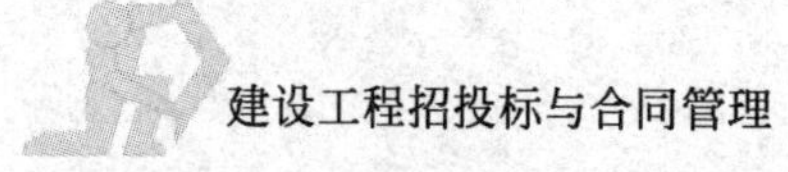

18.3 如果允许投标人对工程的某些指定部分提供技术选择方案，这部分内容将在招标文件第六章“技术规范”中加以说明。

19.标前会议

19.1 如果举行标前会议，投标人的指定代表可按招标资料表中规定的时间、地点出席会议。

19.2 会议的目的旨在澄清疑问、解答该阶段可能提出的问题。

19.3 投标人需尽可能在会议召开前一星期，以书面形式或电报向业主提交问题。对于迟交的问题可能无法在会上回答，但问题和答复将按下述条款的规定寄送各投标人。

19.4 会议纪要，包括所有的问题及答复和会后准备的所有的答复将迅速提供给所有以获得招标文件的购买人。由于标前会而产生的对本须知第9.1款中列的招标文件的任何修改，只能由业主按照本须知第11条的规定，以补遗书的方式进行，而不以标前会议纪要的形式发出。

19.5 不出席标前会议不能作为投标人不合格的理由。

20.投标书的形式和签署

20.1 投标人须按本须知第13条的规定，准备一份投标书正本，其中包括投标书格式和投标书附录，并清楚标明“正本”。另外，投标人还应提交招标资料表中所述份数的副本，并清楚标明“副本”。如果正副本有不一致之处，以正本为准。

20.2 投标书的正本与副本均应使用擦不掉的墨水打印或书写(副本可采用复印件形式)，并由投标人根据第5.1(a)或5.2(c)规定的正式授权的个人或几个人签署。凡有增加或修正的页，均应由一位或几位投标书签字人进行小签。

20.3 全套投标书应无涂改、遗漏或增加，除非这些修改由一个或几个投标书签字人进行小签。

20.4 与投标书和授予合同后合同的履行相关的佣金和报酬(如果有)，应按投标书格式第7段的要求填写有关资料。

D.投标书的递交

21.投标书的密封与标志

21.1 投标人应将正本和每份副本分别密封在信封中，并在信封上正确标明“正本”和“副本”，所有这些信封都应密封在一个外信封中。

21.2 内信封和外信封应

(a)标明招标资料表中提供的业主的地址；

(b)标明招标资料表中写明的合同名称和合同号；

(c)提供一个不要在招标资料表中规定的开标时间和日期前开封的警示标识。

21.3　除第21.2款要求的标记外，内信封还应标明投标人的名称和地址，以便依据第23条被宣布为迟交投标书的投标书能不开封退回投标人，并满足下述第24条的要求。

21.4　如果外信封未按上述要求密封和标记，业主将不对错误放置和提前开封负责。如果外信封显示了投标人的身份，业主将不保证投标书递交的匿名性，但这不作为拒绝投标书的理由。

22.投标截止日期

22.1　投标书应由业主在第21.1款规定的地址、不迟于招标资料表中规定的日期和时间收到。

22.2　在特殊情况下，业主可自行以按第11条规定的补遗书的形式延长投标截止日期。原截止日期前，业主和投标人的权利和义务相应延长至新的投标截止日。

23.迟到的投标书

23.1　业主在第22条规定的投标截止日期以后收到的任何投标书，将原封退给投标人。

24.投标书的修改、替代与撤回

24.1　投标人可以在递交投标书以后，修改、替代或撤回其投标书，但业主须在投标截止日前收到这种修改与撤回的通知。

24.2　投标书的修改、替代或撤回通知应按第21条的规定加以备制、密封、标记和递交，并在外信封和内信封上适当标明"修改"、"替代"或"撤回"字样。

24.3　除24.2和29.2款规定外，投标截止时间后不能更改投标书。

24.4　除第24.2款规定外，在投标截止期与第16条规定的有效期终止日之间的这段时间内，投标人不能撤回其投标书，否则其投标保证金将依据第17.6款予以没收。

E.开标与评标

25.开标

25.1　在投标人指定代表出席的情况下，业主将在招标资料表规定的时间、日期和地点开标，其中包括依据第24条递交的撤回和修改。参加开标的投标人应签名报到以证明其出席。

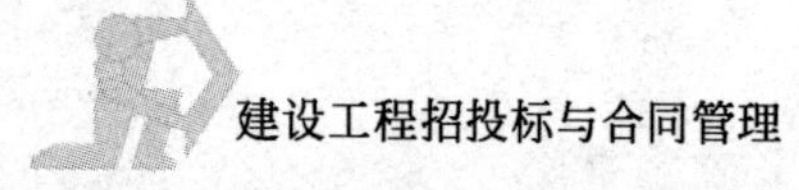

25.2 标明“撤回”和“替代”的信封将被首先开封并宣布投标人的名称。已递交了一份可接受的撤回通知函的投标书将不予开封。

25.3 投标人的名称、投标报价(包括任何选择报价或偏离)、折扣、投标书修改和撤回、投标保证金的提供与否,以及其他业主认为合适的内容均将在开标时予以宣布。所有标明“修改”的信封将被开封,其中递交的适当内容将被宣读。除第23条规定的迟到的标书外,开标时不应废除任何投标书。

25.4 业主将准备开标记录,包括按25.3款规定的公布的内容。

25.5 未在开标时开封和宣读的投标书,不论情况如何均不能进入进一步的评审。

26.过程保密

26.1 在宣布中标之前,凡属于审查、澄清、评价、比较投标书的有关资料和推荐中标的有关信息,都不应向投标人或与该过程无关的其他人员泄露。投标人对业主的评审或授标工作施加影响的任何努力,均可能导致其投标书被拒绝。

27.投标书的澄清

27.1 为了有助于对投标书的审查、评价和比较,业主可自行要求任何投标人澄清其投标书,包括单价分析表。有关澄清的要求与答复,应以书面或电报方式进行,但不应寻求、提出或允许对价格或实质性内容进行更改。但是,按照本须知第29条规定,凡属业主在评标时发现的算术错误则不在此列。

27.2 以第27.1款为条件,自开标至合同授予期间,投标人不应就其投标书的有关事宜与业主联系。如果投标人按业主的要求补充材料,应以书面的方式进行。

27.3 投标人任何试图影响业主的评标、投标书审查和授标决定的努力,均可能导致其投标书被废除。

28.投标书的检查与相应性的确定

28.1 在详细评标前,业主确定各投标书是否(a)符合世行合格性的标准;(b)被适当签署;(c)提交要求的投标保函;(d)对招标文件的要求实质上响应;(e)提交了业主为据第28.2款确定其响应性而需其提供的所有澄清材料和/或证明文件。而且,要求投标人应提供业主据第15.5款可能要求其递交的证明材料。

28.2 实质上相应的投标书应与招标文件的全部条款、条件和技术规范相符,无重大偏离和保留。所谓重大偏离或保留是指(a)对工程的范围、质量、工程的实施产生重大的影响;(b)对合同中规定业主的权利及投标人的义务方面造成重大的限制;(c)纠正这种偏离或保留,将会对其他按合理价格提交了实质上符合要求的标书的投标人的竞争地位，产生不公正的影响。

28.3　如果投标书实质上不符合招标文件的要求，业主将予以拒绝，并且不允许投标人通过修正或撤消其重大偏离或保留使之符合要求。

29.错误的修正

29.1　业主应对确定为实质上响应的投标书，按下列原则改正其错误：

(a)如果用数字表示的金额与用文字表示的金额不一致时，以文字金额为准；

(b)当单价同该行的数量和单价的乘积的总额之间不一致时，以标出的单价为准，除非业主认为单价有明显的小数点错位，此时应以该行标出的总额为准，并修改单价。

29.2　业主按上述修改错误的方法，调整投标书的金额。在投标人的同意下，修正后的金额对投标人起约束作用。如果投标人不接受修正后的金额，则其投标将被拒绝并且其投标保证金也依据第17.6(b)款的规定予以没收。

换算为单一币种

选择方案1:应与第15条选择方案A共同使用

30.为评标换算为单一货币

30.1　为了比较各投标书，投标报价应首先以投标人依第15.3款写明的汇率，换算为不同支付币种的相应金额。

30.2　第二步，业主将投标报价中应支付的各种货币的金额(不包含暂定金额，但包含有竞争性的计日工)换算为：

(a)业主所在国的货币，并应以招标资料表中为进行此种换算而指定的机构，于招标资料表中规定的日期公布的卖出价汇率进行换算；或者

(b)将外币支付部分的金额，按招标资料表中规定的国际报刊在招标资料表中规定的日期公布的卖出价汇率，换算为一种招标资料表中指定的国际贸易中广泛使用的货币，如美元；再按招标资料表中为上述第30.2(a)款进行类似换算而指定的机构，以招标资料表中规定的日期公布的卖出价汇率，将业主所在国的货币换算为那种广泛使用的币种。

第30条选择方案1结束

选择方案2:应与第15条选择方案B共同使用

30.为评标换算为单一货币

30.1　业主将投标报价中应支付的各种货币的金额(不包含暂定金额，但包括有竞争性的计日工)换算为：

(a)业主所在国的货币,并应以招标资料表中为进行此种换算而指定的机构,于招标资料表中规定的日期公布的卖出价汇率进行换算;或者

(b)以招标资料表中规定的国际报刊于招标资料表中规定的日期公布的卖出价汇率,将外汇需求部分换算为一种招标资料表中指定的国际贸易中广泛使用的货币,如美元;再按招标资料表中为上述第30.1(a)款进行类似换算而指定的机构,于招标资料表中规定的日期公布的卖出价汇率,将业主所在国的货币换算为那种广泛使用的币种。

选择方案2结束

31.投标书的评价与比较

31.1 业主将仅对按照本须知第28条确定为实质上符合招标文件要求的投标书进行评价与比较。

31.2 在评价与比较时,业主将对投标价格进行下述调整,确定每份投标书的价格:

(a)按照第29条修改错误;

(b)在工程量清单汇总表中扣除暂定金额和不可预见费(如果有的话),但应包括具有竞争性标价的计日工;

(c)上述(a)(b)的金额按第30条的规定换算为单一货币;

(d)对具有满意的技术和/或财务效果的其他可量化、可接受的变更、偏离或其他选择报价,其投标价应进行适当的调整;

(e)如果招标资料表中允许并规定了调价方法,应对投标人报的不同工期进行调价;

(f)如果本合同与其他合同被同时招标(第13.2款),投标人为授予一个以上合同而提供的折扣应计入评标价。

31.3 业主保留接受或拒绝任何变更、偏离或选择性报价的权利。凡超出招标文件规定的变更、偏离或其他因素在评标时将不予考虑。

31.4 适用于合同执行期间的价格调整条款,在评标时不予考虑。

31.5 如果最低评标价的国内投标书与工程师对合同拟实施的工程细目的成本估算严重不平衡或支付前置,业主可要求投标人对工程量清单的任何或所有细目提供详细的价格分析,以证明其报价与建议的施工方法和支付计划相一致。经过价格分析并考虑到估价的合同支付计划,业主可要求投标人以其自己的费用,将第37条规定的履约保证金,提高到足以保护业主由于中标人违约而引起的财务损失的程度。

国 内 优 惠

32.国内优惠

32.1　如果招标资料表中有规定，国内投标人可能会享受到国内优惠，此时本条款将适用。

32.2　国内投标人应提供所有必要的证明文件，以证实他们的投标书在与其他没资格享受优惠的投标书比较时满足下述标准，有资格享受百分之七点五(7.5%)的国内优惠。他们应该：

(a)在中华人民共和国注册；

(b)被中国公民拥有大部分所有权；

(c)没有将除暂定金额外的百分之五十(50%)以上的合同价分包给国外承包人；

(d)满足招标资料表中规定的其他标准。

32.3　有国内和国外公司组成的联营体如符合下列条件，也有资格获得优惠：

(a)国内的一个或几个合伙人分别满足上述优惠条件；或

(b)国内合伙人或合伙人们应证明他(们)在联营体中的收益不少于百分之五十(50%)，并通过联营体协议(如有)中的利润和损失分配条款加以证实。

(c)国内一个或几个合伙人按所提方案，至少应完成除暂定金额外的合同价格百分之五十(50%)的工程量(必须根据第5.3款的规定，合伙人(们)应具有资格完成这部分工程)，并且上述的百分之五十(50%)不应包括国内合伙人(们)拟进口的任何材料或设备。

(d)满足招标资料表中规定的其他标准(如有)。

32.4　实行优惠时，应采用下列步骤：

(a)在第31.2款(c)将投标价换算为单一币种后，将响应性投标书分为下面两组：

(i)A组：分别满足上述第32.2款和第32.3款要求的国内投标人和联营体提交的投标书；

(ii)B组：所有其他投标人提交的投标书。

(b)仅为了进一步评价和比较投标，相当于百分之七点五(7.5%)的投标报价(按本须知第31.2款(a)、(b)、(c)和可能适用的(f)的规定调整后)的金额将被加到B组各投标评标价中。

32.5　所有选择方案，无论是被邀请或允许的，都将按第18条的规定单独

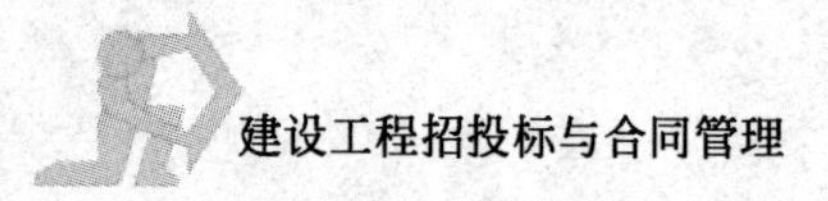

评审,并按第 32.4 款规定决定是否享受国内优惠。

F.合 同 授 予

33.投标

33.1 以第 34 条为条件,业主将把合同授予投标书实质上响应招标文件要求,且据第 31 条和 32 条确定为最低评标价的投标人,只要此投标人被视为(a)据第 3.1 款的规定是合格的;(b)据第 5 条规定是有资格的。

33.2 如果据第 13.2 款,本合同是按组合投标(合同包)招标的,则最低评标价应与拟同时授予的其他合同的评估一起确定,这时要计入投标人为被授予一个以上合同所提供的组合标折扣。

34.业主接受任何投标和拒绝任何或所有投标的权利

34.1 尽管有本须知第 33 款的规定,业主在授予合同前的任何时候均有权接受或拒绝任何投标、宣布投标程序无效、或拒绝所有投标,并对由此引起的对投标人的影响不承担任何责任,也无需将这样做的理由通知受影响的投标人。

35.中标通知书

35.1 在投标有效期截至前,业主将以电传、传真或电报的形式通知中标人并以挂号信的形式确认其投标被接受。在该信中(以下和在合同条款中称为"中标通知书")应给出业主对承包人按合同实施、完成本工程及修复缺陷的支付总额(以下和在合同条款中称为"合同价格")。

35.2 中标通知书将成为合同的组成部分。

36.合同协议书的签署

36.1 在中标的投标人被通知中标的同时,业主会将招标文件中提供的合同协议书格式,连带其他双方达成的协议寄给投标人。

36.2 在收到此合同协议书二十八(28)天内,中标人应签署此协议书,并连同履约保证金一并送交业主。

36.3 一旦完成第 36.2 款的工作,业主应通知其他未中标人,他们的投标书没有被接受,并按第 17.4 款的规定尽快退还其投标保证金。

37.履约保证金

37.1 在接到中标通知书二十八(28)天内,中标人应按招标资料表和合同条款中规定的形式向业主提交履约保证金。投标人可使用第 9 章中提供的格式,也可使用其他为业主可接受的格式。

37.2 如果招标资料表中规定,中标人应提供银行保函作为履约保证金,它

应该

(a)由投标人选择或是由业主所在国的银行开具，或是由国外银行通过在业主国的一家往来银行开具；或者

(b)经过业主事先批准，由一家国外银行直接开具。

37.3　如果招标资料表中规定，中标人可提供担保书作为履约保证金，它应由一家中标人选择并且为业主接受的担保公司或保险公司开具。

37.4　如果中标人不遵守本须知第36和37条的规定，将构成对合同的违约，业主有理由废除授标，没收投标保证金，并寻求可能从合同中得到的补偿，业主可以寻求将合同授予名列第二的投标人。

38.争端审议委员会

38.1　招标资料表中规定了争端解决的办法。如果选择的办法是争端审议委员会或争端审议专家，业主指定的人选将在招标资料表中明确。投标人如不同意此建议，应在其投标书中指出。如果业主和中标人不能就最初的两个委员任命达成一致，那么任何一方可要求合同专用条款指定的"任命机构"作出此项任命。

39.腐败和欺诈行为

39.1　世行要求借款人(包括世行贷款的受益人)以及投标人、供货人、承包人，无论是在采购还是在合同执行过程中，对世行贷款项下的合同均能保持最高的道德水准。根据此项政策，世行：

(a)为本条款定义了以下名词：

(i)"腐败行为"是指在此采购或合同执行过程中，为影响公务人员的行为而提供、给予、接受或索取任何有价值物品的行为。

(ii)"欺诈行为"是指为了影响采购进程或合同的执行而隐瞒事实从而对借款人造成损害的行为，其中包括投标人之间(在投标截止之前或之后)旨在使投标价格建立在人为的无竞争性的水平并使借款人无法从自由、公开的竞争中得到利益的串通行为。

(b)将拒绝将本合同授予此投标人，如果世行认定被推荐的投标人介入了腐败或欺诈行为；

(c)将宣布此投标人在一个不定期或定期的时间内将不能被授予世行贷款的合同，如果该投标人在任何时候被认定为在世行贷款的合同中介入了腐败或欺诈行为。

39.2　而且，投标人应注意合同通用条款和合同第Ⅱ部分专业条款第26.2和63.5款的有关规定。

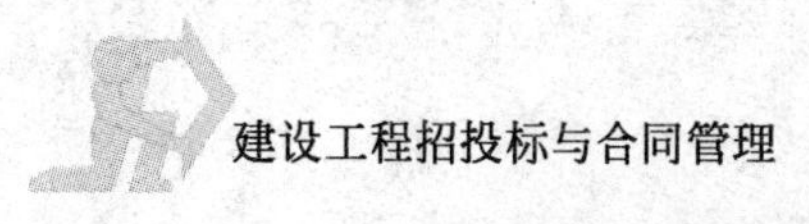

第三章　招标资料表

招 标 资 料 表

投标人须知条款号	
1.1	工程说明： [填入工程简述，包括与本项目其他合同的关系。如果本工程就各单独合同邀请投标，应对所有合同进行描述。]
1.1	本款第一句应由下述文字代替："招标资料表和投标书附录所定义的业主和采购代理（下称'业主'和'采购代理'），……" 在本章中所有"业主"的词均应由"业主和代表业主的采购代理"代替 业主名称和地址 采购代理的
	名称和地址
	业主对采购代理的授权范围（根据业主与招标代理之间的有关协议）：
1.2	工期
2.1	借款人
2.1	项目名称及其描述、世行贷款的金额和类型：
5.1	应更新的资审资料： [指出随资格预审申请文件递交的哪些材料需更新。]
9.1	此条款应由下述条款完全替代： 招标文件的内容 招标文件包含下述文件，他们应与按投标人须知第11条发布的补遗共同阅读： 第Ⅰ卷　第1章　招标邀请书 第2章　投标人须知 第3章　招标资料表 第4章　合同通用条款 第5章　合同专用条款 A.标准合同专用条款 B.项目专用条款 第Ⅱ卷　第6章　技术规范 第Ⅲ卷　第7章　投标书、投标书附录和投标保函的格式 第8章　工程量清单 第9章　协议书格式、履约保函格式、预付款保函格式 第10章　世行贷款采购的货物、土建和服务的合格性 第Ⅳ卷　第11章　图纸
12.1	投标语言：英语
13.2	指明此合同是否与其他合同以组合标的形式同时招标：

续上表

投标人须知条款号	
13.2	在第13.2款末增加下述段落： 当几个合同(段)同时招标时，下述规定将适用： 评标将针对每个合同(段)单独进行，合同将授予整体成本最低的标或组合标。投标人必须至少对一个完整的合同(段)进行投标。如果被授予一个以上的合同时，投标人提供的折扣将在评标时予以考虑。 应注意，只有在开标时已被宣读的并且在评标报告中写明的折扣才予以考虑。
14.4	指明合同是否调价： [对工期超过十八(18)个月的合同必须进行调价]
15.1	指明投标货币是选择第15条的A：
15.2	业主国别：中华人民共和国
15.2	业主国货币：人民币
16.1	投标有效期 [填入投标截止日期后的天数。此期限应较为现实，在考虑到工程复杂性的基础上，为评标、获取参考资料、澄清、批准(包括世行的"不反对"的批复)及通知中标提供充足的时间。通常此期限不应超过一百八十二(182)天。]
16.3	外币部分调价的年百分比(%) 当地货币部分调价的年百分比(%)： [外币因素的价值，应以预计的国际价格年上涨幅度为基础或进行比较。当地货币因素的价值，应以业主所在国在所涉及期限内项目的物价涨幅为基础。]
17.1	投标保证金的金额 [此金额应与投标邀请书中指明的一致。为了避免出具保函的金融机构泄露投标人的价格，在此应以一个固定的价格取代投标价格的一定比例。对于超过1亿美元的大型合同，应按工程估算值百分之一(1%)的比例对此金额加以规定；对于小合同，应按百分之三(3%)的比例加以规定。如果业主希望以投标价格的一定比例进行规定，应说明"最小的比例为________"以使投标人能提供超出最小金额的保函并隐含其价格。]投标保证金的有效期应到投标书的有效期截止日前的第三十(30)天。
17.3	删除最后一句并代之以： "联营体的投标保证金，应以递交投标书的所有联营体成员的名义出具"。
18.1	投标可在最短______天和最长______天之间进行工期的选择报价，对它的评标办法在第31.2(e)中作出了规定。中标人提出的竣工时间将作为合同的竣工期。 (如果业主认为不同的竣工期能带来潜在的利益，应在此款中包括并填入适当的期限；对于打包招标的合同，本条款也有其优点，否则应删除。)
19.1	标前会的时间、地点：
20.1	投标书副本的份数：
21.2	递交投标书的地点：
21.2	合同编号：

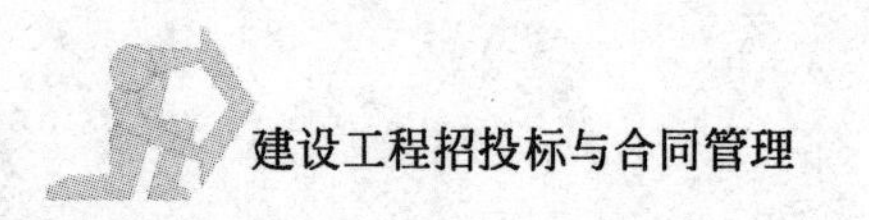

续上表

投标人须知条款号	
22.1	投标截止日期：
25.1	开标时间、地点：
30.2	为换算而选择的货币：(以当地货币或一种可兑换的货币，如美元，加以规定) 汇率来源：(如果通用货币是当地货币以外的一种货币，如美元，应指明列出日外汇兑换率的一种国际刊物(如金融时报)，并以此汇率作为换算外汇的依据。对于当地货币表示的价格，如果上述的通用货币选择为当地货币，应明确业主国的中央银行或商业银行。) 汇率日期：(选择一个不早于投标截止日前的第二十八(28)天且不迟于投标有效期失效前的日期)
31.2(e)	竣工期的选择报价将以下述方式进行评审 (如果不同的竣工期在评标时予以考虑，那么评审投标人提供的不同竣工期的方法应加以明确规定，如自一个确定的"标准"每延迟一(1)周的金额或最迟的竣工期给业主带来效益上的损失。此金额不应超过根据第47.1款在投标书附录中规定的误期赔偿费。)
32.1	指明国内投标人在评标时是否享受国内优惠：是：________ 否：________
37	业主可接受的履约保函的格式和金额
38	争端解决方式： (填入"争端审议委员会"、"争端审议专家"或"原菲迪克条款第67条") 业主建议的争端审议委员会成员或争端审议专家：
38	a:如果争端发生于业主和国内承包人之间，争端应按中国法律解决； b:如果争端发生于业主和国外承包人之间，按中国法律解决或按照UNCITRAL规则(除非投标人在递交标书时已提出)解决。

* 如果不适用，应在相应栏中注明"不适用"。任何对投标人须知的修改均应在招标资料表后的"修改清单"反映，并保持原条款号不变。

附录 3

建设工程施工合同

（示范文本）

（GF—1999—0201）

中华人民共和国建设部
国家工商行政管理局　　制定
1999 年 12 月

第一部分　协　议　书

发包人(全称):______________________________

承包人(全称):______________________________

依照《中华人民共和国合同法》、《中华人民共和国建筑法》及其他有关法律、行政法规,遵循平等、自愿、公平和诚实信用的原则,双方就本建设工程施工事项协商一致,订立本合同。

一、工程概况

工程名称:______________________________

工程地点:______________________________

工程内容:______________________________

群体工程应附承包人承揽工程项目一览表(附件1)

工程立项批准文号:______________________________

资金来源:______________________________

二、工程承包范围

承包范围:____________________

三、合同工期

开工日期:____________________

竣工日期:____________________

合同工期总日历天数:______________天

四、质量标准

工程质量标准:______________________________

五、合同价款

金额(大写):______________元(人民币)

¥:______________元

六、组成合同的文件

组成本合同的文件包括:

1.本合同协议书

2.中标通知书

3.投标书及其附件

4.本合同专用条款

5.本合同通用条款

6.标准、规范及有关技术文件

7.图纸

8.工程量清单

9.工程报价单或预算书

双方有关工程的洽商、变更等书面协议或文件视为本合同的组成部分。

七、本协议书中有关词语含义与本合同第二部分《通用条款》中分别赋予它们的定义相同。

八、承包人向发包人承诺按照合同约定进行施工、竣工并在质量保修期内承担工程质量保修责任。

九、发包人向承包人承诺按照合同约定的期限和方式支付合同价款及其他应当支付的款项。

十、合同生效

合同订立时间：________年________月________日

合同订立地点：__________________

本合同双方约定__________________后生效。

发　包　人：(公章)________	承　包　人：(公章)________
住　　　所：________	住　　　所：________
法定代表人：________	法定代表人：________
委托代表人：________	委托代表人：________
电　　　话：________	电　　　话：________
传　　　真：________	传　　　真：________
账　　　号：________	账　　　号：________
邮政编码：________	邮政编码：________

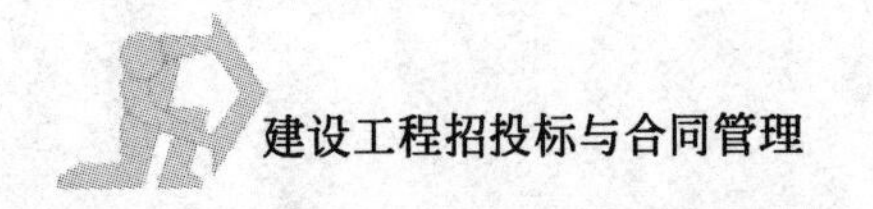

第二部分　通 用 条 款

一、词语定义及合同文件

1.词语定义

下列词语除专用条款另有约定外,应具有本条所赋予的定义:

1.1　通用条款:是根据法律、行政法规规定及建设工程施工的需要订立,通用于建设工程施工的条款。

1.2　专用条款:是发包人与承包人根据法律、行政法规规定,结合具体工程实际,经协商达成一致意见的条款,是对通用条款的具体化、补充或修改。

1.3　发包人:指在协议书中约定,具有工程发包主体资格和支付工程价款能力的当事人以及取得该当事人资格的合法继承人。

1.4　承包人:指在协议书中约定,被发包人接受的具有工程施工承包主体资格的当事人以及取得该当事人资格的合法继承人。

1.5　项目经理:指承包人在专用条款中指定的负责施工管理和合同履行的代表。

1.6　设计单位:指发包人委托的负责本工程设计并取得相应工程设计资质等级证书的单位。

1.7　监理单位:指发包人委托的负责本工程监理并取得相应工程监理资质等级证书的单位。

1.8　工程师:指本工程监理单位委派的总监理工程师或发包人指定的履行本合同的代表,其具体身份和职权由发包人承包人在专用条款中约定。

1.9　工程造价管理部门:指国务院有关部门、县级以上人民政府建设行政主管部门或其委托的工程造价管理机构。

1.10　工程:指发包人承包人在协议书中约定的承包范围内的工程。

1.11　合同价款:指发包人承包人在协议书中约定,发包人用以支付承包人按照合同约定完成承包范围内全部工程并承担质量保修责任的款项。

1.12　追加合同价款:指在合同履行中发生需要增加合同价款的情况,经发包人确认后按计算合同价款的方法增加的合同价款。

1.13　费用:指不包含在合同价款之内的应当由发包人或承包人承担的经济支出。

1.14　工期:指发包人承包人在协议书中约定,按总日历天数(包括法定节假日)计算的承包天数。

1.15　开工日期：指发包人承包人在协议书中约定，承包人开始施工的绝对或相对的日期。

1.16　竣工日期：指发包人承包人在协议书约定，承包人完成承包范围内工程的绝对或相对的日期。

1.17　图纸：指由发包人提供或由承包人提供并经发包人批准，满足承包人施工需要的所有图纸（包括配套说明和有关资料）。

1.18　施工场地：指由发包人提供的用于工程施工的场所以及发包人在图纸中具体指定的供施工使用的任何其他场所。

1.19　书面形式：指合同书、信件和数据电文（包括电报、电传、传真、电子数据交换和电子邮件）等可以有效地表现所载内容的形式。

1.20　违约责任：指合同一方不履行合同义务或履行合同义务不符合约定所应承担的责任。

1.21　索赔：指在合同履行过程中，对于并非自己的过错，而是应由对方承担责任的情况造成的实际损失，向对方提出经济补偿和（或）工期顺延的要求。

1.22　不可抗力：指不能预见、不能避免并不能克服的客观情况。

1.23　小时或天：本合同中规定按小时计算时间的，从事件有效开始时计算（不扣除休息时间）；规定按天计算时间的，开始当天不计入，从次日开始计算。时限的最后一天是休息日或者其他法定节假日的，以节假日次日为时限的最后一天，但竣工日期除外。时限的最后一天的截止时间为当日24时。

2.合同文件及解释顺序

2.1　合同文件应能相互解释，互为说明。除专用条款另有约定外，组成本合同的文件及优先解释顺序如下：

(1)本合同协议书

(2)中标通知书

(3)投标书及其附件

(4)本合同专用条款

(5)本合同通用条款

(6)标准、规范及有关技术文件

(7)图纸

(8)工程量清单

(9)工程报价单或预算书

合同履行中，发包人承包人有关工程的洽商、变更等书面协议或文件视为本合同的组成部分。

2.2　当合同文件内容含糊不清或不相一致时，在不影响工程正常进行的情况下，由发包人承包人协商解决。双方也可以提请负责监理的工程师作出解释。双方协商不成或不同意负责监理的工程师的解释时，按本通用条款第 37 条关于争议的约定处理。

3.语言文字和适用法律、标准及规范

3.1　语言文字

本合同文件使用汉语语言文字书写、解释和说明。如专用条款约定使用两种以上（含两种）语言文字时，汉语应为解释和说明本合同的标准语言文字。

在少数民族地区，双方可以约定使用少数民族语言文字书写和解释、说明本合同。

3.2　适用法律和法规

本合同文件适用国家的法律和行政法规。需要明示的法律、行政法规，由双方在专用条款中约定。

3.3　适用标准、规范

双方在专用条款内约定适用国家标准、规范的名称；没有国家标准、规范但有行业标准、规范的，约定适用行业标准、规范的名称；没有国家和行业标准、规范的，约定适用工程所在地地方标准、规范的名称。发包人应按专用条款约定的时间向承包人提供一式两份约定的标准、规范。

国内没有相应标准、规范的，由发包人按专用条款约定的时间向承包人提出施工技术要求，承包人按约定的时间和要求提出施工工艺，经发包人认可后执行。发包人要求使用国外标准、规范的，应负责提供中文译本。

本条所发生的购买、翻译标准、规范或制定施工工艺的费用，由发包人承担。

4.图纸

4.1　发包人应按专用条款约定的日期和套数，向承包人提供图纸。承包人需要增加图纸套数的，发包人应代为复制，复制费用由承包人承担。发包人对工程有保密要求的，应在专用条款中提出保密要求，保密措施费用由发包人承担，承包人在约定保密期限内履行保密义务。

4.2　承包人未经发包人同意，不得将本工程图纸转给第三人。工程质量保修期满后，除承包人存档需要的图纸外，应将全部图纸退还给发包人。

4.3　承包人应在施工现场保留一套完整图纸，供工程师及有关人员进行工程检查时使用。

二、双方一般权利和义务

5.工程师

5.1 实行工程监理的,发包人应在实施监理前将委托的监理单位名称、监理内容及监理权限以书面形式通知承包人。

5.2 监理单位委派的总监理工程师在本合同中称工程师,其姓名、职务、职权由发包人承包人在专用条款内写明。工程师按合同约定行使职权,发包人在专用条款内要求工程师在行使某些职权前需要征得发包人批准的,工程师应征得发包人批准。

5.3 发包人派驻施工场地履行合同的代表在本合同中也称工程师,其姓名、职务、职权由发包人在专用条款内写明,但职权不得与监理单位委派的总监理工程师职权相互交叉。双方职权发生交叉或不明确时,由发包人予以明确,并以书面形式通知承包人。

5.4 合同履行中,发生影响发包人承包人双方权利或义务的事件时,负责监理的工程师应依据合同在其职权范围内客观公正地进行处理。一方对工程师的处理有异议时,按本通用条款第 37 条关于争议的约定处理。

5.5 除合同内有明确约定或经发包人同意外,负责监理的工程师无权解除本合同约定的承包人的任何权利与义务。

5.6 不实行工程监理的,本合同中工程师专指发包人派驻施工场地履行合同的代表,其具体职权由发包人在专用条款内写明。

6.工程师的委派和指令

6.1 工程师可委派工程师代表,行使合同约定的自己的职权,并可在认为必要时撤回委派。委派和撤回均应提前 7 天以书面形式通知承包人,负责监理的工程师还应将委派和撤回通知发包人。委派书和撤回通知作为本合同附件。

工程师代表在工程师授权范围内向承包人发出的任何书面形式的函件,与工程师发出的函件具有同等效力。承包人对工程师代表向其发出的任何书面形式的函件有疑问时,可将此函件提交工程师,工程师应进行确认。工程师代表发出指令有失误时,工程师应进行纠正。

除工程师或工程师代表外,发包人派驻工地的其他人员均无权向承包人发出任何指令。

6.2 工程师的指令、通知由其本人签字后,以书面形式交给项目经理,项目经理在回执上签署姓名和收到时间后生效。确有必要时,工程师可发出口头指令,并在 48 小时内给予书面确认,承包人对工程师的指令应予执行。工程师不

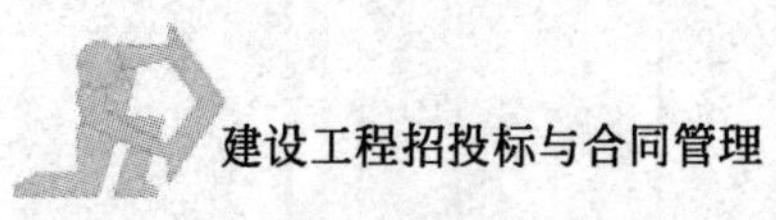

能及时给予书面确认的，承包人应于工程师发出口头指令后7天内提出书面确认要求。工程师在承包人提出确认要求后48小时内不予答复的，视为口头指令已被确认。

承包人认为工程师指令不合理，应在收到指令后24小时内向工程师提出修改指令的书面报告，工程师在收到承包人报告后24小时内作出修改指令或继续执行原指令的决定，并以书面形式通知承包人。紧急情况下，工程师要求承包人立即执行的指令或承包人虽有异议，但工程师决定仍继续执行的指令，承包人应予执行。因指令错误发生的追加合同价款和给承包人造成的损失由发包人承担，延误的工期相应顺延。

本款规定同样适用于由工程师代表发出的指令、通知。

6.3 工程师应按合同约定，及时向承包人提供所需指令、批准并履行约定的其他义务。由于工程师未能按合同约定履行义务造成工期延误，发包人应承担延误造成的追加合同价款，并赔偿承包人有关损失，顺延延误的工期。

6.4 如需更换工程师，发包人应至少提前7天以书面形式通知承包人，后任继续行使合同文件约定的前任的职权，履行前任的义务。

7.项目经理

7.1 项目经理的姓名、职务在专用条款内写明。

7.2 承包人依据合同发出的通知，以书面形式由项目经理签字后送交工程师，工程师在回执上签署姓名和收到时间后生效。

7.3 项目经理按发包人认可的施工组织设计(施工方案)和工程师依据合同发出的指令组织施工。在情况紧急且无法与工程师联系时，项目经理应当采取保证人员生命和工程、财产安全的紧急措施，并在采取措施后48小时内向工程师送交报告。责任在发包人或第三人，由发包人承担由此发生的追加合同价款，相应顺延工期；责任在承包人，由承包人承担费用，不顺延工期。

7.4 承包人如需要更换项目经理，应至少提前7天以书面形式通知发包人，并征得发包人同意。后任继续行使合同文件约定的前任的职权，履行前任的义务。

7.5 发包人可以与承包人协商，建议更换其认为不称职的项目经理。

8.发包人工作

8.1 发包人按专用条款约定的内容和时间完成以下工作：

(1)办理土地征用、拆迁补偿、平整施工场地等工作，使施工场地具备施工条件，在开工后继续负责解决以上事项遗留问题；

(2)将施工所需水、电、电讯线路从施工场地外部接至专用条款约定地点，保证施工期间的需要；

(3)开通施工场地与城乡公共道路的通道，以及专用条款约定的施工场地内的主要道路，满足施工运输的需要，保证施工期间的畅通；

(4)向承包人提供施工场地的工程地质和地下管线资料，对资料的真实准确性负责；

(5)办理施工许可证及其他施工所需证件、批件和临时用地、停水、停电、中断道路交通、爆破作业等的申请批准手续(证明承包人自身资质的证件除外)；

(6)确定水准点与坐标控制点，以书面形式交给承包人，进行现场交验；

(7)组织承包人和设计单位进行图纸会审和设计交底；

(8)协调处理施工场地周围地下管线和邻近建筑物、构筑物(包括文物保护建筑)、古树名木的保护工作、承担有关费用；

(9)发包人应做的其他工作，双方在专用条款内约定。

8.2　发包人可以将8.1款部分工作委托承包人办理，双方在专用条款内约定，其费用由发包人承担。

8.3　发包人未能履行8.1款各项义务，导致工期延误或给承包人造成损失的，发包人赔偿承包人有关损失，顺延延误的工期。

9.承包人工作

9.1　承包人按专用条款约定的内容和时间完成以下工作：

(1)根据发包人委托，在其设计资质等级和业务允许的范围内，完成施工图设计或与工程配套的设计，经工程师确认后使用，发包人承担由此发生的费用；

(2)向工程师提供年、季、月度工程进度计划及相应进度统计报表；

(3)根据工程需要，提供和维修非夜间施工使用的照明、围栏设施，并负责安全保卫；

(4)按专用条款约定的数量和要求，向发包人提供施工场地办公和生活的房屋及设施，发包人承担由此发生的费用；

(5)遵守政府有关主管部门对施工场地交通、施工噪声以及环境保护和安全生产等的管理规定，按规定办理有关手续，并以书面形式通知发包人，发包人承担由此发生的费用，因承包人责任造成的罚款除外；

(6)已竣工工程未交付发包人之前，承包人按专用条款约定负责已完工程的保护工作，保护期间发生损坏，承包人自费予以修复；发包人要求承包人采取特殊措施保护的工程部位和相应的追加合同价款，双方在专用条款内约定；

(7)按专用条款约定做好施工场地地下管线和邻近建筑物、构筑物(包括文物保护建筑)、古树名木的保护工作；

(8)保证施工场地清洁符合环境卫生管理的有关规定,交工前清理现场达到专用条款约定的要求,承担因自身原因违反有关规定造成的损失和罚款;

(9)承包人应做的其他工作,双方在专用条款内约定。

9.2 承包人未能履行9.1款各项义务,造成发包人损失的,承包人赔偿发包人有关损失。

三、施工组织设计和工期

10.进度计划

10.1 承包人应按专用条款约定的日期,将施工组织设计和工程进度计划提交修改审批,逾期不确认也不提出书面意见的,视为同意。

10.2 群体工程中单位工程分期进行施工的,承包人应按照发包人提供图纸及有关资料的时间,按单位工程编制进度计划,其具体内容双方在专用条款中约定。

10.3 承包人必须按工程师确认的进度计划组织施工,接受工程师对进度的检查、监督。工程实际进度与经确认的进度计划不符时,承包人应按工程师的要求提出改进措施,经工程师确认后执行。因承包人的原因导致实际进度与进度计划不符,承包人无权就改进措施提出追加合同价款。

11.开工及延期开工

11.1 承包人应当按照协议书约定的开工日期开工。承包人不能按时开工,应当不迟于协议书约定的开工日期前7天,以书面形式向工程师提出延期开工的理由和要求。工程师应当在接到延期开工申请后48小时内以书面形式答复承包人。工程师在接到延期开工申请后48小时内不答复,视为同意承包人要求,工期相应顺延。工程师不同意延期要求或承包人未在规定时间内提出延期开工要求,工期不予顺延。

11.2 因发包人原因不能按照协议书约定的开工日期开工,工程师应以书面形式通知承包人,推迟开工日期。发包人赔偿承包人因延期开工造成的损失,并相应顺延工期。

12.暂停施工

工程师认为确有必要暂停施工时,应当以书面形式要求承包人暂停施工,并在提出要求后48小时内提出书面处理意见。承包人应当按工程师要求停止施工,并妥善保护已完工程。承包人实施工程师作出的处理意见后,可以书面形式提出复工要求,工程师作出的处理意见后,可以书面形式提出复工要求,工程师应当在48小时内给予答复。工程师未能在规定时间内提出处理意见,或收到承包人复工要求后48小时内未予答复，承包人可自行复工。因发包人原因造成停工的，由发包人承担所发生的追加合同价款，赔偿承包人由此造成的损失，相应顺延工期；因承包人原因造成停工的，由承包人承担发生的费用，工期不予顺延。

13.工期延误

13.1 因以下原因造成工期延误，经工程师确认，工期相应顺延：

(1)发包人未能按专用条款的约定提供图纸及开工条件；

(2)发包人未能按约定日期支付工程预付款、进度款，致使施工不能正常进行；

(3)工程师未按合同约定提供所需指令、批准等，致使施工不能正常进行；

(4)设计变更和工程量增加；

(5)一周内非承包人原因停水、停电、停气造成停工累计超过8小时；

(6)不可抗力；

(7)专用条款中约定或工程师同意工期顺延的其他情况。

13.2 承包人在13.1款情况发生后14天内，就延误的工期以书面形式向工程师提出报告。工程师在收到报告后14天内予以确认，逾期不予确认也不提出修改意见，视为同意顺延工期。

14.工程竣工

14.1 承包人必须按照协议书约定的竣工日期或工程师同意顺延的工期竣工。

14.2 因承包人原因不能按照协议书约定的竣工日期或工程师同意顺延的工期竣工的，承包人承担违约责任。

14.3 施工中发包人如需提前竣工，双方协商一致后应签订提前竣工协议，作为合同文件组成部分。提前竣工协议应包括承包人为保证工程质量和安全采取的措施、发包人为提前竣工提供的条件以及提前竣工所需的追加合同价款等内容。

四、质量与检验

15.工程质量

15.1 工程质量应当达到协议书约定的质量标准，质量标准的评定以国家或行业的质量检验评定标准为依据。因承包人原因工程质量达不到约定的质量标准，承包人承担违约责任。

15.2 双方对工程质量有争议，由双方同意的工程质量检测机构鉴定，所需费用及因此造成的损失，由责任方承担。双方均有责任，由双方根据其责任分别

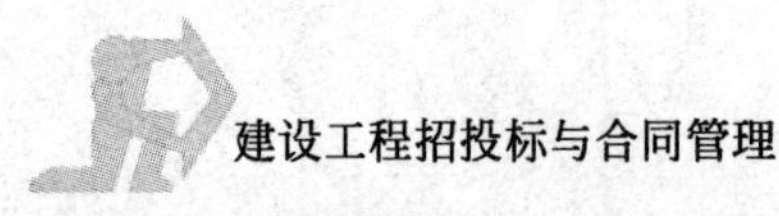

承担。

16. 检查和返工

16.1 承包人应认真按照标准、规范和设计图纸要求以及工程师依据合同发出的指令施工，随时接受工程师的检查检验，为检查检验提供便利条件。

16.2 工程质量达不到约定标准的部分，应工程师的要求拆除和重新施工，直到符合约定标准。因承包人原因达不到约定标准，由承包人承担拆除和重新施工的费用，工期不予顺延。

16.3 工程师的检查检验不应影响施工正常进行。如影响施工正常进行，检查检验不合格时，影响正常施工的费用由承包人承担。除此之外影响正常施工的追加合同价款由发包人承担，相应顺延工期。

16.4 因工程师指令失误或其他非承包人原因发生的追加合同价款，由发包人承担。

17. 隐蔽工程和中间验收

17.1 工程具备隐蔽条件或达到专用条款约定的中间验收部位，承包人进行自检，并在隐蔽或中间验收前 48 小时以书面形式通知工程师验收。通知包括隐蔽和中间验收的内容、验收时间和地点。承包人准备验收记录，验收合格，工程师在验收记录上签字后，承包人可进行隐蔽和继续施工。验收不合格，承包人在工程师限定的时间内修改后重新验收。

17.2 工程师不能按时进行验收，应在验收前 24 小时以书面形式向承包人提出延期要求，延期不能超过 48 小时。工程师未能按以上时间提出延期要求，不进行验收，承包人可自行组织验收，工程师应承认验收记录。

17.3 经工程师验收，工程质量符合标准、规范和设计图纸等要求，验收 24 小时后，工程师不在验收记录上签字，视为工程师已经认可验收记录，承包人可进行隐蔽或继续施工。

18. 重新检验

无论工程师是否进行验收，当其要求对已经隐蔽的工程重新检验时，承包人应按要求进行剥离或开孔，并在检验后重新覆盖或修复。检验合格，发包人承担由此发生的全部追加合同价款，赔偿承包人损失，并相应顺延工期。检验不合格，承包人承担发生的全部费用，工期不予顺延。

19. 工程试车

19.1 双方约定需要试车的，试车内容应与承包人承包的安装范围相一致。

19.2 设备安装工程具备单机无负荷试车条件，承包人组织试车，并在试车前 48 小时以书面形式通知工程师。通知包括试车内容、时间、地点。承包人准备试车记录，发包人根据承包人要求为试车提供必要条件。试车合格，工程师在试车记录上签字。

19.3　工程师不能按时参加试车，须在开始试车前 24 小时以书面形式向承包人提出延期要求，不参加试车，应承认试车记录。

19.4　设备安装工程具备无负荷联动试车条件，发包人组织试车，并在试车内容、时间、地点和对承包人的要求，承包人按要求做好准备工作。试车合格，双方在试车记录上签字。

19.5　双方责任

(1)由于设计原因试车达不到验收要求，发包人应要求设计单位修改设计，承包人按修改后的设计重新安装。发包人承担修改设计、拆除及重新安装的全部费用和追加合同价款，工期相应顺延。

(2)由于设备制造原因试车达不到验收要求，由该设备采购一方负责重新购置或修理，承包人负责拆除和重新安装。设备由承包人采购的，由承包人承担修理或重新购置、拆除及重新安装的费用，工期不予顺延；设备由发包人采购的，发包人承担上述各项追加合同价款，工期相应顺延。

(3)由于承包人施工原因试车不到验收要求，承包人按工程师要求重新安装和试车，并承担重新安装和试车的费用，工期不予顺延。

(4)试车费用除已包括在合同价款之内或专用条款另有约定外，均由发包人承担。

(5)工程师在试车合格后不在试车记录上签字，试车结束 24 小时后，视为工程师已经认可试车记录，承包人可继续施工或办理竣工手续。

19.6　投料试车应在工程竣工验收后由发包人负责，如发包人要求在工程竣工验收前进行或需要承包人配合时，应征得承包人同意，另行签订补充协议。

五、安全施工

20.安全施工与检查

20.1　承包人应遵守工程建设安全生产有关管理规定，严格按安全标准组织施工，并随时接受行业安全检查人员依法实施的监督检查，采取必要的安全防护措施，消除事故隐患。由于承包人安全措施不力造成事故的责任和因此发生的费用，由承包人承担。

20.2　发包人应对其在施工场地的工作人员进行安全教育，并对他们的安全负责。发包人不得要求承包人违反安全管理的规定进行施工。因发包人原因导致的安全事故，由发包人承担相应责任及发生的费用。

21.安全防护

21.1　承包人在动力设备、输电线路、地下管道、密封防震车间、易燃易爆地段以及临街交通要道附近施工时，施工开始前应向工程师提出安全防护措施，经工程师认可后实施，防护措施费用由发包人承担。

21.2　实施爆破作业，在放射、毒害性环境中施工（含储存、运输、使用）及使用毒害性、腐蚀性物品施工时，承包人应在施工前14天以书面通知工程师，并提出相应的安全防护措施，经工程师认可后实施，由发包人承担安全防护措施费用。

22.事故处理

22.1　发生重大伤亡及其他安全事故，承包人应按有关规定立即上报有关部门并通知工程师，同时按政府有关部门要求处理，由事故责任方承担发生的费用。

22.2　发包人承包人对事故责任有争议时，应按政府有关部门的认定处理。

六、合同价款与支付

23.合同价款及调整

23.1　招标工程的合同价款由发包人承包人依据中标通知书中的中标价格在协议书内约定。非招标工程的合同价款由发包人承包人依据工程预算书在协议书内约定。

23.2　合同价款在协议书内约定后，任何一方不得擅自改变。下列三种确定合同价款的方式，双方可在专用条款内约定采用其中一种：

(1)固定价格合同　双方在专用条款内约定合同价款包含的风险范围和风险费用的计算方法，在约定的风险范围内合同价款不再调整。风险范围以外的合同价款调整方法，应当在专用条款内约定。

(2)可调价格合同　合同价款可根据双方的约定而调整，双方在专用条款内约定合同价款调整方法。

(3)成本加酬金合同　合同价款包括成本和酬金两部分，双方在专用条款内约定成本构成和酬金的计算方法。

23.3　可调价格合同中合同价款的调整因素包括：

(1)法律、行政法规和国家有关政策变化影响合同价款；

(2)工程造价管理部门公布的价格调整；

(3)一周内非承包人原因停水、停电、停气造成停工累计超过8小时；

(4)双方约定的其他因素。

23.4　承包人应当在23.3款情况发生后14天内，将调整原因、金额以书面形式通知工程师，工程师确认调整金额后作为追加合同价款，与工程款同期支付。工程师收到承包人通知后14天内不予确认也不提出修改意见，视为已经同意该项调整。

24.工程预付款

实行工程预付款的，双方应当在专用条款内约定发包人向承包人预付工程款的时间和数额，开工后按约定的时间和比例逐次扣回。预付时间应不迟于约定的开工日期前7天。发包人不按约定预付，承包人在约定预付时间7天后向发包人发出要求预付的通知，发包人收到通知后仍不能按要求预付，承包人可在发出通知后7天停止施工，发包人应从约定应付之日起向承包人支付应付款的贷款利息，并承担违约责任。

25.工程量的确认

25.1　承包人应按专用条款约定的时间，向工程师提交已完工程量的报告。工程师接到报告后7天内按设计图纸核实已完工程量(以下称计量)，并在计量前24小时通知承包人，承包人为计量提供便利条件并派人参加。承包人收到通知后不参加计量，计量结果有效，作为工程价款支付的依据。

25.2　工程师收到承包人报告后7天内未进行计量，从第8天起，承包人报告中开列的工程量即视为被确认，作为工程价款支付的依据。工程师不按约定时间通知承包人，致使承包人未能参加计量，计量结果无效。

25.3　对承包人超出设计图纸范围和因承包人原因造成返工的工程量，工程师不予计量。

26.工程款(进度款)支付

26.1　在确认计量结果后14天内，发包人应向承包人支付工程款(进度款)。按约定时间发包人应扣回的预付款，与工程款(进度款)同期结算。

26.2　本通用条款第23条确定调整的合同价款，第31条工程变更调整的合同价款及其他条款中约定的追加合同价款，应与工程款(进度款)同期调整支付。

26.3　发包人超过约定的支付时间不支付工程款(进度款)，承包人可向发包人发出要求付款的通知，发包人收到承包人通知后仍不能按要求付款，可与承包人协商签订延期付款协议，经承包人同意后可延期支付。协议应明确延期支付的时间和从计量结果确认后第15天起应付款的贷款利息。

26.4　发包人不按合同约定支付工程款(进度款)，双方又未达成延期付款协议，导致施工无法进行，承包人可停止施工，由发包人承担违约责任。

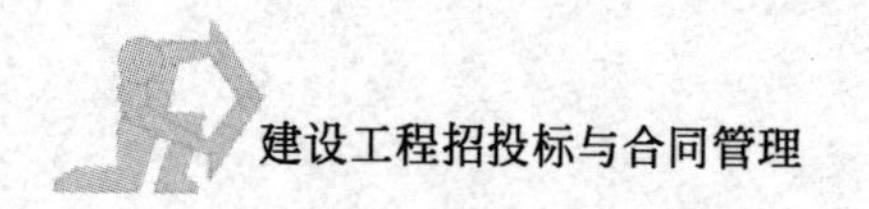

七、材料设备供应

27.发包人供应材料设备

27.1　实行发包人供应材料设备的，双方应当约定发包人供应材料设备的一览表，作为本合同附件(附件2)。一览表包括发包人供应材料设备的品种、规格、型号、数量、单价、质量等级、提供时间和地点。

27.2　发包人按一览表约定的内容提供材料设备，并向承包人提供产品合格证明，对其质量负责。发包人在所供材料设备到货前24小时，以书面形式通知承包人，由承包人派人与发包人共同清点。

27.3　发包人供应的材料设备，承包人派人参加清点后由承包人妥善保管，发包人支付相应保管费用。因承包人原因发生丢失损坏，由承包人负责赔偿。

发包人未通知承包人清点，承包人不负责材料设备的保管，丢失损坏由发包人负责。

27.4　发包人供应的材料设备与一览表不符时，发包人承担有关责任。发包人应承担责任的具体内容，双方根据下列情况在专用条款内约定：

(1)材料设备单价与一览表不符，由发包人承担所有价差；

(2)材料设备的品种、规格、型号、质量等级与一览表不符，承包人可拒绝接收保管，由发包人运出施工场地并重新采购；

(3)发包人供应的材料规格、型号与一览表不符，经发包人同意，承包人可代为调剂串换，由发包人承担相应费用；

(4)到货地点与一览表不符，由发包人负责运至一览表指定地点；

(5)供应数量少于一览表约定的数量时，由发包人补齐，多于一览表约定数量时，发包人负责将多出部分运出施工场地；

(6)到货时间早于一览表约定时间，由发包人承担因此发生的保管费用；到货时间迟于一览表约定的供应时间，发包人赔偿由此造成的承包人损失，造成工期延误的，相应顺延工期；

27.5　发包人供应的材料设备使用前，由承包人负责检验或试验，不合格的不得使用，检验或试验费用由发包人承担。

27.6　发包人供应材料设备的结算方法，双方在专用条款内约定。

28.承包人采购材料设备

28.1　承包人负责采购材料设备的，应按照专用条款约定及设计和有关标准要求采购，并提供产品合格证明，对材料设备质量负责。承包人在材料设备到货前24小时通知工程师清点。

28.2 承包人采购的材料设备与设计标准要求不符时，承包人应按工程师要求的时间运出施工场地，重新采购符合要求的产品，承担由此发生的费用，由此延误的工期不予顺延。

28.3 承包人采购的材料设备在使用前，承包人应按工程师的要求进行检验或试验，不合格的不得使用，检验或试验费用由承包人承担。

28.4 工程师发现承包人采购并使用不符合设计和标准要求的材料设备时，应要求承包人负责修复、拆除或重新采购，由承包人承担发生的费用，由此延误的工期不予顺延。

28.5 承包人需要使用代用材料时，应经工程师认可后才能使用，由此增减的合同价款双方以书面形式议定。

28.6 由承包人采购的材料设备，发包人不得指定生产厂或供应商。

八、工程变更

29.工程设计变更

29.1 施工中发包人需对原工程设计变更，应提前14天以书面形式向承包人发出变更通知。变更超过原设计标准或批准的建设规模时，发包人应报规划管理部门和其他有关部门重新审查批准，并由原设计单位提供变更的相应图纸和说明。承包人按照工程师发出的变更通知及有关要求，进行下列需要的变更：

(1)更改工程有关部分的标高、基线、位置和尺寸；

(2)增减合同中约定的工程量；

(3)改变有关工程的施工时间和顺序；

(4)其他有关工程变更需要的附加工作。

因变更导致合同价款的增减及造成的承包人损失，由发包人承担，延误的工期相应顺延。

29.2 施工中承包人不得对原工程设计进行变更。因承包人擅自变更设计发生的费用和由此导致发包人的直接损失，由承包人承担，延误的工期不予顺延。

29.3 承包人在施工中提出的合理化建议涉及对设计图纸或施工组织设计的更改及对材料、设备的换用，须经工程师同意。未经同意擅自更改或换用时，承包人承担由此发生的费用，并赔偿发包人的有关损失，延误的工期不予顺延。

工程师同意采用承包人合理化建议，所发生的费用和获得的收益，发包人承包人另行约定分担或分享。

30.其他变更

合同履行中发包人要求变更工程质量标准及发生其他实质性变更，由双方协商解决。

31.确定变更价款

31.1　承包人在工程变更确定后14天内，提出变更工程价款的报告，经工程师确认后调整合同价款。变更合同价款按下列方法进行：

(1)合同中已有适用于变更工程的价格，按合同已有的价格变更合同价款；

(2)合同中只有类似于变更工程的价格，可以参照类似价格变更合同价款；

(3)合同中没有适用或类似于变更工程的价格，由承包人提出适当的变更价格，经工程师确认后执行。

31.2　承包人在双方确定变更后14天内不向工程师提出变更工程价款报告时，视为该项变更不涉及合同价款的变更。

31.3　工程师应在收到变更工程价款报告之日起14天内予以确认，工程师无正当理由不确认时，自变更工程价款报告送达之日起14天后视为变更工程价款报告已被确认。

31.4　工程师不同意承包人提出的变更价款，按本通用条款第37条关于争议的约定处理。

31.5　工程师确认增加的工程变更价款作为追加合同价款，与工程款同期支付。

31.6　因承包人自身原因导致的工程变更，承包人无权要求追加合同价款。

九、竣工验收与结算

32.竣工验收

32.1　工程具备竣工验收条件，承包人按国家工程竣工验收有关规定，向发包人提供完整竣工资料及竣工验收报告。双方约定由承包人提供竣工图的，应当在专用条款内约定提供的日期和份数。

32.2　发包人收到竣工验收报告后28天内组织有关单位验收，并在验收后14天内给予认可或提出修改意见。承包人按要求修改，并承担由自身原因造成修改的费用。

32.3　发包人收到承包人送交的竣工验收报告后28天内不组织验收，或验收后14天内不提出修改意见，视为竣工验收报告已被认可。

32.4　工程竣工验收通过，承包人送交竣工验收报告的日期为实际竣工日期。工程按发包人要求修改后通过竣工验收的，实际竣工日期为承包人修改后提请发包人验收的日期。

32.5　发包人收到承包人竣工验收报告后28天内不组织验收，从第29天起承担工程保管及一切意外责任。

32.6　中间交工工程的范围和竣工时间，双方在专用条款内约定，其验收程序按本通用条款32.1款至32.4款办理。

32.7　因特殊原因，发包人要求部分单位工程或工程部位甩项竣工的，双方另行签订甩项竣工协议，明确双方责任和工程价款的支付方法。

32.8　工程未经竣工验收或竣工验收未通过的，发包人不得使用。发包人强行使用时，由此发生的质量问题及其他问题，由发包人承担责任。

33.竣工结算

33.1　工程竣工验收报告经发包人认可后28天内，承包人向发包人递交竣工结算报告及完整的结算资料，双方按照协议书约定的合同价款及专用条款约定的合同价款调整内容，进行工程竣工结算。

33.2　发包人收到承包人递交的竣工结算报告及结算资料后28天内进行核实，给予确认或者提出修改意见。发包人确认竣工结算报告通知经办银行向承包人支付工程竣工结算价款。承包人收到竣工结算价款后14天内将竣工工程交付发包人。

33.3　发包人收到竣工结算报告及结算资料后28天内无正当理由不支付工程竣工结算价款，从第29天起按承包人同期向银行贷款利率支付拖欠工程价款的利息，并承担违约责任。

33.4　发包人收到竣工结算报告及结算资料后28天内不支付工程竣工结算价款，承包人可以催告发包人支付结算价款。发包人在收到竣工结算报告及结算资料后56天内仍不支付的，承包人可以与发包人协议将该工程折价，也可以由承包人申请人民法院将该工程依法拍卖，承包人就该工程折价或者拍卖的价款优先受偿。

33.5　工程竣工验收报告经发包人认可后28天内，承包人未能向发包人递交竣工结算报告及完整的结算资料，造成工程竣工结算不能正常进行或工程竣工结算价款不能及时支付，发包人要求交付工程的，承包人应当交付；发包人不要求交付工程的，承包人承担保管责任。

33.6　发包人承包人对工程竣工结算价款发生争议时，按本通用条款第37条关于争议的约定处理。

34.质量保修

34.1　承包人应按法律、行政法规或国家关于工程质量保修的在关规定，对交付发包人使用的工程在质量保修期内承担质量保修责任。

34.2　质量保修工作的实施。承包人应在工程竣工验收之前，与发包人签订质量保修书，作为本合同附件(附件3)。

34.3　质量保修书的主要内容包括：

(1)质量保修项目内容及范围；

(2)质量保修期；

(3)质量保修责任；

(4)质量保修金的支付方法。

十、违约、索赔和争议

35.违约

35.1　发包人违约。当发生下列情况时：

(1)本通用条款第24条提到的发包人不按时支付工程预付款；

(2)本通用条款第26.4款提到的发包人不按合同约定支付工程款，导致施工无法进行；

(3)本通用条款第33.3款提到的发包人无正当理由不支付工程竣工结算价款；

(4)发包人不履行合同义务或不按合同约定履行义务的其他情况。

发包人承担违约责任，赔偿因其违约给承包人造成的经济损失，顺延延误的工期。双方在专用条款内约定发包人赔偿承包人损失的计算方法或者发包人应当支付违约金的数额或计算方法。

35.2　承包人违约。当发生下列情况时：

(1)本通用条款第14.2款提到的因承包人原因不能按照协议书约定的竣工日期或工程师同意顺延的工期竣工；

(2)本通用条款第15.1款提到的因承包人原因工程质量达不到协议书约定的质量标准；

(3)承包人不履行合同义务或不按合同约定履行义务的其他情况。

承包人承担违约责任，赔偿因其违约导致发包人造成的损失。双方在专用条款内约定承包人赔偿发包人损失的计算方法或者承包人应当支付违约金的数额可计算方法。

35.3　一方违约后，另一方要求违约方继续履行合同时，违约方承担上述违约责任后仍应继续履行合同。

36.索赔

36.1　当一方向另一方提出索赔时，要有正当索赔理由，且有索赔事件发生时的有效证据。

36.2　发包人未能按合同约定履行自己的各项义务或发生错误以及应由发包人承担责任的其他情况，造成工期延误和(或)承包人不能及时得到合同价款及承包人的其他经济损失，承包人可按下列程序以书面形式向发包人索赔：

(1)索赔事件发生后28天内，向工程师发出索赔意向通知；

(2)发出索赔意向通知后28天内，向工程师提出延长工期和(或)补偿经济损失的索赔报告及有关资料；

(3)工程师在收到承包人送交的索赔报告和有关资料后，应于28天内给予答复，或要求承包人进一步补充索赔理由和证据；

(4)工程师在收到承包人送交的索赔报告和有关资料后28天内未予答复或未对承包人作进一步要求，视为该项索赔已经认可；

(5)当该索赔事件持续进行时，承包人应当阶段性向工程师发出索赔意向，在索赔事件终了后28天内，向工程师送交索赔的有关资料和最终索赔报告。索赔答复程序与(3)、(4)规定相同。

36.3　承包人未能按合同约定履行自己的各项义务或发生错误，给发包人造成经济损失，发包人可按36.2款确定的时限向承包人提出索赔。

37.争议

37.1　发包人承包人在履行合同时发生争议，可以和解或者要求有关主管部门调解。当事人不愿和解、调解或者和解、调解不成的，双方可以在专用条款内约定以下一种方式解决争议：

第一种解决方式：双方达成仲裁协议，向约定的仲裁委员会申请仲裁；

第二种解决方式：向有管辖权的人民法院起诉。

37.2　发生争议后，除非出现下列情况的，双方都应继续履行合同，保持施工连续，保护好已完工程：

(1)单方违约导致合同确已无法履行，双方协议停止施工；

(2)调解要求停止施工，且为双方接受；

(3)仲裁机构要求停止施工；

(4)法院要求停止施工。

十一、其他

38.工程分包

38.1　承包人按专用条款的约定分包所承包的部分工程，并与分包单位签订分包合同。非经发包人同意，承包人不得将承包工程的任何部分分包。

38.2　承包人不得将其承包的全部工程转包给他人，也不得将其承包的全部工程肢解以后以分包的名义分别转包给他人。

38.3　工程分包不能解除承包人任何责任与义务。承包人应在分包场地派驻相应管理人员，保证本合同的履行。分包单位的任何违约行为或疏忽导致工程损害或给发包人造成其他损失，承包人承担连带责任。

38.4　分包工程价款由承包人与分包单位结算。发包人未经承包人同意不得以任何形式向分包单位支付各种工程款项。

39.不可抗力

39.1　不可抗力包括因战争、动乱、空中飞行物体坠落或其他非发包人承包人责任造成的爆炸、火灾，以及专用条款约定的风雨、雪、洪、震等自然灾害。

39.2　不可抗力事件发生后，承包人应立即通知工程师，在力所能及的条件下迅速采取措施，尽力减少损失，发包人应协助承包人采取措施。不可抗力事件结束后48小时内承包人向工程师通报受害情况和损失情况，及预计清理和修复的费用。不可抗力事件持续发生，承包人应每隔7天向工程师报告一次受害情况。不可抗力事件结束后14天内，承包人向工程师提交清理和修复费用的正式报告及有关资料。

39.3　因不可抗力事件导致的费用及延误的工期由双方按以下方法分别承担：

(1)工程本身的损害、因工程损害导致第三人员伤亡和财产损失以及运至施工场地用于施工的材料和待安装的设备的损害，由发包人承担；

(2)发包人承包人人员伤亡由其所在单位负责，并承担相应费用；

(3)承包人机械设备损坏及停工损失，由承包人承担；

(4)停工期间，承包人应工程师要求留在施工场地的必要的管理人员及保卫人员的费用由发包人承担；

(5)工程所需清理、修复费用，由发包人承担；

(6)延误的工期相应顺延。

39.4　因合同一方迟延履行合同后发生不可抗力的，不能免除迟延履行方的相应责任。

40.保险

40.1　工程开工前，发包人为建设工程和施工场内的自有人员及第三人人员生命财产办理保险，支付保险费用。

40.2　运至施工场地内用于工程的材料和待安装设备，由发包人办理保险，并支付保险费用。

40.3　发包人可以将有关保险事项委托承包人办理，费用由发包人承担。

40.4　承包人必须为从事危险作业的职工办理意外伤害保险，并为施工场地内自有人员生命财产和施工机械设备办理保险，支付保险费用。

40.5　保险事故发生时，发包人承包人有责任尽力采取必要的措施，防止或者减少损失。

40.6　具体投保内容和相关责任，发包人承包人在专用条款中约定。

41.担保

41.1　发包人承包人为了全面履行合同，应互相提供以下担保：

(1)发包人向承包人提供履约担保，按合同约定支付工程价款及履行合同约定的其他义务。

(2)承包人向发包人提供履约担保，按合同约定履行自己的各项义务。

41.2　一方违约后，另一方可要求提供担保的第三人承担相应责任。

41.3　提供担保的内容、方式和相关责任，发包人承包人除在专用条款中约定外，被担保方与担保方还应签订担保合同，作为本合同附件。

42.专利技术及特殊工艺

42.1　发包人要求使用专利技术或特殊工艺，应负责办理相应的申报手续，承担申报、试验、使用等费用；承包人提出使用专利技术或特殊工艺，应取得工程师认可，承包人负责办理申报手续并承担有关费用。

42.2　擅自使用专利技术侵犯他人专利权的，责任者依法承担相应责任。

43.文物和地下障碍物

43.1　在施工中发现古墓、古建筑遗址等文物及化石或其他有考古、地质研究等价值的物品时，承包人应立即保护好现场并于4小时内以书面形式通知工程师，工程师应于收到书面通知后24小时内报告当地文物管理部门，发包人承包人按文物管理部门的要求采取妥善保护措施。发包人承担由此发生的费用，顺延延误的工期。

如发现后隐瞒不报，致使文物遭受破坏，责任者依法承担相应责任。

43.2　施工中发现影响施工的地下障碍物时，承包人应于8小时内以书面形式通知工程师，同时提出处置方案，工程师收到处置方案后24小时内予以认可或提出修正方案。发包人承担由此发生的费用，顺延延误的工期。

所发现的地下障碍物有归属单位时，发包人应报请有关部门协同处置。

44.合同解除

44.1　发包人承包人协商一致，可以解除合同。

44.2　发生本通用条款第26.4款情况，停止施工超过56天，发包人仍不支

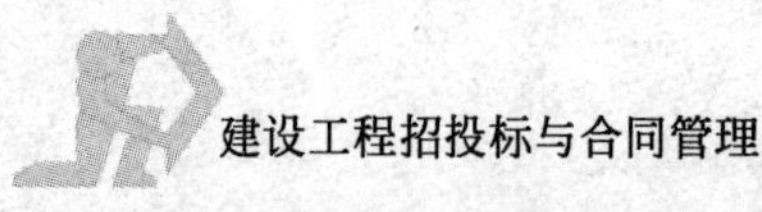

付工程款(进度款),承包人有权解除合同。

44.3　发生本通用条款第38.2款禁止的情况,承包人将其承包的全部工程转包给他人或者肢解以后以分包的名义分别转包给他人,发包人有权解除合同。

44.4　有下列情形之一的,发包人承包人可以解除合同:

(1)因不可抗力致使合同无法履行;

(2)因一方违约(包括因发包人原因造成工程停建或缓建)致使合同无法履行。

44.5　一方依据44.2、44.3、44.4款约定要求解除合同的,应以书面形式向对方发出解除合同的通知,并在发出通知前7天告知对方,通知到达对方时合同解除。对解除合同有争议的,按本通用条款第37条关于争议的约定处理。

44.6　合同解除后,承包人应妥善做好已完工程和已购材料、设备的保护和移交工作,按发包人要求将自有机械设备和人员撤出施工场地。发包人应为承包人撤出提供必要条件,支付以上所发生的费用,并按合同约定支付已完工程价款。已经订货的材料、设备由订货方负责退货或解除订货合同,不能退还的货款和因退货、解除订货合同发生的费用,由发包人承担,因未及时退货造成的损失由责任方承担。除此之外,有过错的一方应当赔偿因合同解除给对方造成的损失。

44.7　合同解除后,不影响双方在合同中约定的结算和清理条款的效力。

45.合同生效与终止

45.1　双方在协议书中约定合同生效方式。

45.2　除本通用条款第34条外,发包人承包人履行合同全部义务,竣工结算价款支付完毕,承包人向发包人交付竣工工程后,本合同即告终止。

45.3　合同的权利义务终止后,发包人承包人应当遵循诚实信用原则,履行通知、协助、保密等义务。

46.合同份数

46.1　本合同正本两份,具有同等效力,由发包人承包人分别保存一份。

46.2　本合同副本份数,由双方根据需要在专用条款内约定。

47.补充条款

双方根据有关法律、行政法规规定,结合工程实际经协商一致后,可对本通用条款内容具体化、补充或修改,在专用条款内约定。

第三部　分专用条款

一、词语定义及合同文件

1.词语定义及合同文件

2.合同文件及解释顺序

合同文件组成及解释顺序：____________________

3.语言文字和适用法律、标准及规范

3.1　本合同除使用汉语外，还使用语言文字。

3.2　适用法律和法规需要明示的法律、行政法规：____________________

3.3　适用标准、规范

适用标准、规范的名称：____________________

发包人提供标准、规范的时间：____________________

国内没有相应标准、规范时的约定：____________________

4.图纸

4.1　发包人向承包人提供图纸日期和套数：____________________

发包人对图纸的保密要求：____________________

使用国外图纸的要求及费用承担：____________________

二、双方一般权利和义务

5.工程师

5.2　监理单位委派的工程师

姓名：__________ 职务：__________ 发包人委托的职权：__________

需要取得发包人批准才能行使的职权：____________________

5.3　发包人派驻的工程师

姓名：__________ 职务：__________ 职权：__________

5.6　不实行监理的，工程师的职权：____________________

7.项目经理

姓名：____________________ 职务：__________

8.发包人工作

8.1　发包人应按约定的时间和要求完成以下工作：

(1)施工场地具备施工条件的要求及完成的时间：__________

(2)将施工所需的水、电、电讯线路接至施工场地的时间、地点和供应要求：

____

(3)施工场地与公共道路的通道开通时间和要求：__________

(4)工程地质和地下管线资料的提供时间：__________

(5)由发包人办理的施工所需证件、批件的名称和完成时间：__________

(6)水准点与坐标控制点交验要求：__________

(7)图纸会审和设计交底时间：________

(8)协调处理施工场地周围地下管线和邻近建筑物、构筑物(含文物保护建筑)、古树名木的保护工作：________

(9)双方约定发包人应做的其他工作：________

8.2　发包人委托承包人办理的工作：________

9.承包人工作 9.1 承包人应按约定时间和要求，完成以下工作：

(1)需由设计资质等级和业务范围允许的承包人完成的设计文件提交时间：________

(2)应提供计划、报表的名称及完成时间：________

(3)承担施工安全保卫工作及非夜间施工照明的责任和要求：________

(4)向发包人提供的办公和生活房屋及设施的要求：________

(5)需承包人办理的有关施工场地交通、环卫和施工噪音管理等手续：________

(6)已完工程成品保护的特殊要求及费用承担：________

(7)施工场地周围地下管线和邻近建筑物、构筑物(含文物保护建筑)、古树名木的保护要求及费用承担：________

(8)施工场清洁卫生的要求：________

(9)双方约定承包人应做的其他工作：________

三、施工组织设计和工期

10.进度计划

10.1　承包人提供施工组织设计(施工方案)和进度计划的时间：________

工程师确认的时间：________

10.2　群体工程中有关进度计划的要求：________

13.工期延误

13.1　双方约定工期顺延的其他情况：________

四、质量与验收

17.隐蔽工程和中间验收

17.1　双方约定中间验收部位：________

19.工程试车

19.5　试车费用的承担：________

五、安全施工

六、合同价款与支付

23.合同价款及调整

23.2 本合同价款采用______________________方式确定。

(1)采用固定价格合同,合同价款中包括的风险范围:____________

风险费用的计算方法:______________________

风险范围以外合同价款调整方法:____________________

(2)采用可调价格合同,合同价款调整方法:____________

(3)采用成本加酬金合同,有关成本和酬金的约定:__________

23.3 双方约定合同价款的其他调整因素:______________

24.工程预付款

发包人向承包人预付工程款的时间和金额或占合同价款总额的比例:

____

扣回工程款的时间、比例:________________________

25.工程量确认

25.1 承包人向工程师提交已完工程量报告的时间:__________

26.工程款(进度款)支付

双方约定的工程款(进度款)支付的方式和时间:____________

七、材料设备供应

27.发包人供应

27.4 发包人供应的材料设备与一览表不符时,双方约定发包人承担责任如下:

(1)材料设备单价与一览表不符:____________________

(2)材料设备的品种、规格、型号、质量等级与一览表不符:__________

(3)承包人可代为调剂串换的材料:__________________

(4)到货地点与一览表不符:______________________

(5)供应数量与一览表不符:______________________

(6)到货时间与一览表不符:______________________

27.6 发包人供应材料设备的结算方法:________________

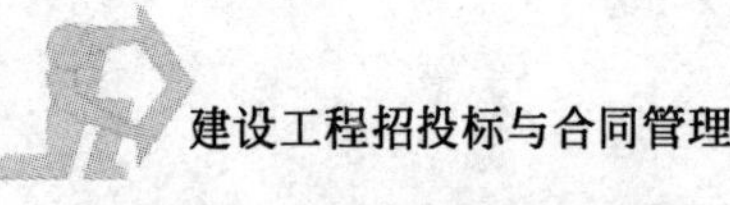

28.承包人采购材料设备

28.1　承包人采购材料设备的约定：________________

八、工程变更

九、竣工验收与结算 32、竣工验收

32.1　承包人提供竣工图的约定：________________

32.6　中间交工工程的范围和竣工时间：________________

十、违约、索赔和争议

35.违约

35.1　本合同中关于发包人违约的具体责任如下：

本合同通用条款第 24 条约定发包人违约应承担的违约责任：________

本合同通用条款第 26.4 款约定发包人违约应承担的违约责任：________

本合同通用条款第 33.3 款约定发包人违约应承担的违约责任：________

双方约定的发包人其他违约责任：________________

35.2　本合同中关于承包人违约的具体责任如下：

本合同通用条款第 14.2 款约定承包人违约承担的违约责任：________

本合同通用条款第 15.1 款约定承包人违约应承担的违约责任：________

双方约定的承包人其他违约责任：________________

37.争议

37.1　双方约定，在履行合同过程中产生争议时：

(1)请________________调解；

(2)采取第　　种方式解决，并约定向　　仲裁委员会提请仲裁或向　　人民法院提起诉讼。

十一、其他

38.工程分包

38.1　本工程发包人同意承包人分包的工程：________________

分包施工单位为：________________

39.不可抗力

39.1　双方关于不可抗力的约定：________________

40. 保险

40.6　本工程双方约定投保内容如下：

(1)发包人投保内容：______________________

发包人委托承包人办理的保险事项：______________________

(2)承包人投保内容：______________________

41. 担保

41.3　本工程双方约定担保事项如下：______________________

(1)发包人向承包人提供履约担保，担保方式为：担保合同作为本合同附件。

(2)承包人向发包人提供履约担保，担保方式为：担保合同作为本合同附件。

(3)双方约定的其他担保事项：______________________

46. 合同份数

46.1　双方约定合同副本份数：______________________

47. 补充条款

附件 1：承包人承揽工程项目一览表(略)

附件 2：发包人供应材料设备一览表(略)

附件 3：工程质量保修书(略)

参考文献

[1] 菲迪克(FIDIC)文献译丛:施工合同条件(Conditions of Contract for Construction).中国工程咨询协会编译.北京:机械工业出版社,2002.

[2] 菲迪克(FIDIC)文献译丛:工程设备与设计——建造合同条件(Conditions of Contract for Plant and Design-Build).中国工业咨询协会编译.北京:机械工业出版社,2002.

[3] 菲迪克(FIDIC)文献译丛:EPS交钥匙合同条件(Conditions of Contract for EPS/Turnkey Projects).中国工程咨询协会编译.北京:机械工业出版社,2002.

[4] 菲迪克(FIDIC)文献译丛:合同简短格式(Short Form Contract).中国工程咨询协会编译.北京:机械工业出版社,2002.

[5] 中英对照/(英)土木工程师学会编.新工程合同条件(NEC):工程施工合同与使用指南.方志达等译.北京:中国建筑工业出版社,1999.

[6] 成虎编著.建筑工程合同管理与索赔(第3版).南京:东南大学出版社,2002.

[7] 李启明主编.土木工程合同管理.南京:东南大学出版社,2002.

[8] 梁槛编著.国际工程施工索赔(第2版).北京:中国建筑工业出版社,2002.

[9] 全国建筑企业项目经理培训教材编写委员会.工程招标投标与合同管理(修订版).北京:中国建筑工业出社,2000.

[10] 全国监理工程师培训考试教材编写委员会.建筑工程合同管理.北京:知识产权出版社,1999.

[11] 中华人民共和国合同法.1999年3月15日第九届全国人民代表大会通过

[12] 全国人大常委会法工委研究室.中华人民共和国合同法释义.北京:人民法院出版社,1999.

[13] 刘文华主编.新合同法实用问答.北京:中国审计出版社,1999.

[14] 建筑工程施工合同文本.建设部、国家工商行政管理局1999年12月发布

[15] 王俊安主编.招标投标与合同管理.北京:中国建材工业出版社,2003.

[16] 黄景瑗主编.土木工程施工招投标与合同管理.北京:知识产权出版社,中国水利出版社,2002.

[17] 宁素莹编著.建筑工程招标投标与合同管理.北京:中国建材工业出版社,2003.

[18] 建设工程工程量清单计价规范(GB 50500—2003)宣贯辅导教材. 北京:中国计划出版社,2003.
[19] 雷胜强主编. 建设工程招标投标实物与法规. 惯例全书. 北京:中国建筑工业出版社,2001.
[20] 中国土木工程学会建筑市场与招标投标分会. 房屋建筑和市政基础设施工程施工招标文件范本以应用指南. 北京:中国建筑工业出版社,2003.
[21] 沈祥华主编. 建筑工程概预算. 武汉:武理工大学出版社,2003.
[22] 卢谦编著. 建筑工程招标投标与合同管理. 北京:中国水利水电出版社,2001.
[23] 危道军,刘志强. 工程项目管理. 武汉:武汉理工大学出版社,2004.
[24] 朱宏亮,成虎. 工程合同管理. 北京:中国建筑工业出版社,2006.
[25] 陈正. 工程招投标与合同管理. 南京:东南大学出版社,2005.
[26] 中华人民共和国招标投标法. 北京:中国法制出版社,1999.
[27] 张琰,雷胜强 . 建设工程招标投标工作手册 . 北京:中国建筑工业出版社,1995.
[28] 何伯森. 中国招标承包与监理. 北京:人民交通出版社,1999.
[29] 马太建,陈慧玲. 建设工程招标投标指南. 南京:江苏科学技术出版社,2000.
[30] 雷胜强. 简明建设工程招标投标工作手册. 北京:中国建筑工业出版社,1999.
[31] 中华人民共和国财政部编. 世界银行贷款项目招标采购文件样本. 北京:清华大学出版社,1997.
[32] 王秉桐,徐崇禄. 建设工程施工招标投标管理. 北京:中国建材工业出版社,1994.
[33] 卢谦. 中国土木工程指南第十四篇,工程招标承包与管理. 北京:科学出版社,1993.
[34] 中国统计年鉴 1999. 北京:中国统计出版社,1999.
[35] 王新义. 国际工程管理探索与实践:山西省万家寨引黄工程土建国际标项目合同管理及争议解决. 北京:中国财政经济出版社,2003.
[36] 田恒久. 工程招投标与合同管理. 北京:中国电力出版社,2004.
[37] 李倩. 民国时期契约制度研究. 北京:北京大学出版社,2005.
[38] 沈其明,李红镝,万先进,何寿奎编著. 公路工程管理与索赔及案例分析. 北京:人民交通出版社,2005.